Studies in Contemporary Economics

Bernhard Gahlen (Hrsg.)

Marktstruktur und gesamtwirtschaftliche Entwicklung

Proceedings des Workshops „Marktstruktur und gesamtwirtschaftliche Entwicklung“, Augsburg 5.-7. April 1989

Springer-Verlag
Berlin Heidelberg GmbH

Herausgeber

Prof. Dr. Bernhard Gahlen
Universität Augsburg
Lehrstuhl für Volkswirtschaftslehre I
Memminger Str. 6-14
D-8900 Augsburg

ISBN 978-3-540-52357-4 ISBN 978-3-642-84141-5 (eBook)
DOI 10.1007/978-3-642-84141-5

Ursprünglich erschienen bei Springer-Verlag Berlin Heidelberg New York 1990

2142/3140 - 543210

Vorwort

Dieser Band enthält die Referate und Korreferate, die auf dem Workshop "Marktstruktur und gesamtwirtschaftliche Entwicklung" vom 5. bis 7. April 1989 in Augsburg vorgestellt wurden. Dieser Workshop fand im Rahmen des von der Stiftung Volkswagenwerk geförderten Forschungsprojektes "Zusammenhänge zwischen der Konzentration und der Preis- und Mengenentwicklung – Eine empirische Untersuchung für die Bundesrepublik Deutschland" statt. Ausgangspunkt des Projektes waren zunächst die Thesen der Monopolkommission in ihrem 1. Jahresgutachten. Dieser Rahmen wurde aber bald als zu eng erkannt, so daß wir die wechselseitigen Zusammenhänge zwischen der Marktstruktur und den Innovationen mit in die Analyse einbezogen. Dieser erweiterte Rahmen bot nun eine ideale Plattform für einen Workshop, in dem die vielschichtigen Zusammenhänge zwischen der Marktstruktur mit Preisen und Löhnen, Produktionsmengen und Beschäftigung, Investitionen und F&E-Ausgaben sowie den daraus resultierenden Innovationen, kurz, der gesamtwirtschaftlichen Entwicklung, behandelt werden konnten. Sowohl formaltheoretische als auch empirische Analysen wurden vorgelegt und kontrovers diskutiert.

Gefördert wurde dieser Workshop durch die Stiftung Volkswagenwerk. Für die großzügige finanzielle Unterstützung bedanken wir uns ganz herzlich. Ebenso gilt unser Dank der Leimer-Stiftung, die durch eine finanzielle Unterstützung die Publikation dieses Bandes ermöglicht hat.

Die Organisation des Workshops und die Redaktion für diesen Band lagen vor allem bei Herrn Georg Licht. Die Schreibarbeiten führte Frau Christina Schaible mit großer Ausdauer und Sorgfalt durch. Unterstützt wurde sie dabei von Frau Ursula Leinemann und Herrn Trond Evartsen. Allen, die zum Gelingen des Workshops beigetragen haben, gilt an dieser Stelle mein herzlicher Dank.

Augsburg, im Dezember 1989

Bernhard Gahlen

Inhaltsverzeichnis

Teilnehmerverzeichnis

Univ.-Dozent Dr. Karl Aiginger, Wien
Dr. Stephanus Arz, Frankfurt/M.
Dr. David Audretsch, Berlin
Prof. Dr. Günter Bamberg, Augsburg
Prof. Dr. Niklaus Blattner, Basel
Prof. Dr. Reinhard Blum, Augsburg
Prof. Dr. Andrew J. Buck, Glenside, PA., USA
Dr. Gebhard Flaig, Augsburg
Dipl.-Kfm. Manfred Fleischer, Berlin
Prof. Dr. Bernhard Gahlen, Augsburg
Prof. Dr. Ernst Helmstädter, Münster
Prof. Dr. Klaus Herdzina, Stuttgart
Prof. Dr. Klaus Jaeger, Berlin
Dr. Helga Junkers, Hannover
Prof. Dr. Erhard Kantzenbach, Hamburg
Prof. Dr.Dr. h.c. Heinz König, Mannheim
Dr. Kornelius Kraft, Kassel
Prof. Dr. Jürgen Kromphardt, Berlin
Dipl.-Volkswirtin Vera Lessat, Augsburg
Dipl.-Volkswirt Georg Licht, Augsburg
Prof. Dr. Werner Meißner, Frankfurt/M.
Prof. Dr. Bernd Meyer, Osnabrück
Prof. Dr. Manfred Neumann, Nürnberg
Prof. Dr. Otto Opitz, Augsburg
Prof. Dr. Karl Heinrich Oppenländer, München
Dr. Winfried Pohlmeier, Cambridge, Mass., USA
Dipl.-Volkswirt Thorsten Posselt, Frankfurt/M.
PD Dr. Fritz Rahmeyer, Augsburg
Dipl.-Ökonom Karsten Schmidt, Mainz
PD Dr. Joachim Schwalbach, Berlin
Dr. Manfred Stadler, Augsburg
Prof. Dr. Konrad Stahl, Mannheim
Prof. Dr. Peter Stahlecker, Mainz
Mag. rer. soc. oec. Viktor Steiner, Augsburg
Dr. Rainer Völker, Winterthur
Prof. Dr. Klaus F. Zimmermann, München

I. Einleitung

Marktstruktur und gesamtwirtschaftliche Entwicklung

Referat von Erhard Kantzenbach

1. Im Gegensatz zu allen anderen Referenten dieser Tagung werde ich nicht über ein bestimmtes Forschungsvorhaben berichten. Auf Wunsch der Veranstalter soll ich vielmehr einige Fragen aufgreifen und zur Diskussion stellen, die unser Tagungsthema "Marktstruktur und gesamtwirtschaftliche Entwicklung" allgemein betreffen.

   Da ich auf diesem Gebiet nicht selbst empirisch gearbeitet habe, als Mitglied der Monopolkommission aber viel mit den Ergebnissen dieser Forschung zu tun hatte und versucht habe, aus ihnen Empfehlungen für die praktische Wettbewerbspolitik abzuleiten, werde ich meine Ausführungen unter diesen Blickwinkel stellen. Es geht mir also um die Aussagefähigkeit dieser Forschungsrichtung für die praktischen Probleme der Wirtschaftspolitik.

2. Im einzelnen werde ich folgende Fragen aufgreifen:
   a) In mehreren der hier vorgelegten Papiere ist auf die Forschungsaufträge verwiesen worden, die die Monopolkommission in den ersten Jahren nach ihrer Gründung über die Zusammenhänge von Konzentration und gesamtwirtschaftliche Entwicklung vergeben hat *(Aiginger 1990, S. 129; Kromphardt 1990, S. 36)*. Um diese Aufträge richtig würdigen zu können, scheint es mir notwendig, sich noch einmal die damalige wirtschaftspolitische Situation vor Augen zu führen. Dies möchte ich einleitend tun.
   b) Danach möchte ich die Frage stellen, ob das bekannte Struktur-Verhalten-Ergebnis-Paradigma, das ja offensichtlich auch dem Thema dieser Tagung zugrunde liegt, als Forschungsansatz überhaupt noch sinnvoll ist. *Ernst Helmstädter (S. 168)* hat in seinem Referat zu dieser Tagung zu Recht darauf verwiesen, daß dieses Paradigma in der Literatur nicht mehr als selbstverständlich akzeptiert wird.
   c) Wenn man das Struktur-Verhalten-Ergebnis-Paradigma weiterhin für fruchtbar hält – und ich tue dies mit einigen Einschränkungen – dann stellt sich zwangsläufig die Frage, welche Strukturkriterien man als unabhängige Variable der Untersuchungen wählen soll. Auch in dieser Frage scheint sich in den letzten Jahren eine veränderte Beurteilung durchgesetzt zu haben – und zwar weg von der Konzentration zu anderen Kriterien.
   d) Abschließend möchte ich die Frage nach der Meßbarkeit der ausgewählten Struktur- und Ergebnis-Kriterien aufwerfen. Mir scheint die Tatsache, daß insbesondere die Ergebnisse empirischer Querschnittsanalysen so wenig überzeugend sind, zum großen Teil auf die unzureichenden Meßmöglichkeiten zurückzuführen zu sein.

Studies in Contemporary Economics
B. Gahlen (Hrsg.)
Marktstruktur und gesamtwirtschaftliche Entwicklung

I.

3. Ich beginne also mit einigen Bemerkungen über die wirtschaftspolitische Problematik, die die *Monopolkommission 1974* veranlaßte, ihre Forschungsaufträge zu vergeben. Mir liegt daran, auf diese Frage etwas näher einzugehen, weil heute, angesichts der inzwischen gewonnenen theoretischen und empirischen Erkenntnisse, die Frage nahe liegt, ob die Kommission die Fruchtlosigkeit der von ihr initiierten Untersuchungen nicht von vornherein hatte erkennen können.

Ich hoffe zumindest zeigen zu können, daß die Kommission damals keinesfalls isoliert war mit ihrer Vermutung, das damalige Versagen der Globalsteuerung könne durch die hohe Unternehmenskonzentration auf einigen Märkten mitverursacht sein. Auffällig wird dabei m.E. auch, wie stark sich die jüngste empirische Forschung von dieser ursprünglichen Fragestellung entfernt hat.

4. Schon bei den Beratungen über das Gesetz gegen Wettbewerbsbeschränkungen in den fünfziger Jahren hatte sich der Bundestag mit dem Problem der Unternehmenskonzentration befaßt. Die Befürworter einer Zusammenschlußkontrolle konnten sich aber bei der Verabschiedung des Gesetzes im Jahre 1956 noch nicht durchsetzen *(Möschel 1983, S. 20 ff.)*.

Die Auffassung der Bundestagsmehrheit änderte sich erst Anfang der siebziger Jahre unter dem Eindruck einer Reihe spektakulärer Unternehmenszusammenschlüsse. 1973 verabschiedete der Bundestag die zweite GWB-Novelle, die u.a. die gesetzliche Grundlage für die Zusammenschlußkontrolle durch das Bundeskartellamt und für die Bildung der Monopolkomission brachte.

5. In den Jahren davor hatte sich der Preisauftrieb deutlich beschleunigt. Der Preisindex für die Lebenshaltung (1970=100) stieg 1970 um 5,1 Punkte, 1971 um 5,6 Punkte, 1973 um 7,5 Punkte und 1974 um 8,1 Punkte *(Sachverständigenrat 1977/78, S. 301)*. Ursächlich dafür waren die steigende Kapazitätsauslastung im Konjunkturaufschwung, aber auch steigende Lohnabschlüsse und dann im Herbst 1973 der drastische Anstieg der Rohölpreise.

Daneben wurde in der Öffentlichkeit aber auch der hohe Konzentrationsgrad einiger Märkte als mögliche Ursache der Preissteigerungen angesehen. So veröffentlichte das Bundeskartellamt in seinem Tätigkeitsbericht für das Jahr 1973 eine Liste mit Wirtschaftszweigen, in denen die Preise als "privat administriert" bezeichnet wurden *(Bundestagsdrucksache 7/2250, S. 14 f. und 59 ff.)*, womit zum Ausdruck gebracht werden sollte, daß sie nicht durch Wettbewerb kontrolliert würden.

Ähnliche Vorstellungen veranlaßten das Bundeswirtschaftsministerium im Januar 1974, das Bundeskartellamt zu einer Überprüfung der Preispolitik der Mineralölindustrie im Rahmen der Mißbrauchsaufsicht zu veranlassen *(Bundestagsdrucksache 7/2250, S. III)*. Außerdem wurde die neu geschaffene Monopolkommission im

Juni 1974 von der Bundesregierung beauftragt, in einem ersten Sondergutachten "Anwendung und Möglichkeiten der Mißbrauchsaufsicht über marktbeherrschende Unternehmen seit Inkrafttreten der Kartellgesetznovelle" zu beurteilen. Auch hierbei war die Hoffnung spürbar, mit Hilfe der Wettbewerbspolitik die steigenden Inflationsraten dämpfen zu können. Die Kommission hat dieser Hoffnung in bezug auf die Verhaltenskontrolle von vornherein eine klare Absage erteilt. Umso mehr sah sie sich aber veranlaßt, die Möglichkeiten, durch Auflockerung der Marktstrukturen die Preisniveaustabilität zu fördern, eingehend zu prüfen.

6. Die Jahre 1973 und 1974 zerstörten bekanntlich die Illusionen über die Möglichkeiten einer kontinuierlichen Globalsteuerung *(Kloten 1988)*. Die Bundesbank hatte durch die Freigabe der Wechselkurse größeren Handlungsspielraum gewonnen und nutzte diesen für eine scharfe Restriktionspolitik. Sie löste damit die schwerste Stabilisierungskrise in der Geschichte der Bundesrepublik aus. Die Arbeitslosenquote stieg von 1,2 vH. in 1973 auf 4,8 vH in 1975 *(Sachverständigenrat 1977/78, S. 29)*, während die Lebenshaltungskosten in dieser Zeit noch um 15,6 Punkte stiegen. *Fritz Scharpf (1987)* hat die damaligen wirtschaftspolitischen Optionen und die Beurteilungen durch die damals maßgeblichen Politiker meiner Meinung nach sehr treffend analysiert. Er zeigt, welche zentrale Rolle dabei die Vorstellung von einer "Vermachtung der Märkte" spielte *(ebenda, insbes. S. 151 ff.)*. Diese Einschätzung wurde damals auch von der Kommission weitgehend geteilt. Sie veranlaßte die *Kommission (1976, S. 28 ff.)*, durch externe Gutachten vor allem die folgenden Fragen klären zu lassen:

"– Soweit Unternehmen unterschiedlicher Größe ungleichmäßig von konjunkturellen Schwankungen betroffen werden, ist zu erwarten, daß die Konjunkturentwicklung den Konzentrationsprozeß beeinflußt.
– Davon zu trennen sind mögliche Rückwirkungen der Konzentration auf die konjunkturelle Entwicklung. So ist es denkbar, daß das Ausmaß der konjunkturellen Schwankungen vom Grad der Unternehmenskonzentration abhängt.
– Bei Abhängigkeit der Unternehmenskonzentration vom Konjunkturverlauf wirkt sich auch die staatliche Konjunkturpolitik auf den Konzentrationsprozeß aus.
– Schließlich wäre zu prüfen, ob der Erfolg konjunkturpolitischer Maßnahmen vom Ausmaß der Unternehmenskonzentration beeinflußt wird".

7. Beurteilt man die von der Kommission angeregten empirischen Untersuchungen – einschließlich der entsprechenden Vorgespräche und der Diskussionen der Ergebnisse – aus heutiger Sicht, so muß m.E. festgestellt werden, daß

- erstens die operationale Formulierung der wirtschaftspolitischen Fragestellung und ihr empirischer Test sich als sehr viel schwieriger herausstellten, als dies ursprünglich eingeschätzt worden war, daß aber trotzdem
- zweitens festgestellt werden konnte, daß die Wechselwirkungen zwischen Konjunktur und Konzentration jedenfalls nicht ein solches Ausmaß haben, wie damals vielfach vermutet worden war.

Die Kommission hat infolgedessen diese Problematik später nicht weiter verfolgt.

II.

8. Nach diesen mehr als Vorbemerkungen gedachten Ausführungen komme ich zweitens zu einer Frage, die m.E. eine ausführliche Diskussion in diesem Kreise verdient. Ich meine die Frage, ob sich das bekannte Struktur-Verhalten-Ergebnis-Paradigma in der industrieökonomischen Forschung bewährt hat und ob man es auch bei zukünftigen Forschungsarbeiten zugrunde legen sollte.

Ich hatte eingangs bereits darauf hingewiesen, daß schon die Formulierung unseres Tagungsthemas "Marktstruktur und gesamtwirtschaftliche Entwicklung" auf diesem Paradigma basiert. Andererseits hat *Ernst Helmstädter (S. 168)* in seinem Referat darauf aufmerksam gemacht, daß in der ordnungstheoretischen Literatur zunehmend auch Kritik an diesem Paradigma geübt wird.

9. Soweit ich erkennen kann, sind es vor allem zwei Einwände, die gegen dieses Paradigma – und zwar insbesondere in der vereinfachten Form eines einseitigen Wirkungszusammenhanges von der Marktstruktur auf das Marktergebnis – vorgebracht werden:

- Erstens wird darauf hingewiesen, daß die Marktstruktur nicht als exogene Größe aufgefaßt werden dürfe, weil sie ihrerseits das Ergebnis des Marktprozesses, insbesondere des Marktverhaltens sei. Wettbewerbspolitisch relevant sei deshalb nicht die Frage, ob die bestehende Marktstruktur den Unternehmen (vorübergehend) Marktmacht verleiht, sondern ob diese Struktur das Ergebnis eines freien oder eines beschränkten Wettbewerbsprozesses ist.
- Ein zweiter Kritikpunkt richtet sich gegen die isolierte Betrachtung einzelner Märkte, die nur mehr oder weniger willkürlich abgegrenzt werden könnten. In der Realität überspringe der Wettbewerbsprozeß derartige Marktgrenzen und sei deshalb nur umfassend, innerhalb des gesamtwirtschaftlichen Marktsystems zutreffend zu beurteilen. Man spricht deshalb auch von einem totalen Wettbewerb um die Kaufkraft der Konsumenten.

Beide Auffassungen werden, wenn ich recht sehe, sowohl von den Anhängern der sog. "Neo-Österreichischen Schule" – die auch als Vertreter des "systemtheoretischen Ansatzes" in der Wettbewerbstheorie und als Vertreter der "wettbewerbspolitischen Konzeption der Wettbewerbsfreiheit" bezeichnet werden – als auch von den Anhängern der "Chicago Schule" vertreten, so sehr sich diese beiden Schulen auch in anderen Fragen unterscheiden. Ich bin mir bei dieser Feststellung wohlbewußt, wie fragwürdig es ist, eine größere Anzahl von Autoren mit differenzierten Auffassungen bestimmten "Schulen" zuzuordnen. Ich tue dies hier nur, weil es m.E. die Diskussion der hier interessierenden Fragen erleichtert.

10. Meine eigene Auffassung in dieser Frage ist, daß beide Kritikpunkte wertvolle zusätzliche Aspekte für die Wettbewerbsanalyse eröffnet haben, daß sie aber in der Kritik des traditionellen Paradigmas das Kind mit dem Bade ausschütten.

Entscheidend für diese Frage scheint mir dabei zu sein, mit welcher zeitlichen Perspektive ein Wettbewerbsprozeß beurteilt wird. Wählt man eine sehr lange Perspektive, etwa einen Zeitraum von 10 oder 20 Jahren, so ist es sicherlich richtig, Marktgrenzen und Marktstrukturen als vorübergehende Ergebnisse eines umfassenden Wettbewerbsprozesses aufzufassen. Substitutionswettbewerb zwischen unterschiedlichen Gütern, Marktzu- und -austrittsprozesse sowie Marktphasen mit wechselnden Konzentrationsgraden bestimmen das Bild. Nur hoheitlich geschützte Monopole haben dann noch Bestand; Marktmacht ist zur Schimäre geworden.

Verkürzt man jedoch die Perspektive etwa auf 1 Jahr, so kann man m.E. durchaus die Wirksamkeit des Wettbewerbs isoliert auf einem Markt beurteilen und dabei von der bestehenden Marktstruktur ausgehen. Gegenstand der Analyse ist dann das Verhalten der Unternehmen bei den kurzfristigen Angebotsparametern und dieses wird durchaus durch die Anzahl der aktuellen und potentiellen Konkurrenten maßgeblich beeinflußt.

Die Frage, welcher Perspektive der Vorzug zu geben ist, der kurzfristigen oder der langfristigen, ist eine Frage des Untersuchungsgegenstandes. Geht es um die Beurteilung der Funktionsfähigkeit des Wettbewerbs im wettbewerbspolitischen Zuammenhang, so richtet sich die Entscheidung danach, über welchen Zeitraum man eine machtbedingte Allokations- und Verteilungsverzerrung hinzunehmen bereit ist, um den Selbstheilungskräften des Marktes Vorrang vor dem staatlichen Eingriff einräumen zu können. Dies ist eine wertende politische Entscheidung.

11. Die Monopolkommission hat diese Frage, im Zusammenhang mit konkreten Fallentscheidungen, eingehend diskutiert. Sie hat sich dafür entschieden, nach Möglichkeit beide Aspekte in ihren Analysen zu berücksichtigen, die kurzfristige Einzelmarktbetrachtung und langfristige marktübergreifende Betrachtung[1].

Der langjährigen Kartellpraxis folgend ist der sachlich relevante Markt eng abzugrenzen und auf ihm vor allem der kurzfristige Preiswettbewerb zu beurteilen.

Wird der Einzelmarkt durch ein Unternehmen oder ein Oligopol beherrscht, so muß dadurch aber nicht notwendigerweise auch der potentielle Wettbewerb und der Substitutionswettbwerb beschränkt sein. Diese Wettbewerbsformen werden durch die Fähigkeit der Unternehmen, ihre Produktion umzustellen bzw. die Bereitschaft der Haushalte, ihre Konsumgewohnheiten zu ändern, bestimmt. Beide Anpassungsprozesse brauchen in der Regel eine längere Zeitspanne.

Erstreckt sich der beherrschende Einfluß eines Unternehmens über den Einzelmarkt hinaus auch auf die Substitutionsgüter und die potentiellen Wettbewerber und handelt es sich dabei insgesamt um einen wesentlichen Sektor der Gesamtwirtschaft, so sieht die Kommission darin eine "Gefährdung der marktwirtschaftlichen

---

1 Eine systematische Darstellung findet sich im *Hauptgutachten 1982/83, Kapitel VII.*

Ordnung" im Sinne des § 24 Abs. III, Satz 2 GWB *(Sondergutachten 1975, S. 63 ff.)*.

12. Die Berücksichtigung von Substitutionswettbewerb und potentiellem Wettbewerb erzwingt jedoch keinesfalls die Aufgabe des Struktur-Verhalten-Ergebnis-Paradigmas. Theoretische Überlegungen und empirische Beobachtungen lassen erkennen, daß Marktzutritte und damit auch der potentielle Wettbewerbsdruck in erster Linie durch Unternehmen erfolgt, die technologisch ähnliche Produktionsverfahren verwenden, wie die etablierten Marktteilnehmer. Sie können sich leichter auf die Produkte des betreffenden Marktes umstellen als andere Unternehmen. *Edith Penrose (1959)* hat den Begriff der "gemeinsamen technologischen Basis" als Bestimmungsgröße der Produktionsflexibilität und als Abgrenzungskriterium einer Industrie geprägt. Daraus ergeben sich Möglichkeiten, auch den marktübergreifenden potentiellen Wettbewerb auf strukturelle Bestimmungsfaktoren zurückzuführen, nämlich auf die Struktur der betreffenden Industrie.

Auch für die empirische Forschung ist deshalb m.E. eine klare begriffliche Trennung zu fordern zwischen

- dem Begriff des Marktes, der durch die Substitutionsmöglichkeit der Produkte für den Nachfrager bestimmt ist und
- dem Begriff der Industrie, der durch die Umstellungsflexibilität der Anbieter bestimmt ist.

Es handelt sich dabei um grundlegend unterschiedliche Kriterien, die nur zufällig zu mehr oder weniger ähnlichen Ergebnissen führen. Ich weiß, daß die amtliche Produktionsstatistik und Industriestatistik diese Kriterien miteinander vermengt.

III.

13. Entscheidet man sich für die Beibehaltung des Struktur-Verhalten-Ergebnis-Paradigmas – und es dürfte klar geworden sein, daß ich dieses in modifizierter und erweiterter Form tue – so stellt sich als nächstes die Frage, welche Strukturkriterien als unabhängige Variable der Analyse gewählt werden sollen. Ich bin damit bei der dritten, von mir eingangs genannten Frage.

Unter allen möglichen Marktstrukturkriterien hat die Anbieterkonzentration schon immer eine Sonderstellung eingenommen. Konkurrenz und Monopol bilden das klassische Gegensatzpaar der Markttheorie, dessen Allokations- und Verteilungsergebnisse sich besonders eindrucksvoll deduzieren lassen. Auch in der empirischen Forschung ist die Konzentration die am häufigsten verwendete unabhängige Variable, zumal die Datenlage im Vergleich mit alternativen Größen noch vergleichsweise gut ist. Und sogar im Wettbewerbsrecht, bei den Kriterien der Marktbeherrschung in § 22, Abs. 1 Ziffer 2 GWB hat die Konzentration insofern eine

Sonderstellung, als nur für sie im Abs. 3 quantitative Vermutungskriterien aufgestellt wurden[2].

14. Wie Sie wissen, gibt es eine Vielzahl von empirischen Untersuchungen über die Abhängigkeit der Gewinnhöhe von der Marktkonzentration (vgl. *Weiss 1974, S. 184 ff.; Scherer 1980, Ch. 9*). Zugrunde liegt ihnen die in den meisten Oligopoltheorien enthaltene Hypothese, daß mit zunehmender Konzentration die Möglichkeiten formloser Verhaltensabstimmung zunehmen und es so zur Herausbildung von Kollusionen kommt *(Scherer 1980, Ch. 5 ff.;* vgl. dazu *Kantzenbach 1967, S. 54 ff.)*.

In den 50er und 60er Jahren konnte dieser Zusammenhang durch viele Untersuchungen bestätigt werden. Die 70er und 80er Jahre brachten jedoch eine große Ernüchterung in bezug auf diese Erkenntnisse und die auf ihnen aufbauenden wettbewerbspolitischen Konzeptionen. Eine Reihe von Untersuchungen zeigte, daß der individuelle Marktanteil einen sehr viel stärkeren Einfluß auf die Gewinnhöhe hat als die Marktkonzentration und daß der Einfluß der Konzentration völlig verschwindet oder sogar negativ wird, wenn beide Faktoren gleichzeitig in die Untersuchung einbezogen werden[3].

Die Ergebnisse sind heute weitgehend unbestritten. Auffassungsunterschiede bestehen lediglich in der Interpretation, nämlich ob der Einfluß individueller Marktanteile auf die Gewinnhöhe ein Ausdruck von überlegener Effizienz oder von individueller Marktmacht ist. Die ursprüngliche Oligopolthese läßt sich jedenfalls mit generellem Gültigkeitsanspruch nicht länger aufrechterhalten.

15. Wirtschaftspolitisch noch wesentlich wichtiger als die Einflüsse der Konzentration auf die Allokationsfunktion sind diejenigen auf die Fortschrittsfunktion. Es ist offensichtlich, daß eine geringe Steigerung der Innovationsrate einer Volkswirtschaft schon nach relativ kurzer Zeit eine gravierende, aber konstante Allokationsverzerrung überkompensiert. Dies hat vor allem *Josef Schumpeter (1950, S. 120 ff.)* plastisch und überzeugend dargelegt. Er war davon überzeugt, daß die Innovationen vor allem von Großunternehmen in oligopolistischen Marktstrukturen initiiert würden.

In die Industrieökonomik haben diese Überlegungen als sog. Neo-Schumpeter-Hypothese Eingang gefunden, und auch diese war Gegenstand wiederholter empirischer Überprüfung *(Scherer 1980, Ch. 15)*. Mit sehr viel gutem Willen kann man in den Ergebnissen Frederic Scherers eine gewisse Bestätigung der einmal von mir vertretenen These vom weiten Oligopol als optimaler Marktform erblicken *(Kantzenbach 1967, S. 87 ff.)*. Wichtiger scheint mir aber zu sein, daß

2 Bei der GWB-Novelle 1980 wurden in § 23a, Abs. 1 auch Vermutungskriterien aufgenommen, die an der absoluten Unternehmensgröße anknüpfen. Sie haben aber nie große praktische Bedeutung erlangt.

3 Ein Überblick über die betreffenden Untersuchungen findet sich in *Kantzenbach, Kruse 1987*.

fast alle Untersuchungen nur einen sehr schwachen Zusammenhang zwischen Konzentration und Innovation gefunden haben. Auch die Neo-Schumpeter-Hypothese gibt deshalb heute für die Orientierung der Wettbewerbspolitik nichts mehr her.

16. Über mögliche Zusammenhänge von Marktkonzentration und gesamtwirtschaftlicher Stabilität hatte ich zu Anfang schon einige Bemerkungen gemacht. Es handelt sich dabei um einen dritten Fragenkomplex der empirischen Industrieökonomik, der für die Wirtschaftspolitik außerordentliche Bedeutung haben könnte. Seit der Arbeit von *Gardiner Means (1935)* über die Weltwirtschaftskrise, ist die These der administrierten Preise viele Male untersucht worden *(Scherer 1980, Ch. 13)*. Die von der Monopolkommission angeregten Arbeiten hatte ich eingangs schon erwähnt.

Nach meiner Kenntnis konnte in keiner dieser Arbeiten ein erheblicher Einfluß der Marktkonzentration auf die gesamtwirtschaftliche Stabilität nachgewiesen werden. Dieses Ergebnis deckt sich teilweise damit, daß auch die Oligopolthese nicht mehr als bestätigt angesehen werden kann.

Maßgeblichen Einfluß auf das Preisverhalten der Unternehmen scheint dagegen die Vollkommenheit der Märkte zu haben. Darauf weisen auch *Jürgen Kromphardt (S. 37)* und *Karl Aiginger (S. 143 ff.)* in ihren Referaten zu dieser Tagung hin. Insbesondere die von *Aiginger* entwickelte Strukturhypothese mit der Unterscheidung von commodities und engineering products scheint mir ein fruchtbarer Ansatz zu sein. Wenn ich recht sehe, entspricht er weitgehend der Unterscheidung von Auktionsmärkten und Kundenmärkten bei *Arthur M. Okun (1981, S. 134 ff.)*.

17. Je weniger die Hypothesen über den Einfluß der Konzentration auf die Marktergebnisse empirisch bestätigt werden konnten, desto mehr rückten andere Komponenten der Marktstruktur ins Blickfeld der Wissenschaft. Dies gilt vor allem für die Marktzutrittsschranken. Zwar wurden diese schon in den 50er Jahren von *Fritz Machlup (1952)* und von *Joe S. Bain (1956)* eingehend analysiert, in der Einschätzung ihrer wettbewerbspolitischen Bedeutung rangierten sie jedoch, trotz der vielen einschlägigen Veröffentlichungen *(Scherer 1980, Ch. 8, 1983)*, zunächst hinter der Marktkonzentration.

Besondere Beachtung fanden die Marktzutrittsschranken in den achtziger Jahren durch die Deregulierungspolitik der USA *(Kruse 1989, S. 9 ff.)* und die Theorie der bestreitbaren Märkte von *Baumol, Panzar* und *Willig (1982)*. Erwähnen möchte ich in diesem Zusammenhang auch eine in meinem Institut entstandene Habilitationsschrift von *Jörn Kruse (1985)*, in der Marktzutrittsschranken aus der Kombination von Irreversibilitäten und Scale Economies erklärt werden. Ich halte diesen Ansatz für sehr fruchtbar, und wir beabsichtigen ihn im Rahmen des DFG-Schwerpunktprogramms "Marktstruktur und gesamtwirtschaftliche Entwicklung" weiter zu verfolgen.

Außerdem möchte ich anregen, bei der Untersuchung von Marktzutrittsprozessen, neben den Merkmalen des Zielmarktes auch die Eintrittsfähigkeit potentieller Bewerber eingehend zu analysieren. Diese hängt maßgeblich von branchenspezifischem know how ab und ist deshalb bei Unternehmen der gleichen Industrie in höherem Maße zu vermuten als von Industrie-outsidern *(Kantzenbach, Kruse 1987)*. Für die Beurteilung der Marktzutrittsmöglichkeiten ist deshalb – wie ich bereits erwähnt habe – auch die Unternehmensstruktur in der betreffenden Industrie von großer Bedeutung. In hochkonzentrierten Industrien ergibt sich u.U. die Möglichkeit einer Marktzutrittskollusion, bei der Unternehmen wechselseitig ihre Marktführerposition auf verschiedenen Einzelmärkten respektieren.

IV.

18. Damit komme ich abschließend zu der vierten von mir eingangs genannten Frage, der Frage nach der Meßbarkeit der Strukturkriterien. Meiner Auffassung nach wird dieser Frage in der empirischen Industrieökonomik viel zu wenig Aufmerksamkeit geschenkt. Die unbefriedigenden Ergebnisse, insbesondere der Querschnittsanalysen sind vermutlich großenteils auf diesen Umstand zurückzuführen *(Baum 1978, S. 30 ff.)*. Auch in dieser Hinsicht stimme ich voll dem Referat von Karl Aiginger auf dieser Tagung zu.

Ich möchte meine Kritik an drei Punkten konkretisieren:

a) Fast alle wettbewerbstheoretischen Hypothesen beziehen sich auf Märkte. Erst nach der Definition und Abgrenzung des relevanten Marktes lassen sich beispielsweise Konzentrationsgrade, Marktanteile oder Marktzutritte bestimmen. Aus den Einzelentscheidungen des Bundeskartellamtes wissen wir, welche Schwierigkeiten die Marktabgrenzung bereitet. Lediglich bei homogenen Gütern ist sie trivial. In anderen Fällen ist das entscheidende Kriterium, die Austauschbarkeit der Produkte aus der Sicht der Nachfrager, nur sehr schwer und näherungsweise zu ermitteln. Die Verwendung der amtlichen Produktions- oder Industriestatistik, wie sie in vielen ökonometrischen Untersuchungen erfolgt, ist jedenfalls völlig unbefriedigend, gleichgültig auf welchem Aggregationsniveau sie erfolgt.

b) Ähnliches gilt für die Definition der Unternehmenseinheiten bei der Bestimmung der Marktstruktur. In Einzelfallentscheidungen wird dazu die sog. "wettbewerbliche Einheit" unter Berücksichtigung von Kapitalverflechtungen ermittelt. Als brauchbare Annäherung daran könnte die Konzernabgrenzung der Umsatzsteuerstatistik dienen. Das verfügbare Datenmaterial ist aber sehr gering. Die Unternehmenseinheit der Produktion- und Industriestatistik ist jedoch als juristische Person abgegrenzt und deshalb für jede wirtschaftliche Betrachtung nahezu unbrauchbar.

c) Schließlich wird in einigen empirischen Untersuchungen – so auch in einigen Papieren für diese Tagung – der sog. Lerner-Index als Maß für den Monopolgrad verwendet. Dieses Maß vernachlässigt alle organisationstheoretischen Probleme, die in der Wettbewerbstheorie zunehmend beachtet werden. Meiner Auffassung nach treten gesamtwirtschaftliche Effizienzverluste infolge von Wettbewerbsbeschränkungen zum größten Teil in der Form mangelnder Kostendisziplin, also als sog. X-Ineffizienzen auf. Allokative Ineffizienzen, die der Lerner-Index erfaßt, machen nur einen kleinen Teil aus.

Nach Einschätzung der Monopolkommission sind diese und andere Fehler in der Konzentrationsstatistik so groß, daß Querschnittsvergleiche praktisch wertlos sind. Die Kommission hat ihre Statistik deshalb ausschließlich für Langschnittanalysen verwendet und im übrigen Einzeluntersuchungen von Märkten und Industrien vorgenommen.

Nach meiner Kennntis wird bei vielen ökonometrischen Untersuchungen nicht die gleiche Zurückhaltung geübt und die kritiklose Verwendung veröffentlichter Statistiken steht häufig im krassen Widerspruch zum Aufwand bei den verwendeten Rechenverfahren.

Literaturverzeichnis

Aiginger, K. (1990), Investitionsverhalten und Marktstruktur – Empirische Ergebnisse für Österreich. In: B. Gahlen (Hrsg.), Marktstruktur und gesamtwirtschaftliche Entwicklung, Heidelberg, New York, Tokyo.

Bain, J.S. (1956), Barriers to New Competition. Cambridge, Mass.

Baum, S.C. (1978), Systematische Fehler bei der Darstellung der Unternehmenskonzentration durch Konzentrationskoeffizienten auf der Basis industriestatistischer Daten. *Jahrbuch für Nationalökonomie und Statistik 193,* S. 30 ff.

Baumol, W.J., Panzar, J.C., Willig, R.D. (1982), Contestable Markets and the Theory of Industry Structure. New York.

Bundestagsdrucksache 7/2250, S. 14 f. und 59 ff.

Helmstädter, E. (1990), Marktstruktur und dynamischer Wettbewerb – Theoretische Grundlagen der Schumpeter-Hypothese. In: B. Gahlen (Hrsg.), Marktstruktur und gesamtwirtschaftliche Entwicklung, Heidelberg, New York, Tokyo.

Kantzenbach E. (1967), Die Funktionsfähigkeit des Wettbewerbs, 2. Aufl. Göttingen.

Kantzenbach, E., Kruse, J. (1987), Kollektive Marktbeherrschung, Dokument, Kommission der Europäischen Gemeinschaften. Brüssel.

Kloten, N. (1988), Theoretische Konzeption und wirtschaftspolitische Praxis – Das Stabilisierungsproblem, Referat auf der Jahrestagung des Vereins für Socialpolitik, Freiburg.

Kromphardt, J. (1990), Einflüsse der Marktstruktur auf die konjunkturelle Entwicklung. In: B. Gahlen (Hrsg.), Marktstruktur und gesamtwirtschaftliche Entwicklung, Heidelberg, New York, Tokyo.

Kruse, J. (1985), Die Ökonomie der Monopolregulierung. Göttingen

Kruse, J. (1989), Ordnungstheoretische Grundlagen der Deregulierung. In: H.St. Seidenfus (Hrsg.), Deregilierung – eine Herausforderung an die Wirtschafts- und Sozialpolitik in der Marktwirtschaft. Schriften des Vereins für Socialpolitik N.F., Bd. 184, Berlin.

Machlup, F. (1952), The Economics of Sellers Competition. Baltimore.

Means, G. (1935), Industrial Prices and Their Relative Inflexibility, Report to the Secretary of Agriculture, Senate Document No. 13. Washington.

Möschel, W. (1983), Recht der Wettbewerbsbeschränkungen. Köln u.a., S. 20 ff.

Monopolkommission (1975), Sondergutachten 2 (Veba-Gelsenberg), Baden-Baden.

Monopolkommission (1976), Hauptgutachten I. Baden-Baden.

Monopolkommission (1982), Hauptgutachten, Kap. VII. Baden-Baden.

Okun, A.M. (1981), Prices and Quantities. Oxford.

Penrose, E. (1959), The Theory of the Growth of the Firm. Oxford.

Sachverständigenrat zur Begutachtung der gesamtwirtschaftlichen Entwicklung (1977/78), Jahresgutachten. Baden-Baden.

Scharpf, F. (1987), Sozialdemokratische Krisenpolitik. Frankfurt.

Scherer, F.M. (1980), Industrial Market Structure and Economic Performance, Second Edition, Chicago.

Scherer, F.M. (1983), Concepts and Effects of Barriers to Entry. *The Journal of Reprints for Antitrust Law and Economics XIV,* No 1.

Schumpeter, J. (1950), Kapitalismus, Sozialismus und Demokratie, 2. Aufl. Bern.

Weiss, L.W. (1984), The Concentration-Profits Relationship and Antitrust. In: H.J. Goldschmid, H.M. Mann, J.F. Weston (Hrsg.), Industrial Concentration: The New Learning. Boston, Toronto.

II. Einflüsse der Marktstruktur auf die Preise und Mengen
– Kurzfristige Aspekte –

Zur Dynamik multisektoraler Preis- und Mengenreaktionen

Referat von Peter Stahlecker und Karsten Schmidt

Zusammenfassung: In diesem Beitrag wird das Preis- und Mengenverhalten im produzierenden Gewerbe der Bundesrepublik Deutschland anhand von Monatsdaten für die Jahre 1971 bis 1981 untersucht. Dabei werden zwei unterschiedliche Ansätze verfolgt. Einmal wird ein multisektorales lineares Anpassungsmodell unterstellt. Als Maß für die dynamische Stabilität von Preis- und Mengenreaktionen wird der Spektralradius der Anpassungsmatrix geschätzt. Der zweite Ansatz unterstellt keinen bestimmten funktionalen Zusammenhang. Es wird jedoch davon ausgegangen, daß sich Veränderungen von Preisen und Mengen endogen erklären lassen. Zur Beurteilung des dynamischen Verhaltens wird der maximale Lyapunov-Exponent abgeschätzt. Bei beiden Ansätzen wird der Frage nachgegangen, ob ein Zusammenhang zwischen Konzentrationsgrad und dynamischer Stabilität feststellbar ist.

Abstract: Using monthly data for 22 industries of the Federal Republic of Germany, we investigate short-run fluctuations of prices, wages, outputs, and employment levels over the 1971/81 interval by means of a multi-sectoral linear adjustment model. As a measure for stability, the dominant eigenvalue of the adjustment matrix is estimated. In a second approach, we do not suppose a specific functional form of the adjustment process. However, the price and quantity reactions are assumed to be determined endogenously. The dynamic behavior is analyzed by estimation of the maximum Lyapunov exponent. The connection between concentration and dynamic stability is discussed.

I. Einleitung

Wie reagieren Preise, Löhne und Beschäftigung unterschiedlich konzentrierter Industriebereiche auf konjunkturelle Impulse? Gibt es z.B. Hinweise auf asymmetrische Preisreaktionen der stark konzentrierten Sektoren, die von den konjunkturpolitischen Instanzen zu beachten sind? Solche und ähnliche Fragen sind Gegenstand traditioneller Studien zum Zusammenhang zwischen Marktstruktur und konjunktureller Entwicklung. Diese Studien basieren in der Regel auf Querschnittsanalysen. Durch Vergleich der Ergebnisse solcher Querschnittsbetrachtungen für verschiedene Konjunkturphasen sollen Unterschiede im Preis-/Mengenverhalten der Industrien aufgedeckt und die verschiedenen Hypothesen zur relativen Preisstarrheit bzw. zur asymmetrischen Preisreaktion konzentrierter Sektoren getestet werden.

Ziel des vorliegenden Beitrags ist eine etwas anders gelagerte Problemstellung. Gibt es empirische Anhaltspunkte für dynamisch stabile Preis- und Mengenreaktionen? Welche Rolle spielen hierbei die Reaktionen der verschiedenen Industrien? Gelingt es beispielsweise den konzentrierten Bereichen, die Preisdynamik zu dämpfen und die damit verbundene Unsicherheit ggf. unter Inkaufnahme stärkerer Mengenschwankungen zu reduzieren?

Die Frage der dynamischen Stabilität bzw. Instabilität führt letztlich auch auf die Frage, wie weit kurzfristige Entwicklungen (Schocks) in die Zukunft wirken. Bei Instabi-

Studies in Contemporary Economics
B. Gahlen (Hrsg.)
Marktstruktur und gesamtwirtschaftliche Entwicklung

lität darf man nicht darauf hoffen, daß sich die Wirtschaft entsprechend einem langfristigen Trend entwickelt.

Nelson/Plosser (1982) sowie *Campbell/Mankiw (1987)* haben diese Frage für makroökonomische Zeitreihen untersucht und damit die *unit roots*-Debatte ausgelöst. Die Diskussion konzentrierte sich dabei auf lineare autoregressive bzw. *moving average* Modelle.

Wir analysieren im folgenden die kurzfristigen Preis- und Mengenreaktionen in einem Teilbereich der bundesdeutschen Wirtschaft, wobei wir dem Aspekt der *Interdependenz* der Industrien Rechnung tragen. Dies erfordert in Analogie zur Input-/Outputanalyse ein multisektorales dynamisches Preis-Mengen-Modell.

Zunächst untersuchen wir ein *lineares* autoregressives Modell und verfolgen daran anschließend einen neueren Ansatz, bei dem von grundsätzlich *nichtlinearen* Zusammenhängen ausgegangen und eine *endogene* Erklärung des Preis-/Mengenverhaltens gesucht wird.

II. Linearer Ansatz

Als lineares Modell betrachten wir den vektoriellen autoregressiven Prozeß erster Ordnung

$$\text{(2.1)} \qquad \mathbf{y}_t = \mathbf{A}\mathbf{y}_{t-1} + \mathbf{u}_t\,, \qquad t = 2, \dots, T\,,$$

mit

$$\mathcal{E}[\mathbf{u}_t] = \mathbf{0} \quad \text{und} \quad \mathcal{E}[\mathbf{u}_t\mathbf{u}_s'] = \begin{cases} \Sigma & \text{für } t = s\,, \\ \mathbf{0} & \text{sonst,} \end{cases}$$

wobei $\mathbf{y}_t$ und $\mathbf{u}_t$ $(G \times 1)$ Vektoren sind und $\mathbf{A}$ eine $(G \times G)$ Matrix ist. Die in $\mathbf{y}_t$ erfaßten Preis- und Mengenveränderungen der Wirtschaftszweige werden durch die entsprechenden Werte der Vorperiode sowie Schocks erklärt. Die Koeffizienten der Matrix $\mathbf{A}$, die den Anpassungsprozeß beschreiben, werden beispielsweise durch die Kosten dieser Anpassung, institutionelle Beschränkungen oder Preisrigiditäten in konzentrierten Wirtschaftszweigen beeinflußt. Im Störterm $\mathbf{u}_t$ werden sämtliche exogene Schocks zusammengefaßt (unter anderem geld- oder fiskalpolitische Impulse, Veränderungen der *terms of trade*, Streiks).

Man beachte, daß es verschiedene theoretische Begründungen für einen Prozeß der Form (2.1) gibt. Beispielhaft sei ein lineares partielles Anpassungsmodell genannt, wie es z.B. *Bowden (1978, S. 93 ff.)* vorgeschlagen hat (vgl. auch *Stahlecker/Schmidt 1988, S. 412 f.*). In diesem Fall beschreibt (2.1) die Anpassung der Preise und Mengen an nicht direkt beobachtbare Gleichgewichtszustände, die sich in Folge von Schocks fortlaufend ändern.

Die Anzahl G der Variablen in (2.1) hängt von der Anzahl der Wirtschaftszweige und der Anzahl der Preis-/Mengengrößen pro Wirtschaftszweig ab. Der von uns verwendete Datensatz besteht aus monatlichen Beobachtungen für 22 Wirtschaftszweige des verarbeitenden Gewerbes in der Bundesrepublik Deutschland (siehe Tabelle 1).

Tabelle 1: Die 22 Wirtschaftszweige, geordnet nach dem Konzentrationsgrad

SYPRO-Nr.	Wirtschaftszweig
21	Bergbau
33	Straßenfahrzeugbau, Reparatur von Kraftfahrzeugen usw.
22	Mineralölverarbeitung
27	Eisenschaffende Industrie
59	Gummiverarbeitung
55*	Zellstoff-, Holzschliff-, Papier- und Pappeerzeugung
36	Elektrotechnik, Reparatur von elektrischen Haushaltsgeräten
28	NE-Metallerzeugung, NE-Metallhalbzeugwerke
40	Chemische Industrie
51	Feinkeramik
37	Feinmechanik, Optik, Herstellung von Uhren
31	Stahl- und Leichtmetallbau, Schienenfahrzeuge
56*	Papier- und Pappeverarbeitung
32	Maschinenbau
25	Gewinnung und Verarbeitung von Steinen und Erden
53*	Holzbearbeitung
39*	Herstellung von Musikinstrumenten, Spielwaren, usw.
57*	Druckerei, Vervielfältigung
58	Herstellung von Kunststoffwaren
68*	Ernährungsgewerbe
38	Herstellung von Eisen-, Blech- und Metallwaren
54*	Holzverarbeitung

Der Bereich der weniger stark konzentrierten Sektoren beginnt mit Wirtschaftszweig 37; die mit * markierten Sektoren gehen nicht in die Berechnungen des 3. Abschnitts ein.

Pro Wirtschaftszweig wurden aus Angaben der Fachserien 4 und 17 des Statistischen Bundesamts die folgenden vier Variablen gebildet:

Δp_{t_i} := Veränderung des Preisindex,

Δx_{t_i} := Veränderung des Nettoproduktionsindex,

Δw_{t_i} := Veränderung des Lohnindex und

Δl_{t_i} := Veränderung des Beschäftigungsindex,

im Wirtschaftszweig i gegenüber der Vorperiode.

Insgesamt sind das 88 Variablen, für die wir monatliche Beobachtungen für die Jahre 1971 bis 1981 haben (T=131).

Zur Veranschaulichung wollen wir **A**, $\mathbf{y}_t$, und $\mathbf{u}_t$ wie folgt partitionieren:

$$\mathbf{A} = \begin{pmatrix} \mathbf{A}_{pp} & \mathbf{A}_{px} & \mathbf{A}_{pw} & \mathbf{A}_{pl} \\ \mathbf{A}_{xp} & \mathbf{A}_{xx} & \mathbf{A}_{xw} & \mathbf{A}_{xl} \\ \mathbf{A}_{wp} & \mathbf{A}_{wx} & \mathbf{A}_{ww} & \mathbf{A}_{wl} \\ \mathbf{A}_{lp} & \mathbf{A}_{lx} & \mathbf{A}_{lw} & \mathbf{A}_{ll} \end{pmatrix}, \quad \mathbf{y}_t = \begin{pmatrix} \Delta\mathbf{p}_t \\ \Delta\mathbf{x}_t \\ \Delta\mathbf{w}_t \\ \Delta\mathbf{l}_t \end{pmatrix}, \quad \mathbf{u}_t = \begin{pmatrix} \mathbf{u}_{t1} \\ \mathbf{u}_{t2} \\ \mathbf{u}_{t3} \\ \mathbf{u}_{t4} \end{pmatrix}.$$

Auf diese Weise erhält der lineare Ansatz (2.1) folgende Darstellung:

$$\begin{aligned} \Delta\mathbf{p}_t &= \mathbf{A}_{pp}\Delta\mathbf{p}_{t-1} + \mathbf{A}_{px}\Delta\mathbf{x}_{t-1} + \mathbf{A}_{pw}\Delta\mathbf{w}_{t-1} + \mathbf{A}_{pl}\Delta\mathbf{l}_{t-1} + \mathbf{u}_{t1}, \\ \Delta\mathbf{x}_t &= \mathbf{A}_{xp}\Delta\mathbf{p}_{t-1} + \mathbf{A}_{xx}\Delta\mathbf{x}_{t-1} + \mathbf{A}_{xw}\Delta\mathbf{w}_{t-1} + \mathbf{A}_{xl}\Delta\mathbf{l}_{t-1} + \mathbf{u}_{t2}, \\ \Delta\mathbf{w}_t &= \mathbf{A}_{wp}\Delta\mathbf{p}_{t-1} + \mathbf{A}_{wx}\Delta\mathbf{x}_{t-1} + \mathbf{A}_{ww}\Delta\mathbf{w}_{t-1} + \mathbf{A}_{wl}\Delta\mathbf{l}_{t-1} + \mathbf{u}_{t3}, \\ \Delta\mathbf{l}_t &= \mathbf{A}_{lp}\Delta\mathbf{p}_{t-1} + \mathbf{A}_{lx}\Delta\mathbf{x}_{t-1} + \mathbf{A}_{lw}\Delta\mathbf{w}_{t-1} + \mathbf{A}_{ll}\Delta\mathbf{l}_{t-1} + \mathbf{u}_{t4}. \end{aligned} \tag{2.2}$$

Die Bedeutung der (22×22) Teilmatrizen $\mathbf{A}_{pp}$, $\mathbf{A}_{px}$, ..., $\mathbf{A}_{ll}$ sei anhand eines Beispiels erklärt. Die zweite Matrix $\mathbf{A}_{px}$ in der ersten Zeile von (2.2) beschreibt, wie sich Produktions- und damit Nachfrageänderungen auf die Preise der 22 Wirtschaftszweige auswirken. Anhand der Darstellung (2.2) des linearen Modells wird deutlich, daß wir wegen der interindustriellen Verflechtung a priori alle möglichen Interdependenzen zwischen den Wirtschaftszweigen zulassen, d.h. die Preis- und Mengenveränderungen sowie Schocks innerhalb eines einzelnen Wirtschaftszweiges können die künftigen Preise und Mengen aller Wirtschaftszweige in der folgenden Periode beeinflussen. Unsere Spezifikation schließt natürlich nicht aus, daß eine große Zahl der Elemente von **A** praktisch gleich Null ist[1].

Für die Schätzung der Anpassungsmatrix **A** haben wir die Methode der kleinsten Quadrate (KQ) verwendet, obwohl dieses Verfahren infolge der autoregressiven Struktur von (2.1) nicht zu erwartungstreuen Ergebnissen führt. Dennoch ist der KQ-Schätzer unter bestimmten Voraussetzungen ein konsistenter Schätzer (vgl. z.B. *Schönfeld 1971, S. 232*)[2].

Die geschätzte Systemmatrix $\hat{\mathbf{A}}$ enthält fast 8000 Einzelwerte. Wir werden jedoch im folgenden sehen, daß eine einzige Maßzahl die wesentliche Information über die dynamische Stabilität des betrachteten Ausschnitts der bundesdeutschen Wirtschaft vermittelt.

---

1 A priori Informationen derart, daß gewisse Koeffizienten Null sind, lassen sich in diesen Ansatz einbauen. Vergleichsrechnungen haben aber gezeigt, daß sich die Resultate nur unwesentlich von denen der nichtrestringierten Schätzungen unterscheiden.

2 Man beachte, daß der Beobachtungsumfang mit 130 und die Zahl der Freiheitsgrade mit 42 (pro Modellgleichung in (2.1)) für eine ökonomische Zeitreihenuntersuchung relativ groß sind.

Zunächst sei angenommen, daß in der Periode s ein starker Schock auftritt, z.B. werde die Mineralölsteuer verdoppelt. Wir betrachten die Folge

$$\mathcal{E}[\mathbf{y}_t | \mathbf{y}_s] = \mathbf{A}\mathcal{E}[\mathbf{y}_{t-1} | \mathbf{y}_s] = \mathbf{A}^{(t-s)}\mathbf{y}_s, \quad t = s+1, s+2, ..., \infty,$$

wobei $\mathcal{E}[\cdot | \mathbf{y}_s]$ den bedingten Erwartungswert bezeichnet, und insbesondere das Verhalten von $\mathbf{A}^{(t-s)}$ für $t \to \infty$. Bekanntlich gilt

$$\lim_{k \to \infty} \mathbf{A}^k = \mathbf{0} \quad \text{genau dann, wenn} \quad \rho(\mathbf{A}) < 1$$

ist, wobei

$$\rho(\mathbf{A}) := \max \{ |\lambda| : \lambda \text{ ist Eigenwert von } \mathbf{A} \}$$

den Spektralradius von $\mathbf{A}$ bezeichnet (vgl. z.B. *Horn/Johnson 1985, S. 298*).

Daraus folgt, daß $\lim_{t \to \infty} \mathcal{E}[\mathbf{y}_t | \mathbf{y}_s] = \mathbf{0}$ für alle $\mathbf{y}_s$ genau dann gilt, wenn $\rho(\mathbf{A})$ kleiner als eins ist.

Die Schätzung der Koeffizientenmatrix $\mathbf{A}$ ergab $\rho(\hat{\mathbf{A}}) = 0.97$ [3]. Aufgrund der hohen Dimension des Modells (2.1) waren wir leider nicht in der Lage, ein Konfidenzintervall zu ermitteln. Zur Untersuchung der Robustheit unseres Ergebnisses haben wir daher eine ganze Reihe von weiteren Schätzungen modifizierter Modelle durchgeführt. Neben den bereits in Fußnote 1 erwähnten wurden noch folgende Vergleichsrechungen vorgenommen:

- Schätzungen eines Modells mit $\mathcal{E}[\mathbf{u}_t] = \mathbf{b}$, $\mathbf{b}$ ggf. $\neq \mathbf{0}$;
- Schätzungen unter Verwendung von gewichteten und ungewichteten gleitenden 3-Monats-Durchschnitten;
- Verwendung eines *ridge*-Schätzers;
- Schätzungen auf Basis verkürzter Beobachtungszeiträume.

In allen Fällen erhielten wir das Ergebnis $\rho(\hat{\mathbf{A}}) \approx 1$.

Die Bestimmung des Spektralradius für einige Teilmatrizen von $\hat{\mathbf{A}}$ führte zu folgenden Resultaten (der Gesamtdatensatz sei entsprechend (2.2) strukturiert):

$$\rho\begin{pmatrix} \hat{\mathbf{A}}_{\mathrm{PP}} & \hat{\mathbf{A}}_{\mathrm{PX}} \\ \hat{\mathbf{A}}_{\mathrm{XP}} & \hat{\mathbf{A}}_{\mathrm{XX}} \end{pmatrix} = 1.32 \quad \text{und} \quad \rho\begin{pmatrix} \hat{\mathbf{A}}_{\mathrm{ww}} & \hat{\mathbf{A}}_{\mathrm{wl}} \\ \hat{\mathbf{A}}_{\mathrm{lw}} & \hat{\mathbf{A}}_{\mathrm{ll}} \end{pmatrix} = 1.40.$$

3 Sofern $\hat{\mathbf{A}}$ ein konsistenter Schätzer für $\mathbf{A}$ ist, ist auch $\rho(\hat{\mathbf{A}})$ ein konsistenter Schätzer für $\rho(\mathbf{A})$, da $\rho(\cdot)$ eine stetige Funktion ist (vgl. *Horn/Johnson 1985, S. 313*).

Eine Umstrukturierung der Daten zum Zwecke der Unterscheidung zwischen konzentrierten und nicht-konzentrierten Wirtschaftszweigen ergab:

$$\rho\left(\hat{\mathbf{A}}_{kk}\right) = 1.34 \quad \text{und} \quad \rho\left(\hat{\mathbf{A}}_{nn}\right) = 1.33\,.$$

In diesem Fall waren $\mathbf{A}$ und $\mathbf{y}_t$ in der folgenden Weise partitioniert:

$$\mathbf{A} = \begin{pmatrix} \mathbf{A}_{kk} & \mathbf{A}_{kn} \\ \mathbf{A}_{nk} & \mathbf{A}_{nn} \end{pmatrix}, \quad \mathbf{y}_t = \begin{pmatrix} \Delta\mathbf{k}_t \\ \Delta\mathbf{n}_t \end{pmatrix},$$

wobei $\Delta\mathbf{k}_t$ alle Variablen der 10 stärker konzentrierten Wirtschaftszweige enthält (vgl. Tabelle 1) und die Daten der restlichen 12 Wirtschaftszweige in $\Delta\mathbf{n}_t$ erscheinen.

Offensichtlich sind diese Subsysteme mehr oder weniger instabil. Der Gütermarkt scheint etwas weniger instabil zu sein als der Arbeitsmarkt, während zwischen den konzentrierten und den nicht-konzentrierten Wirtschaftszweigen praktisch kein Unterschied festzustellen war.

Nun ist es bei *asymmetrischen* Preis-Mengen-Reaktionen grundsätzlich problematisch, mit linearen dynamischen Modellen zu arbeiten. Da lineare Modelle im Falle der Instabilität nichtlineare Preis-Mengen-Systeme bestenfalls kurzfristig befriedigend approximieren, ist die Modellspezifikation (2.1) auch angesichts unseres Befunds eines nahe bei Eins liegenden Spektralradius diskussionswürdig.

III. Nichtlinearer Ansatz

Wir analysieren daher im folgenden das Problem der Instabilität unter dem Blickwinkel der Chaos-Theorie[4]. Ausgangspunkt ist die Hypothese, daß die konjunkturelle Entwicklung von Preisen und Mengen endogen, d.h. ohne Rückgriff auf exogene Schocks, mit Hilfe deterministischer nichtlinearer Prozesse erklärt werden *kann*. Der Versuch einer *deterministischen* Erklärung des Preis- und Mengenverhaltens mag zunächst ziemlich abwegig erscheinen. Jedoch ist es gerade die faszinierende Entdeckung der Chaos-Forschung, daß bei *Nichtlinearität* auch einfachste deterministische Prozesse Zeitreihen generieren können, die völlig irregulär aussehen und mit konventionellen statistischen Tests nicht von stochastischen Reihen zu unterscheiden sind. In diesem Falle spricht man von deterministischem Chaos. Es kennzeichnet ein Systemverhalten, das auf geringste Veränderungen der Randbedingungen sensitiv reagiert. Deterministisches Chaos ist gerade dann zu erwarten, wenn der den Zeitreihen zugrunde liegende deterministische Prozeß nichtlinear

---

4 Als eine der ersten Arbeiten, die sich mit der Anwendung der vor allem in der Physik schon länger aktuellen Chaos-Theorie auf die Wirtschaftswissenschaften befassen, sei beispielhaft die von *Day (1982)* genannt.

und instabil ist. Damit ist die Frage nach der Instabilität in nichtlinearen deterministischen Preis- und Mengensystemen letztlich eine Frage nach der Existenz von deterministischem Chaos[5].

Wir betrachten einen diskreten deterministischen Preis-Mengen-Prozeß

(3.1) $$\mathbf{y}_{t+1} = \mathbf{g}(\mathbf{y}_t)$$

mit $\mathbf{g}:\mathbb{R}^G \to \mathbb{R}^G$, wobei $\mathbf{y}_t$ wie in (2.1) Preis- und Mengenvariablen für einzelne Sektoren komponentenweise erfaßt[6]. Die Abbildung **g** aus (3.1) sei nicht bekannt. Allerdings gehen wir davon aus, daß **g** die in *Brock (1986,* Theorem 2.1) spezifizierten Voraussetzungen erfüllt[7]. Unser Ziel ist es, empirische Aussagen über die Stabilitätseigenschaften des Prozesses (3.1) zu gewinnen. Im Unterschied zu den makroökonomischen Untersuchungen von *Brock/Sayers (1988)* und *Frank/Stengos (1988)* verwenden wir die in Abschnitt 2 beschriebenen sektoral disaggregierten Reihen, von denen wir annehmen, daß sie wegen der Interdependenz der Industrien simultan durch einen einzigen Prozeß der Form (3.1) generiert werden.

Wenn (3.1) z.B. aufgrund von Asymmetrien in der Preisbildung nichtlinear ist, ist anstelle des maximalen Eigenwerts eine andere Maßzahl zur Beurteilung der Stabilität des Prozesses (3.1) heranzuziehen: der sogenannte maximale Lyapunov-Exponent

(3.2) $$\mu(\mathbf{y}) = \lim_{t\to\infty} \frac{1}{t} \ln\|\mathbf{Dg}^t(\mathbf{y})\|$$

(vgl. *Eckmann/Ruelle 1985* sowie *Brock 1986*). Hierbei bezeichnet $\mathbf{Dg}^t(\mathbf{y})$ die Funktionalmatrix (Ableitung) der Abbildung $\mathbf{g}^t$: $\mathbb{R}^G \to \mathbb{R}^G$ (an der Stelle **y**), die man durch

$$\mathbf{g}^t = \underbrace{\mathbf{g} \circ \mathbf{g} \circ \ldots \circ \mathbf{g}}_{t\text{–fach}}$$

aus **g** erhält[8].

Nach dem Theorem von *Oseledec (1968)* ist die Maßzahl $\mu(\mathbf{y})$ wohldefiniert und für ρ-fast alle $\mathbf{y} \in \mathfrak{U}$ konstant, wobei ρ das unter den Annahmen von Brock existierende

5 Im Unterschied zum linearen Fall ist es bei einem nichtlinearen Prozeß möglich, daß die Zustandsgrößen bei Instabilität für $t\to\infty$ (norm-)beschränkt bleiben, daß der Prozeß also *nicht* "explodiert".

6 Derzeit arbeiten wir an einer Synthese der Ansätze (2.1) und (3.1): $\mathbf{y}_{t+1} = \mathbf{g}(\mathbf{y}_t, \mathbf{u}_{t+1})$. Es zeichnet sich ab, daß unter gewissen Voraussetzungen die folgenden Überlegungen auch bei Existenz exogener Schocks gelten.

7 Diese Annahmen sind technischer Natur und sollen die Existenz sowie empirische Berechenbarkeit einer Maßzahl für Chaos sicherstellen (siehe unten): $\mathbf{g} \in C^2$ besitzt einen G-dimensionalen Attraktor $\mathfrak{U} \subset \mathbb{R}^G$, auf dem genau ein bzgl. **g** ergodisch invariantes Maß ρ erklärt ist.

8 $\|\cdot\|$ sei die mit der euklidischen Norm in $\mathbb{R}^G$ verträgliche Matrix-Norm, d.h. $\|\mathbf{A}\| = \lambda_{\max}(\mathbf{A}'\mathbf{A})^{\frac{1}{2}}$.

ergodisch invariante Maß auf $\mathfrak{U}$ bezeichne. Darüber hinaus kann $\mu(\mathbf{y})$ für fast alle $\mathbf{v} \in \mathbb{R}^G$ als Grenzwert der Folge

$$\left(\frac{1}{t} \ln\|\mathbf{Dg}^t(\mathbf{y})\mathbf{v}\| \right)_{t \in \mathbb{N}}$$

berechnet werden (vgl. *Eckmann/Ruelle 1985, S. 630*)[9]. Wegen dieser Invarianzeigenschaft von $\mu(\cdot)$ sprechen wir im folgenden von *dem* (maximalen) Lyapunov-Exponenten μ.

Welche Bedeutung hat μ für die Stabilitätsfrage? Die Basisidee soll hier kurz erläutert werden. Angenommen, wir beobachten den Prozeß (3.1) n Perioden lang. Wenn wir in einer beliebigen Periode t beginnen, erhalten wir nach n Perioden den Wert

$$\mathbf{y}_{t+n} = \mathbf{g}^n(\mathbf{y}_t) .$$

Bei einer geringfügigen Störung der Zustandsgröße in t um $\delta\mathbf{y}_t$ ergäbe sich

$$\bar{\mathbf{y}}_{t+n} = \mathbf{g}^n(\bar{\mathbf{y}}_t) \quad \text{mit} \quad \bar{\mathbf{y}}_t = \mathbf{y}_t + \delta\mathbf{y}_t$$

bzw.

$$\bar{\mathbf{y}}_{t+n} - \mathbf{y}_{t+n} = \mathbf{g}^n(\bar{\mathbf{y}}_t) - \mathbf{g}^n(\mathbf{y}_t) \approx \mathbf{Dg}^n(\mathbf{y}_t)\delta\mathbf{y}_t .$$

Betrachten wir also den euklidischen Abstand von $\bar{\mathbf{y}}_{t+n}$ und $\mathbf{y}_{t+n}$, so gilt

$$\|\bar{\mathbf{y}}_{t+n} - \mathbf{y}_{t+n}\| \approx \|\mathbf{Dg}^n(\mathbf{y}_t)\delta\mathbf{y}_t\| .$$

Nach dem Theorem von Oseledec folgt nun, daß $\frac{1}{n} \ln\|\mathbf{Dg}^n(\mathbf{y}_t)\delta\mathbf{y}_t\|$ für ρ-fast alle $\mathbf{y}_t \in \mathfrak{U}$ und fast alle Störungen $\delta\mathbf{y}_t \in \mathbb{R}^G$ gegen den Wert μ strebt, falls $n \to \infty$ geht.
Somit ist für hinreichend große n und fast jede Störung $\delta\mathbf{y}_t$

$$\frac{1}{n} \ln\|\bar{\mathbf{y}}_{t+n} - \mathbf{y}_{t+n}\| \approx \mu$$

bzw.

$$\|\bar{\mathbf{y}}_{t+n} - \mathbf{y}_{t+n}\| \approx e^{\mu n} .$$

Ist nun $\mu > 0$, so wächst der Abstand benachbarter Punkte im Zeitablauf exponentiell an.

Man muß bei dieser heuristischen Erklärung beachten, daß $\|\bar{\mathbf{y}}_{t+n} - \mathbf{y}_{t+n}\|$ bei kompaktem Attraktor $\mathfrak{U}$ nicht größer als der Durchmesser von $\mathfrak{U}$ werden kann. Ein positiver

9 Gewisse Richtungen $\mathbf{v}$ werden jedoch kleinere Exponenten liefern. Details sind bei *Eckmann/Ruelle (1985, S. 629 f.)* sowie *Brock (1986, S. 171 f.)* erläutert.

maximaler Lyapunov-Exponent ist daher genau genommen ein Maß für die *lokale* Divergenz benachbarter Punkte.

Im Spezialfall eines linearen Prozesses (3.1) (d.h. $\mathbf{y}_{t+1} = \mathbf{A}\mathbf{y}_t$ mit $\mathbf{A} \in \mathbb{R}^{G \times G}$) gilt

$$\mu = \lim_{t \to \infty} \ln \|\mathbf{A}^t\|^{1/t} = \ln \rho(\mathbf{A}),$$

d.h. der maximale Lyapunov-Exponent entspricht gerade dem logarithmierten Spektralradius von **A** (vgl. Abschnitt 2). Folglich ist im linearen Fall $\mu>0$ genau gleichbedeutend mit $\rho(\mathbf{A})>1$, also mit der Instabilität des linearen Prozesses.

Es stellt sich nun die Frage, wie wir den maximalen Lyapunov-Exponenten empirisch für die interessierenden Preis-Mengen-Prozesse abschätzen können. Ein positiver Lyapunov-Exponent würde auf Instabilität (Chaos) hindeuten, und unsere Ergebnisse für das lineare Modell dürften dann nicht als Stabilitätsbefund gewertet werden.

Zur Ermittlung des Lyapunov-Exponenten sind verschiedene Verfahren vorgeschlagen worden. Wir verwenden eine von *Kurths/Herzel (1987)* vorgestellte Methode zur empirischen Bestimmung einer Abschätzung für μ. Dieses Verfahren, das auch von *Frank/Stengos (1988)* benutzt worden ist, soll im folgenden erläutert werden. Wir gehen davon aus, daß für den diskreten Prozeß (3.1) T Beobachtungen vorliegen. Man gibt sich zunächst eine kleine Schranke $\epsilon>0$ vor und bestimmt alle Paare $(\mathbf{y}_j, \mathbf{y}_k)$, $j \neq k$, mit

$$r_0^{(j,k)} = \|\mathbf{y}_j - \mathbf{y}_k\| < \epsilon .$$

Sodann berechnet man den Abstand der Punkte $\mathbf{y}_{j+n}$, $\mathbf{y}_{k+n}$ (also nach n Perioden)

$$r_n^{(j,k)} = \|\mathbf{y}_{j+n} - \mathbf{y}_{k+n}\|$$ [10].

Der Faktor

$$d_n^{(j,k)} = \frac{r_n^{(j,k)}}{r_0^{(j,k)}}$$

ist offenbar ein Maß für die bei Instabilität nach n Perioden zu erwartende Vergrößerung des Abstands nahe beieinander liegender Punkte. Die Durchschnittsbildung über alle N auf diese Weise ermittelten Faktoren $d_n^{(j,k)}$ liefert die gewünschte Abschätzung für μ:

$$(3.3) \qquad \bar{\mu} = \frac{1}{n \cdot N} \sum_{j,k} \left[\ln d_n^{(j,k)} \right].$$

Um die Berechnungen durchführen zu können, war es leider notwendig, die Anzahl der Sektoren gegenüber dem linearen Modell von 22 auf 15 zu reduzieren. Wir haben ver-

10 Im folgenden muß der Extremfall ausgeschlossen werden, daß $\mathbf{y}_j = \mathbf{y}_k$ bzw. $\mathbf{y}_{j+n} = \mathbf{y}_{k+n}$ ist.

sucht, den Fehler durch vernachlässigte Interdependenzeffekte möglichst gering zu halten, indem wir eine Gruppe von eng verwandten Industrien, nämlich die fünf Holz- und Papierindustrien, *komplett* herausgenommen haben (vgl. Tabelle 1; dort sind die sieben Wirtschaftszweige, die *nicht* in die Bestimmung von $\bar{\mu}$ eingehen, mit einem Stern gekennzeichnet). Dies ist beim Vergleich der folgenden Resultate mit den Ergebnissen des linearen Modells zu beachten.

Für die Anzahl der Preis- und Mengenvariablen in (3.1) ergibt sich nun $G=60$; die Anzahl der Beobachtungen pro Variable ist $T=131$.

In Tabelle 2 haben wir die Ergebnisse der Berechnungen zusammengefaßt. In allen Fällen wurden *positive* Abschätzungen für den maximalen Lyapunov-Exponenten ermittelt[11]. Dies deutet auf chaotisches Verhalten der betrachten Preis-/Mengen(sub)systeme hin. Ein Vergleich mit den Resultaten für das lineare Modell (siehe Spalte ln $\rho(\hat{\mathbf{A}})$ in Tabelle 2) zeigt für das Gesamtsystem ein abweichendes Ergebnis, während der Befund für die Subsysteme qualitativ übereinstimmt. Es sei an dieser Stelle nochmals ausdrücklich darauf hingewiesen, daß Instabilität im nichtlinearen Modell *nicht* bedeutet, daß das System für $t\to\infty$ "platzt".

Tabelle 2: Ergebnisse des nichtlinearen Ansatzes

Untersuchungsumfang							
k	n	Δp	Δx	Δw	Δl	$\bar{\mu}$	ln $\rho(\hat{\mathbf{A}})$
×	×	×	×	×	×	.237	–.030
×	×	×	×			.314	.278
×	×			×	×	.267	.336
×		×	×	×	×	.268	.293
	×	×	×	×	×	.314	.285

(k = stärker konzentrierte Sektoren, n = schwächer konzentrierte Sektoren)

IV. Abschließende Bemerkungen

Die Chaos-Theorie bietet sicherlich einen interessanten Ansatz zur Analyse dynamischer Prozesse. Die allgemeinen Stabilitäts- bzw. Robustheitseigenschaften solcher Prozesse können empirisch untersucht werden, ohne die Struktur des Systems genau zu kennen.

In dem von uns behandelten Fall eines multisektoralen Preis-Mengen-Systems deuten die für den Zeitraum 1971-81 durchgeführten Schätzungen des Lyapunov-Exponenten

11 Untersuchungen einzelner Zeitreihen haben gezeigt, daß die Verwendung von saisonbereinigten Daten sowie deren Logarithmierung nur einen relativ geringen Einfluß auf die *Größenordnung* von $\bar{\mu}$ hat. Der qualitative Befund (Vorzeichen von $\bar{\mu}$) wurde dadurch nicht tangiert.
Veränderungen der Werte für n und ϵ bei den Berechnungen für Tabelle 2 betrafen ebenfalls nur die Größenordnung von $\bar{\mu}$.

auf instabile, chaotische Preis- und Mengenreaktionen hin. Dabei sind keine erheblichen Unterschiede zwischen den konzentrierten und den weniger konzentrierten Bereichen auszumachen. Dieser Befund stimmt mit der auf Basis des linearen Modells ermittelten Instabilität der Teilsysteme überein. Außerdem sind die Gesamtsysteme bei beiden Ansätzen weniger instabil als die jeweiligen Teilsysteme. Eine Erklärung hierfür könnte die "Orchesterhypothese" bieten, wonach das *Zusammenwirken* der Subsysteme zur Gesamtstabilität beiträgt. Weitergehende Untersuchungen in dieser Richtung würden neben der Verlängerung des Beobachtungszeitraums vor allem die Einbeziehung weiterer Wirtschaftszweige erfordern.

Der alternative Weg in Richtung einer stärker aggregierten Analyse scheint hier nicht empfehlenswert. Entsprechende Tests auf Chaos verliefen bisher negativ (vgl. z.B. *Brock 1986, Brock/Sayers 1988, Frank/Stengos 1988*). Wie Brock feststellt, könnte dies gerade durch den zu hohen Aggregationsgrad der Zeitreihen und die damit verbundenen Auslöschungseffekte bedingt sein.

Brocks Vermutung, daß eine stärker disaggregierte Analyse Hinweise auf Chaos liefern könnte, scheint sich durch unsere ersten Ergebnisse zu bestätigen.

Literaturverzeichnis

Bowden, R.J. (1978), The Econometrics of Disequilibrium, *Studies in Mathematical and Managerial Economics 26*, Amsterdam.

Brock, W.A. (1986), Distinguishing Random and Deterministic Systems: Abridged Version, *Journal of Economic Theory 40*, 168 - 195.

Brock, W.A. und C.L. Sayers (1988), Is the Business Cycle Characterized by Deterministic Chaos?, *Journal of Monetary Economics 22*, 71 - 90.

Campbell, J.Y. und N.G. Mankiw (1987), Are Output Fluctuations Transitory?, *The Quarterly Journal of Economics 52*, 857 - 880.

Day, R.H. (1982), Irregular Growth Cycles, *The American Economic Review 72*, 406 - 414.

Eckmann, J.-P. und D. Ruelle (1985), Ergodic Theory of Chaos and Strange Attractors, *Reviews of Modern Physics 57*, 617 - 656.

Frank, M. und T. Stengos (1988), The Stability of Canadian Macroeconomic Data as Measured by the Largest Lyapunov Exponent, *Economics Letters 27*, 11 - 14.

Horn, R.A. und C.R. Johnson (1985), Matrix Analysis, Cambridge.

Kurths, J. und H. Herzel (1987), An Attractor in a Solar Time Series, *Physica 25D*, 165 - 172.

Nelson, C.R. und C.I. Plosser (1982), Trends and Random Walks in Macroeconomic Time Series, *Journal of Monetary Economics 10*, 139 - 162.

Oseledec, V.I. (1968), A Multiplicative Ergodic Theorem: Ljapunov Characteristic Numbers for Dynamical Systems, *Trans. Moscow Math. Soc. 19*, 197 - 231.

Schönfeld, P. (1971), Methoden der Ökonometrie, Band II, Berlin.

Stahlecker, P. und K. Schmidt (1988), Betrachtungen zur Anpassungsfähigkeit des industriellen Sektors in der Bundesrepublik Deutschland, *Jahrbuch für Sozialwissenschaft 39*, 411 - 417.

Korreferat zum Referat P. Stahlecker und K. Schmidt

Andrew J. Buck *

In einer langen und produktiven wissenschaftlichen Karriere beschäftigte sich William Baumol mit einer enormen Vielfalt von Problemstellungen ökonomischer Theorie und Methoden. *Stahlecker* und ich entstammen einer Generation von Ökonomen, die entscheidend von *Baumol's 1970* erschienener Monographie *Economic Dynamics* beeinflußt wurde. In jüngerer Zeit äußerten sich *Baumol und Faulhaber (1988)* kritisch über Ökonomen als Innovatoren. Ein erst kürzlich veröffentlichter Beitrag von *Baumol* und *Benhabib (1989)* stellt eine für die Ökonomie neue Technik vor.

Ich stelle diese drei Hinweise auf *Baumol* deshalb an den Beginn meiner Ausführungen, weil sie in besonderer Verbindung zum Beitrag von *Stahlecker* und *Schmidt* stehen. Die Wurzel der von diesen Autoren verwendeten Modellierung ökonomischer Systeme reichen zurück bis zu den *Economic Dynamics.* Über die Verwendung nicht-linearer dynamischer Modelle zur Vorhersage scheinbar nicht prognostizierbarer Zeitreihen wird im Beitrag des Jahres 1989 berichtet. Durch Anwendung dieses Verfahrens, das in einer anderen wissenschaftlichen Disziplin entwickelt wurde, werden *Stahlecker* und *Schmidt* zu Innovatoren, dem zentralen Thema des Papers von 1988.

Zusätzlich möchte ich an dieser Stelle noch einige spezielle Anmerkungen zu den Ursprüngen der von *Stahlecker* und *Schmidt* verwendeten Technik machen. Angewandte Physiker rätselten lange über Anomalien im Teilchenverhalten. Viele ihrer Modelle über das Verhalten subatomarer Teilchen basierten auf der Gültigkeit der Brownschen Molekularbewegung als Beschreibung der Teilchenbewegung. Diese Modelle des subatomaren Teilchenverhaltens scheiterten aber an der Realität. Als potentielle Schwachstelle wurde die Annahme der Brownschen Bewegung ausgemacht. Die zentrale Frage war, ob die Teilchen über 'Gedächtnis' verfügen oder nicht. Oder, um es mit *Campbell* und *Mankiw (1987)* auszudrücken: Sind Schocks transitorisch oder nicht? Zur Beantwortung dieser Frage schossen die Physiker einen Öltropfen in einen mit fliegenden Staubteilchen gefüllten Hohlraum und speicherten die Bewegung und die Geschwindigkeit der Staubteilchen zwischen vielen kleinen Zeitintervallen. Damit erhielten sie eine Zeitreihe von mehreren tausend Hochfrequenzbeobachtungen, die das Leben der Teilchen beschrieb. Die Physiker schlossen daraus, daß die Staubteilchen über ein langes 'Gedächtnis' verfügen. Als Ökonom sei dazu gesagt, daß die Physiker eine Vielzahl von Beobachtungen zwischen den Schocks – oder Impulsen – vorliegen hatten und daß sie das gesamte Leben eines Staubteilchen auswerten konnten.

* Übersetzung des englischen Originales durch Georg Licht.

Es besteht Uneinigkeit unter den Physikern über die linearen vektorautoregressiven Modelle, die verwendet wurden, die Hypothese der Brownschen Molekularbewegung zu verwerfen. Vorgeschlagen wurden als besser geeignetes Modell die nicht-lineare, stochastische Differenzengleichung $y_t = g(y_{t-1}, U_t)$. Solche Modelle können Zeitreihen für y_t generieren, die keine systematische Komponente mehr besitzen. D.h. y_t scheint chaotisch zu verlaufen. Für uns Ökonomen ist es auf Grund der Frequenz und der Länge unserer Zeitreihen ungleich schwerer das restringierte Modell – das lineare VAR – zu Gunsten des allgemeineren Modelles zuverwerfen. *Baumol* und *Benhabib (1989)* illustrieren diese Feststellung mit einigen Diagrammen.

Stahlecker und *Schmidt* argumentieren, daß sie die Anpassungen an Marktungleichgewichte modellieren. De facto ist ihr Modell lediglich eine reduzierte Form. Ich denke es ist wichtig im Hinterkopf zu behalten, daß wir ohne hinreichende Ausschlußrestiktionen das strukturelle Modell nicht identifizieren können. Die Gleichung (2.1) im Beitrag kann damit in verschiedener Weise interpretiert werden. Die Schönheit der VAR_a liegt eben in ihrem atheoretischen Charakter.

Gleichung (2.1) präsentiert ein vektoriell autoregressives Modell. Es stellt eine restringiertes Modell dar und ist damit ein Spezialfall des allgemeinen, nichtlinearen stochastischen Prozesses. Ehe ich auf das Verfahren eingehen will, das zu einer Verwerfung dieses Modells verwendet wird, möchte ich einige untergeordnete Vorbehalte gegen das von *Stahlecker* und *Schmidt* gewählte Vorgehen anführen.

Als erstes sei der Umfang des empirischen Problems angesprochen. Die Koeffizientenmatrix **A** hat 7744 unbekannte Parameter, die aus 131 Beobachtungen von 4 Variablen für 22 Industrien geschätzt werden sollen. Dies ergibt insgesamt 11528 Einzelbeobachtungen. Damit ist aber auch klar, daß, obwohl die Gleichung (2.1) eine eher kärgliche Spezifikation darstellt, es sehr schwierig ist, alternative Spezifikationen zu testen.

Zweitens weise ich auf die von den Autoren ohne weitere Begründung gewählten ersten Differenzen eines Index hin. Vermutlich gibt es ein theoretisches Modell das diese besondere Konstruktion erfordert. In ökonometrischen Studien werden erste Differenzen häufig zur Eliminierung des Trends benutzt. Ebenso ist bekannt, daß die ersten logarithmischen Differenzen dazu dienen können, das Heteroskedastie-Problem in autoregressiven Prozessen zu umgehen. Die Wahl zwischen diesen drei Möglichkeiten ist trotz allem eine statistische Frage, die einem formalen Test unterworfen werden sollte.

Drittens sei auf die von den Autoren unterstellte Konsistenz ihres Kleinst-Quadrate-Schätzer für **A** hingewiesen. Konsistenz ist eine Eigenschaft großer Stichproben. Stahlecker und Schmidt schätzen für jede Industrie mit 131 Beobachtungen 88 Parameter. Es läßt sich daher streiten, ob ihr Sample hinreichend groß ist, um asymptotische Eigenschaften zu besitzen. Unabhängig davon aber gilt, daß ihr Kleinst-Quadrate-Schätzer ineffizient und verzerrt ist. Somit wird die Signifikanz der geschätzten Koeffizienten häufig falsch beurteilt.

Schließlich sei viertens angeführt, daß das Modell (2.1) als Basis zur Verwerfung der linearen stochastischen Modelle insgesamt herangezogen wird. Dies ist ein häufig in der Ökonometrie praktiziertes Vorgehen. Die Nullhypothese wird verworfen, weil der getestete Spezialfall nicht korrekt ist, weil das lineare Modell nicht korrekt ist oder aber weil eine ungeeignete Datenbasis verwendet worden ist.

Der Umfang des ökonometrischen Problems verschließt sich gebräuchlicher Identifikations-, Schätz- und Testverfahren. Zur Umgehung der rechentechnischen Probleme und im Hinblick auf den Gang der Untersuchung berechnen *Stahlecker* und *Schmidt* den größten, absoluten Eigenwert von **A**. Falls dieser Eigenwert kleiner als Eins ist, dann ist dieses System stabil. Ist er hingegen größer als Eins, dann ist das System instabil. Für das gesamte System ergibt sich ein Wert von kleiner Eins, was für den Fortgang der Untersuchung entscheidend ist. Auch bei Veränderung der Spezifikation ergeben sich keine entscheidenden Veränderungen, wobei allerdings die zur Beurteilung notwendigen statistischen Tests nicht ausgewiesen werden.

Darüber hinaus erscheint es mir wichtig darauf hinzuweisen, daß *Stahlecker* und *Schmidt* den Spektralradius auch für verschiedene Partitionen von **A** ermitteln und dabei jeweils Werte von größer Eins erhalten. Dies legt nahe, daß ihr Glaube an die Stabilität von **A** bei veränderten Spezifikationen fehl am Platze ist oder, daß die Partitionierung eine schwerwiegende Fehlspezifikation darstellt.

Die Tatsache, daß der Spektralradius von **A** nicht sensitiv auf Spezifikationveränderungen reagiert, andererseits aber sensitiv hinsichtlich der Partitionierung ist, weist vermutlich auf ein anderes Problem hin. Um den maximalen Eigenwert zu ermitteln, berechnen Stahlecker und Schmidt die Determinante einer Matrix mit nahezu 8000 Elementen. Dabei werden viele Koeffizienten von **A** praktisch Null sein. Jedenfalls aber werden sie im Einheitskreis liegen. Bei diesen Berechnungen ergeben sich sowohl sehr kleine als auch sehr große Zahlen, wobei bei einer hinreichend großen Genauigkeit sich das Rundungsproblem vermeiden läßt. Da aber andererseits IBM-Rechner der heutigen Generation nur Wortlängen in der Größe leicht signifikanter Koeffizienten verarbeiten können, hege ich Bedenken hinsichtlich der Kumulation von Rundungsfehlern.

Aus den berechneten Eigenwerten schließen *Stahlecker* und *Schmidt*, daß der lineare AR(1)-Prozeß instabil ist und damit keine adäquate Spezifikation darstellt. Das von ihnen präferierte Alternativmodel ist $y_t = g(y_{t-1}, U_t)$. Das verworfene lineare Modell ist darin als Spezialfall enthalten. Das deterministische nichtlineare Differenzenmodell ist geeignet, eine Zeitreihe zu generieren, die nicht durch einen linearen stochastischen Prozeß erklärt werden kann. Die eigentliche Frage, die *Stahlecker* und *Schmidt* interessiert, ist aber, ob das nichtlineare Differenzengleichungsmodell stabil ist oder nicht. Der dabei verwendete Test ist sehr ansprechend, da er nicht abhängig ist von Vermutungen über die korrekte funktionale Form. Als Teststatistik verwenden sie den Quotienten der Euklidischen Norm:

$$r_o(j,k) = \| y_j - y_k \| < \varepsilon$$

$$r_n(j,k) = \| y_{j+n} - y_{k+n} \| .$$

Dabei erscheint die Wahl von ε willkürlich, worauf *Stahlecker* und *Schmidt* leider nicht näher eingehen.

Die beiden Normen r_0 und r_n werden verwendet um die starken Attraktoren zu identifizieren. Wenn y_j und y_k nahezu gleich sind, dann werden ihre Indizes übergangen. Alle Paare, die den Test r_0 nicht bestehen, werden nicht weiter berücksichtigt. Für jedes *j,k* Paar, das r_0 erfüllt, werden die nächsten *n* Perioden berücksichtigt und r_n berechnet. Der Logarithmus des Quotienten von r_0 und r_n wird summiert über alle *j,k* Paare:

$$\bar{\mu} = \frac{1}{n \cdot N} \sum_{j,k} \left[\ln d_n^{(j,k)} \right] .$$

Wie läßt sich nun $\bar{\mu}$ intuitiv erklären? Angenommen das wahre Modell sei eine polynomiale Differenzengleichung zweiter Ordnung. *Baumol* zeigt, daß ein solches Modell stabil ist, es eventuell Beobachtungen von y generiert, die sich mit fixer Periodizität wiederholen. Kann man also, wie im vorliegenden Beitrag, die korrekte Funktionalform nicht identifizieren, so muß man die korrekte Periodizität ermitteln. Wenn das deterministische Chaos-Modell stabil ist, dann weisen die Beobachtungen keine Tendenz auf, sich von ihrem Pfad zu entfernen und darüber hinaus sind die Abweichungen vom Pfad periodisch wiederkehrend. Sie sind scheinbar zufällig, aber vorhersagbar. Ein instabiles System ist deterministisch, aber nicht vorhersagbar.

Für ein kleines System kann $r_0(j,k)$ willkürlich klein gewählt werden. Und jede vorhersagbare Periodizität dieses Systems bedeutet, daß man das System *n* Perioden nach vorne oder hinten verschieben und dabei die gleiche Periodizität aufdecken kann. D.h. aber, daß r_n ungefähr gleich r_0 sein sollte, und der Quotient d_n nahe Eins sein wird. Der Erfolg dieses Vorgehens wird davon abhängen, in welcher Weise man die zu modellierenden Variablen definiert. Beispielsweise existiere ein stabiles, lineares dynamisches System in den logarithmierten ersten Differenzen, fälschlicherweise würden aber die Levels verwendet. Wenn dieses Modell dann instabil ist, wird d_n nicht Eins sein und die $\bar{\mu}$-Statistik wird große Werte annehmen.

Hier sehe ich zwei Probleme. Erstens wird die Variable d_n und damit auch $\bar{\mu}$ zumindest teilweise auch von der richtigen Wahl von ε abhängen. Das zweite Problem wird aus der Tabelle 2 ersichtlich. Diese Tabelle enthält verschiedene Berechnung für $\bar{\mu}$, die alle größer als Null sind, aber andererseits nicht erheblich größer sind. Was heißt also groß?

Die Größe von $\bar{\mu}$ kann natürlich von der Wahl von ε, von der zufälligen Komponente des Prozesses, oder eben auch von der Instabilität des Prozesses abhängen. Gleichzeitig wird beim Test von $\bar{\mu}$ nur auf den letzten Fall abgestellt. Diese Anmerkungen lassen vermuten, daß abhängig von der Wahl von ε die $\bar{\mu}$-Statistik asypmtotisch χ^2-verteilt ist.

Abschließend möchte ich noch anmerken, daß mir die Forschungsstrategie des Beitrags nicht klar geworden ist. Die Autoren präsentieren und verwerfen ein einfaches, stochastisches lineares Modell als Ausgangspunkt für die Betrachtung des allgemeinen Falles. Im allgemeinen Modell beschäftigen sie sich dann mit einem Verfahren zur Identifikation instabiler Systeme. Was bedeutet es für die weitere Modellierung, wenn die Instabilität eines Systems aufgedeckt wird? Ist der Prozeß hingegen stabil, wie würde die weitere Modellierung aussehen?

Literaturverzeichnis

Baumol, W.J. (1970), Economic Dynamics, Third Edition, New York.

Baumol, W.J. and Faulhaber, G.R. (1988), Economists and Innovators. *Journal of Economic Literature 26, No. 2,* 577 – 600.

Baumol, W.J. and Benhabib, J. (1989), Chaos: Significance, Mechanism, and Economic Applications. *Journal of Economic Perspectives 3, No. 1,* 77 – 106.

Campbell, J.Y. and Mankiw, N.G. (1988), Are Output Fluctuations Transitory? *Quarterly Journal of Economics 52,* 857 – 880.

Einflüsse der Markstruktur auf die konjunkturelle Entwicklung

Referat von Jürgen Kromphardt

Zusammenfassung: Dem Einfluß der Marktstruktur auf die konjunkturelle Entwicklung wird nachgegangen, indem zuerst konkurrierende Thesen darüber behandelt werden, ob und wie Ausmaß der Konzentration (mangels Alternativen als Maß für die Marktstruktur gewählt) und Preisflexibilität gegenüber konjunkturellen Nachfrageschwankungen zusammenhängen. Anschließend wird gefragt, welche Rückwirkungen eine höhere Preisflexibilität in einer Wirtschaft, die durch unvollständige Konkurrenz geprägt ist, auf das Ausmaß der Konjunkturschwankungen hat. In beiden Teilen sind die Ergebnisse wenig eindeutig und eher unbefriedigend.

Abstract: To investigate the influence of different market structures on the cyclical behaviour of the economy this paper discusses first two competing hypotheses concerning the kind of connection between the degree of concentration (chosen as a measure of market structure due to a lack of alternatives) and price flexibility with respect to fluctuations in demand. The second question is: What are the repercussions of a higher price flexibility — under condition of imperfect competition — on the intensity of cyclical fluctuations. In both parts, the results are little definite and rather unsatisfactory.

I. Problemstellung

Vor dem Hintergrund des Tagungsprogramms und der Themen der beiden nächsten Referate interpretiere ich mein Referatsthema so, daß ich mich mit der konjunkturellen Entwicklung im traditionellen Sinne von "mehrjährigen Schwankungen" der gesamtwirtschaftlichen Aktivität, die "in nicht völlig unregelmäßigen Zeitabständen" wiederkehren *(Vosgerau 1978, S. 478)* beschäftigen soll. Damit sind mir vor allem zwei Fragen gestellt. *Erstens:* Absorbieren hochkonzentrierte Branchen die konjunkturellen Nachfrageschwankungen in anderer Weise als wenig konzentrierte Branchen, und hat dieses *zweitens* eine Rückwirkung auf das Ausmaß der konjunkturellen Schwankungen selbst?

Bei dem Versuch, auf diese Fragen eine Antwort zu geben, folge ich dem – bedenklichen – Vorgehen der Literatur, mehr oder minder stillschweigend Branchenstruktur und Marktstruktur gleichzusetzen bzw. mit Hilfe von Angaben über erstere Aussagen über letztere zu suggerieren. Dieses Vorgehen ist fragwürdig, weil die Abgrenzung von Branchen sehr stark von produktionstechnischen Gemeinsamkeiten mitbestimmt ist, während die Zusammenfassung von Einzelprodukten zu "Märkten" maßgeblich an Gegebenheiten auf der Nachfrageseite orientiert ist. Ein Abgehen von der üblichen Vorgehensweise scheitert jedoch auch daran, daß die für eine Marktstrukturanalyse erforderlichen Daten kaum zur Verfügung stehen.

Studies in Contemporary Economics
B. Gahlen (Hrsg.)
Marktstruktur und gesamtwirtschaftliche Entwicklung

In meinem Referat beschränke ich mich auf Unterschiede in der Art und Weise, in der hochkonzentrierte bzw. schwach konzentrierte Branchen auf konjunkturelle Nachfrageschwankungen mit Preis- oder Mengenänderungen reagieren. Ausgeschlossen sind dadurch die für längerfristige Inflations- und Wachstumsanalysen wichtigen Unterschiede in der Reaktion der Preise auf Kostenänderungen. Ausgeschlossen bleibt ebenfalls die mögliche Abhängigkeit der konjunkturellen Volatilität der Investitionen von der Marktstruktur, da der Zusammenhang zwischen Investitionstätigkeit und Marktstruktur in einem anderen Referat behandelt wird.

II. Der Zusammenhang zwischen Konzentration und Preisstarrheit

1. Zur Diskussion der These eines positiven Zusammenhangs: Fehlende preistheoretische Begründung und fehlende empirische Bestätigung

In der Nachkriegszeit wurde mein Thema zuerst in der Weise diskutiert, daß man sich mit der These auseinandersetzte, es gebe einen positiven Zusammenhang zwischen Konzentrationsgrad und Preisstarrheit. Die Diskussion begann, nachdem der *Sachverständigenrat (SVR)* in seinem Jahresgutachten 1971/72 gemeint hatte, beobachten zu können, daß in der Nachkriegszeit dann, wenn bei den Anbietern Marktmacht vorliegt, im Konjunkturabschwung die Preise nach unten starr sind, während sie im Konjunkturaufschwung erhöht werden. Der *SVR* sah hier einen Ansatz zur Erklärung der schleichenden Inflation, da die Preissteigerung im Konjunkturaufschwung nicht durch Preissenkungen im Konjunkturabschwung ausgeglichen werden.

Da die *Monopolkommission* sich mit der Bedeutung und der Auswirkung der Konzentration in der Wirtschaft zu beschäftigen hat, sah sie es als ihre Aufgabe an, genauer zu untersuchen, ob ein Zusammenhang zwischen dem Konzentrationsgrad einzelner Branchen und dem Preisanpassungsverhalten (insbesondere an Nachfrageänderungen) bestehe oder nicht.

Die *Monopolkommission* vergab daher eine Untersuchung an das *Deutsche Institut für Wirtschaftsforschung (DIW)*. Dabei sollten insbesondere zwei Hypothesen untersucht werden, die von der Vorstellung ausgingen, daß ein positiver Zusammenhang zwischen dem Konzentrationsgrad und der Preisstarrheit bestehe (bezogen auf Änderungen der Nachfrageentwicklung) und daß außerdem die hochkonzentrierten Branchen Preisänderungen mit größerer Verzögerung vornehmen als weniger konzentrierte Branchen, so daß sie auf gleich hohe Nachfrageänderungen schwächer und später mit Preisanpassungen reagieren.

In seiner Veröffentlichung der Untersuchungsergebnisse stellt das DIW (*Pischner 1974*) fest, daß ein signifikanter Zusammenhang zwischen dem Konzentrationsgrad der einzelnen von ihm untersuchten 30 Industriebranchen, gemessen am Umsatzanteil der jeweils drei größten Unternehmen, und dem Preisanpassungsverhalten nicht festgestellt werden könne.

Bevor ich auf die empirischen Ergebnisse eingehe und dann auch auf neuere Untersuchungen, möchte ich einige theoretische Überlegungen voranstellen. Für die Hypothese, daß höher konzentrierte Branchen größere Preisstarrheit aufweisen, werden nämlich in der Literatur überwiegend Argumente angeführt, die sich auf die Fähigkeit von großen Unternehmen in oligopolistischen Märkten beziehen, trotz Nachfrageänderungen die Preise konstant zu halten, zumindest für eine gewisse Zeit. Nicht gefragt wird dabei, a) ob es denn im Interesse der Unternehmen liegt, auf Nachfrageschwankungen (insbesondere auf Nachfragerückgänge) mit Preisänderungen zu reagieren und b) ob diese Möglichkeiten und dieses Interesse von der Stärke der Konzentration abhängt.

Die Vernachlässigung dieser beiden Fragen läßt sich vermutlich darauf zurückführen, daß in der Vorstellung der Autoren bei hohem Konzentrationsgrad ein oligopolistisches Marktverhalten vorliegt, daß sich jedoch mit abnehmendem Konzentrationsgrad das Preisverhalten der Industrie immer mehr demjenigen annähert, das in der theoretischen Literatur für den Fall der vollständigen (atomistischen) Konkurrenz analysiert wird. Letztere geht traditionell davon aus, daß die Angebotskurve eines Gutes, die sich aus den steigenden Grenzkostenkurven der einzelnen Anbieter durch geeignete Aggregation gewinnen läßt, einen deutlich ansteigenden Verlauf hat, so daß sich Verschiebungen der Nachfragekurve in Preissenkungen bzw. in Preiserhöhungen auswirken.

Es scheint mir jedoch unzulässig und falsch zu sein, davon auszugehen, daß die weniger konzentrierten Industriebranchen in der Bundesrepublik Deutschland durch ein solches Preisbildungsmodell näherungsweise beschrieben werden können. Vielmehr bewegen sich die Unternehmen in dieser Branche in einer anderen Welt, nämlich in der Welt der unvollständigen Konkurrenz, in der die absetzbaren Mengen eine negative Funktion der Preise sind: Nicht einmal die Unternehmen der Holzverarbeitenden Industrie, die in der Bundesrepublik Deutschland den niedrigsten Konzentrationsgrad gemäß dem vom *DIW* gewählten Kriterium aufweist, dürften von der Vorstellung ausgehen, sie könnten zum herrschenden Preis jede Menge ihrer Produkte verkaufen. Das Modell der vollständigen Konkurrenz ist eben nicht, wie häufig behauptet oder stillschweigend angenommen wird, der Grenzfall eines Kontinuums, sondern stellt ein Preissetzungsverhalten dar, das von dem Preissetzungsverhalten bei unvollkommener Konkurrenz deutlich getrennt ist.

Die Dominanz unvollständiger Konkurrenz ist selbstverständlich nicht auf die westdeutsche Industrie beschränkt. So weist z.B. *Hall (1986, S. 285)* mit Hilfe einer Berechnung der Preis/Grenzkosten-Relationen für rund 50 US-amerikanische Wirtschaftszweige nach, "that the majority of industries are noncompetitive in an important way".

Die richtige Frage muß daher lauten: Gibt es Gründe für die Annahme, daß Unternehmen, die einer fallenden Preisabsatzfunktion gegenüberstehen, sich bezüglich ihrer Preissetzung je nach der Größe und Zahl ihrer Konkurrenten unterschiedlich verhalten? Um das Problem zu verdeutlichen und gleichzeitig zu verschärfen, möchte ich bei dem Versuch, diese Frage näher zu beleuchten, davon ausgehen, daß die westdeutschen Industrieunternehmen eine Produktionsfunktion vom Typ B im Sinne von Gutenberg aufweisen, d. h. daß sie bis zur Kapazitätsauslastung mit konstanten Grenzkosten produzieren. Die Preistheorie sagt uns nun, daß ein gewinnmaximierendes Unternehmen, das sich einer Reduktion der Nachfrage gegenübersieht, seinen gewinnmaximalen Preis nicht verändern wird, wenn es davon ausgeht, daß der allgemeine Nachfragerückgang sich so auf die Nachfrage nach seinen Produkten auswirkt, daß die Nachfrage sich bei jedem Preis unterhalb des prohibitiven Preises um den gleichen Prozentsatz verringert. Diese Annahme drückt sich – wie Abbildung 1 zeigt – graphisch so aus, daß sich die Nachfragekurve um den Schnittpunkt mit der Ordinate dreht und im Ausmaß des Nachfragerückgangs steiler abfällt. Bei konstanten Grenzkosten bleibt bei einer linearen Nachfragefunktion dann der gewinnmaximale Preis unverändert .

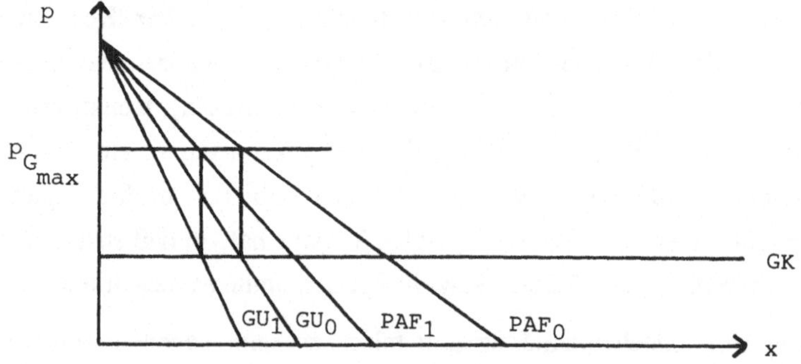

Abbildung 1: Gewinnmaximaler Preis bei proportionaler Nachfrageänderung und konstanten Grenzkosten

In diesem Falle wird das Unternehmen keinen Anlaß sehen, seinen Preis zu verändern, weder bei Nachfragesenkungen noch bei Nachfragesteigerungen, solange letztere es nicht in die Nähe der Kapazitätsgrenzen bringen.

Allerdings muß das Unternehmen, bevor es diesen Schluß zieht, überprüfen, ob sich vielleicht seine Konkurrenten veranlaßt sehen, bei einer Nachfragesenkung ihre Preise zu senken. In dem Falle würde sich bei einem 10 %-igen Rückgang der Nachfrage nach den Erzeugnissen der betreffenden Branche dann, wenn das betrachtete Unternehmen seinen Preis unverändert läßt, während die anderen Unternehmen ihn senken, seine Preisabsatzfunktion anders entwickeln, als in Abbildung 1 angenommen. Es scheint mir zunächst wenig dafür zu sprechen, daß ein Unternehmen in dieser Situation davon ausgehen wird, daß die konkurrierenden Unternehmen, die sich alle in einer ähnlichen Situation befinden, eine Preissenkung vornehmen werden, zumal diese angesichts der (dank der Tarifvereinbarungen) nach unten wenig beweglichen Löhne voll auf die Gewinne durchschlagen würde und nicht von einer Reduktion der Lohnkosten begleitet oder abgefedert werden dürfte.

Gegen die Erwartung, die konkurrierenden Unternehmen werden aufgrund einer Nachfragesenkung die Preise erniedrigen, spricht auch die weite Verbreitung der Preisbildung durch einen Aufschlag auf die variablen Kosten bei *normaler* Kapazitätsauslastung ("normal pricing"). Diese Preiskalkulation verhindert auch dann Preisänderungen aufgrund von Nachfrageschwankungen, wenn die Grenzkostenkurve nicht horizontal verläuft.

Vor dem Hintergrund dieser theoretischen Überlegungen erscheint es nun nicht überraschend, daß vom DIW kein signifikanter Zusammenhang zwischen dem Konzentrationsgrad der einzelnen Industriegruppen und deren Preisreagibilität bezüglich Nachfrageänderungen gefunden wurde.

Auch das folgende Ergebnis, das das DIW ebenfalls auf der Basis von Quartalsdaten für die Jahre 1962 bis 1974 ermittelte, kann nicht überraschen. Es lautet in der Formulierung der *Monopolkommission (1978, S. 351):* "Es konnte nachgewiesen werden, daß die Preisentwicklung in 22 von 30 analysierten Branchen der Produktionsentwicklung signifikant ... nacheilt. Ein Zusammenhang zwischen der Länge der Verzögerungen und der Umsatzkonzentration ließ sich dagegen nicht zeigen".

Diese Verzögerung, die unabhängig von der Konzentration zu beobachten war, läßt sich nämlich sehr einfach dadurch erklären, daß die Unternehmen gute Gründe haben, bei einer Änderung der Nachfrage zunächst abzuwarten, ob die Veränderung dauerhaft ist oder nicht, bevor sie überlegen, ob sie ihre Preise erhöhen sollen. Da in der untersuchten Zeit die Konjunkturaufschwünge sehr nahe an die Vollbeschäftigungssituation – und damit in vielen Branchen an die Grenzen der Kapazitätsauslastung – heranführten, haben die Unternehmen dann, wenn sie ein dauerhaftes Ansteigen der Nachfrage meinten beobachten zu können, ihre Preise heraufgesetzt.

Ein zusätzlicher Grund, Unterschiede in der Preisreaktion in Abhängigkeit vom Konzentrationsgrad zu erwarten, hätte dann bestanden, wenn die Lohnentwicklung in den einzelnen Branchen in einer je nach Konzentrationsgrad unterschiedlichen Weise auf die Nachfrageschwankungen reagiert hätte. Diese Vermutung ist schwer zu begründen, weil die Marktstruktur auf der Absatzseite direkt keine Aussagen über die Strukturen auf den jeweiligen zugehörigen Arbeitsmärkten zuläßt, und sie findet für den entsprechenden Zeitraum keine Bestätigung. Vielmehr stellt *Pischner (1979, S. 55)* fest: "Die Zuwachsraten der Lohnsätze in den Industriezweigen waren im Beobachtungszeitraum nahezu gleich. Auch unter Berücksichtigung von Konjunkturzyklen war kein Zusammenhang zwischen der Konzentration in der Branche und der Lohnsatzentwicklung erkennbar".

Daraus ergibt sich, daß auch die weniger konzentrierten Branchen es nicht vermocht haben, die negativen Auswirkungen, die ein Rückgang der Nachfrage auch bei unveränderten Preisen auf ihre Gewinne hat, dadurch abzumildern, daß sich der Anstieg der Lohnsätze gegenüber dem Durchschnitt der Branchen verringerte. Damit läßt sich auch aus diesem Zusammenhang kein Argument dafür ableiten, daß weniger konzentrierte Branchen ihre Preise bei Nachfragerückgängen stärker senken (oder überhaupt senken) als hochkonzentrierte Branchen.

Es sprechen also eine ganze Reihe von theoretischen Überlegungen gegen die von der Monopolkommission formulierten Hypothesen und damit zugleich für die zitierten empirischen Ergebnisse des DIW. Die Monopolkommission hat allerdings zu Recht einige Schwachpunkte der empirischen Analyse aufgezählt und daher versucht, mit weiteren Gutachten weitere Klarheit zu schaffen. Die *Monopolkommission* nennt die folgenden fünf Punkte:

a) "Die Untersuchung basiert auf den Daten von 30 nach der amtlichen Statistik abgegrenzten Industriezweigen. Die einzelnen Zweige umfassen eine Vielzahl verschiedener Märkte; die Anzahl und die Größe der zusammengefaßten Märkte variieren bei den einzelnen Industriezweigen erheblich.

b) Außenhandelsverflechtungen blieben unberücksichtigt, obgleich der Einfluß der Importe und Exporte auf die Struktur der Märkte in den Industriezweigen nicht einheitlich ist.

c) Der Einfluß der Konzentration auf der Nachfrageseite wurde nicht berücksichtigt, obgleich empirische Untersuchungen darauf hinweisen, daß die Struktur der Nachfrageseite den Verhaltensspielraum der Anbieter beeinflußt.

d) Die Daten sind nicht einheitlich abgegrenzt. Während bei den Industriezweigen die institutionelle Abgrenzung dominiert, liegt den Preisindizes eine Abgrenzung nach Warengruppen zugrunde.

e) Daten über preisbestimmende Faktoren der Angebotsseite wie

   - Preise der Vorleistungen und Rohstoffe
   - Lohn- und Kapitalkosten
   - Produktivitätsentwicklung

   lagen für die einzelnen Industriezweige nicht vor. Es wurde in der Untersuchung vereinfachend unterstellt, daß der Einfluß obiger Faktoren in den untersuchten Industriezweigen sich nur in dem Trend der Preisentwicklung niederschlägt. Die Annahme entspricht nicht der Realität, z. B. haben Rohstoffpreisschwankungen im Konjunkturablauf für die einzelnen Industriezweige ein unterschiedliches Gewicht".

Selbstverständlich ist der Monopolkommission zusätzlich zu diesen fünf Punkten auch die begrenzte Aussagefähigkeit des gewählten Konzentrationsmaßes bekannt. Darüber hinaus sollte auch erwähnt werden, daß das DIW sich darauf beschränkt, nichtparametrische Tests vorzunehmen und außer dem Wilcoxon-Test und dem Kruskal-Wallis-Test Rangkorrelationskoeffizienten zu berechnen.

Das *DIW (S. 37)* begründet die Beschränkung auf nichtparametrische Verfahren trotz des Vorliegens kardinal skalierter Meßziffern damit, daß die Ermittlung einer parametrischen Abhängigkeit nur möglich sei, wenn die Frage, ob die Voraussetzungen zur Anwendung parametrischer Tests gegeben seien, "erschöpfend" behandelt (und geklärt) wäre. Zu diesen Voraussetzungen zählt vor allem, daß die notwendigen Annahmen über die Verteilungen in der Grundgesamtheit zumindestens annähernd zutreffen.

Wenn darüber nichts gesagt werden kann bzw. einiges gegen das Vorliegen dieser Voraussetzung spricht, dann liegt es nahe, ein verteilungsfreies, nichtparametrisches Verfahren zu verwenden; denn unter diesen Umständen liefern die parametrischen Verfahren möglicherweise Ergebnisse, deren Zuverlässigkeit fraglich ist. Allerdings ist die Frage zu stellen, welche Informationsverluste mit der Beschränkung auf nichtparametrische Verfahren verbunden sind. Dazu bemerken *Büning/Trenkler (1978, S. 14)* in ihrem Lehrbuch über "Nichtparametrische statistische Methoden": "Nichtparametrische Verfahren sind häufig effizienter als parametrische, wenn eine andere Verteilung als diejenige postuliert wird, unter der der parametrische Test optimal ist". Sie behaupten sogar, der Effizienzverlust nichtparametrischer Verfahren sei selbst dann gering, wenn die tatsächliche Verteilung der für den parametrischen Test optimalen Verteilung entspricht (ebd.).

Kritische Argumente gegen die Verwendung des Rangkorrelationskoeffizienten in der DIW-Untersuchung findet man bei *Stahlecker/Ströbele (1980, S. 458 ff.)*. Diese Kritik richtet sich aber offensichtlich nicht gegen die nichtparametrischen Verfahren im allgemeinen, da sie sich in ihrer eigenen Untersuchung des "Preisverhalten(s) des konzentrierten und des nicht konzentrierten Industriebereichs 1966-1976" solcher Verfahren bedienen (zu ihren Ergebnissen übernächster Absatz). Demgegenüber erklären *Buck/Gahlen (1984, S. 253)* kategorisch, man "sollte zum Test der [vom DIW getesteten – J. K.] Hypothese nur parametrische Verfahren verwenden", eine Behauptung, deren Begründung allerdings fehlt.

Eine Erweiterung und Ergänzung der Untersuchungen zu der These der Monopolkommission liefern *Stahlecker/Ströbele (1980)*. Im Gegensatz zum DIW gliedern sie die Industrie in zwei Teilbereiche, nämlich einen konzentrierten Sektor (Sektor K) und einen nicht konzentrierten Sektor (Sektor N), und zwar mit der Begründung, es sei zweifelhaft, ob die "Preisstarrheit" kontinuierlich mit dem Konzentrationsgrad variiere:

> "Für das Preisverhalten dreier Oligopolisten dürfte es jedoch kaum noch eine Rolle spielen, ob sie 90 % oder 100 % des Gesamtmarktes innehaben ... Es geht nicht um die Frage, was zu erwarten ist, wenn mit einem etwas höheren Konzentrationsgrad noch 'etwas mehr' oligopolistische Interpendenz zum Tragen kommt, sondern entscheidend ist zu wissen, von welchen *Schwellenwerten* des Konzentrationsgrades an eine hohe Wahrscheinlichkeit für oligopolistisches Preisverhalten besteht" (*Stahlecker/Ströbele, 1980, S. 460/1* – Hervorhebung von mir).

Für das weitere Vorgehen stellen sie dann fest *(ebd., S. 465)*:

> "Da die Sektoren K und N möglicherweise unterschiedlich stark ... von Aufschwung bzw. Abschwung erfaßt werden, kann man die Preisstarrheitshypothese ... nur zusammen mit einer Analyse der Mengenentwicklung in beiden Sektoren prüfen".

Die Ergebnisse, die *Stahlecker/Ströbele* erzielen, passen zumindest teilweise zu der These von der größeren Preisstarrheit in stark konzentrierten Branchen. Die Ergebnisse lauten in der Zusammenfassung durch die Autoren *(1980, S. 475 f.)*:

" – In Aufschwungsphasen lassen sich keine Unterschiede in der Preisentwicklung zwischen dem konzentrierten und dem nicht konzentrierten Sektor nachweisen. Da der konzentrierte Bereich immer duch eine sehr starke Mengenausweitung begünstigt wurde, spricht dieser Befund für die Preisstarrheitshypothese im Aufschwung. Die Preise im Sektor K hätten bei flexibler Reaktion und einer Orientierung an der Nachfrageentwicklung relativ zum Sektor N stärker steigen können.

– Die Beobachtungen signifikanter Abweichungen in den lohnkostenbereinigten Preiszuwachsraten zwischen beiden Sektoren deutet darauf hin, daß im konzentrierten Bereich mit wachsender Produktion die "Gewinnspanne" auch ohne besondere Preisreaktion steigt. Dies läßt sich gut durch monoton fallende Stückkostenverläufe erklären.

– ... In "normalen" Jahren unterscheidet sich das Preisverhalten der beiden Bereiche dann, wenn der konzentrierte Bereich weniger durch konjunkturellen ... Nachfragerückgang, sondern durch aufgebaute Überkapazitäten zu vorsichtiger Preispolitik veranlaßt wird.

– In Rezessionsjahren ist ein bemerkenswerter Unterschied in der Preisreaktion zwischen 1967 und 1974 zu registrieren: Während 1967 keine signifikanten Abweichungen in der Preispolitik der beiden Bereiche festzustellen ist, kam es 1974 im Durchschnitt zu höheren Preissteigerungsraten im konzentrierten Bereich. Das gilt insbesondere auch nach Abzug des "Ölpreisschocks".

Dies widerspricht der generellen Hypothese der Preisstarrheit. Vermutlich handelt es sich im Abschwung um eine andere Preisreaktion, die mit der Kostenentwicklung und dem Bestreben der Ertragssicherung bei rückläufiger Kapazitätsauslastung erklärbar sein könnte."

Die These der Monopolkommission läßt sich mithin möglicherweise doch nicht so eindeutig zurückweisen, wie es nach dem DIW-Gutachten scheint.

2. Zur "industrieökonomischen" These eines negativen Zusammenhangs

2.1. Argumente für diese These

In der neueren, "industrieökonomischen" Literatur werden eine Reihe von Argumenten vorgebracht, die für einen negativen Zusammenhang zwischen Konzentrationsgrad und Preisstarrheit sprechen. *Buck/Gahlen (1984)* unterscheiden drei Argumente:

a) Das erste Argument geht davon aus, daß in allen Industriezweigen eine oligopolistische Marktstruktur dominiert, also weder reine vollkommene Konkurrenz noch reine Monopole vorliegen. Daher müssen in allen Industriezweigen die Unternehmen vor Preisänderungen überlegen, wie die Konkurrenten vermutlich reagieren werden, und für diesen Aspekt spielt der Konzentrationsgrad eine Rolle; denn – so z.B. *Qualls 1979* – je geringer die Zahl der Mitanbieter ist, umso einfacher ist es, durch die bekannten Verhaltensweisen (wie Absprachen oder Parallelverhalten) die Unsicherheit über diese Reaktionen zu verringern und eine gleichgerichtete, evtl. sogar einheitliche Reaktion der Preise auf Nachfrageschwankungen sicherzustellen. Bei niedrigem Konzentrationsgrad und großer Anbieterzahl dagegen bleibt der einzelne Anbieter unsicher, und er muß damit rechnen, daß seine Preis-Absatz-Funktion beim herrschenden Preis einen Knick aufweist, so daß Preisänderungen für ihn nachteilig sind.

b) Ein weiteres Argument verweist darauf, daß mit der Zahl der Anbieter auch die Informationen darüber schwieriger (und aufwendiger) zu erlangen sind, wie sich die Nachfrageänderung auf die einzelnen Konkurrenten verteilt; daher ist es schwieriger für den einzelnen Anbieter vorherzusehen, wie sich seine Konkurrenten verhalten.

c) Das dritte von *Buck/Gahlen* genannte Argument, das auf die "Kosten der Preisänderung" abstellt, wiederholt im Grunde nur – unter Verwendung anderer Termini – die unter (a) und (b) aufgeführten Überlegungen.

Die Argumente unter (a) und (b) erscheinen plausibel; es muß jedoch außerdem gefragt werden, ob die Unternehmen in den höher konzentrierten Branchen ein Interesse haben, die vorhandenen besseren Möglichkeiten zu mehr oder minder abgestimmten Verhaltensweisen zu Preisänderungen in Reaktion auf Nachfrageänderungen auszunutzen. Bei Nachfragerückgängen ist das eindeutig nicht der Fall. *Oberhauser (1979, S. 23)* weist zu Recht darauf hin, daß bei den üblichen Umsatzrenditen die Preiselastizität der Nachfrage sehr hoch sein müßte, damit eine Preissenkung nicht zu Gewinneinbußen führt: Bei einer Umsatzrendite von 6 % vor der Preissenkung müßte bei einer Preissenkung von 3 %, die voll zu Lasten der Rendite geht, der Absatz sich verdoppeln, wenn die Gewinnsumme konstant bleiben soll. Dies entspräche übrigens einer Preiselastizität von $/\eta/$ = 33!!).

Wenn daher die Preise im Abschwung nicht gesenkt werden, so wird fraglich, ob sie dann im Aufschwung erhöht werden. Falls ja, dann hätte eine Preiserhöhung im Aufschwung zur Folge, daß in den hochkonzentrierten Branchen das Verhältnis von Preisen zu Kosten sich auf Dauer günstiger entwickelt als in den wenig konzentrierten Branchen und erstere daher auf Dauer deutlich höhere Rendite aufweisen müßten.

Solange diese Konsequenz nicht beobachtet werden kann, erscheint es fraglich, ob der behauptete negative Zusammenhang zwischen Konzentration und Preisstarrheit besteht; jedenfalls ist er aus theoretischen Überlegungen nicht zwingend abzuleiten.

2.2. Empirische Überprüfungen der These

Die schon zitierte Untersuchung des DIW stellt zugleich eine indirekte Überprüfung dieser These für die Bundesrepublik Deutschland vor: Da sie keinen Zusammenhang zwischen Konzentration und Preisstarrheit in bezug auf Nachfrageänderungen feststellen kann, bestätigt sie weder die These eines positiven Zusammenhangs noch die jetzt zur Diskussion stehende entgegengesetzte These.

Buck/Gahlen (1984) nehmen eine Überprüfung anhand von Daten für 40 Branchen des Verarbeitenden Gewerbes (einschließlich Bergbau) der Bundesrepublik Deutschland für die Jahre 1951-1977 vor. Da *Buck/Gahlen* eine – nicht sehr klar gegliederte – Vielfalt von Hypothesen testen, ist das Ergebnis bezüglich der hier behandelten These schwer eindeutig herauszufiltern: Zwar schreiben sie *(1984, S. 259)*, der theoretische Ansatz, wonach "konzentriertere Branchen eine höhere Preisvariabilität aufweisen", sei von ihnen in mehreren Tests..."hier zunächst einmal bestätigt". Dabei ist aber nicht ersichtlich, ob es sich um die Reagibilität der Preise auf Nachfrageschwankungen handelt oder nicht. Bei einem etwas anders spezifizierten Ansatz ergibt sich zudem *(1984, S. 260)*: "Mit steigender Konzentration nimmt die Preisflexibilität ab".

Eine weitere Studie legen *Gahlen/Buck/Arz (1985)* für die Jahre 1960-1980 vor. Hier fassen sie von den 30 Branchen des Verarbeitenden Gewerbes, die bei den Daten der VGR unterschieden werden, die 10 mit dem höchsten Konzentrationsgrad zum K-Bereich, die 10 mit dem niedrigsten Konzentrationsgrad zum NK-Bereich zusammen und erhalten als Ergebnis *(1985, S. 146)*: "Im NK-Bereich übertrifft die zyklische Variabilität keinesfalls diejenige des K-Bereiches (K: 0.0028; NK: 0.0012)". Ob dieser Unterschied signifikant ist, wird leider nicht mitgeteilt. Außerdem stellen die Autoren fest, daß im K-Bereich nicht nur die Preise, sondern auch die Mengen im Zyklus stärker schwanken. Das bedeutet, daß Branchen dieses Bereichs stärkeren zyklischen Nachfrageschwankungen ausgesetzt sind als die niedrig konzentrierten Branchen. Die eigentlich wichtige Frage, ob höher konzentrierte Branchen bei *gleichen* Nachfrageschwankungen mit geringerer oder höherer Preisveränderung reagieren, bleibt daher unbeantwortet.

Die Notwendigkeit, bei der Analyse der Preisstarrheit auch das (offenbar unterschiedliche) Ausmaß der Nachfrageschwankungen zu beachten, hatten *Stahlecker/Ströbele (1980)* dagegen berücksichtigt und dadurch einige Hinweise auf größere Preisstarrheit (für gegebene Nachfrageschwankungen) im K-Bereich gefunden, also auf ein der "industrieökonomischen" These entgegengesetztes Verhalten.

Im Anschluß an diese wenig eindeutigen Ergebnisse für die Bundesrepublik Deutschland befasse ich mich nun mit den Ergebnissen empirischer Untersuchungen für die USA und Großbritannien, wo die These eines positiven Zusammenhangs zwischen Konzentrationsgrad und Preisflexibilität in der Literatur zuerst vertreten worden ist.

Für die hier interessierende Frage nach der Preisflexibilität aufgrund von konjunkturellen Nachfrageschwankungen liegt für *Großbritannien* ein negatives Ergebnis in dem Sinne vor, daß *Domberger (1979)* überhaupt keine Preisanpassungen an kurzfristige Nachfrageschwankungen feststellen kann (anhand eines Schätzansatzes, bei dem die Preisänderungen aus Änderungen der Lohnkosten, der Materialkosten und eines Indikators der Nachfrage sowie aus der Preisänderung der Vorperiode erklärt werden soll). Daher verzichtet Domberger darauf, den Einfluß des Konzentrationsgrades auf die Preisreagibilität bezüglich der Nachfrageschwankungen zu ermitteln.

Für die *USA* ergibt sich die Schwierigkeit, daß dort zwar eine Reaktion auf zyklische Nachfrageschwankungen empirisch festgestellt wird (*Qualls 1979; Domowitz u.a. 1986*), diese aber nicht auf die Preise, sondern auf das Preis-Kosten-Verhältnis bezogen wird. Dies geschieht u.a. deshalb, weil viele der heranzuziehenden Daten, wie z.B. der Konzentrationsgrad, branchenbezogene Größen sind, während die Preisindizes sich auf

Warengruppen beziehen. Außerdem besteht das Problem, daß für die Preisstatistik verwendete gemeldete (Listen-)Preise und tatsächlich vereinbarte Preise häufig auseinanderfallen.

Vom Konzentrationsgrad abhängige Unterschiede in der Reagibilität der Preis-Kosten-Relationen erlauben jedoch nur dann eine Aussage über die *Preis*reagibilität aufgrund zyklischer Nachfrageschwankungen, wenn die Kostenentwicklung diese Unterschiede *nicht* aufweist, so daß Änderungen in der Preis-Kosten-Relation auf Änderungen der Preise und nicht der Kosten zurückzuführen sind.

Was zunächst das *Preis-Kosten-Verhältnis* betrifft, so ermittelt *Qualls (1979)* für das Verarbeitende Gewerbe, aufgegliedert in 79 Branchen, in den Jahren 1958-70 einen signifikaten positiven Zusammenhang "between industrial concentration and the cyclical variability of margins". Qualls untersucht auch, ob diese höhere Variabilität darauf zurückzuführen ist, daß die Preis-Kosten-Relation in hochkonzentrierten Branchen höher ist (u.a. wegen höherer Kapitalintensität) und allein deswegen stärker schwanken kann. Das Rechnen mit entsprechend umgeformten Preis-Kosten-Relationen ergab jedoch ebenfalls einen signifikanten positiven Zusammenhang. Qualls verwirft auf der Grundlage seines Datensatzes auch das Argument, der beobachtete Unterschied bei dem zyklischen Zusammenhang sei auf Unterschiede in der Reagibilität der Löhne zurückzuführen. In *Qualls (1981)* wird diese Analyse ausführlicher, aber mit dem gleichen Ergebnis, dargestellt.

Für einen erweiterten Zeitraum, der von 1958-1980 reicht, und für stärker disaggregierte Daten (312 Branchen des Verarbeitenden Gewerbes) ermitteln *Domowitz u.a. (1986, S. 22)* ebenfalls einen positiven Zusammenhang zwischen zyklischer Flexibilität der Preis-Kosten-Relation und Konzentration: Diese Reaktionen "vary over the business cycle in a manner that depends on industry concentration as well as capital intensity: Concentrated, capital intensive industries have procyclical margins, at least over the 1958 to 1981 time period. Unconcentrated industries tend to have countercyclical margins".

Domowitz u.a. testen in diesem Kontext auch den folgenden Erklärungsansatz für dieses Verhalten *(S. 28/29)*: "To the extent that union agreements yield labor costs that are insensitive to changes in aggregate demand, unionized industries should show a greater tendency towards procyclical PCM's [Price-cost-margins – J. K.]". Die Autoren zitieren *(ebd.)* mehrere Studien, die für konzentrierte Industrien einen überdurchschnittlichen Einfluß der Gewerkschaften auf die Preis-Kosten-Relation gefunden haben, und ermitteln, daß der Organisationsgrad der Gewerkschaften mit dem Konzentrationsgrad zunimmt. Daraufhin versuchen sie zu testen, ob "unionized industries display greater cyclical sensitivity of price-cost-margins than non-union industries". Ihr Ergebnis *(S. 31)*: "The joint effect of unions and concentration on margins varies with the state of aggregate demand ... PCM's of highly unionized, highly concentrated industries are compressed – relative to those of all industries on average – during periods of low demand". Die Autoren nennen weitere Resultate und bemerken dazu *(ebd.)*: "These results illustrate the need in future research to examine the impact of unions on the levels and cyclical adjustment of industry prices and wages and on employment and productivity".

Ich möchte daran die Frage knüpfen, ob vielleicht die Unterschiede im gewerkschaftlichen Organisationsgrad in der Bundesrepublik Deutschland weniger ausgeprägt sind als in den USA und ob deswegen die Unterschiede je nach Konzentrationsgrad in den Preisreaktionen auf Nachfrageänderungen entsprechend geringer ausfallen.

Mit diesem Hinweis soll allerdings nicht suggeriert werden, die Erklärung der Unterschiede im Preisverhalten nun auf die Kostenseite zu verlagern. Vielmehr möchte ich zum Abschluß dieses Abschnitts auf eine empirische Arbeit hinweisen, welche die These stützt, daß Häufigkeit und Ausmaß von Preisänderungen von den Informationen über das Konkurrentenverhalten abhängen. Es ist dies die Untersuchung von *Frantzen (1986, S. 403)* über "The Cyclical Behaviour of Manufacturing Prices in a Small Open Economy"; dort wird anhand von Quartalsdaten über das belgische Verarbeitende Gewerbe in den Jahren 1964-78 erstens – genau wie in anderen Studien über die USA und Großbritannien – ein geringerer Grad von Flexibilität der Relation "Preise: direkte Kosten bei Normalauslastung" festgestellt und auf den Oligopol-Charakter der Märkte zurückgeführt: "Just as in the case of larger economies such as the US and the U.K., the markets for Belgian manufacturing products are essentially oligopolistic in nature and characterized by risk aversion with respect to uncertain competitors' reactions". Zweitens ergibt sich, daß die Preis/Kosten-Relation in den Exportindustrien noch weniger auf Nachfrageschwankungen reagiert als im Durchschnitt, was Frantzen zutreffend mit deren höherer Unsicherheit bezüglich des Verhaltens der Konkurrenten erklärt *(S. 405)*:

> "Exporters facing more intense competition from less well-known foreign competitors and having a poorer insight into industry demand conditions are bound to face greater uncertainty than firms active on the domestic market. They will thus... be more reluctant... to adjust prices to temporary changes in demand".

Die Studie von Frantzen stützt mithin die These, daß es für das Preisverhalten auf das Ausmaß von Unsicherheit ankommt. So überzeugend diese These bezüglich des Unterschiedes zwischen Exportindustrien und Produzenten von Gütern für den Inlandabsatz ist, so sehr bleibt fraglich, ob innerhalb dieser Gruppen das Ausmaß der Unsicherheit sehr eng mit der Zahl der Anbieter korreliert ist.

III. Preisflexibilität und Ausmaß der Konjunkturschwankungen

Die bislang betrachteten Untersuchungen betreffen die erste Hälfte der Frage, die in meinem Referat beantwortet werden soll; denn sie beschränken sich auf den Einfluß der Marktstruktur auf die Stärke der Preisreaktionen des Unternehmens. Der zweite Schritt besteht nun darin zu prüfen, welcher Zusammenhang zwischen der Preisreagibilität bei konjunkturellen Nachfrageschwankungen und dem Ausmaß der Schwankungen besteht, ob also eine hohe Preisreagibilität einen dämpfenden oder einen destabilisierenden Einfluß auf den Konjunkturverlauf haben.

Als erste, plausible Hypothese liegt die Vermutung nahe, daß eine stärkere Reaktion mit Preisen statt mit Mengen konjunkturdämpfend wirkt; denn Mengenreaktionen – also Ausweitung der Produktion statt Preissteigerung – erhöhen die Kapazitätsauslastung und induzieren damit – in dem Umfang, in dem Investitionen auslastungsgradabhängig sind – zusätzliche Erweiterungsinvestitionen. Gleichzeitig sind sie mit höherem Arbeitseinsatz verbunden, der von einer gleich großen oder einer größeren Beschäftigtenzahl geleistet wird, und damit von höheren Arbeitnehmereinkommen begleitet, die wiederum zu mehr Nachfrage führen usw.

Der Zusammenhang zwischen erhöhtem Arbeitseinsatz und höherem Arbeitnehmereinkommen ist allerdings dann nicht proportional, wenn die Branchen in nach Konzentrationsgrad unterschiedlichem Maße die Variation der Produktion ganz oder teilweise durch entsprechende Variation der Arbeitsproduktivität auffangen. Eine – allerdings geringfügige – Abweichung ergibt sich auch dann, wenn höhere Schwankungen der Produktion in unterschiedlichem Maße von Schwankungen der Beschäftigung oder der durchschnittlichen Arbeitszeit begleitet werden. Ich werde diesen Varianten jedoch, auch im Hinblick auf das vierte Referatsthema, nicht näher nachgehen.

Leider hat sich die Literatur mit dieser 2. Hälfte der mir gestellten Frage kaum beschäftigt. Auch *Hall (1986, S. 287)* beschränkt sich in seinem Beitrag mit dem vielversprechenden Teil "Market Structure and Macroeconomic Fluctuations" auf die simple, hier nicht zu diskutierende Gegenüberstellung einer Wirtschaft mit vollkommenem und mit unvollkommenem Wettbewerb und bemerkt dazu: "It is now well understood that a noncompetitive industry does not have the automatic full-employment tendency of the competitive economy". Er beschränkt sich dann jedoch darauf zu zeigen, daß in ersterer eine Tendenz zur Produktion bei unterausgelasteten Kapazitäten besteht, so daß konjunkturelle Schwankungen im Produktionsvolumen möglich sind. Inwieweit ihre Amplitude vom Ausmaß der Preisstarrheit abhängt, untersucht Hall nicht.

Um die Rück- bzw. Weiterwirkungen flexiblerer Preise als Reaktion auf Nachfrageschwankungen erfassen zu können, ist es daher notwendig, direkt auf geeignete Konjunkturmodelle zurückzugreifen. Dafür kommen grundsätzlich theoretische und ökonometrische Konjunkturmodelle in Frage. Dabei haben erstere den Vorteil, daß sie wegen der Konzentration auf einige wenige Verhaltensgleichungen die Wirkungszusammenhänge deutlich hervortreten lassen; sie haben den Nachteil, daß über deren Wert der jeweils als relevant erachteten Parameter nur wenig ausgesagt werden kann.

Bei den ökonometrischen Konjunkturmodellen besteht für mein Referat das Problem, daß die Rückwirkung unterschiedlicher Grade von Preisreagibilität auf Länge und

Amplitude der Konjunkturschwankungen durch Simulationsstudien ermittelt werden muß, bei denen der entsprechende Verhaltensparameter variiert wird. Da ich solche Simulationsstudien nicht vorgefunden habe und selber nicht durchführen kann, muß ich mich auf theoretische Konjunkturmodelle beschränken.

Bei einer Durchsicht solcher Modelle zeigt sich allerdings, daß nur wenige von ihnen die gewünschte Aussage geben können: Alle Konjunkturmodelle, die von preisgeräumten Märkten ausgehen (vgl. dazu *Kromphardt 1989*), scheiden von vornherein aus, weil sie von vollkommener Preisflexibilität ausgehen; bei der zweiten Kategorie von Konjunkturmodellen, die Märkte mit Mengenrestriktionen unterstellen (vgl. *ebenda*), wird das hier interessierende Problem weitgehend vernachlässigt; es wird nämlich – wie in den frühen keynesianischen Konjunkturmodellen – einfach von konstanten Preisen ausgegangen oder die Preisentwicklung wird in einer Weise modelliert, die keine Aussagen zur Preisreagibilität in der für dieses Referat erforderlichen Art und Weise enthält.

In dieser Sachlage muß ich mich daher auf ein theoretisches Konjunkturmodell beschränken, das einerseits repräsentativ ist für einen wichtigen Ansatz der makroökonomischen Theorie, nämlich die keynesianische Makroökonomie, und das zum anderen Aussagen über die Rückwirkungen von Preisreagibilität auf die Konjunkturschwankungen enthält. Dies ist das Konjunkturmodell von *Phillips (1961)*; es läßt – im Gegensatz zu seinen Vorgängermodellen – variable Preise zu, die u.a. auf die Nachfragesituation reagieren. Die Bestimmungsgleichung für die Inflationsrate (p) lautet nämlich in diesem Modell (ein ^ über einem Symbol signalisiert Veränderungsraten)

$$(3.1) \qquad \hat{p} = \hat{g}_1 + g_2\,(z-1) - \hat{X}^k\,.$$

Darin bezeichnen g_1 die exogen bestimmten Faktorkosten, z den Auslastungsgrad des Produktionspotentials (X^k). g_2 stellt einen Reaktionsparameter dar. Je mehr die Unternehmen auf Änderungen des Auslastungsgrades mit Preisänderungen reagieren, desto größer ist g_2.

Eine Erhöhung des Auslastungsgrades hat auch einen investitionssteigernden Effekt; dies zeigt die Investitionsfunktion des Modells. Dort berücksichtigt Phillips neben dem Akzeleratorprinzip und den zinsinduzierten Investitionen auch die Erwartungen der Unternehmen, hierin an Keynes anknüpfend (I^* ist das angestrebte Investitionsniveau):

$$(3.2) \qquad I^* = K\;[(b_1 \cdot \hat{X}^e + b_2(z-1) + b_3(r^e - i)]\;.$$

Hochgestelltes * steht für angestrebte, ^{e} für erwartete Größen; r^e ist die erwartete Rendite. Der Ausdruck $b_2(z-1)$ repräsentiert mit den auslastungsgradabhängigen Investitionen den Akzeleratormechanismus in Form der Kapitalanpassungshypothese.

Die tatsächlichen Investitionen ergeben sich aus (3.3):

$$\text{(3.3)} \qquad \frac{dK}{dt} = c_1 (\hat{K}^* - \hat{K}) .$$

Eine direkte Auswirkung einer veränderten relativen Bedeutung von Mengen- versus Preisreaktionen auf eine gegebene, exogene Nachfrageänderung ist im Modell nicht enthalten; denn in der nichtlinearen Geldnachfragefunktion

$$\text{(3.4)} \qquad L_t = a_2 \cdot p_t \cdot X_t \cdot e^{-a_3 \cdot i}$$

haben Änderungen von p und X die gleiche Auswirkung auf die Geldnachfrage. Dies zeigt auch die Zinsgleichung, die sich aus (3.4) in Verbindung mit

$$\text{(3.5)} \qquad M_t = M_o (1+\hat{M}^{aut})^t$$

und der Gleichgewichtsbedingung für den Geldmarkt

$$\text{(3.6)} \qquad L_t = M_t$$

gewinnen läßt:

$$\text{(3.7)} \qquad i_t = a_4 (\ln a_2 + \ln p_t + \ln p_t + \ln X_t - \ln M_t) ,$$

wobei $a_4 = 1/a_3$.

Die Rückwirkungen einer geänderten Preisreagibilität lassen sich also nur ermitteln, wenn man die Entwicklung des Auslastungsgrades (z) aus dem Modell ableitet. Dies tut Phillips, indem er das Modell, das durch die Gleichgewichtsbedingung für den Gütermarkt

$$\text{(3.8)} \qquad I_t = S_t$$

und die Sparfunktion

$$\text{(3.9)} \qquad S_t = s \cdot Y_t$$

vervollständigt wird, nach z auflöst und dadurch nach einigen Umformungen (vgl. dazu *Kromphardt 1977, Abschnitt VII.3*) eine Differentialgleichung 2. Ordnung erhält. Aus ihr folgt als Stabilitätsbedingung (die 2. Bedingung ist im Phillips-Modell stets erfüllt, solange alle Parameter positiv sind):

$$b_2 \cdot \beta < s + \beta \cdot b_3 \cdot a_4 \,. \tag{3.10}$$

Hierin bezeichnet β den Kapitalkoeffizienten ($\beta = K/X^k$). Der stabile Bereich ist also umso größer, je mehr die Investitionen zinsabhängig sind und je stärker der Zinssatz auf Änderungen von Geldangebot oder Geldnachfrage reagiert.

Die Veränderbarkeit der Preise hat offenbar keinen Einfluß auf die Scheidelinie zwischen stabilem und instabilem Bereich. Wohl aber führt sie im instabilen Bereich insofern zur Konjunkturdämpfung, als der Schwingungsbereich vergrößert und dementsprechend der Bereich explosiver Entfernung vom Trend verringert wird. Die Bedingung für Schwingungen im instabilen Bereich lautet nämlich:

$$b_2 \cdot \beta < s + \beta b_3 a_4 + 2\sqrt{\frac{\beta b_3 a_4 g_2 s}{C_1}} \,. \tag{3.11}$$

Je stärker bei Überauslastung des Produktionspotentials die Preise steigen, desto eher schwingt im instabilen Bereich das Modell, statt zu explodieren. Dies ist plausibel, da eine stärkere Preisreaktion eine schwächere Mengenreaktion bedeutet, so daß weniger auslastungsgradabhängige Investitonen induziert werden.

Bei der Interpretation dieses Ergebnisses ist allerdings zu beachten, daß im Phillips-Modell nicht berücksichtigt wird, daß Preise, die rascher als die Lohnkosten steigen, zu einer Umverteilung zugunsten des Gewinneinkommens führen. Nimmt man eine sehr starke Gewinnabhängigkeit der Investitionen an, so könnte diese Umverteilung per Saldo zu einer Erhöhung der Nachfrage führen und daher den im Phillips-Modell resultierenden konjunkturdämpfenden Einflüssen der flexibleren Preise entgegenwirken. Die mit dem Phillips-Modell gegebene Antwort ist also keineswegs vollständig; aber es ist die einzige explizite Antwort, die sich in theoretischen Konjunkturmodellen finden läßt.

IV. Schlußbemerkungen

Es ist zu vermuten, die Monopolkommission habe von der Bestätigung ihrer Hypothese, Konzentrationsgrad und Preisstarrheit seien positiv miteinander verknüpft, ein zusätzliches Argument für ihren Kampf gegen den fortschreitenden Konzentrationsprozeß erhofft. Selbst wenn der entgegengesetzte Zusammenhang bestehen sollte, so darf dies allerdings nicht dazu dienen, diesem Prozeß tatenlos zuzuschauen. Wenn ein wenig mehr

Preisreagibilität auf konjunkturelle Nachfrageschwankungen mit einem höheren Konzentrationsgrad erkauft werden muß, ist dieser Preis möglicherweise zu hoch; denn die drohende Beschränkung des Wettbewerbs wiegt schwer. Demgegenüber vermindert zwar vermutlich höhere Preisreagibilität das Ausmaß der konjunkturellen Schwankungen, aber ein viel wichtigeres gesamtwirtschaftliches Problem, nämlich die überkonjunkturell andauernde hohe Arbeitslosigkeit, wird dadurch nicht berührt.

Literaturverzeichnis

Büning, H., Trenkler, G. (1978), Nichtparametrische statistische Methoden. Berlin, New York.

Buck, A., Gahlen, B. (1984), Konzentration und Konjunktur – Eine empirische Analyse für die Bundesrepublik Deutschland. In: G. Bombach, B. Gahlen, A.E. Ott (Hrsg.), Perspektiven der Konjunkturforschung, Schriftenreihe des Wirtschaftswissenschaftlichen Seminars Ottobeuren, Bd. 13. Tübingen, S. 243 – 268.

Domberger, S. (1983), Industrial Structure, Pricing, and Inflation. New York.

Domberger, S. (1979), Price Adjustment and Market Structure. *The Economic Journal 89,* 96 – 108.

Domowitz, J., Hubbard, G., Petersen, B. (1986), The Intertemporal Stability of the Concentration-Margins-Relationship. *The Journal of Industrial Economics 35,* 13 – 34.

Fassing, W. (1980), Das Konjunkturverhalten im Oligopolsektor der Industrie. *Zeitschrift für Wirtschafts- und Sozialwissenschaften 100,* 269 – 295.

Frantzen, D. (1986), The Cyclical Behaviour of Manufacturing Prices in a Small Open Economy. *The Journal of Industrial Economics 34,* 389 – 408.

Gahlen, B., Buck, A., Arz, St. (1985), Ökonomische Indikatoren in Verbindung mit der Konzentration. In: G. Bombach, B. Gahlen, A.E. Ott (Hrsg.), Industrieökonomik: Theorie und Empirie, Schriftenreihe des Wirtschaftswissenschaftlichen Seminars Ottobeuren, Bd. 14. Tübingen, 127 – 166.

Hall, R. (1986), Market Structure and Macroeconomic Fluctuations. *Brooking Papers on Economic Activitiy, 1986/2,* 285 – 322.

Kaulmann, Th., Stahlecker, P. (1984), Unternehmenskonzentration und Stabilität von Preis- und Mengenreaktionen. Eine empirische Untersuchung des industriellen Sektors der Bundesrepublik Deutschland 1971 – 1981. Diskussionspapiere Fachbereich Wirtschaftswissenschaften der Universität Hannover, Serie C, Nr. 66, Febr. 1984.

Lustgarten, St., Mendelowitz, A. (1979), The Covariability of Industrial Concentration and Employment Fluctuations. *Journal of Business 52,* 291 – 303.

Monopolkommission (1976), Mehr Wettbewerb ist möglich. Hauptgutachten 1973 – 1975. Baden-Baden.

Monopolkommission (1986), Fortschreitende Konzentration bei Großunternehmen. Hauptgutachten 1976 – 1977. Baden-Baden.

Monopolkommission (1978), Gesamtwirtschaftliche Chancen und Risiken wachsender Unternehmensgrößen. Hauptgutachten 1984 – 1985. Baden-Baden.

Neu, W. (1986), Imported Basic Materials Prices, Concentration and Industrial Price Dynamics: An Econometric Analysis for West Germany. Mimeo.

Oberhauser, A. (1979), Unternehmenskonzentration und Wirksamkeit der Stabilitätspolitik. Tübingen.

Phillips, A. (1961), A Simple Model of Employment, Money and Prices. *Economica 28,* 360 – 370.

Pischner, R. (1979), Möglichkeiten und Grenzen der Messung von Einflüssen der Umsatzkonzentration auf industrielle Kennziffern. Eine empirische Analyse anhand ausgewählter Industriezweige der Bundesrepublik Deutschland für die Jahre 1962 – 1974. Deutsches Institut für Wirtschaftsforschung. Beiträge zur Strukturforschung. Heft 56, Berlin.

Qualls, D. (1979), Cyclical Wage Flexibility, Inflation and Industrial Structure: An Alternative View and Some Empirical Evidence. *The Journal of Industry Economics 29,* 345 – 356.

Qualls, D. (1981), Market Structure and the Cyclical Flexibility of Price-Cost Margins. *Journal of Business 52,* 305 – 325.

Rahmeyer, F. (1983), Sektorale Preisentwicklung in der Bundesrepublik Deutschland 1951 – 1977. Eine theoretische und empirische Analyse. Tübingen.

Sachverständigenrat (1971), Währung, Geldwert, Wettbewerb – Entscheidungen für Morgen – Jahresgutachten 1971/72. Stuttgart und Mainz.

Stahlecker, P. (1984), Konzentration und gesamtwirtschaftliche Stabilität. Frankfurt etc.

Stahlecker, P., Ströbele, W. (1980), Das Preisverhalten des konzentrierten Industriebereichs 1966 – 1976. Anmerkungen und Erweiterungen zur empirischen Untersuchung im Zweiten Hauptgutachten der Monopolkommission. *Zeitschrift für Wirtschafts- und Sozialwissenschaften 100,* 453 – 477.

Korreferat zum Referat J. Kromphardt

Fritz Rahmeyer

Das vorliegende Thema: Einflüsse der Marktstruktur auf die konjunkturelle Entwicklung bildet einen Baustein in einer neo-keynesianisch orientierten industrieökonomischen Fundierung der makroökonomischen Theorie (vgl. *Carlton 1989*). Es wird vom Verfasser in der Weise interpretiert und eingegrenzt, daß er den Einfluß der Marktstruktur auf die zyklische Preisentwicklung behandelt. Ergänzend fragt er nach den Rückwirkungen auf das Ausmaß der Konjunkturschwankungen. Als Korrelat zu den Preisen analysiert die Literatur zugleich den Zusammenhang der Marktstruktur mit der zyklischen Entwicklung der Mengengrößen, also von Produktion und Beschäftigung. Bezieht man neben den Güterpreisen auch die Nominallöhne in die Analyse ein, so erweitert sich das Spektrum der zu behandelnden Variablen um den Reallohn und die Arbeitsproduktivität. Die zyklische Veränderung dieser Indikatoren ist nicht unabhängig voneinander. Zwischen der Entwicklung von Produktion und Preisen besteht eine Substitutionsbeziehung: Eine gegebene Nachfrageveränderung teilt sich definitorisch in einen Preis- und einen Mengeneffekt auf mit entsprechender Wirkung auf das Verhältnis von Preis- und Mengen*anpassung* und Preis- und Mengen*variabilität*[1]. Eine verzögerte und partielle Preisanpassung im Konjunkturzyklus erhöht folglich die Variabilität der Outputentwicklung. Diese Erkenntnis hat dazu geführt, daß der trade off zwischen der *Höhe* der Wachstumsrate von Output und Preisniveau um den zwischen der *Variabilität* der Wachstumsraten ergänzt worden ist (vgl. *Taylor 1981, S. 75; 1982, S. 5*). Will man sich nicht auf die Behandlung von Identitäten beschränken, sondern auch das Verhalten der Anbieter auf den Märkten erklären, so kann man von der Hypothese ausgehen, daß es deren Ziel ist, die Kosten von Preis- und Mengenanpassungen zu minimieren.

Der Einfluß der Marktstruktur auf die industrielle Preisentwicklung wird in der Literatur unter zwei Aspekten behandelt:

(1) Der Einfluß der Marktstruktur auf Preis- und Mengen*anpassungen* im Konjunkturzyklus (administrierte Preisbildung);

(2) Der Einfluß der Marktstruktur auf das langfristige Preis*wachstum* (administrierte Inflation)[2].

Im Mittelpunkt der ersten Fragestellung steht die These, daß die Preise auf Märkten mit administrierter Preissetzung in beiden Konjunkturphasen mit Verzögerung auf Nachfrageänderungen reagieren (lag-catch up-Hypothese). Zwischen der Marktkonzentration und der Preisflexibilität (Preisstarrheit) besteht demnach ein negativer (positiver) Zusammenhang. In *statischer* Betrachtung beeinflußt die Marktstruktur Zeitpunkt und

---

[1] Zur definitorischen Ableitung vgl. *Gordon (1981, S. 497).*

[2] Zu dieser Unterscheidung vgl. *Dalton, Qualls (1979, S. 22 f).*

Verlauf, bei im Konjunkturverlauf symmetrischer Preisinflexibilität nicht das Ausmaß der Preisveränderung über den Konjunkturverlauf hinweg. Einen langfristigen Preisanstieg kann die These der administrierten Preisbildung nicht erklären, sie begründet lediglich eine verzögerte Preisanpassung auf industriellen Märkten und eine Veränderung der Preisstruktur gegenüber Wettbewerbsmärkten mit unverzögerter Preisanpassung. Der Einfluß der Marktstruktur auf das langfristige Preiswachstum hebt sich – bei Gültigkeit der Symmetrieannahme – über den Gesamtzyklus auf. In *dynamischer* Betrachtung kann ein einmaliger Preis- oder Kostenanstieg eine dauerhafte Inflationsbeschleunigung verursachen, z.B. durch die Auslösung höherer Lohnsteigerungen.

Mit der These der administrierten Inflation wird eine langfristige inflationsverstärkende Wirkung von Märkten mit hoher und sehr hoher Unternehmenskonzentration behauptet. In statischer Betrachtung vermag ein gegebener Konzentrationsgrad der Märkte eine Zunahme der Preissteigerungsrate ebenfalls nicht zu erklären. Einem höheren Stückgewinn steht möglicherweise ein höheres Produktivitäts- und ein geringeres Kostenwachstum gegenüber. Der Nettoeffekt einer Erhöhung des Gewinnaufschlages und eines höheren Produktivitätswachstums läßt sich allgemein nicht bestimmen.

Aus der These der administrierten Preisbildung folgt, daß sich konjunkturelle Schwankungen von Produktion und Beschäftigung verstärken. Aufgabe der Wettbewerbspolitik ist es dann, Maßnahmen gegen wettbewerbsgefährdende Marktstrukturen und gegen wettbewerbsbeschränkendes Verhalten zu ergreifen, um dazu beizutragen, die Variabilität der Preise zu erhöhen und die der Mengengrößen zu verringern (vgl. *v. Weizsäcker 1983, S. 2*).

Bei seiner Behandlung der These eines positiven Zusammenhanges zwischen Unternehmenskonzentration und Preisinflexibilität diskutiert Kromphardt die preistheoretischen Grundlagen der administrierten Preisbildung. Er zeigt auf, daß unter der Annahme konstanter Grenzkosten und einer gleichen proportionalen Veränderung der Nachfrage (Drehung der Nachfragekurve um den Höchstpreis) der gewinnmaximale Preis sich nicht verändert, da die Preiselastizität der Nachfrage konstant bleibt. Für den Fall einer Parallelverschiebung der Nachfragekurve haben *Neumann, Böbel, Haid (1982, S. 273 ff.)* gezeigt, daß mit zunehmendem Monopolgrad (Preis minus Grenzkosten/Preis) die Preisflexibilität steigt. Auf Oligopolmärkten, der für den industriellen Sektor vorherrschenden Marktform, ist im Unterschied zum Wettbewerbs- und Monopolmarkt die Preisbildung und damit die Preisflexibilität nicht determiniert. Der Verfasser weist darauf hin, daß die Preise bereits unabhänig vom Grad der Preissetzungsmacht mit Verzögerung auf Nachfrage- und Kostenveränderungen reagieren dürften. Folgende Begründungen werden dafür in der Literatur u.a. genannt:

- Nachfrageveränderungen führen als Folge von oligopolistischer Interdependenz nicht zu Preisanpassungen, um bei Unsicherheit über die Preisreaktionen der Konkurrenten ruinöse Preiskämpfe vor allem auf engen Oligopolmärkten zu vermeiden. Hier vorherrschende Großunternehmen können daraus resultierende Mengenschwankungen leichter abfedern (größere Heterogenität der Produkte, unterdurchschnittlich wachsende Kosten der Lagerhaltung und der Reservekapazität, größerer Anreiz zum Horten von Arbeitskräften als Folge betriebsspezifischer Ausbildung).

- Verläuft die Durchschnittskostenkurve im relevanten Produktionsbereich horizontal, dann führen Nachfrageveränderungen bei kostenorientierter Preissetzung zunächst zu Umsatz- und Produktionsanpassungen. Die Preissetzung auf der Grundlage der Durchschnittskosten ist darüber hinaus ein Mittel zur Verringerung der unvollkommenen Information für Anbieter und Nachfrager, z.B. bezüglich der Dauerhaftigkeit der Nachfrageveränderung und ihres lokalen oder globalen Charakters.

Der Grad der horizontalen Unternehmenskonzentration erhöht dann lediglich die Inflexibilität der Preise. Bei der Begründung der Dominanz von Mengenanpassungen ist zu bedenken, daß nicht nur Preis-, sondern auch Produktions- und Beschäftigtenreaktionen Kosten verursachen. Für die Unternehmen besteht ein trade off im Anpassungsverhalten bei unvollkommener Information.

Eine Differenzierung der Preisrigidität nach Zahl und Größe der Marktteilnehmer kann die Folge einer unterschiedlichen Lohnentwicklung in den Wirtschaftszweigen sein. Diese Möglichkeit weist Kromphardt mit dem Hinweis auf die relative Stabilität der intersektoralen Lohnstruktur zurück. Zu ergänzen ist hier, daß eine unterschiedliche zyklische Preisentwicklung auch das Ergebnis einer unterschiedlichen zyklischen Produktivitätsentwicklung sein kann, diese wiederum die Folge von Unterschieden in der zyklischen Beschäftigtenanpassung an Produktionveränderungen. Im Falle der kostenorientierten Preissetzung auf der Basis einer "normalen" Kapazitätsauslastung sind zyklische Produktivitätsschwankungen ohne Einfluß auf die Preisentwicklung. Für die Begründung eines *positiven* Zusammenhanges zwischen Unternehmenskonzentration und Preisinflexibiliät verbleibt somit die Hypothese, daß sich mit abnehmender Zahl der Marktteilnehmer die *Möglichkeit* und der *Anreiz* für kollusives Verhalten verbessern und die daraus resultierende Marktmacht als Folge geringerer Anpassungskosten von den Unternehmen überwiegend zu Mengenanpassungen an Nachfrageveränderungen im Konjunkturzyklus genutzt wird.

Für die Gegenthese eines *negativen* Zusammenhanges zwischen Unternehmenskonzentration und Preisinflexibilität liefert der informationstheoretische Erklärungsansatz unter der Annahme unvollkommener Information eine erste Begründung (vgl. hierzu auch *Gahlen, Buck, Arz 1985, S. 131 f.*):

- Die Flexibilität der Preise bzw. der Preis-Kosten-Marge ist eine vorteilhaftere Form der Verhaltensabstimmung im Oligopol im Vergleich zu einem festen Kostenaufschlag. Die Ursache wird in der geringeren Unsicherheit über das Preisverhalten der Konkurrenten im engen im Vergleich zum weiten Oligopol gesehen.

– Ein Anbieter kann bei unvollkommener Information eine Nachfrageveränderung umso eher als dauerhaft erkennen und darauf entsprechend mit dem Preis reagieren, je größer sein Marktanteil ist.

Daneben wird – im Unterschied zur "klassischen" These – auf die Möglichkeit einer größeren zyklischen Nachfrageabhängigkeit der Preise und der Produktivität (in Abhängigkeit vom Grad der Kapazitätsauslastung) im engen Oligopol verwiesen ebenfalls mit der Folge einer prozyklischen Veränderung der Preis-Kosten-Marge (vgl. *Domowitz, Hubbard, Petersen 1986, S. 8*).

Der Unterschied zwischen den beiden konkurrierenden Hypothesen resultiert aus der Antwort auf die Frage, ob Unternehmen auf engen Oligopolmärkten ihre Marktmacht vorwiegend zugunsten von zyklischen Mengen- *oder* von Preisanpassungen nutzen und in welcher Weise dieses Verhalten vom Grad der Kapazitätsauslastung abhängig ist. Auf dem Rationalitätsprinzip basierende Verhaltensweisen lassen sich für beide Hypothesen ableiten.

Im Anschluß an die theoretische Analyse referiert Kromphardt vorliegende empirische Untersuchungen, dabei beispielhaft neben den Arbeiten von Gahlen, Buck, Arz und Stahlecker, Ströbele für die Bundesrepublik vor allem angelsächsische Autoren. Grundlegend für die Erklärung von zyklischen Preisanpassungen ist die Verwendung der *multiplen* Regressionsanalyse und die Trennung des Schätzzeitraumes in Auf- und Abschwungsphasen. Bei der Spezifizierung des Schätzansatzes wird einmal eine *diskontinuierliche* Beziehung zwischen Preisveränderungen und Marktstrukturindikator unterstellt, z.B. mittels Unterscheidung eines hoch und eines niedrig konzentrierten Sektors des produzierenden Gewerbes (vgl. z.B. *Stahlecker, Ströbele 1980, S. 462; Gahlen, Buck, Arz 1985, S. 140; Rahmeyer 1985, S. 312 f.*). Nimmt man zum anderen einen *kontinuierlichen* Zusammenhang an, dann kann unter direkter Einbeziehung der Marktstrukturvariablen eine Querschnittsanalyse über alle Wirtschaftszweige bzw. die ausgesuchten Unternehmen durchgeführt werden (vgl. *Neumann, Böbel, Haid 1982, S. 282; 1983, S. 190 ff.*). Daneben wird in Form einer kombinierten Zeitreihen-Querschnittsanalyse die graduelle Preisanpassung bei Nachfrage- und Kostenveränderungen (Preisanpassungsmodell) geschätzt (vgl. *Domberger 1979, S. 97 ff.*).

Vorliegende empirische Untersuchungen zur These eines positiven Zusammenhanges zwischen Unternehmenskonzentration und Preisinflexibilität zeigen keine einheitlichen Ergebnisse auf und liefern keine Grundlage für wettbewerbspolitische Maßnahmen[3]. Dagegen ermitteln in neuerer Zeit *Qualls (1978, S. 40 ff.; 1979, S. 312 ff.)* und Domowitz, Hubbard, Petersen eine negative Korrelation zwischen Unternehmenskonzentration und zyklischer Preis-Kosten-Marge als verwendetem Marktergebnisindikator. Qualls modifiziert sein Ergebnis dahingehend, daß er einen U-förmigen anstelle eines

---

3 Vgl. zum Überblick *Domberger 1983, S. 36 ff.; Pautler 1983, S. 581 ff.*

linearen Zusammenhanges findet. Sehr wichtig ist der Hinweis von Kromphardt, daß Unterschiede im gewerkschaftlichen Organisationsgrad und in der Lohnbildung zwischen den USA und der Bundesrepublik Deutschland zu unterschiedlichen Ergebnissen bezüglich der Preisflexibilität führen können. Für die Bundesrepublik zeigen *Neumann, Böbel, Haid (1982, S. 286 ff.; 1983, S. 191)* in zwei Studien, daß der Grad der Unternehmenskonzentration die zyklische Flexibilität der Preis-Kosten-Marge als Folge größerer Preisflexibilität erhöht. Sie bestätigen mit einer anderen Datenbasis damit neuere Ergebnisse für die USA. Der Vollständigkeit wegen sei noch angeführt, daß empirische Untersuchungen die Hypothese eines positiven Einflusses der Unternehmenskonzentration auf die langfristige Preisentwicklung nicht bestätigen. Vielmehr weist der hochkonzentrierte Sektor des verarbeitenden Gewerbes ein unterdurchschnittliches Preiswachstum auf.

Im abschließenden Kapitel behandelt Kromphardt mittels eines Konjunkturmodells die Rückwirkungen von zyklischen Preisveränderungen auf Konjunkturschwankungen. Die Preisveränderungsrate erscheint in der Bestimmungsgleichung für die Geldnachfrage und den Zinssatz als unabhängige Variable. Eine höhere Preisvariabilität führt im instabilen Bereich wie erwartet zu einer geringeren Variabilität bei Investitionen und Output, damit zur Konjunkturdämpfung. Das Maß der Mengenstabilisierung ist abhängig

- vom Anteil des Sektors mit administrierter Preisbildung an der Gesamtwirtschaft,
- von der Elastizität der Preisveränderung in bezug auf die Unternehmenskonzentration,
- von der Elastizität der Lohn- in bezug auf die Preisveränderung (Lohn-Preis-Spirale).

Bezüglich der abschließend angedeuteten wettbewerbspolitischen Implikationen ist dem Referenten nur zuzustimmen, wenn er schreibt: "Wenn ein wenig mehr Preisreagibilität auf konjunkturelle Nachfrageschwankungen mit einem höheren Konzentrationsgrad erkauft werden muß, ist dieser Preis möglicherweise zu hoch; denn die drohende Beschränkung des Wettbewerbs wiegt schwer" *(S. 50 f.)*. Hinzu kommt, daß eine *einmalige* Erhöhung des Wettbewerbsgrades nicht zu einer *dauerhaften* Verringerung der Inflationsrate beiträgt.

Die theoretische und empirische Argumentation zum Zusammenhang von Marktstruktur und Preisflexibilität wird in drei Punkten zusammengefaßt:

- Sowohl theoretische als auch empirische Untersuchungen kommen zu dem Ergebnis, daß sich die Güterpreise nur mit Verzögerung an Nachfrageveränderungen anpassen (Dominanz der Mengenanpassungen). Die zyklische Inflexibilität der Preise dürfte in der Aufschwungs- und in der Abschwungsphase eines Konjunkturzyklus nicht symmetrisch sein.
- Bezüglich des Zusammenhanges von Marktstruktur und Preisflexibilität bestehen konkurrierende Hypothesen. Kollusion im engen Oligopol kann als Folge von Marktmacht zur zyklischen Preisstabilisierung auf der Basis der Durchschnittskosten *oder* zu häufigeren und höheren Preisanpassungen als Folge eines besseren Informations-

standes führen. Jüngere empirische Ergebnisse weisen – nach der theoretischen Analyse eher überraschend – in die Richtung eines negativen Zusammenhanges zwischen Unternehmenskonzentration und Preisinflexibilität. Eine höhere Preisflexibilität führt *dann* zu einer dauerhaften Beschleunigung der Inflationsrate, wenn sie eine Lohn-Preis-Spirale auslöst, die zugleich monetär alimentiert wird. Ein durch die Marktstruktur bedingter zyklischer Effekt auf das langfristige Preiswachstum und auf konjunkturelle Schwankungen ist gegenüber dem *direkten* Einfluß der Nachfrage- und Kostenentwicklung von eher geringer Bedeutung.

- Eine gegenläufige Beziehung zwischen Preis- und Mengenvariabilität braucht als Folge von Strategien des "production smoothing" nicht zu bestehen. Empirische Untersuchungen zeigen für Wirtschaftszweige mit hoher Unternehmenskonzentration eine höhere Preis- *und* Mengenvariabilität auf (vgl. *Gahlen, Buck, Arz 1985, S. 146 ff.; Gahlen, Rahmeyer 1984, S. 9 ff.*).

Literaturverzeichnis

Carlton, D. (1989), The Theory and the Facts of How Markets Clear: Is Industrial Organization Valuable for Understanding Macroeconomics? In: R. Schmalensee, R.D. Willig (eds.), Handbook of Industrial Organization, Vol. I, Amsterdam.

Dalton, J., Qualls, P.D. (1979), Market Structure and Inflation. *The Antitrust Bulletin 24*, 17 – 42.

Domowitz, I., Hubbard, R., Petersen, B. (1986), Business Cycles and the Relationship between Concentration and Price-Cost-Margins. *Rand Journal of Economics 17*, 1 – 17.

Domberger, S. (1979), Price Adjustment and Market Structure. *The Economic Journal 89*, 96 – 108.

Domberger, S. (1983), Industrial Structure, Pricing and Inflation. Oxford.

Gahlen, B., Buck, A., Arz, St. (1985), Ökonomische Indikatoren in Verbindung mit der Konzentration. In: G. Bombach, B. Gahlen, A.E. Ott (Hrsg.), Industrieökonomik: Theorie und Empirie, Schriftenreihe des Wirtschaftswissenschaftlichen Seminars Ottobeuren, Bd. 14. Tübingen, 127 – 166.

Gahlen, B., Rahmeyer, F. (1984), Der Zusammenhang zwischen Preis- und Mengenvariabilität. DFG-Forschergruppe am Institut für Volkswirtschaftslehre der Universität Augsburg. Arbeitspapiere zur Strukturanalyse, Nr. 3.

Gordon, R.J. (1981), Output Fluctuations and Gradual Price Adjustment. *The Journal of Economic Literature 19*, 493 – 530.

Neumann, M., Böbel, I., Haid, A. (1982), Konzentration – Ein Hintergrund der Inflation in der deutschen Industrie. *IFO-Studien 28*, 271 – 292.

Neumann, M., Böbel, I., Haid, A. (1983), Business Cycle and Industrial Market Power: An Empirical Investigation for West German Industries, 1965 - 1977. *The Journal of Industrial Economics 32*, 187 – 196.

Pautler, P. (1983), A Review of the Economic Basis for Broad-Based Horizontal-Merger Policy. *The Antitrust Bulletin 28*, 571 – 651.

Qualls, P.D. (1978), Market Structure and Price Behaviour in US Manufacturing: 1967 - 72. *The Quarterly Review of Economics and Business 18*, 35 – 57.

Qualls, P.D. (1979), Marktet Structure and Cyclical Flexibility of Price-Cost-Margins. *The Journal of Business 52*, 305 – 325.

Rahmeyer, F. (1985), Marktstruktur und industrielle Preisentwicklung. *IFO-Studien 31*, 295 – 330.

Stahlecker, P., Ströbele, W. (1980), Das Preisverhalten des konzentrierten und des nichtkonzentrierten Industriebereichs 1966 - 1976. *Zeitschrift für Wirtschafts- und Sozialwissenschaften 100*, 453 – 484.

Taylor, J.B. (1981), On the Relation between the Variability of Inflation and the Average Inflation Rate. In: K. Brunner, A. Meltzer (eds.), The Costs and Consequences of Inflation. Carnegie-Rochester Conference Series on Public Policy, 15. Amsterdam.

Taylor, J.B. (1982), Policy Choice and Economic Structure. Published by Group of Thirty. Occasional Papers No. 9. New York.

v. Weizsäcker, C.C. (1983), Wettbewerb und Inflation. Diskussionsbeiträge des Volkswirtschaftlichen Instituts der Universität Bern, No. 4 (Mskr.).

Marktstruktur als Determinante der Beschäftigungsentwicklung

Referat von Klaus Jaeger *

Zusammenfassung: Im Rahmen eines relativ einfachen makroökonomischen Totalmodells wird der Einfluß von Änderungen der Marktstruktur auf die Beschäftigung in verschiedenen Varianten komparativ-statisch untersucht. Insgesamt sind die Ergebnisse zwar nicht eindeutig, doch tendenziell ergeben sich folgende Resultate:

(i) Bei Markt räumenden Preisen und Löhnen ist die Konzentration, gemessen an den Marktanteilen, eher negativ mit der Beschäftigung korreliert, sofern das Arbeitsangebot nicht vollkommen unelastisch auf Reallohnänderungen reagiert,

(ii) im Falle mengenrestringierter Gleichgewichte ergeben sich positive Korrelationen zwischen Beschäftigung und Marktstruktur,

(iii) in Modellen mit Verhandlungen zwischen Gewerkschaften und Firmen sind die Ergebnisse uneindeutig, wenn sich bei Gleichgewicht auf den Produktmärkten die Struktur der Arbeitsmärkte ändert. Jedoch ergibt sich tendenziell (wie unter (i)) eine negative Korrelation zwischen Beschäftigung und Konzentration, sofern Gleichgewicht auf den Produktmärkten unterstellt und dort die Struktur geändert wird. Das Gegenteil tritt ein, wenn (vgl. (ii)) auf den Produktmärkten mengenrestringierte Gleichgewichte bestehen.

Abstract: This paper concerns the comparative-static impact effects of a changing market structure on employment within a simple macroeconomic model. Taken as a whole the results are ambiguous but some tendencies are worth mentioning:

(i) With market clearing prices and wages the correlation between employment and concentration — measured by the (identical) market shares of the firms — are, if anything, negative in case of a positive elasticity of labor supply,

(ii) in quantity constrained equilibria, however, this correlation is, if anything, positive and

(iii) in trade union bargaining models with market clearing product prices the results are ambiguous, if in these models the structure of the labor market changes. With market clearing product prices, however, similar to point (i), the correlation between employment and product market concentration tends to be negative in these models. If, however, the product markets are characterized by quantity constrained equilibria the results are similar to point (ii).

I. Einleitung

Die Themenstellung legt die Richtung der folgenden Überlegungen zumindest in einer Weise eindeutig fest: Die Marktstruktur und deren Veränderung sollen als exogene Einflußgrößen und die Beschäftigung bzw. deren Entwicklung als endogene Variablen im Rahmen einer makroökonomischen (Total-)Analyse betrachtet werden. Damit bleibt ein interessanter und wichtiger Themenkomplex natürlich ausgeklammert, die Frage nämlich nach den Bestimmungsfaktoren für die (Entwicklung der) Marktstrukturen selbst, d.h. deren mögliche Abhängigkeit von Konjunkturschwankungen, Wachstumsprozessen, verfügbaren Technologien und technischem Fortschritt ("economies of scale and scope"), Marktzugangsbarrieren der verschiedensten Ausprägungen, Unternehmensentscheidun-

* Wertvolle Anregungen und Kritik verdanke ich dem Korreferenten und den Teilnehmern des Workshops.

Studies in Contemporary Economics
B. Gahlen (Hrsg.)
Marktstruktur und gesamtwirtschaftliche Entwicklung

gen, wirtschaftspolitischen Vorgaben und Maßnahmen etc.[1] Eine umfassendere Behandlung der Thematik müßte daher – zumindest bei mittel- bis langfristiger Sichtweise – die grundsätzliche Endogenität der Marktstrukturen berücksichtigen und folglich die *Interdependenzen* zwischen diesen und der Beschäftigungsentwicklung analysieren. Ein solches weit gefaßtes Vorhaben kann jedoch eher Gegenstand eines Forschungsprogramms, denn Inhalt eines vergleichsweise kurzen Beitrags sein.

Eine weitere Eingrenzung ergibt sich aus der Programmgestaltung: Abhängigkeiten zwischen Marktstrukturen und Ausmaß sowie Ablauf von Konjunkturschwankungen und damit eben auch der Beschäftigungsentwicklung werden – abgesehen von ganz vereinzelten Hinweisen – nicht behandelt, obwohl im Gefolge der stärkeren Einbeziehung monopolistischer Konkurrenz sowie von ökonomisch begründeten nominellen und realen Rigiditäten in makroökonomischen Modellen speziell dieses Problem die makrotheoretische Diskussion der jüngsten Vergangenheit bis zur Gegenwart praktisch dominiert[2]. Eng verwandt mit diesem Komplex ist die Frage, ob und inwieweit Marktstrukturen die Wirksamkeit des wirtschaftspolitischen Stabilisierungsinstrumentariums beeinflussen. Auch dieser Bereich wird aus der folgenden Untersuchung ausgeblendet.

Die jeweils herrschende Markstruktur ist durch eine Vielzahl von Elementen charakterisiert (*Kaufer 1980*, S.24 ff). Ein wichtiges Merkmal, welches insbesondere in der Industrieökonomik eine zentrale Rolle spielt, ist der Konzentrationsgrad (*Schmalensee 1988, Buck/Gahlen 1984*) – meist gemessen durch den Hirschmann-Herfindahl-Index. Im folgenden wird diese Maßzahl, wenn auch in einer stark vereinfachten Version, gleichfalls für den Konzentrationsgrad auf dem Produktmarkt verwendet. Damit kommt zum Ausdruck, daß nicht Größenklassen von Unternehmen, sondern Marktanteile eine zentrale Rolle für die (Produkt-)Marktkonzentration spielen.

Für den Arbeitsmarkt existieren m.W. keine so weitgehend anerkannten Indikatoren für den dort jeweils herrschenden Konzentrationsgrad oder die Marktstruktur. Daher werden im folgenden in diesem Bereich vereinfacht die Abweichungen von der atomistischen Preisallokation durch Preis- resp. Mengensetzerverhalten aufgrund von "Marktmacht" verwendet.

Nach diesen Vorbemerkungen läßt sich die Thematik auf die Beantwortung der Frage eingrenzen: Welche Feststellungen können im Rahmen eines makroökonomischen Totalmodells über den Einfluß getroffen werden, der von der (auf Produkt- sowie Faktormärkten) herrschenden Konzentration und deren Veränderung auf den Stand und die

---

1 *Scherer (1980, ch.1)* sieht die Marktstruktur bestimmt durch das was er als "basic conditions of technology and demand as well as business decisions and historical accidents" bezeichnet.

2 Von der kaum noch überschaubaren Literatur sei hier nur eine kleine Auswahl von neueren Übersichtsartikeln oder Beiträgen mit einem größeren Übersichtsteil genannt: *Greenwald/Stiglitz* (1988), *Ball/Mankiw/Romer (1988)*, *Fischer (1988)*, *Blanchard/Summers (1988)*, *Blanchard (1987, 1987a)*, *Rotemberg* (1987), *McCallum (1986, 1988)*, *Gordon (1988)*, *Ramser (1988)*, *Hall (1986, 1988).*

längerfristige Entwicklung der Beschäftigung ausgeht? Autoren, die sich explizit mit unterschiedlichen Teilaspekten dieser Problematik – jedoch praktisch ausschließlich aus der kurzfristigen Perspektive – in jüngster Zeit befaßt haben sind u.a. *Negishi (1979), Hart (1982), Rotemberg (1982), Snower (1983), Akerlof/Yellen (1985), Jacobson/Schultz (1986), Blanchard/Kiyotaki (1987), Gahlen/Ramser (1987), Hahn (1987), Benassy (1987), Dixon (1988, 1988a), Anderson/Devereux (1988)*. Aber schon an dieser Stelle sollte darauf hingewiesen werden, daß alle diese Beiträge, ebenso wie die folgenden Überlegungen, auf z.T. sehr restriktiven Annahmen basieren. Die jeweiligen Ergebnisse sind folglich mit entsprechender Vorsicht zu interpretieren bzw. zu verallgemeinern.

Eine, aber bei weitem nicht die einzigste Vereinfachung besteht darin, daß man sich bei der Analyse der monopolistischen oder unvollkommenen Konkurrenz ausschließlich auf die traditionellen Annahmen homogener Produkte und vollständiger Information stützt, so daß die einzige Abweichung von dem Walrasianischen Ansatz darin besteht, größere Einheiten von nicht Preis nehmenden Akteuren zuzulassen, die (wie dort) in einer einmaligen (spieltheoretisch: in einem einperiodischen Spiel), nicht kooperativen und statischen Weise simultan ihre optimalen Entscheidungen treffen. Neuere Arbeiten auf dem Gebiet der unvollkommenen Konkurrenz bei unvollkommener oder unvollständiger Information, Produktdifferenzierungen sowie im Rahmen dynamischer, mehrperiodischer Spiele sind im wesentlichen partialanalytischer Natur und bisher noch nicht einmal in Ansätzen zu einer allgemein gleichgewichtstheoretischen Analyse eines makroökonomischen Modells kondensiert, die es erlauben würde, eindeutige Aussagen über die komparativ-statischen oder -dynamischen Beschäftigungseffekte von Parametervariationen abzuleiten.

Neben den genannten Vereinfachungen sind jedoch noch weitere erforderlich. Um die Relevanz der abgeleiteten Ergebnisse besser einschätzen zu können, erscheint es daher erforderlich zu sein, im nächsten Abschnitt II zunächst etwas zu dem letztlich gewählten Analyserahmen auszuführen. Im Abschnitt III werden dann die konzentrationsbedingten kurzfristigen oder besser komparativ-statischen Beschäftigungseffekte diskutiert und im Abschnitt IV einige Überlegungen zu den möglichen langfristigen (auch komparativ-statisch abgeleiteten) Auswirkungen der Konzentrationsveränderung auf die Beschäftigung angestellt. Abschnitt V ist einer kurzen zusammenfassenden Würdigung der Ergebnisse vorbehalten.

II. Zur Wahl des Analyserahmens

Während die Charakterisierung der vollständigen Konkurrenz zumindest unter Ökonomen einheitlich und eindeutig ist und dementsprechend zu einer klar umschriebenen Theorie geführt hat, gilt dies für die unvollkommene Konkurrenz nicht in annähernd gleicher Weise. Die Vielfalt der Marktunvollkommenheiten (und dies heißt "Marktstrukturen") ist derart groß, daß praktisch *jede* Abweichung von der als Referenzsystem dienenden "Marktstruktur" der vollständigen Konkurrenz zunächst eine genaue Beschreibung der Art dieser Abweichungen und dann im Grunde genommen einen jeweils eigenständigen Erklärungsansatz für das (oder die) sich einstellende(n) (eventuell gleichgewichtige(n)) Allokationsergebnis(se) erforderlich macht. Die Folge davon ist, daß die existierenden Theorien der unvollkommenen Konkurrenz ein sehr breites Spektrum an Vorhersagen liefern, diejenige der vollständigen Konkurrenz eingeschlossen[3]. Selbst wenn man sich auf das Gebiet der statischen homogenen Oligopoltheorie bei vollständiger Information beschränkt, bleibt die Indeterminiertheit der gleichgewichtigen Allokation weitgehend erhalten. Anhand der beiden gängigen Ansätze monopolistischer Konkurrenz, demjenigen, der das Konzept der subjektiven (oder konjekturalen) und dem, der objektive Nachfragefunktionen verwendet, läßt sich dies relativ einfach demonstrieren[4]. Da im ersten Fall für jede monopolistisch kompetitive Firma unterstellt wird, sie habe bestimmte Vermutungen über die Beziehungen zwischen dem von ihr geforderten Preis und der bei diesem Preis am Markt absetzbaren Menge ihres Produktes (oder ihrer Produkte), ist die Klasse möglicher Gleichgewichte entsprechend den konkret unterstellten Vermutungen sehr groß[5]. Diese Unbestimmtheit wird zwar etwas eingeschränkt, wenn man unterstellt, daß die Firmen ihre jeweiligen objektiven Nachfragefunktionen, wie sie am Markt herrschen, kennen und daran orientiert Gewinn maximierende Strategien verfolgen. Dies gilt insbesondere dann, wenn man Lösungskonzepte á la Cournot-Nash in den Preisen oder Mengen verwendet. Aber selbst unter diesen einschränkenden Voraussetzungen können die theoretisch vorhergesagten gleichgewichtigen Preis-Mengenallokationen je nach den unterstellten Verhaltensweisen der Firmen (Preis- oder Mengenfixierung) stark voneinander differieren. Noch weniger eindeutig wird das Ergebnis natürlich, wenn man von den Cournot-Nash Reaktionsweisen abgeht und statt dessen andere Vermutungen der einzelnen Anbieter über die Reaktionsweisen der Mitkonkurrenten unterstellt.

Während somit bei dem Ansatz, der subjektive Nachfragefunktionen verwendet, das Gleichgewicht von den willkürlich gesetzten Vermutungen der Marktteilnehmer über die (unbekannten objektiven) Nachfrageelastizitäten abhängt, können die einzelnen Indi-

---

3 Die hier und im folgenden angesprochene Unbestimmtheit von Gleichgewichtsallokationen hat nichts mit der Möglichkeit des Auftretens von multiplen Gleichgewichten zu tun. Letztere können bei *gegebenen* Verhaltensweisen (auch bei monopolistischer Konkurrenz) vorliegen, während im ersten Fall die Verhaltensweisen selbst nicht nur nicht eindeutig aus einem ökonomischen Rationalkalkül bestimmbar sind und somit aus einem vergleichsweise breiten Spektrum mehr oder weniger willkürlich ausgewählt werden müssen (bzw. können), sondern sie können auch z.B. bei einer Änderung der Marktstruktur oder im Zeitablauf (relativ beliebig) variieren. (Diese Unbestimmtheit kann u.U. im Dyopol-Modell unter bestimmten vereinfachenden Annahmen und der Unterstellung *konsistenter Vermutungen* über die Reaktionsweise des jeweiligen Mitkonkurrenten behoben werden (vgl. *Bresnahan 1981*). Für den allgemeineren Oligopol-Fall trifft dies jedoch nicht mehr zu.

4 Eine exzellente Übersicht über den gegenwärtigen Stand der allgemeinen Gleichgewichtstheorie bei unvollkommener Konkurrenz bietet *Hart (1985)*.

5 Das Arrow-Debreu Modell ist somit als Spezialfall dieses Ansatzes anzusehen, in dem alle Firmen vermuten, die Nachfragefunktionen seien vollkommen elastisch (*Hart 1985, S.107*).

viduen bei Verwendung objektiver Nachfragefunktionen zwar die Gewinnkonsequenzen ihrer eigenen Aktionen korrekt kalkulieren – jedoch nur dann, wenn sie bestimmte, nicht weiter begründete und damit ebenfalls weitgehend willkürliche Hypothesen über die Reaktionsweisen der anderen Individuen verwenden. Diese Indeterminiertheit gilt selbst dann, wenn man die Klasse aller möglichen Vermutungen über die Reaktionsweise der anderen Marktteilnehmer dadurch einschränkt, daß nur die nach bestimmten Kriterien als rational oder vernünftig zu bezeichnenden zulässig sein sollen. Wie *Hart (1985)* an einem vergleichsweise einfachen Beispiel demonstriert, kann selbst in einem partiellen Gleichgewichtsmodell (und a fortiori dann natürlich auch in einem allgemeinen Gleichgewichtsansatz) ein Kontinuum an solchen auf vernünftigen Reaktionshypothesen basierenden Gleichgewichten existieren.

Mit Blick auf die Thematik könnte folglich an dieser Stelle schon ein erstes kurzes Resumee gezogen werden: Marktstrukturen, definiert als monopolistisch kompetitive Abweichungen von der als Referenzpunkt dienenden vollständigen Konkurrenz, mögen zwar einen Einfluß auf die Allokation und in diesem Fall selbstverständlich auch auf die Beschäftigung haben – über die Art und Weise dieses Einflusses, insbesondere auch über denjenigen, der von einer Änderung der Marktstruktur ausgeht, lassen sich jedoch theoretisch keine allgemein gültigen eindeutigen Aussagen machen.

Das Problem wird noch komplexer, wenn man die bisher stillschweigend getroffene Annahme der Existenz eines allgemeinen monopolistisch kompetitiven Gleichgewichts genauer untersucht. Die Existenz eines solchen Gleichgewichts bei reinen Strategien kann nämlich nur bewiesen werden, wenn man quasi-konkave Profitfunktionen der Firmen unterstellt – eine zusätzliche, sehr restriktive Annahme, da sie in keiner Weise bei monopolistischer Konkurrenz zwangsläufig aus den üblichen Einschränkungen bezüglich Technologien und Präferenzen folgt[6]. Im Falle von Mehr-Produkt-Firmen und unterstellter Mengenfixierung treten zusätzliche Probleme dadurch auf, daß für gegebene Produktionspläne der Firmen kein eindeutig Markt räumender Preisvektor existieren muß, d.h. die (inverse) Nachfragefunktion kann dann mehrwertig sein[7]. Sind aber noch nicht

6 Die Existenzproblematik kann etwas abgemildert werden, wenn man die Möglichkeit gemischter Strategien bei den Firmen zuläßt. Abgesehen davon, daß dies ein wenig realistisches Firmenverhalten beschreibt, zeigen *Dierker/Grodal (1982)*, daß auch in diesem Fall und den üblichen allgemeinen Technologie- und Präferenzannahmen kein Gleichgewicht existieren muß.

7 In der umgekehrten Situation der Preisfixierung tritt dieses Problem nicht auf, da für jeden monopolistisch kompetitiv festgesetzten Preisvektor unter den üblichen Präferenzannahmen und gegebener Anfangsausstattung eindeutig definierte Nachfragen nach jedem einzelnen Gut existieren. Den gegenwärtigen Stand der Existenzproblematik eines Cournot Gleichgewichtes bei reinen Strategien *auf einem einzigen Markt eines homogenen Gutes* faßt *Novshek (1987)* wie folgt zusammen: Ein solches Gleichgewicht existiert, wenn (i) die inverse Nachfragefunktion konkav ist oder (ii) alle Firmen identisch sind *und* konvexe Technologien aufweisen oder (iii) bei einer Firmenzahl kleiner unendlich der Grenzerlös jeder einzelnen Firma eine fallende Funktion des Outputs aller Firmen ist und die Kostenfunktionen der Firmen voneinander unabhängig sind. Während die Annahmen (i) und (ii) offensichtlich sehr restriktiv sind, ist (iii) etwas schwächer. Gleichwohl schließt auch (iii) die Möglichkeit "stark konvexer" inverser Nachfragefunktionen aus.

einmal die Existenz eines Gleichgewichts und im Falle der Existenz dessen Eindeutigkeit wegen unterschiedlicher und auch eventuell variierender Verhaltensweisen der Anbieter gewährleistet, bleiben natürlich alle Versuche, Aussagen über den Einfluß von Marktstrukturen, Konzentrationsgrade etc. auf die Beschäftigung, Output, Preisniveau etc. im Rahmen eines theoretischen Modells ableiten zu wollen, fruchtlos.

In einer allgemeinen Gleichgewichtsanalyse der unvollkommenen Konkurrenz treten jedoch noch weitere Komplikationen auf, die eng verwandt sind mit der eben angesprochenen und stark partial-analytisch ausgerichteten Existenzproblematik. Diese betreffen die Behandlung der Profite als Teil des Vermögens der Nachfrager, welches natürlich endogen zu bestimmen ist. Da die Aktionen jeder einzelnen monopolistisch kompetitiven Firma die den Firmenbesitzern (Haushalten) zustehenden Profite und damit deren Vermögen beeinflussen, sind die Nachfragefunktionen der einzelnen Firmen strenggenommen nicht unabhängig von ihren eigenen Preis- oder Mengenstrategien (Feedback Effekte, vgl. dazu z.B. *Nikaido 1975*). Diese Interdependenz kann dazu führen, daß die Quasi-Konkavität der Profitfunktionen und damit die Existenz eines allgemeinen Gleichgewichts noch weniger wahrscheinlich wird.

Neben der erwähnten Indeterminiertheit, der Frage nach der Existenz sowie den angesprochenen Interdependenzen ist letztlich auch noch die unterstellte Zielfunktion der Profitmaximierung im Falle der unvollkommenen Konkurrenz nicht unproblematisch. Haushalte als Firmenbesitzer sind nicht an der Höhe von nominalen Profiten per se, sondern an deren realer Kaufkraft interessiert. Fragen nun Haushalte die Produkte ihrer eigenen Firmen nach und können diese Firmen die Preise ihrer Produkte beeinflussen, spielt nicht mehr die Höhe der Profite, sondern sozusagen die jeweilige "Lage" der Budgetrestriktion für jeden einzelnen Haushalt die zentrale Rolle. Folglich müßte dann konsequent als Firmenziel die Nutzenmaximierung der jeweiligen Firmenbesitzer an die Stelle der Profitmaximierung treten. Sofern jedoch mehrere Firmenbesitzer mit unterschiedlichen Präferenzen existieren, ergibt sich ein praktisch unüberwindbares Aggregationsproblem bei der Formulierung der jeweiligen Zielfunktion einzelner Firmen – mit der Konsequenz, daß die Preisstrategien der Firmen nicht mehr so einfach – wenn überhaupt – ableitbar sind.

Ein wesentlicher Teil der oben angesprochenen Probleme resultiert daraus, daß – wie *Greenwald/Stiglitz (1988, S. 208)* es formulieren –: "Economic theory is, from some perspectives, too rich. Essentially any function that is homogeneous of degree one in the full set of prices could be a demand function: economic theory places no further restrictions on the form of such a function. Rationality simply does not buy us enough". Der Ausweg aus diesem Dilemma, den nicht nur Makroökonomen wählen, besteht darin, wirklich rigorose Vereinfachungen zu treffen. *Greenwald/Stiglitz (1988, S.208)* rechtfertigen dieses Vorgehen wie folgt: "Conventionally, what macroeconomists mean by a theoretically derived model is one that is consistent not just with rational behavior, but with some strong restrictions, such as that all individuals are identical. We know that all individuals are not identical, and it is here that the "as if" story begins. We also know that a model with identical individuals cannot explain some important aspects of macroeconomic behavior – that some individuals lend others money or that some individuals are unemployed while others are not.

Nevertheless, we can still ask whether such a model can explain aggregates such as wages, prices, employment and output. Again, to get any meaningful results, we must further restrict the model". Genau diese Strategie wird auch im folgenden gewählt. Neben der Annahme des "repräsentativen Individuums" werden Nachfragefunktionen, Anbieterverhalten und Technologien derart gesetzt, daß jeweils ein eindeutiges Gleichgewicht resultiert; Rückwirkungen von Profiten auf die Firmennachfragen bleiben unberücksichtigt, und die Profitmaximierung als Ziel wird beibehalten. Vor dem Hintergrund der obigen Ausführungen sollte jedoch offenkundig sein, daß die mit derartigen Einschränkungen abgeleiteten Ergebnisse nur mit äußerster Vorsicht zu verallgemeinern und mit noch größerem Vorbehalt etwa als Begründung für wirtschaftspolitische Entscheidungen heranzuziehen sind.

III. Kurzfristige Analyse

A. Markt räumendes Preissystem

Mittels der genannten Vereinfachungen kann ein einfaches, gleichwohl relativ allgemein gehaltenes log-lineares Modell von Output, Beschäftigung, Preisen und Löhnen in Anlehnung an die Analysen von *Blanchard (1987, 1987a), Blanchard/Kiyotaki (1987), Rotemberg (1987)* und *Dixon (1988)* unter Einbeziehung möglicher konjunktureller Schwankungen und *expliziter* Berücksichtigung bestimmter Elemente unvollkommener Konkurrenz in einem symmetrischen Cournot-Nash Gleichgewicht wie folgt formuliert werden[8]:

$$(1) \qquad p = a_{11}p_{-1} + a_{12}\{w + b_{11}[((\alpha-1)/\alpha)n^d + \sigma + \epsilon]\} ,$$

$$(2) \qquad w = a_{21}w_{-1} + a_{22}\{p + b_{21}[ß\tilde{n}^s + a_{23}(m-p)]\} ,$$

---

8 Die unterstellte Lag-Struktur kann natürlich ausgeweitet werden. Nicht relevante Konstante sind der Einfachheit halber weggelassen. Die Symbole bedeuten (alle Kleinbuchstaben sind log-Werte): p:= Preisniveau; w:= (Nominal-)Lohnsatz; n^d:= firmenspezifische Arbeitsnachfrage (für alle Firmen identisch); $\tilde{n}^s$:= gesamtwirtschaftliches Arbeitsangebot; n:= gleichgewichtige Beschäftigung; y^d, y^s:= gesamtwirtschaftliche Nachfrage, Angebot; y:= gleichgewichtige gesamtwirtschaftliche Produktion (= Nachfrage); x:= firmenspezifisches Angebot (für alle Firmen identisch); z:= Zahl der Firmen; m^d, m^s:= Geldnachfrage, -angebot (exogen = m). $\sigma := \log\{Z(a_{31}+a_{32})/(Z(a_{31}+a_{32})-1)\}$; $Z(a_{31}+a_{32}) > 1$; Z:= Antilogarithmus von z; $\epsilon := \log(1+ß/Z)$: marginale firmenspezifische Lohnkosten; ß:= Reallohnelastizität des Arbeitsangebotes ohne sonstige Rigiditäten. Die hier und im folgenden stets unterstellten parametrisch konstanten Elastizitäten σ und ϵ entsprechendem in der Einleitung angesprochenen und in diesem Beitrag ausschließlich thematisierten einseitigen Wirkungszusammenhang zwischen "Markstruktur" und Beschäftigung.

(3) $$y^d = a_{31}(m-p)+a_{32}(w-p+n^d+z)\,,$$

(4) $$x = (1/\alpha)n^d \qquad \alpha \geq 1\,,$$

(5) $$y^s = z+x\,,$$

(6) $$n^d+z = \bar{n}^s = n\,,$$

(7) $$y^s = y^d = y\,,$$

(8) $$m^d = m^s = m\,.$$

Alle Koeffizienten sind nicht-negativ. Weiterhin gilt:

(9) $$a_{11},a_{12},a_{21},a_{22},a_{32},b_{11},b_{21} \leq 1\,;\; a_{31} > 0\,,$$

$(a_{31}+a_{32})$: = Absolutwert der Preiselastizität der gesamtwirtschaftlichen Nachfrage.

Die Beziehungen (1) – (3) stellen die Strukturgleichungen des Modells dar; (4) ist die firmenspezifische Produktionsfunktion und (5) die Definition des gesamtwirtschaftlichen Angebots. Gleichungen (6) und (7) stellen die Gleichgewichtsbedingungen für den Arbeits- und Gütermarkt dar; der Geldmarkt (8) ist dann über das Walras-Gesetz ausgeglichen.

Die Beziehung (1) ist die Preisgleichung für die Firmen bei monopolistischer Konkurrenz auf dem Güter- und monopsonistischer Konkurrenz auf dem Arbeitsmarkt. Sie kann für $a_{11},a_{21} = 0$, $a_{12},a_{22},b_{11},b_{21} = 1$ aus einem mikroökonomischen Gewinnmaximierungskalkül bei Cournot-Nash Verhalten der Firmen abgeleitet werden (*Blanchard/ Kiyotaki (1987)*[9]. Üblicherweise tritt dann jedoch bei der Definition von σ anstelle von Z die als konstant und identisch unterstellte Nutzensubstitutionselastizität μ zwischen den von den verschiedenen Firmen angebotenen Gütern, wobei $-\mu$ gleichzeitig die für alle Firmen identische Preiselastizität ihrer jeweiligen (objektiven) Nachfragefunktionen darstellt. Dieser Ansatz wirft aber zumindest zwei schwerwiegende Probleme auf: (i) Da jede Firma ein Gut anbietet, bedeutet eine zunehmende Anzahl von Firmen eine Ausweitung des angebotenen Güterspektrums; da andererseits jeder Haushalt alle Güter nachfragt, wird damit gleichzeitig auch der Konsumgüterraum eines jeden Haushalts entsprechend ausgeweitet. Dies ist aber mit einer von der Firmenzahl unabhängigen Konstanz von μ unvereinbar. Es ist vielmehr zu vermuten, daß μ mit steigender Zahl von Gütern (Firmen) gleichfalls ansteigt. (ii) Eine Änderung von μ bedeutet bei Konstanz der Firmenzahl und damit bei invarianten Marktanteilen der einzelnen Firmen eine Verände-

---

9 Da alle Firmen als identisch unterstellt sind, existiert bei $\alpha \geqslant 1$ stets ein solches Gleichgewicht (vgl. Fn.7, Punkt (ii)).

rung der Marktstruktur. Dies ist wenig überzeugend, da dies impliziert, daß das Verhalten der Firmen am Markt unabhängig von deren Zahl und Marktanteilen geprägt wäre.

Beide Probleme werden durch die oben im Modell verwendete Definition von σ umgangen: Der Marktanteil jeder Firma $x-y = -z$ und die (relative) Differenz zwischen Preis und Grenzkosten, d.h. der Monopol- bzw. Konzentrationsgrad gemessen als Herfindahl-Index sinken mit steigender Firmenzahl.

Die Beziehung (2) ist eine Lohngleichung, die für $a_{21} = 0$, $a_{22}, b_{21} = 1$ aus dem üblichen Nutzenmaximierungskalkül abgeleitet werden kann: danach ist das gesamtwirtschaftliche Arbeitsangebot eine steigende Funktion des Reallohnsatzes und negativ abhängig von der Realkasse. Der (mögliche) Einfluß der an die Haushalte fließenden Gewinne auf das Arbeitsangebot ist der Einfachheit halber vernachlässigt. Ist die Nutzenfunktion der Haushalte linear homogen im Konsum und der Realkasse sowie additiv separabel im Konsum und der Realkasse einerseits und der Freizeit andererseits, gilt $a_{23} = 0$ und die Gewinne haben faktisch keinen Einfluß auf das Arbeitsangebot, d.h. dieses ist unabhängig von Einkommens- resp. Vermögenseffekten. In diesem Fall gilt in der gesamtwirtschaftlichen Nachfragefunktion (3) $a_{32} = 0$ und $a_{31} = 1$[10].

Die in (3) zunächst dargestellte etwas allgemeinere Version mit $a_{32} > 0$ könnte dahingehend interpretiert werden, daß der *per-Saldo-Effekt* einer Erhöhung der realen Lohnsumme bei gegebenem Einkommen (und entsprechender Reduktion der realen Profite) auf die gesamtwirtschaftliche Nachfrage positiv ist. Der Nachfrage-Effekt einer solchen Umverteilung könnte natürlich auch negativ sein. Aus diesem Grund wird a_{32} im folgenden als relativ klein und im Extremfall gleich null angenommen.

Die aus der Aggregation der firmenspezifischen Produktionsfunktionen (4) hervorgehende gesamtwirtschaftliche Produktionsfunktion (5) zeigt für $\alpha > 1$ eine interessante Eigenschaft: Bei gegebener Gesamtbeschäftigung kann durch eine *Erhöhung* der Zahl entsprechend *kleinerer* Firmen die Gesamtproduktion *gesteigert* werden. Dies ist die logische Konsequenz steigender (firmenspezifischer) Grenzkosten (Durchschnittskosten) und der unterstellten beliebigen Teilbarkeit der Produktion(sfaktoren). Dieser "positive Mengeneffekt" entfällt natürlich bei $\alpha = 1$ und kehrt sich ins Gegenteil um bei $\alpha < 1$ (sofern dann noch ein Gleichgewicht existiert; $\sigma > 0$ ist dafür eine notwendige Bedingung). Letzteres ist nichts anderes als der bekannte Größeneffekt bei degressiven

---

10 Die stiefmütterliche Behandlung der Gewinne in allen Modellen nicht vollständiger Konkurrenz hat Tradition. Wie im Abschnitt II ausgeführt, wirft deren konsistente Einbeziehung in ein allgemeines Gleichgewichtsmodell monopolistischer Konkurrenz auch nicht unerhebliche (Interdependenz-)Probleme auf, die natürlich in einer Makro-Analyse voll durchschlagen. Nur für den vergleichsweise simplen Fall konstanter Skalenerträge ($\alpha = 1$, $\epsilon = 0$) lassen sich die Gewinne in einer befriedigenden Weise integrieren (vgl. *Dixon 1988, Nikaido 1975*). Im obigen Modell z.B. müßten nur die Gewinnterme mit den jeweiligen Koeffizienten, d.h. $a_{24}(\pi-p)$ bzw. $a_{33}(\pi-p)$ in (2) resp. (3) ergänzt werden, wobei die realen Profite $\pi-p$ bei Nichtexistenz fixer Kosten durch: $y^s-z-\log(a_{31}+a_{32}+a_{33})$ gegeben wären. Wegen $y^s = x+z = (1/\alpha)n^d+z = (1/\alpha)(n-z)+z$ würde für die gleichgewichtigen realen Profite in der vereinfachten Version ($\epsilon = 0$; $\alpha \geqslant 1$; $a_{31} = 1$; $a_{32}, a_{33} = 0$) dann $\pi-p = (1/\alpha)(n-z)$ folgen.

Grenz(Durchschnitts-)kostenverläufen: Eine Konzentration der (gegebenen) Gesamtproduktion auf weniger große Firmen erbringt eine Kostenersparnis, d.h. einen negativen Beschäftigungseffekt[11].

Die Koeffizienten a_{11}, a_{21} sind Ausdruck nominaler (Preis- resp. Lohn-)Rigiditäten, die die spezifisch konjunkturellen Komponenten verkörpern und erklärt werden können als Resultat von Preis- und Lohnentscheidungen, die – basierend auf statischen Erwartungen – eine Periode im voraus getroffen werden. Je größer diese Werte sind, um so langsamer reagieren Preisniveau resp. Nominallohn im Zeitablauf. Dies wiederum impliziert, daß einmalige Änderungen der aggregierten Nachfrage (z.B. bedingt durch Änderungen des Geldangebots) länger andauernde und stärkere Schwankungen des Outputs zur Folge haben. Natürlich spielen für das Ausmaß und die Art der konjunkturellen Entwicklung alle Koeffizientenwerte des Modells (1) – (9) eine Rolle, doch $a_{11}, a_{21} > 0$ sind die conditio sine qua non in diesem Ansatz für solche Schwankungen. Da im folgenden konjunkturelle Phänomene aus der Betrachtung ausgeklammert bleiben, werden $a_{11}, a_{21} = 0$ gesetzt.

Die Koeffizienten a_{12}, a_{22} verkörpern das Ausmaß statischer nominaler Preis- resp. Lohnrigiditäten. Je kleiner diese Werte sind, je geringer sind die komparativ-statischen Reaktionen des Preisniveaus auf die Grenzkosten resp. des Lohnsatzes auf Preisniveau, Arbeitsangebot und Realkasse. Für diese (und in der dynamischen Version natürlich auch für die durch a_{11}, a_{21} verkörperten, z.B. durch die zeitliche Verteilung von Lohn- und/oder Preisanpassungen charakterisierten) Art von Rigiditäten werden in jüngster Zeit insbesondere die in Verbindung mit dem Envelopentheorem thematisierten Menükosten der Preisänderung oder die "Quasi-Rationalität" (near rationality) verantwortlich gemacht *(Akerlof/Yellen 1985, 1985a, Mankiw 1985, Blanchard/Kiyotaki 1987, Ball/Mankiw/Romer 1988)*. Im Rahmen dieser Überlegungen gilt dann $a_{12} = 1$ *oder* $a_{12} = 0$ (analog für a_{22}). Darauf wird weiter unten in diesem Abschnitt noch eingegangen.

Die Koeffizienzen b_{11}, b_{21} schließlich verkörpern sog. reale Rigiditäten, d.h. Reaktionen (in der mikrotheoretischen Version) der realen Preise und des Reallohns auf Änderungen – allgemein – der realen Nachfrage resp. des Arbeitsangebotes. Diese Rigiditäten sind in der Darstellung (1) – (2) unterteilt in solche, die technologisch $((\alpha-1)/\alpha)$ bzw. präferenztheoretisch (β, a_{23}) begründet sind und solche anderer Ursachen (b_{11}, b_{21}). Für letztere sind verschiedene Erklärungsansätze (z.B. Effizienzlöhne, Kundenmärkte, implizite Kontrakte, Insider-Outsider Beziehungen usw.) geliefert worden. Im Abschnitt III.B wird auf einzelne Aspekte dieser Form von Marktstrukturen im Rahmen der Themenstellung noch einzugehen sein.

Diese realen Rigiditäten sind um so größer, je kleiner die entsprechenden Parameterwerte sind, da der Reallohn dann – selbst bei vollkommener nominaler Flexibilität

---

11 Für *Stiglitz (1984)* sind fallende *Grenzkosten ausschließlich* bei einem "learning by doing" denkbar. Letzteres hält er aber nur in einzelnen Sektoren für ein relevantes Phänomen.

($a_{11},a_{21} = 0$, $a_{12},a_{22} = 1$) – schwächer auf Änderungen der Arbeits- (oder aggregierten) Nachfrage resp. des -angebots reagiert. In einer dynamischen (Konjunktur-)Version, in der z.B. der Reallohn (auch) verzögert auf Änderungen der Arbeitsnachfrage reagiert, wären die Konjunkturschwankungen (hervorgerufen z.B. durch einen Geldangebotsschock) um so stärker und länger andauernd, je größer diese realen Rigiditäten, d.h. je kleiner die entsprechenden Parameterwerte sind.

Generell läßt sich bezüglich der jüngsten Forschungsstrategie folgendes feststellen: Die Standardversion des neoklassischen Modells unterstellt $a_{11},a_{21} = 0$, $a_{12},a_{22},b_{11},b_{21} = 1$. Die Anstrengungen konzentrieren sich nun – im wesentlichen auch und gerade im Zusammenhang mit der Neubelebung der Konjunkturtheorie – verstärkt darauf, mikrotheoretisch fundierte und aus Marktstrukturen abgeleitete Erklärungen für von null abweichende Parameterwerte a_{11},a_{21} und für kleine, eventuell gegen null tendierende Werte von $a_{12},a_{22},b_{11},b_{21}$ zu liefern.

Das Modell (1) – (9) hat für $a_{11},a_{21} = 0$; $a_{12},a_{22},b_{11},b_{21} = 1$, d.h. ohne spezielle Rigiditäten die folgenden komparativ statischen Lösungseigenschaften[12]:

(i) Die Geldmenge wirkt neutral, d.h. deren Veränderungen haben keinen Einfluß auf die gleichgewichtigen realen Variablen.

(ii) Ohne weitere Parameterrestriktionen sind eindeutige Aussagen über die Auswirkungen einer Veränderung der Firmenzahl, d.h. der Marktstruktur auf die Beschäftigung oder andere reale Variablen nicht abzuleiten; dies gilt a fortiori für die nominalen Variablen.

Für die Gesamtbeschäftigung erhält man zunächst allgemein aus (1) – (9) für $a_{11},a_{21} = 0$; $a_{12},a_{22},b_{11},b_{21} = 1$[13]:

$$\alpha y - z(\alpha-1) = n = [z(\alpha-1)\{a_{31} - a_{23}(1-a_{32})\} - \alpha(\sigma+\epsilon)(a_{32}a_{23}+a_{31})][A]^{-1} \tag{10}$$

$$A := (\beta\alpha+\alpha-1)a_{31} + a_{23}(1-a_{32}) > 0 .$$

---

12 Die Annahme $a_{11},a_{21} = 0$ wird aus Vereinfachungsgründen getroffen, da konjunkturelle Veränderungen aus der Analyse ausgeklammert bleiben. Natürlich ändert sich qualitativ an den *komparativ-statischen* Lösungseigenschaften nichts, wenn $a_{11},a_{21} > 0$ unterstellt wird.

13 Unter den genannten Vereinfachungen gilt allgemein für die anderen Variablen:

$$p = m - [(\alpha-1)z(1+\beta)(1-a_{32})+(\sigma+\epsilon)(\alpha a_{32}(\beta+1)-1)][A]^{-1} \tag{I}$$

$$w = m - [(\alpha-1)z\{a_{23}(\alpha-1)(1-a_{32})+(1+\beta)(1-a_{32})-\beta a_{31}\}+ +(\sigma+\epsilon)\{\beta\alpha(a_{31}+a_{32})-(1-a_{32})(1-\alpha a_{32})\}][A]^{-1} \tag{II}$$

$$w-p = [-(\alpha-1)z\{a_{23}(\alpha-1)(1-a_{32})-\beta a_{31}\}+ +(\sigma+\epsilon)\{a_{23}(a_{32}\alpha-1)-\beta\alpha a_{31}\}][A]^{-1} \tag{III}$$

$$x = -[z\{a_{23}(1-a_{32})+\beta a_{31}\}+(\sigma+\epsilon)(a_{23}a_{32}+a_{31})][A]^{-1} \tag{IV}$$

Da σ und ϵ mit steigendem Z sinken, z jedoch steigt, erhält man aus (10) keine eindeutige Reaktion der Gesamtbeschäftigung n auf Änderungen der durch die Firmenzahl Z bzw. die Marktanteile (Konzentration) charakterisierten Marktstruktur, denn der erste Ausdruck in der eckigen Klammer – der sog. Mengen- oder Firmenzahleffekt – weist bei $\alpha-1 \neq 0$ kein eindeutig positives Vorzeichen auf, so daß der zweite Ausdruck in der eckigen Klammer – der sog. Struktureffekt – bei Änderungen von Z kompensiert oder sogar überkompensiert werden kann. Spezialfälle können jedoch betrachtet werden.

(iii) Für $\alpha-1 = 0$ und $\beta < \infty$ ergibt sich eine eindeutige Beschäftigungssteigerung als Folge einer Erhöhung von Z, da der Firmenzahleffekt gleich null ist und der Struktureffekt positiv auf die Beschäftigung wirkt.

(iv) Für $\alpha > 1$, $\beta < \infty$ *und* $a_{31}-a_{23}(1-a_{32}) > 0$ erhält man gleichfalls eine positive Korrelation zwischen der Beschäftigung und der Firmenzahl Z. Der Beschäftigungseffekt ist hier aufgrund des zusätzlich wirkenden Firmenzahleffektes (relativ) größer als im Fall (iii). Die Auswirkungen auf p,w und w–p sind weiterhin uneindeutig.

Für $\beta \rightarrow \infty$ ergeben sich natürlich keine Beschäftigungseffekte bei Änderungen von Z, da das Arbeitsangebot Reallohn unelastisch ist. Positive Produktionseffekte treten jedoch selbst dann bei einer Erhöhung von Z (und $\alpha > 1$) auf, weil die Produktion von wenigen größeren auf mehrere kleinere Firmen umverteilt wird (positiver Firmenzahleffekt).

Gilt $a_{23} = a_{32} = 0$, d.h. bei einem von Vermögens- resp. Einkommenseffekten unabhängigen Arbeitsangebot und einer nur von der Realkasse abhängigen Gesamtnachfrage erhält man:

(v) Änderungen von Z haben qualitativ die gleichen Beschäftigungseffekte wie in den Fällen (iii) und (iv).

(vi) Das Preisniveau ist für $\alpha \geq 1$ negativ, der Reallohn ist für $\beta > 0$ sowie $\alpha \geq 1$ positiv und der Nominallohn ist für $\alpha \geq 1$ sowie $\beta\alpha < 1$ eindeutig negativ mit der Firmenzahl Z korreliert. Im Falle $\beta = 0$ (vollkommen elastisches Arbeitsangebot) erhält man natürlich einen konstanten Reallohn. Ein Vergleich der Fälle $\alpha > 1$ und $\alpha = 1$ zeigt, daß aufgrund des Firmenzahleffektes das Preisniveau und der Nominallohnsatz (relativ) stärker negativ und der Reallohn (bei $\beta > 0$) stärker positiv für $\alpha > 1$ mit der Firmenzahl Z korreliert sind[14].

(vii) Reale Nachfrageschocks (die leicht durch einen entsprechenden Parameter in der aggregierten Nachfrage (3) berücksichtigt werden können) haben überhaupt nur dann

14 Da für $\alpha < 1$ die Existenz eines Gleichgewichts aufgrund der mikroökonomischen Fundierung nicht gewährleistet ist, befassen wir uns mit diesem Fall nicht weiter. Im übrigen würden – bei Existenz eines Gleichgewichts – alle obigen Überlegungen zu weniger eindeutigen Ergebnissen führen. Wie z.B. aus (11) leicht zu erkennen ist, würden bei $\alpha < 1$, $A > 0$ und $a_{31}-a_{23}(1-a_{32}) > 0$ der Firmenzahleffekt negativ, der Struktureffekt aber weiterhin positiv auf die Beschäftigung wirken. (Für $A < 0$ ergäben sich die umgekehrten Wirkungsrichtungen).

einen – von der Marktstruktur und den sonstigen Parameterwerten völlig unabhängigen – gleichgerichteten Beschäftigungseffekt, wenn $a_{23} > 0$ ist (und $ß < \infty$). Dies resultiert natürlich daher, daß sich bei einem realen Nachfrageschock die Realkasse ändert und dies nur bei $a_{23} > 0$ einen Einfluß auf das aggregierte Arbeitsangebot haben kann.

Die vorstehenden Ergebnisse bestätigen im wesentlichen das traditionelle ökonomische Vorverständnis: Eine Veränderung in die Richtung der vollständigen Konkurrenz hat positive Beschäftigungs- und negative Preisniveaueffekte. Dies gilt notwendig aber nur unter den genannten Parameterrestriktionen und Verhaltensweisen. Zu betonen ist außerdem, daß im Rahmen dieses Modells *jegliche* Beschäftigungsänderung bei unveränderter Arbeitslosigkeit von null erfolgt, da das geplante Arbeitsangebot stets dem realisierten entspricht. Allenfalls könnte man von einer im Vergleich zur vollständigen Konkurrenz bestehenden *Unter*beschäftigung bei unvollständiger Konkurrenz sprechen.

Eine gewisse Relativierung der vorstehenden generellen Aussage ergibt sich aber schon durch die folgende Überlegung. Bezeichnet man mit w^*, $(w-p)^*$ den bisherigen gleichgewichtigen nominalen resp. realen Lohnsatz und mit w^{**}, $(w-p)^{**}$ diejenigen gleichgewichtigen Lohnsätze, die sich ergeben würden, wenn auf dem Arbeitsmarkt vollständige Konkurrenz ($\epsilon = 0$) herrschen würde, dann gilt unter der Vereinfachung $a_{23} = a_{32} = 0$ sowie $Z < \infty$:

$$(11) \qquad w^{**} - w^* = \epsilon(ß\alpha-1)(\bar{A})^{-1} \gtrless 0 \text{ für } ß\alpha-1 \gtrless 0;\ \bar{A}:= ß\alpha+\alpha-1 > 0\,,$$

$$(12) \qquad (w-p)^{**} - (w-p)^* = ß\epsilon\alpha(\bar{A})^{-1} \geq 0 \text{ für } ß \geq 0\,.$$

Die Beschäftigungs- und Preisniveaureaktionen sind dann (bei nach wie vor unveränderter Arbeitslosigkeit von null) durch

$$(13) \qquad n^{**} - n^* = \alpha\epsilon(\bar{A})^{-1} \geq 0 \text{ für } ß \geq 0\,,$$

$$(14) \qquad p^{**} - p^* = -\epsilon(\bar{A})^{-1} < 0 \text{ für } ß \geq 0\,,$$

gegeben. Dies bedeutet: Gelingt es, durch eine Art "countervailing power" eine am Arbeitsmarkt bestehende monopsonistische Marktstruktur zu neutralisieren *und* gleichzeitig den Nominallohn auf dem vollständigen Konkurrenzniveau zu fixieren, d.h. möglicherweise auch zu *erhöhen*, werden der Reallohn und die Beschäftigung (bei $ß > 0$) steigen und das Preisniveau sinken. Eine solche Änderung der Marktstruktur, die per se nichts mit einer Veränderung in Richtung auf die vollständige Konkurrenz zu tun zu haben braucht, kann also gleichfalls positive Beschäftigungseffekte induzieren[15].

---

15 *Meade (1983)* z.B. mißt solchen, den Aufbau einer "countervailing power" betreffenden Überlegungen, ähnlich wie Galbraith, im Zusammenhang mit der Beschäftigungsproblematik eine zentrale Bedeutung bei.

Angenommen, das Modell (1) – (9) sei durch folgende vereinfachte Struktur charakterisiert: $\epsilon, a_{11}, a_{21}, a_{23}, a_{32} = 0$, $a_{12}, a_{22}, a_{31}, b_{11}, b_{21} = 1$. Der (log) optimale Gewinn einer einzelnen Preis setzenden Firma i ist dann bei einem gegebenen Vektor $g_o := (p_o, w_o, z_o, m_o)$ der für diese Firma exogenen Größen durch

(15) $$\pi^*_{i0} = \pi^*_{i0}(p^*_{i0}, g_o)$$

bestimmt, wobei p^*_{i0} der bei $g = g_0$ Gewinn maximierende Preis der Firma i ist. Analog erhält man:

(16) $$\pi^*_{i1} = \pi^*_{i1}(p^*_{i1}, g_1)\,.$$

Paßt die Firma ihren Preis trotz Änderung der für sie exogenen Größen nicht an, macht die Firma einen *relativen* Verlust –, ausgedrückt als Verhältnis des (entgangenen) Gewinns bei optimaler Preisanpassung zu dem Gewinn bei Nichtanpassung – in Höhe von[16]

(17) $$\tilde{v} = \pi^*_{i1}(p^*_{i1}, g_1) - \pi_{i0}(p^*_{i0}, g_1)\,.$$

Eine Taylor-Approximation von (17) um p^*_{i1} ergibt dann

(18) $$\tilde{v} \approx v = (1/2)h(p^*_{i1}, g_1)q^2\,,$$

wobei h den Absolutwert der zweiten Ableitung der Gewinnfunktion (16) nach p_i im Punkt p^*_{i1}, g_1 darstellt und $q := |p^*_{i0} - p^*_{i1}|$ die absolute Differenz der optimalen Firmenpreise angibt. (18) besagt, daß der Verlust bei einer nicht erfolgenden Preisanpassung proportional zum *Quadrat* von q und somit bei vergleichsweise kleinen Werten von q verschwindend gering (second-order) ist. Sind die fixen Kosten einer Preisänderung (die sog. Menükosten) für die Firma nur etwas größer als dieser sehr kleine Gewinnverlust, wird die Firma – trotz Änderung der für sie exogenen Parameter – ihren Preis konstant halten. Da dies alle Firmen tun, folgt dann in Gleichung (1) $a_{12} = 0$ und somit $p = \bar{p}$. Für die Gesamtbeschäftigung und den Reallohn erhält man in diesem Fall ause (1) – (9):

(19) $$\alpha y - (\alpha - 1)z = n = \alpha(m - \bar{p}) - (\alpha - 1)z\,,$$

(20) $$(w - \bar{p}) = \beta\alpha(m - \bar{p}) - \beta(\alpha - 1)z\,.$$

---

16 Genaugenommen müßte natürlich der Gegenwartswert des Verlustes verwendet werden. Bei gegebenem Zeithorizont, konstanter Diskontrate und unveränderten Erwartungen ergeben sich aber qualitativ keine Änderungen der Ergebnisse.

Geldmengenveränderungen haben jetzt (natürlich) reale (Beschäftigungs-)Effekte. Die Beschäftigung und der Reallohn sind nun aber (bei $\alpha-1 > 0$ und $\beta > 0$) *negativ* mit der Firmenzahl, d.h. *positiv* mit den Marktanteilen korreliert. Der *negative* Beschäftigungseffekt einer Erhöhung von Z (da der Nominallohn flexibel ist, bleibt die Arbeitslosigkeit weiterhin gleich null) resultiert natürlich daher, daß die Produktion auf eine größere Zahl kleinerer Firmen verteilt wird mit der Konsequenz, daß bei $\alpha-1 > 0$ die gegebene reale Gesamtnachfrage mit einer geringeren Beschäftigung befriedigt werden kann.

Die obige Argumentation (15) – (18), die in der gebotenen Kürze *einen* wesentlichen Aspekt des sog. Menükostenansatzes wiedergibt, muß hinsichtlich der Themenstellung noch etwas genauer durchleuchtet werden. Das individuelle Optimierungskalkül der i–ten Firma führt zu einem Optimalpreis von

(21) $$p^*_{i0} = [\sigma_o+(\alpha-1)(m_o-p_o-z_o)+w_o-p_o][1+z_o(\alpha-1)]^{-1} + p_o .$$

Entsprechend erhält man für q bei einer Änderung von m_o auf m_1[17]:

(22) $$q = (\alpha-1)(m_o-m_1)[1+z_o(\alpha-1)]^{-1} .$$

Der (absolute) Wert von q steigt mit steigendem α und sinkt mit steigendem z. Der Wert von h reagiert jedoch a priori uneindeutig auf Änderungen von α oder z. Angenommen, h sei eine positive Funktion von α und eine negative von z. Daraus folgt dann

(23) $$v = v(\alpha,z) \text{ mit } v_1 > 0, v_2 < 0 .$$

Dies impliziert jedoch *nicht* notwendig, daß bei gegebenen fixen *absoluten* Menükosten eine Preisänderung z.B. aufgrund einer Geldmengenänderung eher bei hohen Werten von α und/oder niedrigen von z erfolgt, denn v gibt den *relativen* Verlust einer nicht erfolgten Preisanpassung – d.h. bezogen auf den Gewinn ohne Preisanpassung – an, der nicht ohne weiteres mit den absoluten Menükosten zu vergleichen ist. Da der Firmen*umsatz* und die -kosten c.p. mit steigendem z sinken und der Kosteneffekt einer Änderung von α nicht eindeutig ist, ist a priori der Effekt einer Veränderung von α resp. z auf den Gewinn ohne Preisanpassung nicht eindeutig. Unterstellt man jedoch (wie üblich), daß der Firmengewinn ohne Preisanpassung c.p. mit steigendem z sinkt, ergibt sich aus (18) – (23):

---

17 (22) gilt unter der Annahme, daß alle anderen Preise konstant sind. Da aus (21) im allgemeinen folgt: $dp^*_i/dp \gtrless 0$ für $z \gtrless 1$ erhält man bei $z > 1$ (strategische Komplementarität) einen größeren Wert von q, wenn viele oder alle anderen Firmen ihre Preise anpassen; folglich besteht die Möglichkeit, daß bei gegebenen Menükosten zwei Gleichgewichte existieren: ein Gleichgewicht, in dem alle Firmen ihre Preise anpassen und eines, in dem keine Firma ihren Preis ändert. Die Möglichkeit solcher multiplen Gleichgewichte spielt bei dynamischer Betrachtung eine zentrale Rolle *(Blanchard 1987a)*, in der hier betrachteten statischen Version aber offenkundig nicht.

(viii) Für $\alpha = 1$ und fixen Menükosten werden *ceteris paribus* die Preise und damit das Preisniveau bei Geldmengenänderungen *unabhängig* von der Marktstruktur nicht angepaßt, d.h. es besteht eine entsprechende nominale Preisrigidität. Als Folge davon sind die realen Effekte nominaler oder realer Nachfrageschocks natürlich größer als bei der oben diskutierten Preisflexibilität.

(ix) Je größer der Wert α ist, um so eher werden Preisanpassungen bei gegebenen Menükosten c.p. erfolgen, d.h. um so eher erhält man das Neutralitätsergebnis (i).

(x) Für gegebene Werte von $\alpha > 1$, fixen (absoluten) Menükosten und Gültigkeit von (23) sind die (privaten) Kosten nicht vorgenommener Preisanpassungen um so *kleiner*, je *größer* Z ist – mit der Konsequenz, daß bei *niedrigen* Z-Werten (stark monopolisierte Wirtschaft) tendenziell eher Preis*flexibilität* zu erwarten ist als bei hohen Z-Werten. Selbst für $v_2 > 0$ folgt nicht notwendig die häufig aufgestellte Behauptung, ein hoher Monopolisierungsgrad führe bei gegebenen, relativ geringen Menükosten zu Preisrigiditäten (und v.v.: kleinere Marktanteile der Firmen tragen zur Preisflexibilität bei), da eine Erhöhung von Z zwar den *relativen* Verlust einer Nichtanpassung erhöht, gleichzeitig aber auch die Bezugsbasis (den Gewinn bei nicht erfolgender Preisanpassung) *senkt*, so daß der Absolutwert des entgangenen Gewinns durchaus noch sinken kann[18].

(xi) Ändert sich die Bezugsbasis nicht oder nur relativ geringfügig (oder sind die Menükosten nicht absolut fixiert, sondern proportional zu dem als Bezugsgröße gewählten Gewinn), dann läßt sich v als Indikator für den entgangenen Absolutwert des Verlustes einer nicht erfolgten Preisanpassung auffassen. Aber selbst unter den bisher verwendeten Vereinfachungen können eindeutige Aussagen über die Reaktion von v auf Änderungen von z theoretisch nicht abgeleitet werden (auch die positive oder negative Monotonie der Funktion v bleibt selbst unter den genannten Vereinfachungen fraglich), so daß aus dieser Sicht der Zusammenhang zwischen Marktstruktur-Preisflexibilität/-rigidität-Beschäftigung theoretisch als offenes Problem zu bezeichnen ist. Anders ausgedrückt: Empirisch eventuell festgestellte konzentrationsbedingte Abhängigkeiten der Preisflexibilität gleich welcher Art können durch entsprechende Annahmen bezüglich des Verlaufs der v-Funktion theoretisch "begründet" werden.

Der besprochene Menükostenansatz weist in der dargelegten Form zumindest zwei schwerwiegende Probleme auf:

---

18 Diesen "Basiseffekt" übersehen *Blanchard/Kiyotaki (1987)*. Eine positive Korrelation zwischen dem Absolutwert der firmenspezifischen Preiselastizität (analog dem obigen Z) und einer zu v ähnlich definierten relativen Verlustgröße (sie verwenden den relativen Firmen*umsatz*) interpretieren sie (logisch nicht zwingend) als (S. 657): "the higher the elasticity of demand with respect to price, the higher the private costs of not adjusting prices."
In einem relativ einfachen Ansatz zeigen *Rotemberg/Saloner (1987)* dagegen, daß ein Monopolist im Vergleich zu Dyopolisten eine stärkere Tendenz hat, mit den Mengen statt mit dem Preis auf Nachfrageänderungen zu reagieren. Entscheidend für dieses (eindeutige) Ergebnis ist dabei aber wieder der unterstellte Verlauf der "Verlustfunktion", der im allgemeinen Oligopolfall zu weniger eindeutigen Ergebnissen führen kann.

(a) Nicht nur Preisänderungen, sondern auch Mengenänderungen verursachen (einmalige) fixe Kosten, wobei die Menükosten der Preisänderung wahrscheinlich um mehr als eine Größenordnung kleiner sein werden als die entsprechenden Menükosten der Mengenänderung. Sind Preisanpassungen aber nicht lohnend, werden es Mengenanpassungen a fortiori auch nicht sein. Die Konsequenz wäre, daß die Unternehmen auf positive Nachfrageschocks mit Verlängerung ihrer Lieferfristen oder Lagerabbau und bei einem Nachfragerückgang mit Lageraufbau resp. Verkürzung der Lieferfristen reagieren würden. Beide Strategien werden hier nicht thematisiert, würden jedoch per se zu einer *Verstetigung* der Beschäftigung führen.

(b) Betrachtet man nur Menükosten der Preisänderung und monopolistische Konkurrenz auf dem Gütermarkt aber einen Walrasianischen Arbeitsmarkt, dann werden Menükosten bedingte Preisrigiditäten bei nominalen Schocks zu vergleichsweise großen Nachfrageveränderungen auf dem Arbeitsmarkt mit entsprechend starken Reaktionen des nominalen (und realen) Lohnsatzes führen, die um so stärker sind, je unelastischer das Arbeitsangebot (große ß-Werte) ist (vgl. (19), (20)). Dies wiederum impliziert aber, daß bei (auch empirisch festgestellten) hohen ß-Werten die Anreize für die Preis setzenden Firmen c.p. erhöht werden, ihre Preise anzupassen, da die Lohnsatzveränderungen die firmenspezifischen Optimalpreise in der gleichen Richtung beeinflussen wie nominale bzw. reale Nachfrageschocks, so daß der entgangene Gewinn eher über die als fix unterstellten Menükosten ansteigt. Daraus folgt aber, daß die bisher abgeleiteten nominalen Rigiditäten keine Gleichgewichtssituation darstellen können. Dafür bedarf es stärkerer bzw. weiter reichender nominaler Rigiditäten, die ihrerseits wiederum durch reale Rigiditäten aufgrund von Effizienzlöhnen, Kundenmärkten usw. bedingt sein können. Auf diese Probleme wird im folgenden Abschnitt näher eingegangen.

B. Nicht Markt räumendes Preissystem

Bei monopsonistisch strukturiertem Arbeitsmarkt stehen jeder Firma i grundsätzlich zwei Entscheidungsvariablen zur Verfügung: der Produktpreis p_i und der Lohnsatz w_i. Eine Ausweitung des Menükostenansatzes auf diesen Fall (auch Lohnsatzänderungen verursachen einmalige (konstante) Kosten) kann dann bei entsprechend hohen Menükosten und kleinen Gewinnverlusten durch nicht angepaßte Preise und Löhne dazu führen, daß weder p_i noch w_i und damit auch das Preis- und das Lohnniveau auf mehr oder weniger kleine Nachfrageschocks oder Marktstrukturveränderungen nicht reagieren.

Ausgangspunkt sei eine Gleichgewichtssituation wie sie durch (10) und die Beziehungen (I) – (III) in Fn. 13 mit den Vereinfachungen $a_{22} = a_{32} = 0$ beschrieben ist. Das Preis- und das Lohnsatzniveau sind auf den entsprechenden Gleichgewichtswerten $p = \bar{p}$ und $w = \bar{w}$ fixiert. Änderungen von Z (oder m) führen jetzt natürlich zu Gleichgewichten, die entweder durch die aggregierte Nachfrage oder das Arbeitsangebot restringiert sind. Dies bedeutet, daß die Beschäftigung durch

(24) $n = \min[n^d+z, \bar{n}^s]$

determiniert ist. Im Ausgangsgleichgewicht erhält man aus (1) – (9) mit den erwähnten Vereinfachungen:

(25) $n = n^d+z = \alpha(m-\bar{p})-(\alpha-1)z = \bar{n}^s = (\bar{w}-\bar{p})/\beta$,

wobei $\bar{p}$ und $\bar{w}$ durch (I) und (II) in Fn. 13 bestimmt sind. Eine Erhöhung von z führt jetzt (bei $\alpha > 1$) zu einem durch die aggregierte Nachfrage restringierten Gleichgewicht und hat – analog zu (19) – einen die Beschäftigung senkenden Effekt wegen der Umverteilung der gegebenen Nachfrage auf mehrere kleinere Firmen. Im Unterschied zu (19) sind aber hier die Beschäftigungsveränderungen mit gegenläufigen Änderungen der (unfreiwilligen) Arbeitslosigkeit gekoppelt.

Eine Senkung von z hat – ausgehend von (25) – natürlich überhaupt keine Beschäftigungsauswirkungen, da in diesem Fall das Gleichgewicht durch das (invariante) Arbeitsangebot, welches durch $\bar{n}^s = n = (\bar{w}-\bar{p})/\beta$ fixiert ist, restringiert wird. Eine ähnliche Situation liegt bei $\alpha = 1$ vor.

Ist schon das Ausgangsgleichgewicht durch $n = n^d+z < \bar{n}^s$ charakterisiert, können auch *Senkungen* von z (bei $\alpha > 1$) *positive* Beschäftigungsreaktionen (wie in (19)) auslösen, jedoch hier gekoppelt mit gegenläufigen Veränderungen der (unfreiwilligen) Arbeitslosigkeit.

Dem Menükostenansatz entsprechend führen größere Änderungen von z zur Flexibilität des Preisniveaus, des Lohnsatzes oder von beiden. Im letzteren Fall liegt die im Abschnitt III.A unter den Punkten (i) – (viii) beschriebene Situation vor. Im zweiten Fall erhält man wegen der Flexibilität von w einen Walrasianisch geräumten Arbeitsmarkt. Die Beziehung (25) ist somit eine Bestimmungsgleichung für den (gleichgewichtigen) Lohnsatz w. Die resultierenden Beschäftigungseffekte (mit invarianter Arbeitslosigkeit von null) bei Änderungen der Marktstruktur sind identisch denen, die durch (19) beschrieben und dort diskutiert wurden.

Im ersten Fall wird die Beschäftigung durch (24) bestimmt. Ist das Gleichgewicht durch die aggregierte Nachfrage restringiert, erhält man das (gleichgewichtige) Preisniveau p und die Gesamtbeschäftigung n aus (1), (3) – (5) mit $\epsilon, a_{11}, a_{32} = 0$, $a_{23}, a_{31}, b_{11} = 1$ als

(26) $p = [\bar{w}+(\alpha-1)m+\sigma-(\alpha-1)z]\alpha^{-1}$,

(27) $\alpha y-z(\alpha-1) = n = m-\bar{w}-\sigma$.

Veränderungen von Z haben hier wiederum wegen des Struktureffektes gleichgerichtete Auswirkungen auf die Beschäftigung (und entsprechend gegenläufige Effekte auf die (unfreiwillige) Arbeitslosigkeit). Das Preisniveau reagiert natürlich gegenläufig zu den Beschäftigungsveränderungen.

Ein durch das Arbeitsangebot restringiertes Gleichgewicht ist bei flexiblem Preisniveau und $w = \bar{w}$ nur von hypothetischem Interesse, da die Überschußnachfrage auf dem Gütermarkt zu Preissteigerungen führt, so daß erst bei $n = \bar{n}^s = 0$ ein solches "Gleichgewicht" existieren könnte. Unterstellt ist hierbei natürlich (wie übrigens generell bei allen diesen Ansätzen), daß aufgrund eines existierenden perfekt funktionierenden Wiederverkaufsmarktes für die Güter der einzelnen Firmen eine (Mengen-)Rationierung der Käufer nicht möglich ist.

Die bisherigen Überlegungen konzentrierten sich auf größere nominale Rigiditäten, die z.T. reale Rigiditäten verursachten. Durch die Effizienzlohnhypothese – wie sie insbesondere von *Negishi (1979)* formal entwickelt wurde – werden dagegen Rigiditäten direkt in das Modell eingebaut. Dazu ist jedoch zunächst folgendes festzustellen:

(i) Die alleinige Annahme, daß die Arbeitseffizienz im relevanten Bereich positiv vom (realen oder nominalen) Lohnsatz abhängt, ändert per se an den im Abschnitt III.A abgeleiteten Ergebnissen qualitativ nichts – insbesondere kann diese Annahme für sich genommen nicht erklären, warum Reallöhne existieren, die oberhalb des den Arbeitsmarkt räumenden Niveaus liegen *(Kniesner, 1988)*. Der einzige Unterschied zur Analyse des Abschnitts III.A bestünde darin, daß die Arbeitsnachfragefunktion wegen des Effizienzlohneffektes von Lohnänderungen *weniger* elastisch würde. Dies könnte einfach durch die Annahme $b_{11} > 1$ in (1) ohne jegliche qualitative Änderung der dortigen Ergebnisse berücksichtigt werden.

(ii) Erst durch die (nicht weiter begründete) zusätzliche Annahme eines monopsonistischen Preissetzerverhaltens auf dem Arbeitsmarkt können die typischerweise im Zusammenhang mit der Effizienzlohnhypothese diskutierten Ergebnisse abgeleitet werden.

(iii) Änderungen der Marktstruktur (bis unterhalb der vollständigen Konkurrenz) haben *keinen* Einfluß auf die Fähigkeit der Firmen, den (nominalen oder realen) Lohnsatz nach Belieben zu setzen. Es handelt sich hier also quasi um eine 0-1-Situation: Entweder besteht auf dem Arbeitsmarkt vollständige Konkurrenz, dann sind die Firmen dort Mengenanpasser und es gilt das, was oben unter Punkt (i) gesagt wurde oder aber es bestehen kleinere oder größere Abweichungen von dieser Marktform hin zu monopsonistischen Markstrukturen auf dem Arbeitsmarkt, dann können die Firmen in jedem Fall den Lohnsatz beliebig setzen.

Im folgenden wird in (2) $\beta = 0$ gesetzt, d.h. ein bis zu einem Maximalwert $\bar{n}^s = \bar{\bar{n}}^s$ unendlich elastisches Arbeitsangebot unterstellt. Im Punkt $\bar{\bar{n}}^s$ sei das Arbeitsangebot völlig unelastisch. Resultierende Gleichgewichte können jetzt solche bei (unfreiwilliger) Arbeitslosigkeit, d.h. durch die aggregierte Nachfrage restringiert sein und Beschäftigungsveränderungen bedeuten in diesen Fällen gegenläufige Änderungen der Arbeitslosenzahl resp. -rate. Das übliche Maximierungskalkül einer monopolistisch kompetitiven Firma besteht darin, zunächst einen Reallohn – unter Annahme gegebener Reallöhne aller anderen Firmen und der Arbeitslosenrate – zu wählen, bei dem die Elastizität ihrer Effizienzfunktion bezüglich ihres Reallohns gleich eins ist; danach wählt sie bei dem entsprechenden Reallohn die für sie optimale Arbeitsnachfrage. Bezeichnet man den optimalen (log.) Wert dieser Effizienz mit e^*_i, ist die Produktionsfunktion einer Firma durch

$$(28) \qquad x = (1/\alpha)(n^d + e^*_i)$$

gegeben. Der optimale Reallohn einer Firma i ist durch $(w_i - p)^* = c^i$ bestimmt, wobei c^i von den Parametern der Effizienzfunktion, der Höhe der von der i-ten Firma als invariant angesehenen Reallöhne aller anderen Firmen und der Arbeitslosenrate abhängt. Die Arbeitslosenrate sei vereinfacht durch $n^d + z - \bar{n}^s = n - \bar{n}^s$ gegeben. Im symmetrischen Cournot-Nash-Gleichgewicht gilt: $e^*_i = e^*, w_i = w$ und $c^i = c$ für alle i wobei e^* und c nur noch von der Arbeitslosenrate abhängen. Approximiert man diese Beziehungen (unter Außerachtlassung der nicht weiter relevanten Konstanten) linear[19], erhält man:

$$(29) \qquad e^*_i = e^* = -c_1(n - \bar{n}^s), \qquad 0 \leq c_1 \leq 1,$$

$$(30) \qquad c^i = c = (w - p)^* = c_2(n - \bar{n}^s), \qquad c_2 \geq 0.$$

Trotz eventuell bestehender (unfreiwilliger) Arbeitslosigkeit ergibt sich hier keine Tendenz zu einer Senkung des (nominalen oder realen) Lohnsatzes und damit zu einem möglichen Anstieg der Beschäftigung, da eine Senkung der firmenspezifischen Reallöhne nicht im Interesse der isoliert handelnden Firmen liegt (vgl. Fn. 19).

Das Gleichungssystem besteht jetzt wegen der existierenden realen Rigiditäten aus (28) – (30), (3) mit $a_{31} = 1$, $a_{32} = 0$, (5) – (7) mit $n \leq \bar{n}^s$ und der modifizierten, nun als Arbeitsnachfragefunktion zu interpretierenden Beziehung

$$(1a) \qquad (p - w)^* = ((\alpha - 1)/\alpha)n^d - (1/\alpha)e^* + \sigma.$$

Daraus folgt als Lösung:

$$(31) \qquad \alpha y - (\alpha - 1)z - e^* = n = [(\alpha - 1)z - \alpha\sigma][\alpha(c_1 + c_2) + (\alpha - 1)(1 - c_1)]^{-1} + K_1 < \bar{n}^s,$$

$$(32) \qquad p = m - [(\alpha - 1)z(c_2 + 1) - (1 - c_1)\sigma][\alpha(c_1 + c_2) + (\alpha - 1)(1 - c_1)]^{-1} + K_2,$$

wobei K_1 und K_2 in (31) und (32) nicht weiter interessierende Konstante darstellen.

---

19 Durch die lineare Approximation ist die Möglichkeit von multiplen Gleichgewichten ausgeschlossen. Im allgemeinen Fall besteht diese jedoch (vgl. *Hahn 1987*). Da jede Firma isoliert handelt und es c.p. nicht in ihrem Interesse liegt, ihren spezifischen Reallohn zu senken, kann ein eventuell existierendes (zweites) Gleichgewicht bei höherer Beschäftigung (und möglicherweise sogar höheren Gewinnen pro Firma) nicht erreicht werden – es sei denn, alle Firmen würden koordiniert vorgehen und ihren Reallohn senken. Dies könnte zu einer proportionalen Senkung von w und p sowie aufgrund des Realkasseneffektes zu einer Ausweitung der aggregierten Nachfrage führen. Darin liegt die Essenz des hier vorliegenden Koordinationsversagens.

Änderungen von Z haben hier wegen (31) und (32) bei $\alpha \geq 1$, $n < \bar{n}^s$ und $c_1, c_2 \neq 0$ wieder gleichgerichtete Beschäftigungs- und entgegengerichtete Preisniveaueffekte. Im übrigen weist das Gleichgewicht die folgenden bemerkenswerten Eigenschaften auf:

(i) Ist die Effizienzfunktion unabhängig von der Arbeitslosenquote, ($c_2 = c_1 = 0$), bleiben die Beschäftigungs- und Preisniveaueffekte einer Änderung der Marktstruktur für $\alpha > 1$ qualitativ unverändert. Für $\alpha = 1$ existiert jedoch in diesem Fall bei der unterstellten nominalen Flexibilität im allgemeinen kein Gleichgewicht, da mit (30) und (1a) wegen der als parametrisch konstant unterstellten firmenspezifischen Nachfrageelastizitäten zwei in der Regel inkompatible unabhängige Bestimmungsgleichungen für den Reallohn existieren. Das Modell ist überbestimmt.

(ii) Geldmengenveränderungen haben keine realen Effekte (Neutralität). Dies steht im Gegensatz zu Modellergebnissen bei *Gahlen/Ramser (1987)*: Der Grund dafür liegt darin, daß bei diesen Autoren die Arbeitseffizienz e_i neben der Arbeitslosenrate *faktisch* abhängig ist vom *Nominallohn*, während sie hier durch den Reallohn determiniert ist.

Bei Nominallohnabhängigkeit erhält man nach einer analogen Argumentation wie oben:

(33) $$n = [m-\sigma][c_2+1]^{-1} + \bar{K}_1 < \bar{n}^s,$$

(34) $$p = [(c_2\alpha+c_1+\alpha-1)m-(\alpha-1)z(c_2+1)+(1-c_1)\sigma][\alpha(c_2+1)]^{-1} + \bar{K}_2,$$

wobei $\bar{K}_1$, $\bar{K}_2$ wiederum irrelevante Konstante darstellen.

Marktstrukturveränderungen haben hier qualitativ die gleichen Beschäftigungs- und Preisniveaueffekte wie in (31) und (32). Im Gegensatz dazu gilt jetzt aber:

(i) Geldmengenveränderungen sind – wie bei *Gahlen/Ramser (1987)* – nicht neutral,

(ii) bei $c_2 = 0$, $c_1, \alpha = 1$ ist die reale Geldmenge – wie in (32) – unabhängig von nominalen Geldmengenveränderungen, die entsprechenden Beschäftigungseffekte resultieren aus der Veränderung der optimalen Effizienz sowie des effizienten Lohnsatzes,

(iii) bei $c_1 = c_2 = 0$ existiert auch bei $\alpha = 1$ ein Gleichgewicht; in diesem Fall variiert die Beschäftigung direkt proportional mit m und wegen des allein wirksamen Struktureffektes (σ-Änderungen) gleichgerichtet auf Z-Veränderungen, sowie

(iv) Beschäftigungsveränderungen werden unabhängig von α stets nur durch den Struktureffekt bewirkt.

Die eben diskutierten Varianten der Effizienzlohnhypothese können natürlich auch mit dem Menükostenansatz kombiniert werden *(Akerlof/Yellen 1985)*. In diesem Fall erhält man im wesentlichen die zu Beginn dieses Abschnitts diskutierten Ergebnisse. Insbesondere gilt, daß bei nominaler oder realer Effizienzlohnhypothese und durch Menükosten bedingten Preisrigiditäten sowie $n < \bar{n}^s$, $\alpha > 1$ und entsprechend kleinen "Schocks" stets negativ mit Z korrelierte Beschäftigungsveränderungen auftreten, da dann wegen der gegebenen aggregierten Nachfrage nur der negativ wirkende Firmenzahleffekt durchschlägt.

In der bisherigen Analyse wurde bezüglich des Arbeitsangebotes stets ein Mengenanpasserverhalten unterstellt. Marktstrukturen sind aber u.a. auch durch monopolistisches Anbieterverhalten auf dem Arbeitsmarkt gekennzeichnet. Da die Implikationen der beiden hier relevanten Ansätze – das Insider-Outsider[20] und das Gewerkschaftsmodell (*McDonald/Solow 1981*) – bezüglich der Lohnsetzung und Beschäftigung in den jeweiligen Standardversionen qualitativ sehr ähnlich sind, befassen wir uns im folgenden nur kurz mit dem Gewerkschaftsmodell.

Bei monopolistischer Konkurrenz auf dem Gütermarkt haben die Gewerkschaften in einem Modell, in dem Firmen insgesamt (mit einer Stimme) und die Gewerkschaften (gleichfalls vereint) über den Nominallohn verhandeln, die Macht, den Nominallohn zu beeinflussen. Liegt dieser fest, setzen die Firmen in nicht kooperativer Weise den jeweils Gewinn maximierenden Preis auf dem Gütermarkt. Bezüglich der gewerkschaftlichen Zielsetzung im Zusammenhang mit dem Lohnbestimmungsprozeß können verschiedene Hypothesen verwendet werden (Maximierung des Reallohnsatzes, der realen Lohnsumme, des Nutzens aus Reallohnsatz und Beschäftigung mit oder ohne Berücksichtigung des Nutzens der Arbeitslosen etc. (vgl. *Oswald 1985, Pencavel 1985*))[21].

Im folgenden sei für das skizzierte Verhandlungsmodell folgendes unterstellt: Alle Firmen zusammen verhandeln mit den Gewerkschaften über den Nominallohn. Ist dieser festgelegt, werden die Preise und das Preisniveau aufgrund des nicht-kooperativen Verhaltens der Firmen auf dem (monopolistischen) Gütermarkt festgesetzt. Das Interesse der Firmen ist auf den (realen) Gewinn, dasjenige der Gewerkschaften auf den Reallohn gerichtet[22]. Von den vielen möglichen Verhandlungslösungen wird im folgenden eine einfache gewichtete Nash-Verhandlung angesetzt (*Dixon 1988*)[23]. Folglich wird der Nominallohn gewählt, der das Produkt aus (realen) Profiten und Reallohn maximiert. Da aus (1) mit $\epsilon, a_{11} = 0$, $a_{12}, b_{11} = 1$ und (4) – (7)

$$(35) \qquad w-p = -(\alpha-1)(n-z)/\alpha-\sigma ,$$

[20] Zur Darstellung und Kritik des Insider-Outsider Modells vgl. *Ramser (1988a), Katz (1988)* und die dort angegebene Literatur.

[21] *Pencavel (1985)* kritisiert alle diese Ansätze heftig. Seine Schlußfolgerung gipfelt in der Feststellung *(S. 223)*: "In fact it should be evident from this review of the microeconomic research on behavior models of trade unionism and from the difficulties raised by their macroeconomic applications that our knowledge of the way in which wages and employment are determined in unionized labor markets are meagre. In view of this, it would seem ill-advised to place much reliance on these models for the purpose of macroeconomic policy evaluation and prescription."

[22] Qualitativ ändern sich die Ergebnisse nicht, wenn die Gewerkschaften die reale Lohnsumme als Zielgröße verwenden.

[23] *Dixon (1988)* verwendet dabei konstante Gewichte. Er übersieht, daß dann bei den üblicherweise unterstellten Eigenschaften der Produktionsfunktion kein inneres Maximum existiert. Dies gilt insbesondere für die nur vom Arbeitseinsatz abhängige Produktion.

d.h. eine negative Beziehung zwischen Nominallohn und Beschäftigung folgt und die (realen) Gewinne positiv mit der Beschäftigung variieren, läßt sich die Verhandlung als eine über die Beschäftigung modellieren. Somit ist das (gewichtete) Nash-Produkt durch

$$\max_{N}[(\gamma/\alpha)(n-z)-(1-\gamma)\{(\alpha-1)(n-z)/\alpha+\sigma\}], \qquad \text{s.t.} \quad n \leq \bar{n}^s \tag{36}$$

gegeben, wobei für den Gewichtungsfaktor γ die Arbeitslosenrate gewählt wird, die wie üblich durch

$$\gamma = (\bar{N}^s-N)/\bar{N}^s, \qquad \text{mit} \qquad 0 \leq \gamma \leq 1, \tag{37}$$

bestimmt ist[24]. Ein niedrigerer Wert von γ bedeutet, daß die Gewerkschaften aufgrund der sinkenden Arbeitslosenrate eine stärkere Verhandlungsmacht haben.

Ein inneres Maximum ist für $\alpha \geq 1$ stets garantiert (die Bedingung dafür ist: $-(\bar{N}^s+N)/N < (\alpha-1)$). Für die Reaktion der optimalen Beschäftigung $N = N^*$ auf Marktstrukturveränderungen erhält man dann aus der Optimalbedingung:

$$dN^*/dZ = \alpha/\bar{A} > 0; \qquad \bar{A}: = (Z-1)(\bar{N}+\alpha N^*)/N^{*2}, \tag{38}$$

d.h. eine positiv (negativ) mit Z sich ändernde Beschäftigung (Arbeitslosenzahl resp. -rate)[25]. Dieses Ergebnis ist analog dem, welches sich ohne Gewerkschaften bei flexiblen Löhnen und Preisen einstellte (vgl. Abschnitt III.A). Dies impliziert für das hier diskutierte Verhandlungsmodell, daß z.B. durch eine Erhöhung von Z die Verhandlungsposition der Gewerkschaften zwar aufgrund der tendenziell steigenden Beschäftigung gestärkt wird aber nicht so stark, daß der letztlich resultierende (höhere) Reallohn eine Beschäftigung unter dem Ausgangsniveau impliziert. Im Vergleich ergibt sich somit eine stärkere Steigerung des Reallohns und eine schwächere Zunahme der Beschäftigung als ohne Gewerkschaften eintreten würden[26].

Eine Alternative zu dem eben diskutierten Lohnverhandlungsmodell besteht darin zu unterstellen, die Gewerkschaften könnten den Nominallohn aufgrund einer monopolistischen Marktmacht fixieren. Die Firmen akzeptieren diesen Lohnsatz und setzen dann ihre Gewinn maximierenden Preise auf dem monopolistisch kompetitiven Gütermarkt. Für die Gewerkschaften impliziert generell ein höherer Nominallohn eine niedrigere Beschäftigung und einen höheren Reallohn. Die zu maximierende Zielfunktion der Gewerk-

---

24 Großbuchstaben stellen die jeweiligen Antilogarithmen der kleinen Buchstaben dar.

25 Das bei optimaler Beschäftigung jeweils resultierende Preisniveau ist in Verbindung mit (3) und $a_{31} = 1$, $a_{32} = 0$ durch $p = m-(n^*+(\alpha-1)z)/\alpha$ gegeben.

26 Qualitativ ändern sich diese Ergebnisse nicht, wenn γ auch von der Marktstruktur abhängt, etwa in der Art: $\gamma = (\bar{N}^s-N)/\bar{N}^s+1/Z$, wobei natürlich zu beachten ist, daß der zulässige Wertebereich von N und Z wegen der Restriktion $0 \leqslant \gamma \leqslant 1$ weiter eingeschränkt ist. Für ein inneres Maximum gilt dann: $dN^{**}/dZ = \alpha/\bar{A} > 0$; $\bar{A}: = (Z-1)(\bar{N}^s Z+(2-\alpha)\bar{N}^s-\alpha Z N^{**})/ZN^{**2} > 0$ (wegen der hinreichenden Bedingung für ein Maximum).

schaften könnte die Größen Reallohn und Beschäftigung als Argumente enthalten. Unterstellt man (im relevanten Bereich) eine in diesen Argumenten additiv separable gewerkschaftliche Nutzenfunktion, dann stellt sich das Problem wie folgt:

(39) $\max U = (W/P)^{d_1} + N^{d_2}$; $0 < d_2 < 1;\ 0 < d_1;\ W/P > 0 \quad N > 0$

s.t. (35) und $n \leq \bar{n}^s$.

Die optimale Beschäftigung im Falle eines inneren Maximums ist nun durch[27]

(40) $n^{**} = [d_1\{(\alpha-1)z-\alpha\sigma\}]k^{-1} + \bar{K}$; $k: = \alpha d_2 + d_1(\alpha-1)$

gegeben, wobei $\bar{K}$ wiederum eine nicht weiter interessierende Konstante darstellt. Der optimale Reallohn läßt sich mittels (40) aus (35) bestimmen und das Preisniveau ergibt sich analog zu Fn. 25 durch Substitution von n^* durch n^{**}.

Wie aus (40) leicht zu berechnen ist, gilt:

(41) $dN^{**}/dZ > 0$,

d.h. bei Existenz eines inneren Maximums wie in (38) auch eine eindeutig positive Korrelation zwischen Beschäftigung und Z-Veränderungen. Zu betonen ist an dieser Stelle jedoch (wiederum), daß alle bisher abgeleiteten komparativ-statischen Resultate nicht nur von den jeweiligen Parameterwerten, sondern ebenso von der *Art* der unterstellten Zielfunktion ((36) resp. (39)) abhängen. Es läßt sich z.B. leicht nachprüfen, daß im Falle einer Cobb-Douglas anstelle der additiv separablen Nutzenfunktion (39) kein inneres Maximum existiert oder bei anderen Formen dieser Funktion die optimale Beschäftigung indeterminiert ist.

Weiterhin ist hervorzuheben, daß im Gegensatz zu *McDonald/Solow (1981)*, die zumindest implizit vollständige Konkurrenz auf dem Produktmarkt (und explizit ein Partialmodell) unterstellen, im Ansatz (39) keine Kontrakt*kurve*, sondern quasi nur ein Kontrakt*punkt* (vgl. (40)) existiert. Dies rührt daher, daß auf der Kontraktkurve der Reallohn bzw. die Grenzkosten bei den üblichen (allgemeinen) Eigenschaften der Nutzenfunktion größer als der Grenzerlös sein müssen. Bei monopolistischer Konkurrenz auf dem Gütermarkt und nicht kooperativem Verhalten der Firmen liegt es aber in einer solchen Situation im Interesse jeder einzelnen Firma ihren Produktpreis zu erhöhen, d.h. ihre firmenspezifische Beschäftigung zu senken, da dies gewinnsteigernd ist. Somit steigen Preisniveau und die Grenzerlöse aller Firmen, bis ein (Kontrakt-)Punkt auf (35) erreicht ist.

---

27 Die hinreichende Bedingung für ein Maximum von (39) ist bei $\alpha > 1$ und entsprechender Wahl der Parameter d_1 und d_2 erfüllt.

Wendet man den McDonald/Solow-Ansatz, d.h. die Annahme der vollständigen Konkurrenz ($\sigma = 0$, $Z<\infty$) auf das obige Modell an[28], erhält man die Kontraktkurve als eine (positive) Beziehung zwischen Reallohn und Beschäftigung aus der Maximierung von (39) (mit $d_1, d_2 > 0$) unter der Nebenbedingung gegebener (realer) Gewinne. Zusammen mit einer "Aufteilungsregel" der Art

$$w+n-p = \log q + (1/\alpha)(n+(\alpha-1)z)\,; \qquad 0 < q < 1\,, \tag{42}$$

läßt sich jetzt die optimale Beschäftigung $N = N^{***} < \bar{N}^{s}$ bestimmen. In (42) bezeichnet q den Anteil der Lohnsumme an den Erlösen und kann somit als Ausdruck der (relativen) gewerkschaftlichen Machtposition oder allgemein als Marktstrukturparameter für den Arbeitsmarkt interpretiert werden. Aus der Bestimmungsgleichung für N^{***} erhält man letztlich

$$dN^{***}/dq \gtreqless 0, \text{ wenn } d_1 \lesseqgtr 1/(1-q) \text{ und } \alpha = 1 \tag{43a}$$

$$dN^{***}/dq \gtreqless 0, \text{ wenn } d_1 \gtreqless 1/(1-\alpha q) \text{ und } \alpha > 1, \text{ sowie } d_2{}^2 N^{d_2-1} \approx 0\,. \tag{43b}$$

Dies bedeutet, daß in diesem Ansatz eine Veränderung der durch den Koeffizienten q ausgedrückten Marktstruktur auf dem Arbeitsmarkt im Gegensatz zu den oben diskutierten Varianten a priori keinen eindeutigen Effekt auf die Beschäftigung ausübt. Es läßt sich nur folgendes feststellen: Für $\alpha = 1$ und $d_1 \leq 1$ wird eine weitere Stärkung der Gewerkschaft stets zu einer Zunahme der Beschäftigung (in komparativ-statischer Sichtweise) führen (und v.v.). Der gleiche Effekt tritt – unabhängig von der Größenordnung des Parameters d_1 – bei $\alpha q > 1$ auf. Für $d_1 \leq 1$ und $\alpha q \leq 1$ (dies bedeutet wegen $\alpha > 1$ eine vergleichsweise schwache ursprüngliche Gewerkschaftsmacht) resultieren jedoch stets negative Korrelationen zwischen N^{***} und q. In anderen Fällen ist bei $\alpha q < 1$ die Reaktion uneindeutig.

Da sich das Preisniveau analog zu Fn. 25 (Substitution von n^* durch n^{***}) und der Reallohn aus (42) mit $n = n^{***}$ ergeben, erhält man eine negative Korrelation zwischen dem Preisniveau und den durch q-Veränderungen induzierten Beschäftigungsreaktionen sowie

$$d(W/P)/dq > 0\,, \quad \text{wenn } \alpha = 1 \tag{44a}$$

---

28 Formal impliziert natürlich $\sigma \to 0$ bei $Z \to \infty$. Da aber ein Preisnehmerverhalten der Firmen auf dem Gütermarkt auch bei $Z < \infty$ denkbar und möglich ist, erscheint die Annahme im Text für vergleichsweise große (endliche) Z-Werte nicht unplausibel, wenn sie auch strenggenommen mit dem bisher verwendeten Analyserahmen inkompatibel ist.
Unterstellt man $\sigma > 0$ und geht davon aus, daß zwischen Firmen und Gewerkschaften auch über die (firmenspezifische) Beschäftigung verhandelt wird (wie dies *McDonald/Solow 1981* in ihrem Partialmodell tun), so daß die einzelnen Firmen qua Kontrakt ihre optimale Beschäftigung nicht mehr in der im Text geschilderten Art und Weise über Produktpreisvariationen realisieren können, sind die Ergebnisse von monopolistischer und vollständiger Konkurrenz qualitativ identisch.

bzw.

(44b) $d(W/P)/dq \gtreqless 0$, wenn $(1-\alpha q) \lesseqgtr 0$ und $\alpha > 1$ sowie $d_2^2 N^{d_2-1} \approx 0$.

Dies bedeutet, daß der Reallohn stets dann positiv mit q korreliert ist, wenn linear-homogene firmenspezifische Produktionsfunktionen ($\alpha = 1$) vorliegen oder wenn $\alpha q > 1$ ist. Da bei $\alpha q > 1$ auch die Beschäftigung stets positiv mit q-Veränderungen korreliert ist, erhält man für diese Parameterkonstellation auch gleichgerichtete Reaktionen von Beschäftigung und Reallohn. Die im allgemeinen ($\alpha > 1$) jedoch auftretende Uneindeutigkeit der Beziehung zwischen Reallohn und Marktstrukturveränderungen ist kein Spezifikum dieses Ansatzes, sondern gilt ganz analog auch für die beiden anderen oben dargestellten Varianten[29], in denen die diskutierten Marktstrukturveränderungen den Produktmarkt betreffen.

Komplexere Modelle des Gewerkschaftsverhaltens berücksichtigen die Heterogenität der Arbeiter und die Abhängigkeit des individuellen Risikos, arbeitslos zu werden. Ein Abstimmungsgleichgewicht wird dann gemäß einer Zielfunktion abgeleitet, bei der die Gewerkschaftsführung sich so verhält, als ob sie den erwarteten Nutzen des (gewerkschaftlichen) Medianwählers maximiert. Bei Unsicherheit über exogene Schocks, die auch das Arbeitsplatzrisiko des Medianwählers betreffen, sind die Ergebnisse dieser Ansätze ganz ähnlich denen, die – wie oben – das Risiko, arbeitslos zu werden von der Höhe des Reallohns abhängig machen *(Calmfors 1985)*.

Die zentrale Frage bei allen diesen Gewerkschaftsmodellen ist und bleibt jedoch bis heute unbeantwortet. Sie betrifft die "korrekte" gewerkschaftliche Zielfunktion bzw. die Präferenzen "der" Gewerkschaften (einschließlich der stets präsenten Aggregationsproblematik) und die Wahl zwischen dem gewerkschaftlichen Monopolansatz einerseits sowie der Art und Weise einer effizienten Verhandlungslösung andererseits. Die Antworten darauf sind entscheidend für die entsprechend abgeleiteten Ergebnisse wie die obige Analyse zeigt.

IV. Langfristige Analyse

Abgesehen davon, daß bei längerfristiger Betrachtung die Marktstruktur selbst als eine endogen zu erklärende Variable anzusehen ist, sind es bei langfristiger Analyse wohl unbestritten die Investitionen (in Sachkapital und Innovationen) bzw. genauer das Investitionsverhalten, welches primär von einer als exogen unterstellten Marktstruktur beeinflußt werden. Es ist nun relativ einfach und bezüglich der Ergebnisse fast schon trivial ein einsektorales (reales) makroökonomisches Wachstumsmodell – sei es neoklassischer Art oder vom Harrod-Domer Typ – zu konstruieren, in dem die Spar = Investitionsquote als (positive?) Funktion der Gewinnquote, die ihrerseits u.a. durch die Marktstruktur

29 Für $\alpha = 1$ erhält man dort gleichfalls eine eindeutig positive Korrelation zwischen Reallohn und Z, nicht jedoch für $\alpha > 1$.

auf dem Produktmarkt determiniert ist, angenommen wird. In dem oben von uns gewählten Analyserahmen ergäbe sich kurz skizziert folgendes: Die bekannten Ergebnisse aus der Wachstumstheorie würden sich hier eventuell modifiziert um den Firmenzahleffekt aber ansonsten qualitativ unverändert reproduzieren mit dem einzigen (trivialen) Unterschied, daß die dort als exogen unterstellten Sparquotenvariationen jetzt durch exogene Änderungen der Marktstruktur, d.h. genauer durch exogene Z-Veränderungen induziert wären. Bezüglich der monetären Varianten der einsektoralen Wachstumstheorien ergäben sich diesbezüglich gleichfalls keine weitergehenden Modifikationen.

Interessanter erscheint daher die Frage nach dem Einfluß der Marktstruktur auf die Innovationstätigkeit oder allgemein auf den technischen Fortschritt. Dazu ist zunächst folgendes festzustellen: Die vielfältigen Versuche, den technischen Fortschritt in die (makroökonomische) Wachstumstheorie auf der Basis der vollständigen Konkurrenzannahme zu integrieren, müssen aus heutiger Sicht als gescheitert angesehen werden; gleiches gilt für die wirklich nur vereinzelten Ansätze, monopolistische Konkurrenzelemente mit Fragen des technischen Fortschritts im Rahmen makroökonomischer Wachstumsmodelle zu verknüpfen (*Jaeger 1986*).

Die Versuche, die aus einer mikroökonomischen Sichtweise heraus das Entscheidungsverhalten von Firmen bezüglich der durchgeführten Innovationen analysieren[30], berücksichtigen zwar explizit unterschiedliche Marktformen wie Monopol, monopolistische Konkurrenz oder sog. "socially managed" Firmen, ihr Mangel besteht jedoch darin, daß sie durchweg partialanalytischer Natur sind. Eine Übertragung auf Totalanalysen zeichnet sich bisher nicht ab und wird wahrscheinlich auch auf ähnliche Probleme stoßen, wie sie bei der Integration des technischen Fortschritts in die makroökonomischen Wachstumsmodelle aufgetreten sind.

Die mikrotheoretisch fundierten partialanalytischen Ansätze stimmen tendenziell in dem Ergebnis überein, daß – zumindest von einer bestimmten Firmenzahl an – bei einer weiter steigenden Firmenzahl die Industrie insgesamt zwar mehr an Forschungsausgaben im jeweils realisierten Cournot-Nash-Gleichgewicht tätigt, jede einzelne Firma als Konsequenz einer verstärkten Konkurrenz aber weniger dafür ausgibt und folglich mit höheren Kosten, d.h. niedrigerem Niveau des technischen Wissens produziert[31]. Verwendet

30 Zur Darstellung dieses Ansatzes vgl. *Jaeger (1986)* und die dort angegebene Literatur. *Spence (1984)* z.B. faßt die beeindruckende Vielfalt der relevanten strukturellen Marktcharakteristika und deren Einfluß auf Output resp. Beschäftigung in einem Partialmodell in einer Graphik zusammen, analysiert dann jedoch auch "nur" einige Probleme, die im Zusammenhang mit den "spill-over" Effekten der Innovationen (öffentliches Gut) auftreten.

31 Mit wenigen Ausnahmen sind alle diese Analysen komparativ-statischer und damit (natürlich) kurzfristiger Natur. Da der Innovationsprozeß selbst jedoch seinem Wesen nach längerfristig ist, behandeln wir ihn – obwohl methodisch der Zeitaspekt und mögliche Wachstumsgesichtspunkte völlig außer acht gelassen werden – in diesem Abschnitt. Im übrigen weisen die dynamischen, den Zeitaspekt berücksichtigenden Analysen komparativ-dynamische Gleichgewichtseigenschaften auf, die z.T. qualitativ mit denen der kurzfristigen Analysen übereinstimmen (zur Literatur und Darstellung dieser Modelle vgl. *Jaeger 1986* und *Gahlen, Stadler 1986*).

man diesen Zusammenhang im Rahmen des bisher angelegten Analyserahmens – unter Vernachlässigung möglicher Beschäftigungseffekte im Forschungssektor, der Frage der Aufteilung der Beschäftigung auf Güter- und Forschungssektor etc., d.h. letztlich unter bewußter Aufrechterhaltung einer partiellen Betrachtungsweise – so läßt sich die firmenspezifische Produktionsfunktion jetzt als

$$(45) \qquad x = r+(1/\alpha)n^d$$

schreiben, wobei r das im symmetrischen Cournot-Nash-Gleichgewicht geltende optimale Niveau des angewandten technischen Wissens in jeder Firma darstellt. Wegen der oben angedeuteten Abhängigkeit von der Firmenzahl könnte die folgende Approximation

$$(46) \qquad r = -g_1 z, \quad g_1 > o$$

unterstellt werden. Die modifizierte Preisgleichung ist dann durch

$$(1b) \qquad p = w+(\alpha-1)/\alpha)n^d-r+\sigma$$

gegeben. Zusammen mit der bisher verwendeten vereinfachten Version (3) sowie (5), der Vereinfachung $w = \bar{w}$ und $n < \bar{n}^s$ erhält man jetzt:

$$(47) \qquad n = m-\bar{w}-\sigma ,$$

$$(48) \qquad p = [\bar{w}+(\alpha-1)m+\{\alpha g_1-(\alpha-1)\}z+\sigma]\alpha^{-1} .$$

Dies bedeutet, daß hier zwar auch ähnlich wie bei der nominalen Effizienzlohnhypothese (vgl. (33)) die Beschäftigungsveränderungen einer Z-Variation allein durch den Struktureffekt bestimmt werden, das Preisniveau aber a priori nicht eindeutig reagiert. Dies liegt daran, daß der Firmenzahl- und der Struktureffekt (wie bisher) eine negative, der Innovationseffekt aber eine positive Korrelation zwischen p und Z implizieren. Dominiert der letztere, können Preisniveau und Beschäftigung gleichgerichtet auf Z-Veränderungen reagieren.

Selbstverständlich lassen sich die vorstehenden Überlegungen ausweiten auf Fälle, in denen der Nominallohn flexibel ist, Menükosten der Preisänderung auftreten und/oder der nominale resp. reale Lohnsatz effizienztheoretisch determiniert wird. Die Ergebnisse entsprechend dann mutatis mutandis denen, die oben in den jeweiligen Abschnitten dargelegt wurden, wobei an dieser Stelle aber nochmals darauf zu verweisen ist, daß der doch stark partialanalytische Charakter dieses Ansatzes (abgesehen von allen übrigen vereinfachenden Annahmen) einer Verallgemeinerung der Resultate entgegensteht. Dies gilt in gleicher Weise auch für die hauptsächlich in der Literatur zur Industrieökonomik entwickelten Modelle der Dynamisierung des Innovationsprozesses bei Sicherheit, des dynamischen Innovationswettlaufs bei Unsicherheit sowie der (endogen bestimmten)

Entwicklung der Marktstruktur jeweils unter Beachtung des Imitationsverhaltens tatsächlicher und/oder potentieller Konkurrenten[32].

Diese weiterführenden Studien weisen im übrigen keine modelltheoretisch ableitbare Eindeutigkeit mehr bezüglich des Zusammenhangs zwischen Marktstruktur und der Innovationstätigkeit bzw. der firmenspezifisch zur Anwendung kommenden Innovationen auf: Je nach der verwendeten Modellvariante kann die Zunahme des technischen Fortschritts resp. die entsprechende Kostenreduktion positiv, negativ oder sogar in Abhängigkeit von den jeweiligen Parameterwerten innerhalb eines Ansatzes zunächst positiv und dann negativ mit der Zahl der Konkurrenten bzw. der geeignet definierten "Wettbewerbsintensität" korreliert sein. Vor dem Hintergrund dieser partialanalytisch abgeleiteten divergierenden Ergebnisse müssen alle Aussagen, die einen wie auch immer gearteten eindeutigen Funktionalzusammenhang zwischen Marktstruktur und – via Innovationen – gesamtwirtschaftlicher Beschäftigung aufgrund theoretischer Überlegungen postulieren bei dem gegenwärtigen Kenntnisstand eher als ideologisch motiviert, denn als wissenschaftlich begründet bezeichnet werden. Diese Festellung scheint auch insbesondere deswegen notwendig zu sein, weil in dem oben dargestellten vereinfachten Modell (45) – (48) der Beschäftigungseffekt (nicht jedoch die Auswirkungen auf das Preisniveau) einer Änderung der Marktstruktur völlig unabhängig von dem speziell unterstellten Zusammenhang zwischen Innovation und Marktstruktur ($g_1 \gtrless o$) ist.

In einem interessanten Beitrag erweitern *Anderson/Devereux (1988)* die Ansätze von *McDonald/Solow (1981)* sowie *Oswald (1982)* dadurch, daß sie – gleichfalls in einer Partialanalyse – den grenzproduktivitätstheoretisch determinierten Kapitalstock gemäß einer neoklassischen Produktionsfunktion in die Analyse mit einbeziehen und somit ein etwas längerfristiges Element thematisieren. Die monopolistisch handelnden Gewerkschaften setzen den Reallohn gemäß der auch vom Kapitalstock abhängigen Grenzproduktivität der Arbeit und maximieren eine in der üblichen Weise von der realen Lohnsumme und der Beschäftigung abhängigen Ziel(Nutzen-)funktion. Hervorstechendes Ergebnis ist, daß Beschäftigung und Reallohn entscheidend von dem Grad der strategischen Dominanz der Gewerkschaften gegenüber den Firmen abhängen, und zwar dergestalt, daß im Vergleich zu einem Nash-Gleichgewicht die Beschäftigung höher und der Reallohn entsprechend niedriger sind, wenn die Gewerkschaften als Stackelberg-Führer auftreten; handeln umgekehrt die Firmen als Stackelberg-Führer, ist die resultierende Beschäftigung uneindeutig, d.h. je nach dem Verlauf der Kontraktkurve höher, gleich oder auch niedriger als im Nash-Gleichgewicht.

Ein Vergleich mit den oben dargestellten Gewerkschaftsmodellen im Rahmen kurzfristiger Totalanalysen zeigt eine bemerkenswerte Übereinstimmung: Die Beschäftigungs-

32 Eine sehr gute Übersicht über den diesbezüglichen Forschungsstand liefern *Gahlen, Stadler (1986).*

effekte einer sich ändernden Marktstruktur – hier charakterisiert durch wechselnde "Marktmacht" resp. Verhaltensweisen – sind nicht eindeutig.

V. Zusammenfassende Schlußbemerkungen

Die vorstehenden theoretischen Überlegungen über den Einfluß von Marktstrukturveränderungen auf die Beschäftigung ergeben kein eindeutiges Bild. *Tendenziell* lassen sich jedoch vielleicht die folgenden drei Ergebnisse festhalten:

(i) Bei flexiblen Löhnen und Preisen, d.h. Preis geräumten Märkten ist die Beschäftigung eher negativ mit der Unternehmenskonzentration korreliert, wobei natürlich zu beachten ist, daß das Ausmaß der Beschäftigungseffekte u.a. entscheidend vom Verlauf der Arbeitsangebotsfunktion determiniert wird,

(ii) bei mengenrestringierten Märkten ist die Beschäftigung dagegen wegen des Firmenzahleffektes stärker positiv mit der Unternehmenskonzentration korreliert und

(iii) in den Gewerkschaftsmodellen sind die Beschäftigungseffekte einer Änderung der Marktstruktur a priori uneindeutig, sofern sich bei Gleichgewicht auf den Gütermärkten die Struktur auf dem Arbeitsmarkt ändert. Eine tendenziell negative (positive) Korrelation zwischen Beschäftigung und Konzentration auf den Produktmärkten läßt sich aber in diesen Modellen theoretisch aufzeigen, sofern Markt räumende Produktpreise (mengenrestringierte Produktmärkte) unterstellt werden.

Bei der Beurteilung der Auswirkungen von Marktstrukturveränderungen auf die Beschäftigung ist man also letztlich wieder bei der Frage nach dem tatsächlich existierenden Regime angelangt: Sind die (Produkt-)Märkte durch die Nachfrage mengenrestringiert oder durch flexible Preise bei unvollkommener Konkurrenz geräumt?

Angesichts dieser aufgrund theoretischer Überlegungen abgeleiteten Resultate ist es nicht verwunderlich, wenn die *Monopolkommission (Hauptgutachten 1984/1985; S. 13, Ziff. 18)* auf der Grundlage empirischer Untersuchungen zusammenfassend feststellt, "... daß ein Zusammenhang zwischen Unternehmenskonzentration und konjunktureller Fehlentwicklung (und hier wäre zu ergänzen: sowie der Beschäftigung) nicht nachweisbar ist".

Abschließend sei noch auf folgende Punkte verwiesen:

(i) Der Struktureffekt (σ-Änderungen) wurde stets in Verbindung mit einer entsprechenden Änderung der Firmenzahl, d.h. der Konzentration gemessen an den (identischen) Marktanteilen der Firmen diskutiert. Selbstverständlich ist es auch möglich, Struktureffekte bei *konstanter* Firmenzahl dadurch zu erzeugen, daß die Preiselastizität der gesamtwirtschaftlichen Nachfragefunktion (exogen) variiert wird (z.B. durch Änderung des Parameters a_{31} in (3)). An den Ergebnissen ändert sich qualitativ durch eine solche Modifikation – abgesehen vom Wegfall des Firmenzahleffektes – nichts. Inhaltlich ergeben sich jedoch gravierende Unterschiede, da in diesem Fall Änderungen der Marktstruktur bei *konstanten* Marktanteilen der Firmen thematisiert werden – eine wenig überzeugende Alternative.

(ii) Der Firmenzahleffekt spielte in weiten Teilen der obigen Analyse (neben dem Struktureffekt) eine zentrale Rolle. Er ist die Konsequenz des Versuches, aus der mikrotheoretischen Fundierung des Firmenverhaltens auf der Basis individueller Produktionsfunktionen über die Aggregation zu makroökonomischen Aussagen zu gelangen, denn aus den (identischen) firmenspezifischen Produktionsfunktionen $x = (n-z)/\alpha$ folgt die gesamtwirtschaftliche Produktionsfunktion $y = (\alpha-1)z/\alpha+n/\alpha$. Dies impliziert aber (bei $\alpha > 1$), daß bei gegebener Beschäftigung n durch Z-Variationen Produktivitätseffekte oder umgekehrt bei gegebener (realer) gesamtwirtschaftlicher Nachfrage Beschäftigungseffekte erzeugt werden. Die Alternative, von einer gesamtwirtschaftlichen Produktionsfunktion der Art $y = n/\alpha$ auszugehen und dann über eine Disaggregation zu firmenspezifischen (Durchschnitts-) Produktionsfunktionen $x = n/\alpha-z$ zu gelangen, ist offenkundig wenig erfolgversprechend. Zwar würde auf der Makroebene der Firmenzahleffekt nicht existieren, doch die Begründung für diese durch Disaggregation erzeugten firmenspezifischen Produktionsfunktionen, die die Grundlage für die Firmenentscheidungen abgäben, fiele entsprechend schwer – sieht man einmal davon ab, die Firmenzahl per se als einen negativ wirkenden externen Effekt zu interpretieren.

(iii) Die oben abgeleiteten Ergebnisse basierten im wesentlichen auf einem Cournot-Nash-Verhalten der Marktteilnehmer. Andere Verhaltensweisen sind denkbar und möglich. Daß davon die Resultate und insbesondere auch die sich im jeweiligen Gleichgewicht einstellende Beschäftigung beeinflußt werden, zeigt u.a. die Analyse von *Anderson/Devereux (1988)*, ist aber auch durch a priori Überlegungen unmittelbar einleuchtend.

Literaturverzeichnis

Akerlof, G.A., Yellen, J.L. (1985), A Near-Rational Model of Business Cycle With Wage and Price Inertia. *Quarterly Journal of Economics, Suppl., 100,* 823 – 838.

Akerlof, G.A., Yellen, J.L. (1985a), Can Small Deviations from Rationality Make Significant Differences to Economic Equilibria? *American Economic Review 75,* 708 – 720.

Anderson, S., Devereux, M. (1988), Trade Unions and the Choice of Capital Stock. *Scandinavian Journal of Economics 90,* 27 – 44.

Ball, L., Mankiw, N.G., Romer, D. (1988), The New Keynesian Economics and the Output-Inflation Trade-off, BPEA, 1, 1 – 65.

Benassy, J.-P. (1987), Imperfect Competition, Unemployment and Policy. *European Economic Review 31,* 417 – 426.

Blanchard, O.J. (1987), Aggregate and Individual Price Adjustment, BPEA, 1, 57 – 109.

Blanchard, O.J. (1987a), Why Does Money Affect Output? A Survey, NBER Working Paper Series No. 2285.

Blanchard, O.J., Kiyotaki, N. (1987), Monopolistic Competition and the Effects of Aggregate Demand. *American Economic Review 77,* 647 – 666.

Blanchard, O.J., Summers, L.H. (1988), Hysteresis and the European Unemployment Problem. In: R. Cross (ed.), Unemployment, Hysteresis and the Natural Rate Hypothesis, Oxford, 306 – 364.

Bresnahan, T.F. (1981), Dyopoly Models with Consistent Conjectures. *American Economic Review 71,* 934 – 945.

Buck, A.J., Gahlen, B. (1984), Konzentration und Konjunktur – Eine empirische Analyse für die Bundesrepublik Deutschland. In: G. Bombach, B. Gahlen, A.E. Ott (Hrsg.), Perspektiven der Konjunkturforschung, Schriftenreihe des Wirtschaftswissenschaftlichen Seminars Ottobeuren, Bd. 13, Tübingen, 243 – 268.

Calmfors, L. (1985), Trade Unions, Wage Formation and Macroeconomic Stability – An Introduction. *Scandinavian Journal of Economics 87,* 143 – 159.

Dierker, H., Grodal, B. (1982), Nonexistence of Cournot-Walras Equilibrium in a General Equilibrium Model with two Oligopolists, Discussion Paper No. 95, University of Bonn.

Dixon, H. (1988), A Simple Model of Imperfect Competition with Walrasian Features. In: R. Cross (ed.), Unemployment, Hysteresis and the Natural Rate Hypothesis, Oxford, 129 – 157.

Dixon, H. (1988a), Unions, Oligopoly and the Natural Range of Employment. *Economic Journal 98,* 1127 – 1147.

Fischer, S. (1988), Recent Developments in Macroeconmics, *Economic Journal 98,* 294 – 339.

Gahlen, B., Ramser, H.J. (1987), Effizienzlohn, Lohndrift und Beschäftigung. In: G. Bombach, B. Gahlen, A.E. Ott (Hrsg.), Arbeitsmärkte und Beschäftigung – Fakten, Analysen, Perspektiven, Schriftenreihe des Wirtschaftswissenschaftlichen Seminars Ottobeuren, Bd. 16, Tübingen, 129 – 160.

Gahlen, B., Stadler, M. (1986), Marktstruktur und Innovation. Eine modelltheoretische Analyse, Arbeitspapiere zur Strukturanalyse, Nr. 39, DFG Forschergruppe am Institut für Volkswirtschaftslehre der Universität Augsburg.

Gordon, R.J. (1988), Entwicklungen der Konjunkturtheorie in der Nachkriegszeit: Eine konsequent neukeynesianische Perspektive. IFO–Studien, *Zeitschrift für empirische Wirtschaftsforschung, 34. Jg.*, 193 – 221.

Greenwald, B.C., Stiglitz, J.E. (1988), Examining Alternative Macroeconomic Theories, BPEA, 1, 207 – 260.

Hahn, F.H. (1987), On Involuntary Unemployment. *Economic Journal, Suppl., 97*, 1 – 16.

Hall, R.E. (1986), Market Structure and Macroeconomic Fluctuations, BPEA, 2, 285 – 322.

Hall, R.E. (1988), A Non-Competitive Equilibrium Model of Fluctuations, NBER Working Paper Series No. 2576.

Hart, O. (1982), A Model of Imperfect Competition With Keynesian Features. *Quarterly Journal of Economics 97*, 109 – 138.

Hart, O. (1985), Imperfect Competition in General Equilibrium: An Overview of Recent Work. In: K.J. Arrow/Hankapohja (eds.), Frontiers of Economics, Oxford, 100 – 149.

Jacobson, H.J., Schultz, Ch. (1986), A Macro Model of Conjectural Equilibrium. *Scandinavian Journal of Economics 88*, 489 – 509.

Jaeger, K. (1986), Die analytische Integration des technischen Fortschritts in die Wirtschaftstheorie. In: G. Bombach, B. Gahlen, A.E. Ott (Hrsg.), Technologischer Wandel – Analyse und Fakten, Schriftenreihe des Wirtschaftswissenschaftlichen Seminars Ottobeuren, Bd. 15, Tübingen, 111 – 141.

Katz, L.F. (1988), Some Recent Developments in Labor Economics and Their Implications for Macroeconomics. *Journal of Money, Banking and Credit 20*, 507 – 522.

Kaufer, E. (1980), Industrieökonomik, München.

Kniesner, Th.J. (1988), Comment on Some Recent Developments in Labor Economics and Their Implications for Macroeconomics. *Journal of Money, Credit and Banking 20*, 526 – 530.

Mankiw, N.G. (1985), Small Menu Costs and Large Business Cycles: A Macroeconomic Model of Monopoly. *Quarterly Journal of Economics 100*, 529 – 537.

McCallum, B.T. (1986), On "Real" and "Sticky Price" Theories of the Business Cycle. *Journal of Money, Credit and Banking 18*, 397 – 414.

McCallum, B.T. (1988), Postwar Developments in Business Cycle Theory: A Moderately Classical Perspective. *Journal of Money, Credit and Banking 20*, 459 – 471.

McDonald, I.M., Solow, R.M. (1981), Wage Bargaining and Employment. *American Economic Review 71*, 896 – 908.

Meade, J.E. (1983), Wage-Fixing, Stagflation, 1, London, Boston, Sydney.

Monopolkommission (1986), Hauptgutachten 1985/1986, Gesamtwirtschaftliche Chancen und Risiken wachsender Unternehmensgrößen, Baden-Baden.

Negishi, T. (1979), Microeconomic Foundations of Keynesian Macroeconomics, *Studies in Mathematical and Managerial Economics 27*, hrsg. von H. Theil. Amsterdam, New York, Oxford.

Nikaido, H. (1975), Monopolistic Competition and Effective Demand, Princeton, NJ.

Novshek, W. (1987), On the Existence of Cournot Equilibrium, *Review of Economic Studies 52*, 85 – 98.

Oswald, A.J. (1982), The Microeconomic Theory of the Trade Union, *Economic Journal 92*, 576 – 596.

Oswald, A.J. (1985), The Economic Theory of Trade Unions: An Introductory Survey, *Scandinavian Journal of Economics 87*, 160 – 193.

Pencavel, J. (1985), Wages and Employment under Trade Unionism: Microeconomic Models and Macroeconomic Applications, *Scandinavian Journal of Economics 87*, 197 – 225.

Ramser, H.J. (1988), Neuere Beiträge zur Konjunturtheorie: ein Überblick, IFO-Studien, *Zeitschrift für empirische Wirtschaftsforschung, 34. Jg.*, 95 – 115.

Ramser, H.J. (1988a), Lohnbildung und Beschäftigung: Anmerkungen zur Relevanz des Insider-Outsider-Ansatzes. *Gedenkschrift für H. Gerfin*, hrsg. von der Fakultät für Wirtschaftswissenschaften und Statistik der Universität Konstanz, 55 – 69.

Rotemberg, J.J. (1982), Monopolistic Price Adjustment and Aggregate Output, *Review of Economic Studies 49*, 517 – 531.

Rotemberg, J.J. (1987), The New Keynesian Microfoundations, *NBER Macroeconomics Annual 2*, hrsg. von S. Fisher, 69 – 104.

Rotemberg, J.J., Saloner, G. (1987), The Relative Rigidity of Monopoly Pricing, *American Economic Review 77*, 917 – 926.

Scherer, F.M. (1980), Industrial Market Structure and Economic Performance, 2nd. Ed., Chicago.

Schmalensee, R. (1988), Industrial Economics: An Overview, *Economic Journal 98*, 643 – 681.

Snower, D.J. (1983), Imperfect Competition, Unemployment and Crowding-Out, *Oxford Economic Papers, Suppl., 35*, 245 – 270.

Spence, M. (1984), Cost Reduction, Competition, and Industry Performance, *Econometrica 52*, 101 – 121.

Stiglitz, J.E. (1984), Price Rigidities and Market Structure, *American Economic Review P.P., 74*, 350 – 355.

Korreferat zum Referat K. Jaeger

Kornelius Kraft*

Das Referat von Jaeger ist ein anregender Beitrag zu der aktuellen Diskussion über den Einfluß von eingeschränktem Wettbewerb auf zentrale makroökonomische Variablen. Die detaillierte und kenntnisreiche Arbeit zeichnet sich durch den Einschluß verschiedener neuerer Arbeitsmarkttheorien aus und geht mit dem behandelten Themenumfang weit über andere Abhandlungen hinaus. Durch den Umfang des behandelten Themenspektrums sind jedoch notwendigerweise einschränkende Annahmen zu treffen, die die Aussagekräftigkeit der Schlüsse beeinträchtigen. Dies ist dem Autor auch durchaus bewußt, und er weist selbst darauf hin, daß wirtschaftspolitische Folgerungen nur mit Vorsicht zu ziehen sind. Meine nun folgenden Ausführungen sollten deshalb unter dem Blickwinkel gesehen werden, daß ich einerseits Respekt vor der integrativen Leistung habe und mir andererseits durchaus die Schwierigkeiten einer solchen Verbindung verschiedener Aspekte bewußt sind.

In dem Modell wird von einem monopsonistischen Arbeitsmarkt ausgegangen. Es ist mir jedoch nicht verständlich, wieso auf dem Arbeitsmarkt bei angenommen vollkommen homogenen Arbeitskräften keine vollständige Konkurrenz gelten soll. Eine monopsonistische Struktur auf dem Arbeitsmarkt kann nur in sehr seltenen Fällen zutreffen; in der Regel werden die Beschäftigten in ihrer Wahl des Arbeitsplatzes zumindestens langfristig relativ flexibel sein. Meines Erachtens ist diese Annahme auch in keinerlei Hinsicht für die Herleitung der Ergebnisse notwendig. Der auf Seite 75 abgeleitete positive Beschäftigungseffekt bei Beseitigung des Monopsons ist im Prinzip aus der mikroökonomischen Arbeitsökonomie bekannt (vgl. beispielsweise *Ehrenberg und Smith 1988, Kap. 3*). Eine Ableitung im makroökonomischen Totalmodell ist sicherlich dennoch von Interesse, auch wenn der Überraschungseffekt begrenzt bleibt.

Wie in der Einleitung schon erklärt wird, ist die Anzahl der Unternehmen als exogen vorgegeben angenommen. Es gibt keine Erklärung für den eingeschränkten Wettbewerb. Ich habe Probleme mit einem Modell, in dem eine zentrale bzw. eigentlich die zentrale Variable, nämlich die Determinante für eingeschränkten Wettbewerb, fehlt. Solange diese Ursache nicht bestimmt und in das Modell integriert ist, kann keine Aussage über die Wirkung von Parameteränderungen erfolgen. Unternehmerverhalten ist dann nicht erklärbar, da ja die Gleichgewichtssituation in der Ausgangssituation nicht erklärt ist.

Viele Ansätze in der Industrieökonomik, die Marktzutritt und damit eingeschränkte Konkurrenz erklären, wie z.B. die Theorie des Limit Pricing, das *Spence (1977)*-Mo-

* Der Referent hat teilweise auf der Konferenz vorgebrachte Anregungen aufgenommen, so daß die hier formulierten Anmerkungen entsprechend gekürzt wurden.

dell der Überkapazitäten, die Contestability-Theorie und der Produktdifferenzierungsansatz, basieren auf der Annahme zunehmender Skalenerträge bzw. fallender Durchschnittskosten. In den industrieökonomischen Lehrbüchern wird ein L-förmiger Verlauf der Durchschnittskostenkurve fast der Normalfall behandelt. Dieser von der mikroökonomischen Forschung als erfolgsversprechend betrachtete Ansatz zur Erklärung von eingeschränktem Wettbewerb wird von Jaeger nur am Rande und, wie in der Fußnote 14 dargelegt, in weiten Teilen des Papers gar nicht behandelt. Die Ursache hierfür liegt in der unklaren Gleichgewichtssituation. Aufgrund von Schwierigkeiten bei der modelltheoretischen Ableitung sollte allerdings nicht der Fall mit der größten Relevanz für die hier behandelte Situation von eingeschränktem Wettbewerb ausgeschlossen werden. Es ist offensichtlich, daß der Verlauf der Durchschnittskosten die Ergebnisse zentral beeinflußt.

Die Modellanalyse müßte eigentlich auch zu realisieren sein, wenn etwa von Fixkosten und konstanten variablen Kosten ausgegangen wird. Der Ansatz des Hotelling-Modells kann hier zur Berücksichtigung von Produktdifferenzierung verwendet werden. Bei angenommener, nicht veränderbarer Produktdifferenzierung mit sunk costs können Marktzutrittsbarrieren und die Existenz von Gewinnen abgeleitet werden. Diesem Ansatz kann die Lösung mit variabler Produktdifferenzierung und Zutritt bis zum Verschwinden des Gewinns gegenübergestellt werden. Die Höhe der Fixkosten bestimmt dann die Anzahl der Firmen, und über eine Veränderung der Fixkosten können Aussagen sowohl über den Wettbewerb als auch über alle anderen hieraus folgenden Faktoren getroffen werden. Wie *Blanchard und Kyiotaki (1987)* zeigen, kann solch ein Ansatz auch in einem makroökonomischen Modell realisiert werden.

Sehr interessant ist meines Erachtens die Einbeziehung verschiedener neuerer Arbeitsmarkttheorien in ein makroökonomisches Modell. Diese Theorien sind normalerweise mikroökonomisch orientiert, und deshalb ist eine Anwendung auf Makro-Ebene schwierig, der Ansatz aber lobenswert.

Auf Seite 81 wird bestritten, daß die Effizienzlohntheorie Arbeitslosigkeit erklären kann. Das Modell von *Shapiro und Stiglitz (1984)* kann dies durchaus. Hohe Löhne reduzieren das Bummeln, und durch die notwendige hohe Entlohnung sinkt die Arbeitsnachfrage, bis Arbeitslosigkeit die Beschäftigten sozusagen diszipliniert. Das Problem, das ich mit der Effizienzlohntheorie habe, ist, wie diese Theorie das Ansteigen der Arbeitslosigkeit etwa in der Bundesrepublik erklären will. Sind die Beschäftigten eher geneigt, sich vor der Arbeit zu drücken als früher, so daß nun zu dem Instrument des hohen Effizienzlohnes gegriffen werden muß? Oder welche anderen Gründe haben dafür gesorgt, daß plötzlich ein so starker Bedarf an dem Einsatz von Effizienzlöhnen besteht? Die verschiedenen Zweige der Effizienzlohntheorie sind statischer Natur und können meines Erachtens Veränderungen der Arbeitslosigkeit nicht adäquat erklären.

Interessant ist die Einbeziehung des Gewerkschafts-Bargaining-Modells. Problematisch erscheinen mir hierbei jedoch die gewählten Spezifikationen. Auf Seite 86 wird eine

Nutzenfunktion für die Gewerkschaften eingeführt, die Lohn und Beschäftigung umfaßt. Das Problem bei dieser Spezifikation ist die angenommene additiv separable Form. Anders ausgedrückt: Ein genügend hoher Lohn sorgt selbst bei einer Beschäftigung von Null für einen positiven Nutzen. Solche restriktiven Spezifikationen sind in der Literatur unüblich; die häufig verwendete Stone-Geary-Spezifikation, bei der Lohn und Beschäftigung im Vergleich zu einem Alternativlohn und einer Mindestbeschäftigung in einer multiplikativen Form maximiert werden, wird schon von einigen Autoren als zu restriktiv abgelehnt. Zugunsten der gewählten Spezifikation kann allerdings vorgebracht werden, daß bei einem internen Maximum Lohn und Beschäftigung positiv sein müssen.

Jaeger verwendet bei dem Nash-Bargaining-Ansatz als Maß für die relative Bargaining-Macht der beiden Vertragsparteien die herrschende Arbeitslosenrate. Dies ist an sich eine gute Idee, da dann nicht von einer konstanten Verteilung der Macht ausgegangen werden muß und eine endogene Bestimmung der Arbeitslosenquote abgeleitet werden kann. Das Problem ist, daß diese Annahme in Widerspruch zu empirischen Ergebnissen steht. Bei einer Arbeitslosigkeit etwa in der Bundesrepublik von maximal 10 % haben die Gewerkschaften in dem Modell von Jaeger ein deutliches Übergewicht verglichen mit den Arbeitgebern und können ihre Vorstellungen zu mindestens 90 % durchsetzen. Die rapide abnehmende gesamtgesellschaftliche Lohnquote ist so schwerlich erklärbar. Mikroökonomische Studien widersprechen dieser Spezifikation ebenfalls. *Svejnar (1986)* bestimmt die Verhandlungsmacht von Gewerkschaften mit Hilfe von Daten aus 12 amerikanischen Unternehmen. Für den Fall nicht vorgegebenen Risikoverhaltens kommt er zu Werten zwischen 0,11 und 0,86 für gewerkschaftliche Macht. Diese Ergebnisse sagen zweierlei aus: Der von Jaeger angenommene Wert wird von den 12 Schätzwerten nicht eingeschlossen[1], und es gibt erhebliche Variationen zwischen den verschiedenen Unternehmen, weshalb eine makroökonomische einheitliche Spezifikation von begrenztem Wert ist. Bevor eine makroökonomische Aggregation erfolgen kann, muß geklärt sein, welche Determinanten Bargaining-Macht auf Unternehmensebene bestimmen, und hier hat die Forschung erst begonnen.

Auf den Seiten 86/87 wird Kritik an *McDonald und Solow (1981)* geübt, da diese implizit vollständige Konkurrenz unterstellen würden. Dieser Hinweis ist m.E. nicht korrekt. Bei vollständiger Konkurrenz gibt es den von den genannten und auch von anderen Autoren behandelten Fall nicht. In dem Bargaining-Modell wird über Lohnerhöhungen im Vergleich zu dem Wettbewerbslohn verhandelt, wobei Lohnerhöhungen natürlich auf Kosten des Gewinns gehen. Bei einem intensiven Wettbewerb ist der ökonomische Gewinn gleich Null, und es gibt nichts zu verhandeln. In diesem Fall besteht ein Einheitslohn, der nicht überschritten werden kann (vgl. *Malcolmson 1987*). Es ist vielleicht auch möglich, andere Gründe für die Existenz von verteilbaren Gewinnen vorzubringen, aber im Prinzip ist eingeschränkter Wettbewerb eine Voraussetzung für

1 Diese Kritik gilt nicht für die in der Fußnote 26 behandelte Spezifikation der Bargaining-Macht.

das Bargaining-Modell. Ich gebe zu, daß dies nicht auf den ersten Blick deutlich wird, denn die Annahme von eingeschränktem Wettbewerb wird normalerweise nicht erörtert, da dies die Relevanz des Bargaining-Modells eingrenzt.

Der Insider-Outsider-Ansatz wird nur am Rande angesprochen, da der Referent eine enge Verwandtschaft zu den Gewerkschafts-Modellen sieht. Diese Meinung teile ich nicht ganz. Sicherlich ist ein Bezug gegeben, aber in einem wesentlichen Punkt bestehen Unterschiede: Die Gewerkschaftsmodelle vergleichen Verhandlungen über Löhne mit simultanen Übereinkünften über Löhne und Beschäftigung. In den meisten Modellen wird bei der Interessenvertretung explizit nicht zwischen Beschäftigten und Arbeitssuchenden unterschieden. Dies ist bei dem Insider-Outsider-Ansatz anders. Hier werden in den Verhandlungen allein die Interessen der in einem Unternehmen Beschäftigten berücksichtigt. Würde diese Idee auch in einem Gewerkschaftsmodell berücksichtigt, so wäre der Unterschied zwischen Verhandlungen allein über Löhne und simultan über Löhne und Beschäftigung beseitigt.

Eine völlige Vernachlässigung der Interessen von Außenstehenden bei Verhandlungen ist natürlich eine extreme Annahme, daß es aber Unterschiede zwischen Beschäftigten und Arbeitslosen gibt, halte ich für realistisch. Dies gilt insbesondere für die Bundesrepublik, wo der die Tariflöhne übersteigende Effektivlohn auf Unternehmensebene bestimmt wird und daher nicht die Gewerkschaft, sondern der Betriebsrat der Ansprechpartner ist. Daß der Betriebsrat die Interessen der Arbeitslosen vertritt, ist unwahrscheinlich, denn gewählt wird er allein von den Beschäftigten. Wenn eine ungleiche Gewichtung der Interessen von Arbeitslosen und Beschäftigten vorliegt, gelten die Schlüsse der Gewerkschafts-Modelle so nicht mehr.

In der Praxis würden Verhandlungen dann so aussehen, daß die Beschäftigten ihren Nutzen maximieren und die Interessen der Arbeitslosen an einer Ausweitung der Beschäftigung – etwa durch geringere Lohnsteigerungen – nicht beachtet werden. Das Management reagiert mit Rationalisierungsinvestitionen, und ein eventuell nötiger Beschäftigungsabbau wird über die natürliche Fluktuation abgewickelt. Ein Beschäftigungswachstum ist dann nur in Betrieben ohne starke Arbeitnehmervertretung möglich. Diese Argumentation ist natürlich besonders für Unternehmen mit Marktmacht von Bedeutung. Der eingeschränkte Wettbewerb verhilft zu hohen Gewinnen, die dann mit den Insidern geteilt werden (Stichwort: Rent-Sharing). Die Leidtragenden sind die Konsumenten und die Outsider. Eine empirische Untersuchung unterstützt jedoch nicht die These, daß die Interessen der Außenstehenden vollständig vernachlässigt werden (vgl. *Kraft 1988, Kraft und Nutzinger 1988*).

Man könnte daran denken, modelltheoretisch die folgenden Alternativen zu überprüfen: a) die Stone-Geary-Spezifikation der Nutzenfunktion mit gleichberechtigten Interessen von Beschäftigten und Arbeitslosen, b) den Insider-Outsider-Ansatz unter Vernachlässigung der Interessen vom Arbeitslosen. Dieser Weg ist wohl anspruchsvoller, wobei für eine Spezifikation des Insider-Outsider-Ansatzes vielleicht der Aufsatz von *Carrouth und Oswald (1987)* hilfreich sein könnte. Falls die Stone-Geary Spezifikation nicht zu verwertbaren Ergebnissen führt, kann als Spezialfall die Lohnsummenmaximierung, d.h. maximiert wird der Lohnsatz, multipliziert mit der Anzahl der Beschäftigten, verwendet werden. Dieser Weg wird des öfteren in der Literatur verfolgt, obwohl hier implizit von Risikoneutralität der Beschäftigten ausgegangen werden muß, was wiederum nicht sehr realitätsnah ist. Der Fußnote 22 im Text entnehme ich, daß Jaeger zumindest in einem Abschnitt diese Spezifikation auch als Alternative getestet hat.

Es sei an dieser Stelle jedoch noch einmal wiederholt, daß ich die Studie für anspruchsvoll und verdienstvoll halte. Den eingeschlagenen Weg halte ich für den richtigen, und obwohl Jaeger in diesem Bereich kein Monopolist ist, so ist er doch der Konkurrenz voraus.

Literaturverzeichnis

Blanchard, O.J., Kiyotaki, N. (1987), Monopolistic Competition and the Effects of Aggregate Demand. *American Economic Review 77,* 647 – 666.

Carruth, A.A., Oswald, A.J. (1987), On Union Preferences and Labour Market Models: Insiders and Outsiders. *Economic Journal 97,* 431 – 445.

Ehrenberg, R.G., Smith, R.S. (1987), Modern Labor Economics: Theory and Public Policy, 3. Auflage, Glenview, Ill.

Kraft, K. (1988), Gewerkschaftliche Lohn- und Beschäftigungseffekte in einem Bargaining-Modell. In: K. Emmerich, H.-D. Hardes, D. Sadowski und E. Spitznagel (Hrsg.): Einzel- und gesamtgesellschaftliche Aspekte des Lohnes. Nürnberg, 189 – 200.

Kraft, K., Nutzinger, H.G. (1988), Mitbestimmung und effiziente Verhandlungslösungen: Theoretisches Modell und empirische Befunde, erscheint in: W. Fischer (Hrsg.): Währungsreform und soziale Marktwirtschaft – Erfahrungen und Perspektiven nach 40 Jahren. Schriften des Vereins für Sozialpolitik, Berlin.

Malcolmson, J.M. (1987), Trade Union Labour Contracts. *European Economic Review, 31,* 139 – 148.

McDonald, I.M., Solow, R.M. (1981), Wage Bargaining and Employment. *American Economic Review 71,* 896 – 908.

Shapiro, C., Stiglitz, J.E. (1984), Equilibrium Unemployment as a Worker Discipline Device. *American Economic Review 74,* 433 – 444.

Spence, A.M. (1977), Entry, Capacity, Investment and Oligopolistic Pricing. *Bell Journal of Economics 8,* 534 – 544.

Svejnar, J. (1986), Bargaining Power, Fear of Disagreement and Wage Settlements: Theory and Evidence from U.S. Industry. *Econometrica 54,* 1055 – 1078.

Marktstruktur und intersektorale Lohnstruktur

Referat von Werner Meißner und Thorsten Posselt

Zusammenfassung. Es lassen sich zwei Hypothesen über die Beziehung zwischen Marktstruktur und Lohnstruktur unterscheiden: (1) Industrielle Konzentration bedeutet einen niedrigeren Output, was zu einem Rückgang der Arbeitsnachfrage und des Lohnsatzes führt. (2) Konzentration ist Ursache höherer Gewinne. Gewerkschaften und Arbeitgeber könnten sich dann auf höhere Löhne einigen, da sich ihre Verhandlungspositionen verändert haben. Im Gegensatz zur ersten Hypothese weist die zweite größere Übereinstimmung mit den empirischen Ergebnissen auf. Wir stellen auch andere plausible Interpretationen vor, die ebenfalls mit den empirischen Beobachtungen konsistent sind. Aussagen über das Bestehen von Kausalbeziehungen sind allerdings nur bei entsprechender theoretischer Fundierung möglich. Neben dem walrasianischen und dem marshallianischen Theoriegebäude kommt für eine Analyse auch der Postkeynesianismus in Betracht. Aus diesem Ansatz ergibt sich jedoch kein Anhaltspunkt für einen kausalen Zusammenhang zwischen Marktstruktur und Lohnstruktur.

Abstract. There are two main propositions about the relationship between market structure and wages: At first, it is argued that industrial concentration lowers output which leads to a decrease in labour demand and accordingly to lower wage rates in these industries. Secondly, it is suggested that concentration leads to higher profits. This may change the employer's and the trade union's bargaining position such that they tend to agree to higher wages. The first proposition is inconsistent with the empirical findings of most studies. The second proposition seems to be supported by the facts. We argue that there are other plausible interpretations which are also consistent with the empirical observations. To allow an interpretation of the empirical results as causal relationships a theoretical foundation is needed. Apart from a walrasian and a marshallian framework Postkeynesianism is a suitabel basis for theoretical analysis. We find that a postkeynesian approach gives no evidence for a causal relationship between market structure and wages.

I. Einleitung

Der Zusammenhang zwischen Marktstruktur und Lohnstruktur ist weder in der Industrieökonomik noch in der Analyse des Arbeitsmarktes ein zentrales Thema. Trotzdem ist die Fragestellung für empirisch orientierte Forscher nicht ganz neu[1]. Grundsätzlich lassen sich zwei Argumentationslinien unterscheiden: Erstens kann Konzentration auf einem Produktmarkt in Richtung niedriger Löhne wirken, da die Abnahme des Outputs in einer Industrie einen Rückgang der Arbeitsmarktnachfrage und damit einen Lohnrückgang nach sich zieht. Zweitens läßt sich argumentieren, höhere Löhne seien die Folge höherer Gewinne, die besonders in konzentrierten Industrien anfallen. Dann ist zu klären, ob höhere Löhne als allokative Verzerrung aufzufassen sind. Bei allen Interpretationen empirischer Hypothesen ist jedoch zu bedenken, daß Aussagen über Kausalzusammenhänge ein geeigneter theoretischer Rahmen zugrunde liegen sollte.

---

1 Zu den älteren Arbeiten in diesem Themenkreis gehört in der Bundesrepublik *Hoffmann (1961)* und in den USA *Dunlop, Higgins (1942)*.

Studies in Contemporary Economics
B. Gahlen (Hrsg.)
Marktstruktur und gesamtwirtschaftliche Entwicklung

II. Die grundlegenden Hypothesen

Die den empirischen Arbeiten zugrunde liegenden Konzeptionen gehen entweder von *neoklassischen Überlegungen* oder von nicht streng theoretisch abgeleiteten Hypothesen aus, die letztlich auf *Plausibilitätsüberlegungen* beruhen. Dabei steht vor allem die Konzentration als zentrales Element der Marktstruktur im Vordergrund.

Im einfachsten Ansatz *neoklassischer Prägung* macht man sich das Faktum zunutze, daß der Monopoloutput unter dem Konkurrenzoutput liegt (vgl. z.B. *Feldmann 1984* sowie *Dunlop, Higgins 1942*). Damit wird eine geringere Arbeitsnachfrage der in dieser Branche tätigen Unternehmen einhergehen, die einen relativ niedrigeren Lohn als in einem Konkurrenzsektor zur Folge hat. Voraussetzung für die Schlußfolgerung relativ höherer Löhne im Konkurrenzsektor ist die Gültigkeit neoklassischer Annahmen, wie etwa die Gewinnmaximierung der Unternehmer, des Wettbewerbs zwischen den Arbeitnehmern und einer Arbeitsangebotselastizität kleiner als unendlich.

Erlaubt man zusätzlich eine Trennung zwischen kapitalintensivem und arbeitsintensivem Sektor, so bestätigen sich diese Ergebnisse (vgl. *Neumann, Böbel, Haid 1980, S. 235/236*). Erhöht sich die Konzentration im arbeitsintensiven Sektor, während der kapitalintensive Sektor weitgehend kompetitiv bleibt, so steigen die relativen Preise im arbeitsintensiven Sektor. Ein geringerer Output und eine abgeschwächte Arbeitsnachfrage gehen damit einher. Um Vollbeschäftigung beider Produktionsfaktoren zu erhalten, muß im kapitalintensiven Sektor die Produktion steigen. Die Ressourcen werden aber nur beschäftigt, wenn das Lohn-Zins-Verhältnis sinkt, da der kapitalintensive Sektor relativ mehr Arbeit als Kapital aufnehmen muß. Bei vollständiger Mobilität der Faktoren kann sich eine Veränderung der relativen Faktorpreise in der gesamten Ökonomie, nicht aber ein Lohndifferential zwischen den Sektoren ergeben. Ein solches Differential entsteht nur, wenn Mobilitätsbarrieren beim Wechsel eines Arbeitsplatzes von einer Industrie zur anderen existieren. Unklar bleibt dabei allerdings, warum die relevanten Mobilitätsbarrieren zwischen Teilarbeitsmärkten bestehen, die mit Industrien korrespondieren. Ein Grund dafür könnte in einer Verbindung zwischen der Konzentration in der jeweiligen Industrie und der Qualifikation der beschäftigten Arbeitnehmer liegen. So läßt sich z.B. eine Beziehung zwischen Konzentration und Gewinn vermuten, die die Anwerbung besser qualifizierter Arbeitnehmer durch höhere Löhne gestattet. Insofern könnten die Konzentration und die Lohnhöhe über die Qualifikation der Arbeitnehmer miteinander verbunden sein. Klassifikationsmerkmal von Industrien in der Statistik ist aber das hergestellte Produkt. Nur wenn es für den Arbeitsmarkt ein direktes oder indirektes Segmentationsmerkmal darstellt, kann die Lohnstruktur überhaupt von der Marktstruktur beeinflußt werden.

Demgegenüber gibt es Versuche, abseits der Neoklassik *plausible Argumente* für einen Einfluß der Struktur eines Produktmarktes auf Verhalten und Verhandlungsposition der Tarifparteien zu finden. Dabei kann sowohl das Verhalten der Arbeitgeber als auch das Verhalten der Gewerkschaften untersucht werden.

Eine Marktstruktur, die durch hohe Konzentration (bzw. große Marktmacht) gekennzeichnet ist, geht mit Gewinnen einher, die über dem kompetitiven Niveau liegen. Eine konzessionsbereitere Haltung der Arbeitgeberseite könnte die Folge höherer Gewinne sein. Überdurchschnittliche Entlohnung kann bei großen Unternehmen, die vor allem in konzentrierten Branchen zu finden sind, auch durch eine stärkere Trennung von Unternehmenseigner und Unternehmensleitung begünstigt werden.

Auf Seiten der Gewerkschaften können überdurchschnittliche Gewinne zu höheren Lohnforderungen und härteren Verhandlungspositionen führen, nicht zuletzt weil die Gewerkschaft keine adversen Effekte auf die Beschäftigung fürchten muß. Denkbar ist schließlich auch ein höherer gewerkschaftlicher Organisationsgrad in konzentrierten Industrien bzw. größeren Unternehmen, der eine effektivere Interessenvertretung erlaubt.

Eine wesentliche Argumentationslinie setzt die Verbindung von Konzentration und Gewinnen voraus. Es spielt jedoch für die Erklärung der Lohnstruktur keine Rolle, ob die *Konzentration* überdurchschnittliche Gewinne nach sich zieht oder ob besonders *effiziente Unternehmen* hohe Gewinne erwirtschaften, größere Marktanteile erobern und infolgedessen eine höhere Marktkonzentration verursachen. Die Hypothese steigender Gewinne durch größere Marktmacht hat die Gewinn-Konzentration-Regression zu der am häufigsten empirisch überprüften Beziehung in der Industrieökonomik gemacht[2]. Demgegenüber geht die Chicago Kritik (vgl. *Demsetz 1973*) davon aus, daß einige Unternehmen besonders effizient arbeiten und daher ihre Gewinne und ihren Marktanteil erhöhen können. Es liegt dann zwar keine *Kausalität* zwischen Konzentration und Gewinnen vor, trotzdem kann es aber zu einer Korrelation zwischen den Größen kommen, da steigende Marktanteile einzelner Unternehmen mit steigender Konzentration einhergehen.

Die Korrelation allein – ohne eine kausale Verbindung – reicht, um die Argumentationskette weiter auf die Lohnstruktur auszudehnen. Höhere Gewinne führen demnach zu härteren Positionen der Gewerkschaften und zu höherer Bereitschaft der Arbeitgeber, Konzessionen zu machen. Das höhere Lohnniveau konzentrierter Branchen kann daher entweder als Folge von Marktmacht oder als Konsequenz einer Reihe besonders effizient arbeitender Unternehmen im Markt aufgefaßt werden. Dementsprechend unterscheidet sich auch die Beurteilung der Beziehung Konzentration – Lohnstruktur: Höhere Löhne konzentrierter Industrien können als unerwünschte allokative Verzerrungen oder als Ergebnis des Einflusses besonders effizient arbeitender Unternehmen auf eine Branche verstanden werden.

Das erste Glied in der Argumentationskette, das auf die Korrelation von Konzentration und Gewinnen baut, kann als relativ gesichert gelten, da es nicht nur empirisch

2 Vgl. zur Übersicht *Scherer (1980)* sowie *Weiss (1974)*.

meist bestätigt wurde, sondern sowohl mit der traditionellen Marktmachtthese als auch mit der Effizienzthese der Chicago School konsistent ist. Problematischer ist die *Verbindung zwischen Gewinn- und Lohnhöhe* in einer Industrie. Eine Verhaltensänderung der Arbeitgeber im Rahmen des Bargaining mit den Gewerkschaften setzt voraus, daß diese überhaupt einen entsprechenden Handlungsspielraum haben. Ein vergrößerter Handlungsspielraum des Vorstands kann vermutet werden, wenn die Unternehmenseigner wenig effektive Kontrolle gewährleisten können, etwa weil die Aktien breit gestreut sind. Folgt man aber der These eines funktionsfähig und kompetitiv organisierten Marktes für "Corporate Control", dann ist der Spielraum eines Managementteams im Hinblick auf die Abweichung vom Gewinnmaximierungsziel beschränkt, da sonst die Übernahme durch ein kompetenteres Managementteam droht (vgl. *Manne 1965*). Voraussetzung dafür ist allerdings eine hohe positive Korrelation zwischen den Fähigkeiten des Managementteams und dem Marktwert des Unternehmens. Nur wenn der Markt für Corporate Control nicht in diesem Sinne funktioniert, sind überhaupt Spielräume für Unternehmensvorstände denkbar, die zu Lohnzugeständnissen führen könnten.

Tarifverhandlungen finden in der Bundesrepublik i.d.R. jedoch nicht auf der Ebene des Unternehmens oder der Industrie statt. Die Gewerkschaften verhandeln vielmehr mit *Arbeitgeberkommissionen*, die eine Branche in einem regional abgegrenzten Gebiet repräsentieren. Ein größerer Spielraum der Unternehmensvorstände erlaubt der Arbeitgeberkommission nicht zwangsläufig einen großzügigeren Verhandlungsstil im Hinblick auf Lohnzugeständnisse. Es bleibt daher spekulativ, eine Aussage über das Verhalten der Arbeitgeberkommission in Abhängigkeit von Konzentration oder Gewinnen treffen zu wollen.

Ebenso läßt sich wohl nicht eindeutig klären, ob das Verhalten der *Gewerkschaften* durch höhere Unternehmensgewinne oder höhere Konzentration zu größerer Aggressivität im Rahmen der Tarifverhandlungen führt. Neben der direkten Beziehung zwischen Gewinnen und gewerkschaftlichen Lohnforderungen ist auch eine Verbindung eines höheren gewerkschaftlichen Organisationsgrades in konzentrierten Branchen denkbar. Monotonere Arbeit in Großbetrieben, die häufig in konzentrierten Industrien ansässig sind, könnte zu einer höheren Bereitschaft zum gewerkschaftlichen Engagement führen. Auch kann die Größe eines Unternehmens einen günstigen Einfluß auf die Werbekosten pro Mitglied haben.

Dabei darf nicht vergessen werden, daß in unterschiedlichen Ländern die Bedeutung und die Organisation der Gewerkschaften sowie der gesetzliche Rahmen, in dem sie arbeiten, sehr verschieden sein können. So ist der gewerkschaftliche Organisationsgrad in der Bundesrepublik im allgemeinen höher als in den USA. Darüber hinaus sind die Tarifverhandlungen in den USA eher dezentral, d.h. die Ergebnisse sind häufiger auf bestimmte Industrien in einer Region oder sogar auf ein Unternehmen begrenzt. Im Gegensatz dazu sind die Tarifverhandlungen in der Bundesrepublik stärker zentralisiert, was die Organisation der Gewerkschaften und auch der Arbeitgeberverbände widerspiegelt. So sind in der Bundesrepublik 17 Einzelgewerkschaften im Deutschen Gewerkschaftsbund zusammengeschlossen (vgl. *Statistisches Bundesamt 1988, S. 598*). Das Verhalten der Einzelgewerkschaften kann sich im Hinblick auf Lohnforderungen zwar durchaus unterscheiden, es wird vermutlich jedoch durch die Zugehörigkeit zum Dachverband eine tendenziell geringere Divergenz der Lohnforderungen bewirkt als etwa in den USA.

III. Empirische Ergebnisse und adäquate Interpretationen

Ist die Bedeutung einer Hypothese unklar, so wendet man sich in der Hoffnung auf eine eindeutige Antwort der empirischen Wirtschaftsforschung zu. Für einen Test der vorliegenden Hypothese gilt es zunächst, eine *adäquate Spezifikation* zu finden. Insbesondere die Auswahl von geeigneten erklärenden Variablen spielt dabei eine wichtige Rolle. Die meisten empirischen Modelle sind Eingleichungsmodelle, wobei die Lohnhöhe die zu erklärende Variable ist. Neben der Konzentration dienen als erklärende Variablen weitere Elemente der Marktstruktur, wie z.B. der Grad der vertikalen Integration, zu deren besserer Beschreibung. Häufig wurde auch die Kapitalintensität als Merkmal der Industrie herangezogen. Eine andere Gruppe erklärender Variablen, wie etwa der gewerkschaftliche Organisationsgrad, soll die Stärke der Gewerkschaften widerspiegeln. Bei starken Gewerkschaften werden dabei tendenziell höhere Löhne erwartet. Von Bedeutung kann auch ein unterschiedliches Ausbildungsniveau sein, das ebenfalls eine naheliegende Erklärung für Lohndifferentiale zwischen Industrien bieten würde.

Die Ergebnisse der empirischen Untersuchungen sind teilweise widersprüchlich, was einen knappen Überblick erschwert. Der größte Teil der Studien basiert zudem auf US-amerikanischen Daten und ist auf die Bundesrepublik nur mit Einschränkungen übertragbar, da die Arbeitsmärkte in den USA institutionell anders beschaffen sind. Es läßt sich trotzdem eine Liste von *"stylized facts"* zusammenstellen, die durch die überwiegende Mehrheit der empirischen Arbeiten bestätigt wird:

(1) Es liegt eine positive Beziehung zwischen Konzentration und Lohnhöhe vor, zumindest solange bestimmte andere erklärende Variable nicht mit einbezogen werden.
USA: *Masters (1969), Haworth, Reuther (1978), Weiss (1966), Pugel (1980), Heywood (1986), Long, Link (1983)*;
Bundesrepublik Deutschland: *Feldmann (1984), Gahlen, Licht (1987)*; nicht zu diesem Ergebnis kommen *Neumann, Böbel, Haid (1980 und 1981)*.

(2) Hohe Kapitalintensität einer Industrie geht tendenziell mit hohen Löhnen einher.
USA: *Lawrence, Lawrence (1985), Dickens, Katz (1986)*;
Bundesrepublik Deutschland: *Neumann, Böbel, Haid (1980), Neumann, Böbel, Haid (1981), Gahlen, Licht (1987)*.

(3) Der Anteil von Großunternehmen bzw. Großbetrieben in einer Industrie beeinflußt die Lohnhöhe positiv.

USA: *Haworth, Reuther (1978), Lawrence, Lawrence (1985), Masters (1969), Pugel (1980), Long, Link (1983), Heywood (1986), Dickens, Katz (1986)*;
Bundesrepublik Deutschland: *Feldmann (1984)*; nicht zu diesem Ergebnis kommen *Gahlen, Licht (1987).*

(4) Eindeutig positiven Einfluß auf die Lohnhöhe haben die Maße für das Machtpotential der Arbeitnehmer, wie etwa der Anteil der gewerkschaftlich organisierten Arbeitnehmer.
USA: Alle zitierten Studien, soweit in die Untersuchung einbezogen;
Bundesrepublik Deutschland: *Feldmann (1984), Neumann, Böbel, Haid (1980 und 1981).*

(5) Ein zusätzlicher Interaktionsterm zwischen Konzentration und einem Maß für den gewerkschaftlichen Organisationsgrad steht in negativer Beziehung zur Lohnhöhe.
USA: *Weiss (1966), Long, Link (1983), Heywood (1986).*

Diese Zusammenhänge können als weitgehend gesichert gelten, da sie durch verschiedene Untersuchungen mit unterschiedlicher Datenbasis bestätigt werden. Während der Einfluß der Kapitalintensität und der Arbeitnehmermacht auf die Lohnhöhe auch bei unterschiedlichen erklärenden Variablen stabil bleibt, trifft das für die Konzentration und auch den Anteil von Großbetrieben bzw. Großunternehmen nicht zu. So verschwindet etwa durch die Einfügung von Variablen, die den Ausbildungsstand der Mitarbeiter in einer Industrie repräsentieren, der Einfluß der Konzentration auf die Lohnstruktur (vgl. *Weiss 1966*). Das kann darauf hindeuten, daß es eine Kollinearität zwischen Konzentration und Ausbildungsniveau im Hinblick auf die Erklärung der Lohnstruktur gibt. Ähnliches gilt für die Ergebnisse von *Neumann, Böbel, Haid (1981, S. 104-105)*, in deren Regression die Konzentration einen positiven Einfluß auf die Lohnhöhe bekommt, wenn vertikale Integration und Kapitalintensität oder Rendite und Kapitalintensität nicht als erklärende Variable auftauchen.

Damit ist aber noch nicht geklärt, welche *Interpretation* für die Ergebnisse angemessen ist. Die neoklassische Hypothese des Ressourcenabzugs aus dem monopolistischen Sektor und des dadurch niedrigeren Lohnniveaus kann durch die überwiegende Mehrheit der empirischen Ergebnisse kaum gestützt werden.

Auch die alternative Hypothese kann jedoch nicht unbedingt als gesichert gelten. Die Regressionsergebnisse entsprechen zwar den Schlußfolgerungen der skizzierten Hypothese, die sich vor allem auf den Zusammenhang zwischen Konzentration und Gewinnen sowie zwischen Gewinnen und Löhnen stützt, aber damit sind die kausalen Zusammenhänge keineswegs bestätigt. Statt dessen bieten die Ergebnisse Anlaß zur Aufstellung weiterer ergänzender oder gar konkurrierender Hypothesen.

So könnte etwa die *Kapitalintensität* in zweierlei Hinsicht eine wichtige Determinante der sektoralen Lohnstruktur sein. Zum einen läßt sich der Zusammenhang über die mit höherer Kapitalintensität erhöhte Arbeitsproduktivität begründen, die ihrerseits die

Lohnhöhe mitbestimmt. Zum anderen bietet die Effizienzlohntheorie einen Erklärungsansatz, da die Produktivität von Unternehmen durch "Shirking" oder häufigen Wechsel von Arbeitnehmern in unterschiedlichem Ausmaß betroffen sein kann[3]. Arbeitnehmer sind vermutlich in der Lage, kapitalintensiven Unternehmen auf diese Weise einen größeren Schaden bzw. Produktivitätsverlust zuzufügen als Unternehmen, die in arbeitsintensiven Branchen angesiedelt sind. Die Möglichkeit hoher Produktivitätseinbußen kann beim Arbeitgeber zur Bereitschaft führen, höhere Löhne zu zahlen. Es wird daher unterschiedliche Lohnsätze für die gleiche Arbeitnehmergruppe in Branchen mit verschiedenen Merkmalen geben. Insofern ist der Zusammenhang zwischen Kapitalintensität und Lohnhöhe konsistent.

Ein interessantes Ergebnis ist die Interdependenz von hohem *gewerkschaftlichem Organisationsgrad* und hohem Konzentrationsgrad. So ist der Lohnsteigerungseffekt durch einen hohen gewerkschaftlichen Organisationsgrad in schwach konzentrierten Industrien sehr viel deutlicher als in hoch konzentrierten Industrien, in denen Gewerkschaftsmacht einen schwächeren Einfluß auf die Lohnhöhe hat. Die Gewerkschaften können also in kompetitiven Industrien Lohnsteigerungen erwirken, die in konzentrierten Industrien auch ohne ihren Einfluß zustande kommen. Umgekehrt interpretiert geht der Einfluß der Konzentration auf die Lohnhöhe weitgehend verloren, wenn die betrachtete Industrie einen hohen gewerkschaftlichen Organisationsgrad aufweist.

Eine hohe Korrelation zwischen Konzentration und *Unternehmensgröße* ist zu erwarten. Es kann daher nicht überraschen, wenn beide Größen einen positiven Einfluß auf die Lohnhöhe haben. Deutlich wird dabei aber auch, daß auf Basis der vorliegenden Ergebnisse keine Unterscheidung zwischen der Interpretation der Konzentration als Marktmacht oder als Folge besonders effizient arbeitender Großunternehmen getroffen werden kann.

Dieses unübersichtliche Geflecht empirisch aufgezeigter Zusammenhänge wird durch einen Blick auf die von einigen Autoren aufgestellten *Korrelationsmatrizen* keineswegs klarer. So gibt es einerseits zwar eine positive Korrelation zwischen Lohnhöhe und Konzentrationskoeffizient sowie zwischen Lohnhöhe und Hirschmann-Herfindahl-Index, andererseits korreliert die Lohnhöhe aber auch mit dem Facharbeiteranteil, der Betriebsgröße, dem Anteil der Großbetriebe, dem gewerkschaftlichen Organisationsgrad und einem Streikmaß deutlich positiv. Auch die stark negativ ausgeprägte Korrelation der Lohnhöhe zum Anteil der weiblichen Arbeitnehmer und die positive Beziehung zur Arbeitsproduktivität und zur Kapitalintensität dürfen bei einer Interpretation nicht vernachlässigt werden[4]. Neue Aspekte erschließen sich, wenn man einen *Blick auf die Korre-*

---

3 Vgl. zur Übersicht *Stiglitz (1987)* und zur empirischen Analyse für die Bundesrepublik *Gahlen, Licht (1987)*.

4 Die Angaben beziehen sich auf die Untersuchung von *Feldmann (1984, S. 158-163)* für die Bundesrepublik.

lation zwischen den erklärenden Faktoren wirft. Zu erwarten ist dabei die Korrelation zwischen Arbeitsproduktivität und Kapitalintensität und zwischen Konzentrationsgrad und Betriebsgröße. Weitere Korrelationen ergeben sich zwischen der Betriebsgröße bzw. dem Anteil der Großbetriebe und dem gewerkschaftlichen Organisationsgrad.

Ein anderer Ausgangspunkt zur Interpretation dieser Zusammenhänge ist die Frage nach den Ursachen der Konzentration. Ein wichtiger Einfluß geht dabei zweifellos von Skalenerträgen in der Industrie aus, die durch die angewendete Technologie bestimmt werden. Die Technologie kann dabei als exogen aufgefaßt werden[5]. Zwar wird im Rahmen bestimmter Modelle die Wahl der Technologie etwa durch strategische Interaktion mitbestimmt, doch ist deren Anwendungsbereich nur beschränkt, und darüber hinaus wird die Existenz alternativer Technologien mit verschiedenen ökonomischen Merkmalen vorausgesetzt.

Die Skalenerträge repräsentieren neben absoluten Kostenvorteilen und Produktdifferenzierung eine *Eintrittsbarriere* im Sinne Bains (vgl. *Bain 1956*). Skalenerträge sind daher aus zwei Gründen konzentrationsfördernd: Zum einen bedeuten Skalenerträge die Existenz weniger Unternehmen mit hohem Output und zum anderen werden potentielle Eindringlinge abgeschreckt, da ein Markteintritt mit entsprechend großen Kapazitäten notwendig ist, der wiederum Gegenreaktionen der ansässigen Unternehmen herausfordern kann.

Als weitere Markteintrittsbarriere kann auch die Kapitalintensität gelten. Zwar ist die Kapitalintensität ebenso wie Skalenerträge nicht unbedingt mit höheren Kosten für den Eindringling als für ansässige Unternehmen verbunden, doch geht damit auf jeden Fall ein vergleichsweise hoher Kapitalbedarf des Eindringlings einher. Im Falle der durchaus plausiblen Annahme eines unvollkommenen Kapitalmarktes resultiert dann i.d.R. ein Finanzierungsvorteil der etablierten Unternehmen.

Hohe Kapitalintensität korrespondiert insofern mit hohen Skalenerträgen, da beide einen Finanzierungsvorteil ansässiger Unternehmen implizieren und damit zu höherer Konzentration beitragen können. Kapitalintensität kann sich bei Markteindringlingen auch als zusätzlicher Nachteil auswirken, da der Kapazitätsaufbau dann komplexer sein kann, was sich in überproportional hohen Kosten äußern kann. Denkbar ist auch, daß der Zeitraum zwischen der Entscheidung für einen Markteintritt und dem Beginn der wirtschaftlichen Tätigkeit auf dem Markt in kapitalintensiven Branchen länger ist und so den Markteintritt erschwert. Besteht zwischen Kapitalintensität und Arbeitsproduktivität ein Zusammenhang, so ist es plausibel, ebenfalls einen Einfluß auf die Lohnhöhe zu unterstellen. Ausgehend von der Kapitalintensität kann die Lohnhöhe letztlich als durch Markteintrittsbarrieren mitbestimmt angesehen werden. *Die Konzentration wäre in diesem Rahmen Folge von Barrieren, nicht aber Ursache höherer Löhne.*

---

5 Ein typisches Beispiel ist die Theorie der Contestable Markets (vgl. *Baumol, Panzar, Willig 1982*).

Eine andere Spielart einer solchen Interpretation ist das Verständnis der *Lohnhöhe als Markteintrittsbarriere* (vgl. *Williamsom 1968*). Die Lohnhöhe ist dabei keine Eintrittsbarriere, die durch die Charakteristika des Marktes von vornherein gegeben ist. Vielmehr kann sie durch gezielte Aktionen im Markt ansässiger Unternehmen zur Eintrittsbarriere gemacht werden, indem die ansässigen Unternehmen hohen Forderungen der Gewerkschaften weitgehend nachgeben. Die Inkaufnahme höherer Löhne setzt voraus, daß die erwarteten zusätzlichen Gewinne der etablierten Unternehmen deren zusätzliche Kosten übersteigen.

Sinnvoll ist eine solche Maßnahme nur, wenn kein Eintritt oder Eintritt in geringerem Ausmaß ausgelöst wird. Der Preis kann dann über demjenigen liegen, der ohne die zusätzliche Eintrittsbarriere das gleiche Ausmaß an Markteintritt induziert hätte. Die resultierende Erlösdifferenz darf die zusätzlich durch die Lohnsteigerung anfallenden Kosten nicht übersteigen. Einer solchen Strategie kann etwa ein Szenario unterliegen, in dem eine Gruppe oligopolistischer Unternehmen mit einer kapitalintensiveren Technologie arbeitet, als sie den potentiellen Eindringlingen zur Verfügung steht. Je konzentrierter ein Markt, um so höher ist die strategische Verzahnung der Unternehmen untereinander und um so höher ist vermutlich auch die Bereitschaft, Markteintritt zu verhindern bzw. Eintrittsbarrieren aufzubauen. Hohe Löhne sind demzufolge eine endogene Eintrittsbarriere, die in konzentrierten, nicht aber kompetitiven Märkten erwartet werden kann. Zweifellos ist dieser Ansatz industrieökonomisch interessant, aber nur schwerlich zur Erklärung einer allgemeinen Tendenz geeignet.

In den skizzierten Argumenten ist die Konzentration auf einem Markt nicht notwendigerweise Ausdruck von Marktmacht. Höhere Löhne konzentrierter Industrien können zur Abschreckung potentieller Eindringlinge dienen oder die Folge von Eintrittsbarrieren sein. Ein Zusammenhang kann auch zwischen der Marktstruktur und der Innovationsaktivität hergestellt werden. Es gibt hinsichtlich dieser Fragen eine große Zahl von Untersuchungen, die kein einheitliches Bild bieten[6]. Der Tendenz nach scheint im Oligopol die Bereitschaft zu Innovationsaktivität allerdings am größten. Für Monopolunternehmen ist dieser Anreiz durch mangelnde Konkurrenz recht gering. Reine Monopole, die nicht reguliert sind, spielen im empirischen Gesamtbild aber kaum eine Rolle. Eine höhere Konzentration kann c.p. also eine höhere Innovationsaktivität bedeuten. Prozeßinnovationen führen dabei häufig zu Steigerungen der Arbeitsproduktivität, die wiederum Anlaß zu höheren Löhnen sein können. Produktinnovationen können zu höheren Gewinnen führen, auf deren Verbindung zur Lohnhöhe bereits hingewiesen wurde.

Des weiteren ist ein Zusammenhang zwischen *industriellem Wachstum und der Lohnhöhe* denkbar. Junge Industrien, in denen wenige Unternehmen agieren, sehen sich häufig einer stark wachsenden Nachfrage gegenüber. In der Regel wächst der Bedarf an

---

6 Vgl. zur Ubersicht *Scherer (1980)* sowie *Kamien, Schwartz (1982)*.

Arbeitskräften dann ebenfalls. Wenn die Branche auf Arbeitskräfte mit bestimmten Qualifikationen angewiesen ist, kann es zu höheren Löhnen in diesem Bereich kommen. Die Bereitschaft, höhere Löhne zu zahlen, entsteht durch die Knappheit an Arbeitnehmern in einzelnen Berufsgruppen. Der Zusammenhang zwischen Konzentration und hohen Löhnen könnte auf diese Weise gestärkt werden. Die Dynamik schrumpfender Wirtschaftszweige bietet demgegenüber Grund zu anderen Schlußfolgerungen. Im Prozeß der Schrumpfung befindliche Oligopolmärkte werden wegen nachlassender Nachfrage eine unterdurchschnittliche Neigung zur Erhöhung der Löhne zeigen. Besonders die Berufsgruppen, die nur in diesen Industrien Beschäftigung finden können, tragen zur Verstärkung dieser Tendenz bei.

Angesichts dieser zahlreichen kausalen Verbindungen zwischen Marktstruktur und Lohnstruktur ist die Frage, welche der angesprochenen Hypothesen denn empirisch relevant ist, kaum eindeutig zu beantworten. Die mit Hilfe von industrieökonomischen Ansätzen aufgestellten Hypothesen sind dabei nicht gleichermaßen auf alle Märkte anwendbar. Außerdem basieren alle angesprochenen Hypothesen nur auf indirekten Kausalitäten. Die empirische Bestätigung des Zusammenhangs zwischen Marktstruktur und Lohnstruktur gibt daher keine hinreichende Basis zur Wahl einer geeigneten Interpretation. Zur Einordnung der empirischen Ergebnisse bedarf es zusätzlich eines geeigneten theoretischen Rahmens, den die Industrieökonomik mit ihrer auf spezifische Fragen eines Marktes ausgerichteten Forschung kaum zu erfüllen vermag.

IV. Ein anderer theoretischer Rahmen: Postkeynesianismus

Die empirisch festgestellten Beziehungen zwischen Marktstruktur und Lohnstruktur lassen viele Vermutungen hinsichtlich der kausalen Wirkungen zu. Bei den Interpretationen kann man grundsätzlich, wie erläutert, zwischen neoklassischen Ansätzen und Plausibilitätsüberlegungen unterscheiden.

In der Tradition eines *walrasianischen Ansatzes* stehen die neoklassischen Überlegungen zum Zusammenhang zwischen Marktstruktur und Lohnstruktur. Ein Kennzeichen dieses Ansatzes ist die Einbeziehung der Interdependenzen zwischen Märkten. So wird in der allgemeinen Gleichgewichtstheorie eine Verschiebung des Gleichgewichts auf einen einzelnen Markt neue Gleichgewichte auf den Produkt- und Faktormärkten nach sich ziehen. Mit der Annahme einer bestimmten Struktur der Produktmärkte und korrespondierender kompetitiver Arbeitsmärkte wird beim neoklassischen Ansatz die Interdependenz im walrasianischen Sinne in den Vordergrund gestellt. Nachteilig ist dabei vor allem die wenig plausible Annahme der Disaggregation des Arbeitsmarktes entsprechend den Produktmärkten. Darüber hinaus sind walrasianische Gleichgewichtsansätze im allgemeinen wenig fruchtbar für die empirische Analyse, da die Komplexität der Ansätze allgemeine Schlußfolgerungen häufig nicht zuläßt.

Die Interpretation auf Basis der Plausibilitätsüberlegungen weist demgegenüber eine Verwandtschaft zum *marshallianischen Modell* auf. Interdependenzen werden in diesem partialanalytischen Ansatz nicht berücksichtigt. Untersuchungen und Schlußfolgerungen beziehen sich vielmehr jeweils nur auf einzelne Industrien. Die moderne Industrieökonomik kann als Erweiterung bzw. Verfeinerung des marshallianischen Modells verstanden werden. In marshallianischer Vorstellung ist das typische Unternehmen familiengeführt und auf einen Betrieb beschränkt. In diesen Zusammenhang gehört auch die Annahme U-förmiger Kostenkurven und der sich daraus ergebenden positiv geneigten Angebotskurve. Die wichtigste Entscheidung des marshallianischen Unternehmens ist die Festlegung des Outputs unter Berücksichtigung der Gleichheit von Grenzerlös und Grenzkosten. Im Rahmen des marshallianischen Modells läßt sich argumentieren, Konzentration und höhere Gewinne hätten höhere Löhne zur Folge. So werden in einem überschaubaren, familiengeführten Unternehmen die Eigentümer vermutlich eine stärkere Verpflichtung gegenüber den Arbeitnehmern empfinden als in einem von Managern geführten Großbetrieb, was auch zu freiwilligen Lohnzugeständnissen führen kann. Die anderen Überlegungen dieser Art könnten ebenfalls als Erweiterung des marshallianischen Rahmens auf die Beziehung zwischen einem Produktmarkt und korrespondierenden Arbeitsmärkten aufgefaßt werden, auch wenn sie sich nicht zwingend aus dem Ansatz ergeben.

Mit diesen beiden Modellklassen sind die Möglichkeiten mikroökonomischer Analyse jedoch keineswegs erschöpft. Ein drittes theoretisches Fundament ergibt sich aus dem *Postkeynesianismus*[7].

Die postkeynesianische Schule – obwohl ihr Beginn auf die Entwicklung der Wachstumsmodelle vom Harrod-Domar-Typ und auf die preistheoretischen Beiträge Kaleckis datiert werden kann – ist eine junge Lehre. Erst in den letzten Jahren bildet sich ein gemeinsames Selbstverständnis ihrer Lehrer und Schüler heraus.

Es ist nicht einfach, ein einheitliches Paradigma für den Postkeynesianismus auszumachen. Man kann aber zwei – miteinander verbundene – Ansätze nennen:

- Der *autonome Charakter der Investitionen* und ihre Rolle im Gleichgewichtsprozeß.
- Die Rolle von *Unsicherheit und Liquidität* im Ungleichgewicht.

Schon bei Keynes bestimmen in der Allgemeinen Theorie nicht die intertemporalen Konsumentscheidungen die Investitionstätigkeit, sondern die Investitionen bestimmen Beschäftigung und Einkommen. Darüber hinaus spielen die Investitionen eine wichtige Rolle in der postkeynesianischen Wachstums- und Verteilungstheorie.

Die *Rolle der Unsicherheit* ist konstitutiv für die Theorie von Keynes. Er – selbst ein ausgewiesener Wahrscheinlichkeitstheoretiker – hat die Fruchtlosigkeit, dem Phäno-

7 Vgl. zur Einteilung in walrasianische, marshallianische und postkeynesianische Ansätze *Eichner (1986, Kapitel 3)*.

men der Unsicherheit mit Risikokalkülen beizukommen, stets hervorgehoben. Diese prinzipiell nicht übersteigbare Hürde der Unsicherheit begründet im Postkeynesianismus einerseits die fast schon agnostische Forschungshaltung in der Manier von G.S. Shackle, andererseits aber die reichhaltige und lebendige Forschung über die Liquidität als Mittel gegen Unsicherheit, über die Bedeutung von Geld und Kredit und – nicht zuletzt – über die damit verbundenen institutionellen Regelungen in heutigen Volkswirtschaften.

Die postkeynesianische *Preistheorie* geht auf Kalecki zurück. Dieser hatte – anders als Keynes – die Verknüpfung von Investition und Preisbildung gesucht. Keynes bezog das Sparen auf die Konsumneigung der Individuen; es war individuelles Sparen. Für Kalecki hängt die Höhe der Ersparnisse und die Profitbestimmung der Unternehmen zusammen. Die Investitionen werden von der Sparneigung der Individuen getrennt und mit dem Wachstum der Unternehmen verknüpft. Die Profite sind Voraussetzung und Ergebnis der Investitionen. Diese Vorstellung findet sich in der Akkumulationstheorie Ricardos. Mit dieser Rückbesinnung auf Elemente der klassischen Theorie wird die neoklassische Idee der Konsumentensouveränität als der entscheidungstheoretischen Basis der Makroökonomik entlastet. Die Mittel für Investitionen werden über die Gewinnrate in den Preisen hereingeholt. Das muß durch eine neue, nicht neoklassische Preistheorie erfaßt werden. Kalecki hat eine solche Preistheorie vorbereitet. Mark-up- oder cost-plus-Konzepte verbinden die Preissetzung mit der Investitionsentscheidung. Die erforderlichen Investitionsmittel bestimmen den Aufschlag (mark-up). Die Verknüpfung von Investitionen, Profiten und Preisen ist konstitutiv für den Postkeynesianismus. Die Kapitalakkumulation, zentral für die klassische Theorie, hat im Postkeynesianismus diese Stellung wiedererlangt[8].

Die prinzipielle Priorität des Investitionsprozesses in einer kapitalistischen Marktwirtschaft (man setze dagegen das Bild vom Kunden als König!), die Häufigkeit oligopolistischer Märkte und die Bedeutung von Institutionen für Geld und Kredit: Die Anerkennung dieser Fakten in heutigen Volkswirtschaften und ihrer Bedeutung für die Theoriebildung zeichnet die postkeynesianische Schule aus.

V. Die Preistheorie im Postkeynesianismus

Die beiden wichtigsten Erfindungen der dreißiger Jahre, die Theorie der unvollkommenen Konkurrenz und die Theorie von Keynes, haben sich kaum berührt. Mehr noch, die keynesianische Revolution ließ die Frage nach den Auswirkungen oligopolistischer Produktions- und Marktstrukturen auf die Stabilität kapitalistischer Volkswirtschaften in den Hintergrund treten. Makroökonomische Anpassungsprozesse in einer Oligopolwirtschaft zu untersuchen, dies ist der Gegenstand der Postkeynesianischen Theorie. Sie

8 In klassischer Tradition steht auch das Bemühen der Postkeynesianer, die langfristige Wirtschaftsentwicklung zu ergründen. Angefangen von A. Hansens Stagnationstheorie bis zu heutigen Analysen von Sättigungserscheinungen, immer steht die These von schwindenden Investitionsmöglichkeiten im Mittelpunkt.

versucht eine *Verbindung von Mikro- und Makrotheorie.* Mit Mikrotheorie wird die Preis-, insbesondere Oligopoltheorie bezeichnet, die Makrotheorie befaßt sich mit dem Stabilitätsaspekt.

Bekanntlich hat sich die neoklassische Preistheorie am Oligopolproblem die Zähne ausgebissen. Entweder wurde das Interdependenzproblem wegdefiniert oder durch bestimmte Annahmen über den sog. Konjektural-Koeffizienten entschärft oder die hochformalistische Preistheorie mußte kapitulieren. Auch der spieltheoretische Kalkül – von dem man bei seiner Entdeckung wegen der grundsätzlichen Übereinstimmung oligopolistischer und spielstrategischer Entscheidungssituationen viel erwartete – hat das Oligopolproblem bis heute noch nicht geknackt. Häufig hat man bei der Lektüre mikroökonomischer Lehrbücher den Eindruck, daß das Oligopol eher eine Randerscheinung ist. Tatsächlich ist es die Regel. Die postkeynesianische Preistheorie stellt das marktmächtige Unternehmen (*Eichner: Megacorp*) in den Mittelpunkt. Die Untersuchung der *Preisbildung auf oligopolistischen Märkten* ist aber keine plumpe politökonomische Analyse, die nur von Monopolmacht und Kapitalverhältnis schwadroniert, sondern sie berücksichtigt eben auch die Erkenntnisse eines ebenfalls relativ jungen Zweiges der Volkswirtschaftslehre, nämlich der Industrieökonomik.

Die Keynessche Theorie begründet die Instabilität des Akkumulationsprozesses mit der Unsicherheit der langfristigen Erwartungen. Oligopolisierung kann diese Unsicherheit reduzieren. Nehmen wir ein wichtiges Beispiel: Kontraktive Multiplikator- und Akzeleratorprozesse setzen Koordinationsmängel bei den marktgesteuerten Entscheidungen voraus. Eine Zunahme des Sparens könnte ja die Unternehmen zu mehr Investitionen anreizen. Aber warum sollten sie? Wer sagt ihnen, daß dieses Sparen auf eine höhere Nachfrage nach ihren Produkten hinausläuft? Die moderne Ungleichgewichtstheorie hat gerade diese Koordinationsmängel untersucht und gezeigt, daß ein derartiger Kontraktionsprozeß durchaus rational ist. Sparen ist zunächst einmal Nachfrageausfall. Gespart wird häufig ohne ein gewisses Konsumziel (Zwecksparen), aus Vorsichtsgründen oder um sich irgendeine, noch gar nicht bestimmte Konsummöglichkeit in der Zukunft zu schaffen. Spar- und Konsumentscheidung der Haushalte einerseits und Investitionsentscheidung der Unternehmen andererseits fallen auseinander. Beide Entscheidungseinheiten können sich – mikroökonomisch gesehen – rational verhalten, das gesamtwirtschaftliche Ergebnis ist Instabilität. Die Oligopolisierung bringt Spar- und Investitionsentscheidungen wieder zusammen. Der in den Preisen realisierte Plangewinn (levy i.S. von Eichner) bildet nun den wichtigsten Teil der gesamtwirtschaftlichen Ersparnis, nicht der Konsumverzicht der privaten Haushalte. Sparen und Investieren fallen nicht mehr auseinander, das Megacorp besorgt beides.

Diese Spartheorie, die das Oligopol zur wichtigsten Koordinierungsstelle für Sparen und Investieren macht, ergibt sich aus der postkeynesianischen Preistheorie. Sowohl der Preisaspekt als auch der Spar-/Investitionsaspekt sind von Bedeutung für die Stabilisierungskapazität des Oligopolsektors. Preisstabilisierung ergibt sich, weil die Preisführerschaft im Megacorp Preiskämpfe ersetzt. Zudem wird die Preissetzung von kurzfristigen Nachfrageschwankungen nicht beeinflußt. Diese Preissetzung wiederum ermöglicht auch die Ablösung der Investitionsplanung von kurzfristigen Nachfrage- und Auslastungsschwankungen. Die oligopolistische Preis- und Investitionsplanung hat somit einen gesamtwirtschaftlichen Stabilitätseffekt.

Die Investitionen richten sich im Oligopolsektor nach einer fixierten Standardkapazität, die durch eine gewisse Reservekapazität für Nachfrageschwankungen ergänzt wird. Nicht aber werden die Investitionen im Oligopol von den Schwankungen der Kapazitätsauslastung bestimmt. Die Investitionen schwanken weniger als Umsatz und Gewinne. Die Investitionsplanung im Oligopol entspricht damit einer bereits von Keynes genannten Stablitätsbedingung, nämlich daß eine geringe (moderate) Veränderung der Realkapitalerträge oder des Zinssatzes nicht zu einer großen Veränderung der Investitionsrate führt.

Die Nachfrage selbst wird im oligopolistischen Zusammenhang als teilweise beeinflußbar angesehen. Die Preissetzung berücksichtigt Substitutionskonkurrenz und die Möglichkeit von Markteintritten. Der Einfluß auf die Nachfrage tritt dort auf, wo über die Veränderung des oligopolistischen Investitionsbündels auf Ungleichgewichtssituationen reagiert wird. Fällt die Nachfrage zurück, so wird der Anteil der Investitionen, die der Nachfragebeeinflussung dienen (Innovation, Produktdifferenzierung, Werbung), erhöht. Der Anteil der angebotserhöhenden Investitionen wird relativ vermindert. Das heißt, das gesamte Investitionsvolumen wird eben nicht gesamtwirtschaftlich falsch angepaßt. Das Prinzip der Nachfragesteuerung gilt zuerst für die betroffene oligopolistische Branche; darüber hinaus aber führen die nachfragebeeinflussenden Investitionen auch zu einer Erhöhung der gesamtwirtschaftlichen Konsumquote.

Spar- und Investitionsungleichgewichte entstehen und verstärken sich durch die Zweistufigkeit des Spar-/Investitionsprozesses, der jeweils zwei Institutionen (Haushalte und Unternehmen) berührt, und durch die als exogen angesehene Nachfrage. Der oligopolistische Investitionswettbewerb verändert diese beiden Bedingungen: Die Postkeynesianische Theorie richtet ihr Augenmerk auf das Sparen als Unternehmenssparen, auf die Gewinne als Voraussetzung und Ergebnis der Akkumulation und schließlich auf die Abkopplung der Preissetzung und der Investitionsentscheidung von kurzfristigen Schwankungen der Nachfrage und der Kapazitätsauslastung.

Auf beiden Feldern, bei der mikroökonomischen Preistheorie und bei der makroökonomischen Stabilitätsanalyse, behandelt der Postkeynesianismus die Realität als Regelfall.

VI. Lohnhöhe und Lohnstruktur in postkeynesianischer Perspektive

Der Postkeynesianismus steht heute zwischen dem Bestreben, sich rigoros zu formalisieren, und der Notwendigkeit, offen zu bleiben für die *Berücksichtigung von Institutionen und politischen Prozessen.* Einerseits also auf dem Weg zur "Theorie", mit eigenem Journal, in kritischer Distanznahme zu den Neo- oder Postricardianern. Auf einem Weg also, der die Gefahr von methodischer Immunisierung und inhaltlicher Abkapselung, Geschlossenheit und Verflechtung einschließt. Andererseits zieht diese Schule bisher ihre Kraft aus der Offenheit gegenüber den Veränderungen der wirklichen Wirtschaft, gegenüber der Bedeutung institutioneller und machtpolitischer Gegebenheiten.

Offen ist das postkeynesianische Modell – besonders auffallend im Vergleich zur Neoklassik mit ihrer Grenzproduktivitätslehre – auf der Verteilungsseite; nicht anders als bei den verteilungstheoretischen Vorstellungen von Marx, Sraffa und Robinson. Damit wird dem Gedanken der Macht und der Institutionen Eingang in die Theorie gegeben.

Das postkeynesianische Modell ist ferner offen auf der Seite der Institutionen; Großunternehmen, Gewerkschaften und der sich schnell ändernde Kreditapparat sind keine Fremdkörper in der postkeynesianischen Theorie, sondern gehören zu ihren Bestandteilen. Deswegen liegt hier keine Parallele zur sog. *Neuen institutionellen Ökonomie* vor, welche die Neoklassik entweder mit dem Transaktionskostenansatz tautologisch immunisiert oder das neoklassische Paradigma auf alle denkbaren sozialen Institutionen überträgt, um die Resultate dann als "institutionelle" Gegebenheiten in die eigentliche ökonomische Analyse zurückzuholen.

Welche Rolle spielt nun die Lohnhöhe in einem solchen postkeynesianischen Ansatz? Zunächst ist der Lohn Bestandteil der Kosten des Unternehmens und damit schlagen sich Veränderungen des Lohnes bei gleichem Mark-up in entsprechenden Preisänderungen nieder. Daraus ergibt sich allerdings keine Auswirkung auf die Lohnstruktur. Der Lohn ist gemäß postkeynesianischer Vorstellung durch den Bargainingprozeß zwischen Arbeitgebern und Gewerkschaften bestimmt. Nicht allein Arbeitsangebot und Arbeitsnachfrage bestimmen die Lohnhöhe, sondern auch das Wachstum des Outputs, die Stärke der Gewerkschaften und vor allem eine große Zahl institutioneller Faktoren. Vor diesem Hintergrund ist es für den Ökonomen sinnvoll anzunehmen, daß das Lohnniveau eine exogene Größe ist. Eine Erklärung ökonomisch relevanter Dimensionen der Lohnstruktur ist aus der postkeynesianischen Theorie heraus nicht möglich. Deswegen kann z.B. die Einbeziehung segmentationstheoretischer Erklärungsansätze durchaus im Sinne postkeynesianischer Überlegungen sein[9]. Ursache von Arbeitsmarktsegmentation können Alter, Erfahrung, Geschlechtszugehörigkeit usw. sein. Die Einbeziehung institutioneller Faktoren ist im Rahmen postkeynesianischer Ansätze nicht nur als Option, sondern eher

9 Vgl. zur postkeynesianischen Analyse des Arbeitsmarktes und zur Einbeziehung anderer Ansätze *Appelbaum (1979).*

als Notwendigkeit zu verstehen. Aussagen lassen sich oft nur treffen, so auch bei der Höhe des Lohnsatzes, wenn institutionelle Faktoren berücksichtigt werden. Damit ist allerdings keine Schwäche, sondern eine Stärke des Ansatzes verbunden: Die Berücksichtigung außerökonomischer Faktoren ist dabei als Chance zur Bereicherung des Ansatzes zu verstehen. Darüber hinaus können sich wandelnde institutionelle Strukturen explizit in ihrer ökonomischen Wirkung untersucht werden.

Erinnern wir uns: Der Zusammenhang zwischen Marktstruktur und intersektoraler Lohnstruktur hat auch deswegen Beachtung gefunden, weil der Nachweis einer positiven Relation Konzentration-Gewinnhöhe-Lohnhöhe das Argument einer monopolistischen Allokationsverzerrung gestärkt hätte. Gerade dieses Argument hat ja zu zahlreichen Ergebnisuntersuchungen über Konzentration und Gewinnhöhe geführt. Aus postkeynesianischer Sicht liegt die Hypothese über einen positiven Zusammenhang zwischen Gewinn- und Lohnhöhe überhaupt nicht nahe: Der Mark-up im Megacorp hängt von den zu finanzierenden Investitionen, d.h. von den Wachstumsplänen, ab. Die Lohnhöhe – und damit auch die Lohndifferenzierung, die sich in der intersektoralen Lohnstruktur zeigt – ist durch bargaining gleichsam exogen vorgegeben. Auch die empirischen Untersuchungen können die weithergeholte Hypothese nicht bestätigen. Die Ergebnisse jedenfalls sind alles andere als eindeutig, der neoklassische (walrasianische) und der Plausibilitätsansatz (in Marshall-Tradition) kommen zu entgegengesetzten Resultaten. Zwar ist der Zusammenhang zwischen Marktstruktur und Lohnstruktur nicht so locker, daß er zu einem eher agnostischen Schluß wie dem folgenden führt: "Studies relating concentration to productivity increases have found high concentration alternatively harmful, neutral, and helpful"[10]. Ein klares Bild hat die empirische Forschung jedoch nicht geliefert. Den Postkeynesianer wird das nicht überraschen, ihm drängt sich die Hypothese über einen derartigen Zusammenhang ohnehin nicht auf.

Gleich welchen der drei theoretischen Ansätze man bevorzugt, für die nächste Zukunft dürfte eine vermutete Beziehung zwischen Marktstruktur und Lohnstruktur noch lockerer werden: Immer weniger steht die reine Lohnhöhe im Vordergrund des Bargaining, sondern die Arbeitsbedingungen, die Arbeitszeit und die Arbeitsformen (Flexibilisierung). Es dürfte klar geworden sein, daß die Untersuchungen über den Zusammenhang zwischen Marktstruktur und intersektoraler Lohnstruktur keine günstigen Zukunftsaussichten ergeben.

---

10 *Kamien, Schwartz (1982, S. 91).* Diese Aussage bezieht sich auf den Zusammenhang zwischen Konzentration und Produktivitätssteigerung durch Innovation.

Literaturverzeichnis

Appelbaum, E. (1979), The Labor Market. In: A. Eichner (ed.), A Guide to Post-Keynesian Economics, New York.

Baumol, W., Panzar, J., Willig R. (1982), Contestable Markets and the Theory of Industry Structure. New York, San Diego, Chicago.

Bain, J. (1956), Barriers to New Competition. Cambridge, Mass.

Brozen, Y. (1982), Concentration, Mergers, and Public Policy. New York, London.

Demsetz, H. (1973), Industry Structure, Market Rivalry and Public Policy. *Journal of Law and Economics 16,* 1 – 9.

Dickens, W., Katz, L. (1986), Interindustry Wage Differences and Industry Characteristics. National Bureau of economic Research, Working Paper No. 2014, Cambridge, Mass.

Dunlop, J., Higgins, B. (1942), "Bargaining Power" and Market Structures. *Journal of Political Economy 50,* 1 – 26.

Eichner, A. (1976), The Megacorp and Oligopoly – Micro Foundations of Macro Dynamics. Cambridge, London, New York u.a.

Eichner, A. (1986), Towards a New Economics – Essays in Post-Keynesian and Institutionalist Theory. Houndsmill, Basingstoke, Hampshire.

Feldmann, B. (1984), Unternehmenskonzentration, Marktmacht und Lohnniveau – Eine empirische Analyse für die Bundesrepublik Deutschland. Göttingen.

Friderichs, H. (1986), Lohndispersionen auf strukturierten Arbeitsmärkten. Pfaffenweiler.

Gahlen, B., Licht, G. (1987), The Efficiency Wage Theories and Inter-Industry Wage Differentials. An Empirical Investigation for the Manufacturing Sector of the Federal Republic of Germany. Institut für Volkswirtschaftslehre der Universität Augsburg, Arbeitspapiere zur Strukturanalyse, Beitrag Nr. 47.

Haworth, Ch., Reuther, C.J. (1978), Industrial Concentration and Interindustry Wage Determination. *Review of Economcis and Statistics 60,* 85 – 95.

Heywood, J. (1986), Labor Quality and the Concentration-Earnings Hypothesis. *Review of Economics and Statistics 68,* 342 – 346.

Hirsch, B., Connolly, R. (1987/88), Do Unions Capture Monopoly Profits? *Industrial and Labor Relations Review 41,* 118 – 136.

Hoffmann, W.G. (1961), Die branchenmäßige Lohnstruktur der Industrie. Tübingen.

Kamien, M., Schwartz, N. (1982), Market Structure and Innovation. Cambridge, New York, Melbourne, u.a.

Kaufmann, B., Stephan, P. (1986), Determinants of Interindustry Wage Growth in the Seventies. *Industrial Relations 26,* 186 – 194.

Lawrence, C., Lawrence, R. (1985), Manufacturing Wage Dispersion: An End Game Interpretation. *Brookings Papers on Economic Activity 1,* 47 – 116.

Long, J., Link, A. (1983), The Impact of Market Structure on Wages, Fringe Benefits, and Turnover. *Industrial and Labor Relations Review 36,* 239 – 250.

Masters, St. (1969), An Interindustry Analysis of Wages and Plant Size. *Review of Eonomics and Statistics 51,* 341 – 34.

Manne, H. (1965), Mergers and the Market for Corporate Control. *Journal of Political Economy 73,* 110 – 120.

Meißner, W. (1988), Die postkeynesianische Schule und ihr Beitrag zur Erneuerung der politökonomischen Analyse. In: K.G. Zinn (Hrsg.), Keynes aus nachkeynesscher Sicht. Zum 50. Erscheinungsjahr der "Allgemeinen Theorie" von John Maynard Keynes, S. 59 – 72. Wiesbaden.

Neumann, M., Böbel, I., Haid, A. (1980), Marktmacht, Gewerkschaften und Lohnhöhe in der Industrie der Bundesrepublik Deutschland. *Kyklos 33,* 230 – 245.

Neumann, M., Böbel, I., Haid, A. (1981), Market Structure and the Labor Market in West German Industries – A Contribution Towards Interpreting the Structure-Performance Relationship. *Zeitschrift für Nationalökonomie 41,* 97 – 109.

Pugel, Th. (1980), Profitability, Concentration and the Interindustry Variation in Wages. *Review of Economics and Statistics 62,* 248 – 253.

Qualls, D. (1981), Cyclical Wage Flexibility, Inflation, and Industrial Structure: An Alternative View and some Empirical Evidence. *Journal of Industrial Economics 29,* 345 – 356.

Ross, St., Wachter, M. (1973), Wage Determinantion, Inflation and the Industrial Determination, Inflation and the Industrial Structure. *American Economic Review 63,* 675 – 692.

Scherer, F.M. (1980), Industrial Market Structure and Economic Performance, 2. Aufl. Chicago.

Statistisches Bundesamt (1988), Statistisches Jahrbuch für die Bundesrepublik Deutschland. Stuttgart, Mainz.

Stiglitz, J. (1987), The Causes and Consequences of the Dependence of Quality on Price. *Journal of Economic Literature 25,* 1 – 48.

Wanik, B. (1984), The Development of Wages of German Industrial Corporations. *Journal of Industrial Economics 33,* 113 – 121.

Weiss, L. (1974), The Concentration – Profits Relationship and Antitrust. In: H. Goldsmiths, M. Mann, F. Weston (eds.), Industrial Concentration: The New Learning. Boston, Toronto.

Weiss, L. (1966), Concentration and Labor Earnings. *American Economic Review 56,* 96 – 117.

Williamson, O. (1968), Wage Rates as a Barrier to Entry. The Pennington Case. *Quarterly Journal of Economics 85,* 85 – 116.

Korreferat zum Referat W. Meißner und Th. Posselt

Viktor Steiner

Das Referat von *Meißner* und *Posselt* besteht aus zwei Teilen. Im ersten Teil werden einige aus der Literatur bekannte Argumente und empirischen Befunde zur Begründung eines möglichen Einflusses der Gütermarktstruktur auf die intersektorale Lohnstruktur referiert. Bei den theoretischen Argumenten wird zwischen dem neoklassischen Ansatz und sogenannten "Plausibilitätsüberlegungen" unterschieden. Beim neoklassischen Ansatz ergibt sich unter den üblicherweise getroffenen Standardannahmen bei "monopolistischer" Marktstruktur ein relativ zum Ideal des vollkommenen Wettbewerbs ceteris paribus niedrigerer Lohn. Die Autoren weisen jedoch zu Recht darauf hin, daß diese Implikation aus der partialanalytischen Betrachtung eines einzelnen Arbeitsmarktes resultiert und Mobilitätsbeschränkungen zwischen den Sektoren voraussetzt, die sich bei vollkommener Information über Löhne und Arbeitsbedingungen nur schwer begründen lassen. Die Referenten erwähnen, daß in den meisten empirischen Untersuchungen ein positiver Zusammenhang zwischen Konzentrationsgrad und Lohnhöhe festgestellt wurde und bieten aufgrund von Plausibilitätsüberlegungen im Rahmen eines "institutionellen" Ansatzes auch eine Begründung dafür an. Der von den Referenten vorgenommene Vergleich von neoklassischem und institutionellem Ansatz zur Erklärung des Zusammenhangs zwischen Marktstruktur und Lohnhöhe läßt sich schematisch durch die folgende Abbildung zusammenfassen.

Abbildung 1: Zusammenhang zwischen Gütermarkt- und intersektoraler Lohnstruktur (nach *Meißner* und *Posselt*)

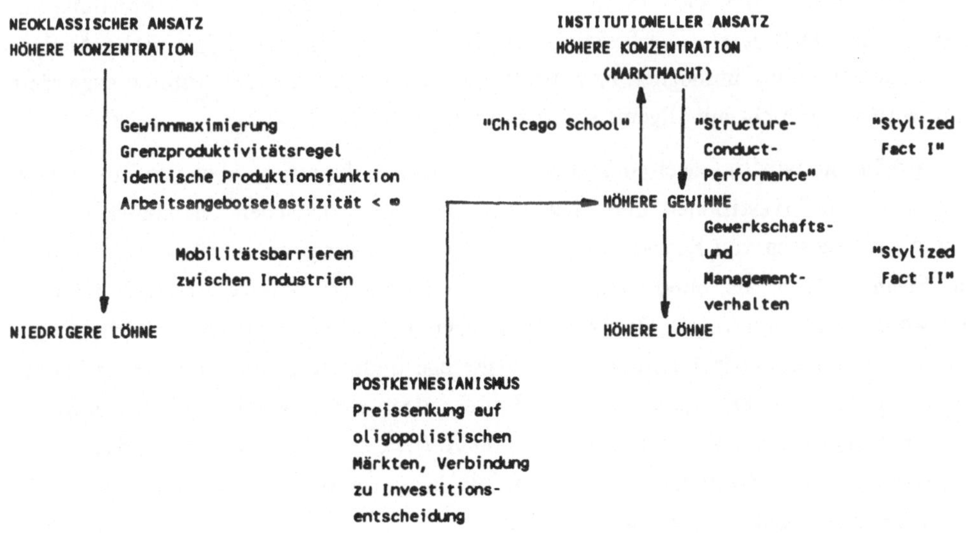

Der vom neoklassischen Ansatz postulierte negative Zusammenhang zwischen Konzentration, wobei hier der Fall des Monopols gemeint ist, und Lohnhöhe ist einfach und zumindest bei partialanalytischer Betrachtung allein durch die bekannten ökonomische Faktoren bestimmt. Die für die Persistenz von Lohnunterschieden zwischen den Industrien notwendigen Mobilitätsbarrieren werden jedoch nicht innerhalb dieses Paradigmas abgeleitet, sondern in der Regel einfach vorausgesetzt.

Wie aus der Abbildung ersichtlich ist, gestaltet sich die Begründung für einen positiven Zusammenhang zwischen Marktkonzentration und Lohnhöhe beim von den Autoren preferierten institutionellen Ansatz wesentlich komplexer, wobei sich die Argumentationskette auf zwei "stilisierte Fakten" bezieht:

Erstens, ein positiver Zusammenhang zwischen Konzentration, von den Referenten auch mit Marktmacht gleichgesetzt, und Gewinnen. Empirisch sehen die Autoren diesen Zusammenhang durch die meisten Untersuchungen bestätigt. Dabei ist es nach *Meißner* und *Posselt* für ihre Argumentation unerheblich, ob dieser Zusammenhang, wie dies beim "Structure-Conduct-Performance"-Ansatz der traditionellen Industrieökonomie üblicherweise angenommen wird, einen "kausalen" Einfluß der Marktstruktur auf die Gewinnhöhe, oder umgekehrt, wie von der mit dem Namen *Demsetz* verbundenen sogenannten "Chicago School" behauptet, einfach durch größere Effizienz resultierende höhere Gewinne von Großunternehmen anzeigt.

Zweitens, ein positiver Zusammenhang zwischen Gewinnen und Löhnen in einer Industrie, den die Autoren ebenfalls als empirisch bestätigt betrachten. Dieser ergibt sich, wie im zweiten Teil des Referats ausgeführt wird, aus einem Bargainingprozeß zwischen Arbeitgebern und Gewerkschaften, wobei eine Art "ability-to-pay"-Annahme unterstellt wird. Daß bereits die Existenz von Gewerkschaften eine ökonomische Analyse der Lohnbestimmung unmöglich bzw. irrelevant macht, wie von den Autoren suggeriert wird, wird sicher nicht auf allgemeine Zustimmung treffen.

Ergänzend wird im zweiten Teil des Referats eine Hypothese über den Zusammenhang zwischen Investitionen und Gewinnen, die vom polnischen Ökonomen *Kalecki* (einem Zeitgenossen von Keynes) ursprünglich für die Gesamtwirtschaft formuliert und von *Eichner (1976)* als "mikroökonomische Fundierung der Makroökonomie" popularisiert worden ist, vorgetragen. Da dieser "post-keynesianischen" Hypothese für die Fragestellung des vorliegenden Referats m.E. nur geringe Bedeutung zukommt, werde ich auf sie im folgenden nur am Rande eingehen. Es sei jedoch vermerkt, daß an der fragwürdigen Übertragung des bekannten Postulats von *Kalecki*, daß die Kapitalisten das verdienen, was sie (über Investitionen) ausgeben, auf das einzelne (Groß-)Unternehmen nicht nur überzeugte "Neoklassiker" zweifeln dürften.

Die von den Autoren referierten empirischen Ergebnisse zu den erwähnten "stilisierten Fakten" beziehen sich vorwiegend auf die USA. Für die Bundesrepublik ist die vorliegende empirische Evidenz relativ dürftig und außerdem hinsichtlich des Zusammenhangs zwischen Marktkonzentration und Lohnhöhe widersprüchlich: *Neumann, Böbel* und *Haid (1980)* finden einen negativen Zusammenhang zwischen Konzentration und Lohnhöhe, *Gahlen* und *Licht (1987)* einen positiven Zusammenhang. Da die Übertragung der für die USA gewonnenen empirischen Ergebnisse auf die Situation in der Bundesrepublik Deutschland nicht besonders sinnvoll erscheint, und wegen des sehr bescheidenen Kenntnisstandes hierzulande auch ein marginaler Beitrag dazu eine Verbesserung bedeutet, soll im folgenden die von *Meißner* und *Posselt* aufgestellte Argumentationskette mittels Daten für die Bundesrepublik überprüft werden, wobei mein Kollege *Georg Licht* seine "Strukturdaten" zur Verfügung gestellt hat.

Die in der obigen Abbildung dargestellten Zusammenhänge zwischen Marktstruktur und Gewinnen bzw. zwischen Gewinnen und Löhnen werden für ca. 30 Branchen des Verarbeitenden Gewerbes mittels Querschnittsregressionen für die Jahre 1975, 1978 und 1985 überprüft. Die Wahl der Jahre ergibt sich einerseits aus Gründen der Datenverfügbarkeit, andererseits sollen damit auch zyklische Effekt erfaßt werden. Ein Vorteil der Querschnittsanalyse kann darin gesehen werden, daß dadurch das von *Meißner* und *Posselt* relativ ausführlich diskutierte Problem der Endogenität der Marktstruktur umgangen wird. Die Auswahl der erklärenden Variablen orientiert sich an den von den Referenten zusammengefaßten empirischen Untersuchungen, soweit dies die Datenbasis zuläßt.

Die Überprüfung des ersten Glieds der Argumentationskette erfolgt, indem, wie in der empirischen Industrieökonomie üblich, die Gewinnmarge (Price-Cost Margin, PCM) auf den Herfindahl-Index als Indikator für Marktkonzentration und einige in der einschlägigen Literatur üblicherweise verwendete Kontrollvariable regressiert wird. Die PCM wurde entsprechend der in Tabelle 3 angegebenen Formel berechnet. Um den Einfluß der Importkonkurrenz auf die Preissetzung zu berücksichtigen, wurde der üblichen Vorgangsweise folgend die Importquote und eine Interaktionsvariable (Importquote·Herfindahl-Index) als Kovariable aufgenommen. Für jedes der drei Jahre wurde in einer zweiten Regression außerdem die Wachstumsrate der realen Investitionen als erklärende Variable aufgenommen, um die oben erwähnte "post-keynesianische" Hypothese der Abhängigkeit des Gewinns von der Investitionsentscheidung zu testen. Die Ergebnisse dieser einfachen Regressionen sind in Tabelle 1 zusammengefaßt, einige Information zu den Variablen findet sich in Tabelle 3.

Die Schätzergebnisse sind hinsichtlich des hier primär interessierenden Zusammenhangs zwischen der Gewinnmarge und der Marktkonzentration überraschend: In allen drei Jahren ergibt sich ein statistisch signifikant negativer Zusammenhang. Das erste Glied der Argumentationskette wird also nicht bestätigt, was angesichts der zahlreichen Studien im Rahmen des "Structure-Conduct-Performance"-Paradigmas, die, allerdings überwiegend für die USA, meist zum entgegengesetzten Ergebnis gekommen sind, doch

Tabelle 1: Gewinnmargen (PCM) und Marktstruktur in den Branchen des Verarbeitenden Gewerbes

Abhängige Variable: PCM

Erklärende Variable	JAHR 1975 (1)	1975 (2)	1978 (1)	1978 (2)	1985 (1)	1985 (2)
Konstante	0.14 (9.6)	0.14 (9.4)	0.12 (6.1)	0.12 (6.2)	0.14 (10.3)	0.14 (10.1)
Firmengröße	0.01 (0.2)	0.01 (0.2)	–0.04 (0.5)	–0.02 (0.3)	–0.006 (0.2)	–0.006 (0.2)
Herfindahl-Index	–0.50 (3.2)	–0.50 (2.9)	–0.40 (1.8)	–0.43 (2.0)	–1.04 (3.3)	–1.01 (3.2)
Importquote	–0.05 (1.2)	–0.05 (1.2)	–0.01 (0.2)	–0.005 (0.1)	–0.04 (1.2)	–0.03 (1.2)
Herfindahl–Index · Importquote	1.17 (3.4)	1.17 (3.3)	1.10 (2.2)	1.19 (2.5)	2.70 (2.6)	2.39 (2.2)
Kapitalintensität	–0.11 (0.9)	–0.12 (0.9)	0.0002 (0.0)	–0.02 (0.1)	–0.10 (1.3)	–0.09 (1.1)
Wachstumsrate der Investitionen	–	–0.05 (0.2)	–	0.01 (1.9)	–	0.03 (1.1)
R^2	0.50	0.50	0.37	0.46	0.60	0.62
$\bar{R}^2$	0.40	0.37	0.24	0.32	0.51	0.51
N	30	30	30	30	28	28

OLS-Schätzung; absolute t-Werte in Klammern.

Tabelle 2: Lohndifferentiale und Marktstruktur in den Branchen des Verarbeitenden Gewerbes

Abhängige Variable: Stundelohn

Erklärende Variable	JAHR 1975 (1)[a]	1975 (2)[b]	1975 (3)[a]	1978 (1)[a]	1978 (2)[b]	1978 (3)[a]	1985 (1)[a]	1985 (2)[b]	1985 (3)[a]
Konstante	18.17	23.93	11.81	12.31	1.41	14.09	24.77	–13.07	19.92
	(4.1)	(3.3)	(3.6)	(2.4)	(0.2)	(4.4)	(2.8)	(0.3)	(3.8)
Frauenanteil	–6.39	–5.39	–5.61	–8.02	–11.85	–5.37	–11.90	–16.00	–10.71
	(2.1)	(1.6)	(2.0)	(1.8)	(1.6)	(1.7)	(1.9)	(1.4)	(2.0)
Facharbeiternanteil	3.39	–1.16	2.11	10.23	10.62	0.33	3.19	14.62	4.58
	(0.7)	(0.2)	(0.5)	(1.7)	(1.1)	(0.07)	(0.4)	(0.8)	(0.6)
Firmengröße	12.13	–0.39	13.14	43.17	82.62	8.91	36.79	51.76	30.89
	(0.8)	(0.02)	(1.0)	(2.0)	(2.2)	(0.6)	(1.1)	(0.9)	(1.1)
Firmengröße · Facharbeiteranteil	–12.0	3.11	–19.18	–53.42	–98.49	–19.92	–41.94	–49.56	–40.51
	(0.5)	(0.1)	(0.9)	(1.7)	(2.0)	(0.9)	(1.0)	(0.7)	(1.2)
Kapitalintensität	0.29	2.57	11.54	6.36	1.80	22.86	18.21	21.35	16.85
	(0.02)	(0.2)	(1.0)	(0.4)	(0.07)	(1.9)	(0.8)	(0.6)	(0.9)
Streiktage	0.002	0.01	0.006	–0.01	–0.004	0.02	0.02	0.04	0.03
	(0.2)	(0.8)	(0.5)	(1.6)	(0.3)	(1.9)	(0.9)	(0.5)	(1.5)
Streiktage · Herfindahl-Index	0.01	0.04	0.002	0.18	0.10	–0.13	–0.11	0.73	–0.46
	(0.02)	(0.07)	(0.001)	(2.4)	(0.9)	(1.5)	(0.4)	(0.7)	(1.9)
PCM	–42.88	–79.0	–	9.87	108.34	–	–16.26	281.50	–
	(2.5)	(2.1)	–	(0.5)	(1.9)	–	(0.3)	(0.8)	–
Herfindahl-Index	–	–	26.44	–	–	45.87	–	–	113.41
	–	–	(3.4)	–	–	(4.7)	–	–	(2.8)
R^2	0.70	0.60	0.75	0.68	0.33	0.84	0.72	0.22	0.80
$\bar{R}^2$	0.59	0.44	0.66	0.56	0.07	0.78	0.60	–0.11	0.71
N	30	29	30	31	30	31	28	28	28

[a] OLS, [b] TSLS; absolute t-Werte in Klammern.

Tabelle 3: Variablendefinition – Deskriptive Statistiken (Mittelwert MW und Standardabweichung S.A.)

Variable	JAHR 1975 MW	S.A.	1978 MW	S.A.	1985 MW	S.A.
Stundenlohn	14.05	3.39	18.46	4.89	26.67	7.05
PCM*)	0.11	0.03	0.11	0.04	0.11	0.03
Herfindahl–Index	0.04	0.05	0.05	0.07	0.03	0.03
Frauenanteil	0.27	0.18	0.27	0.18	0.25	0.18
Facharbeiteranteil	0.50	0.13	0.50	0.14	0.52	0.15
ϕ Firmengröße	0.11	0.30	0.12	0.31	0.12	0.35
ϕ Firmengröße · Facharbeiteranteil	0.06	0.21	0.07	0.23	0.08	0.27
Kapitalintensität	0.12	0.12	0.14	0.16	0.15	0.14
Streiktage je 1000 Arbeitnehmer	15.21	40.34	86.26	136.68	59.76	92.38
Streiktage je 1000 Arbeitnehmer · Herfindahl–Index	0.49	1.31	5.82	12.90	3.39	8.18
Importquote	0.21	0.13	0.24	0.15	0.30	0.18
Importquote · Herfindahl-Index	0.01	0.01	0.01	0.03	0.01	0.01
Wachstumsrate der Investitionen	–0.10	0.21	0.02	0.12	0.09	0.17
Anzahl der Branchen (N)	29		30		28	

*) PCM = (Nominaler Produktionswert – Nominale Bruttoeinkommen aus unselbstständiger Arbeit – Nominale Vorleistungen – Indirekte Steuern + Subventionen) / Nominalen Produktionswert

Quelle: *Licht, G. (1989),* Lohnstruktur, Inflation und Produktivität. Empirische Ergebnisse für die Bundesrepublik Deutschland; erscheint in: *K. Emmerich u.a. (1989),* Einzel- und gesamtgesellschaftliche Aspekte des Lohnes, Beiträge aus der Arbeitsmarkt- und Berufsforschung, Nürnberg.

etwas überraschend ist. Hinsichtlich des Einflusses der Wachstumsrate der Investitionen auf die Gewinnmarge zeigt sich nur für das Hochkonjunkturjahr 1978 ein statistisch signifikanter Effekt. Eine Bestätigung für die Hypothese eines deutlichen Zusammenhangs zwischen Investitionen und Gewinnen läßt sich offenbar nicht geben. Natürlich können Argumente gegen die Verwendung dieser Variablen vorgebracht werden. Es erscheint allerdings unklar, wie diese Hypothese im Rahmen derartiger Industriestudien überhaupt getestet werden soll.

Obwohl das erste Glied der Argumentationskette von *Meißner* und *Posselt* hiermit für die Bundesrepublik als widerlegt (und die Aufgabe des Korreferenten damit als beendet) betrachtet werden könnte, wurde der postulierte Zusammenhang zwischen Lohnhöhe und Marktstruktur ebenfalls mittels einfacher Querschnittsregressionen für die drei Jahre getestet, indem der Stundenlohn in einer Industrie auf die Gewinnmarge und eine Reihe mehr oder weniger plausibler Kontrollvariabler, die in den von *Meißner* und *Posselt* referierten empirischen Studien meist ebenfalls Verwendung fanden, regressiert wurde. Um die mögliche Endogenität der Gewinnmarge zu berücksichtigen, wurde neben einer OLS-Schätzung auch eine zweistufige Schätzung (2SLS) durchgeführt. Außerdem wurde in einer weiteren Regression statt der Gewinnmarge der Herfindahl-Index verwendet, wodurch die neoklassische Hypothese eines negativen Zusammenhangs zwischen Löhnen und Konzentration getestet werden soll. Die Ergebnisse dieser Schätzungen sind in Tabelle 2 zusammengefaßt.

Von Interesse sind hier vor allem neben dem Einfluß, den die Gewinnmarge bzw. der Herfindahl-Index auf die Lohnhöhe in einer Industrie ausübt, der Einfluß der Variablen Streiktage, die in der von *Meißner* und *Posselt* referierten einschlägigen Literatur häufig als Proxy-Variable für "Gewerkschaftsmacht" steht und in manchen Studien noch durch eine Interaktionsvariable, die die Abhängigkeit dieser Variablen vom Niveau der Marktkonzentration (Streiktage·Herfindahl-Index) messen soll, ergänzt wird.

Die Gewinnmarge hat nur im Jahr 1975 den erwarteten negativen Effekt auf die Lohnhöhe, in den beiden anderen Jahren ist der geschätzte Koeffizient dieser Variablen positiv und/oder nicht signifikant. Der Einfluß der beiden Proxies für "Gewerkschaftsmacht" auf die Lohnhöhe erweist sich als unsystematisch und in den meisten Fällen als statistisch nicht signifikant. Auffallend ist auch, daß bei der zweistufigen Schätzung die Anpassung des Modells an die Daten in diesen Jahren extrem schlecht ist. Die Schätzergebnisse weisen insgesamt darauf hin, daß für das Verarbeitende Gewerbe in der Bundesrepublik Deutschland kein klarer Zusammenhang zwischen Lohnhöhe und Marktmacht, ausgedrückt durch die Gewinnmarge in einer Industrie, besteht. Hingegen zeigt sich ein deutlich positiver Zusammenhang zwischen Lohnhöhe und die durch den Herfindahl-Index abgebildete Marktstruktur in einer Industrie, was wiederum der neoklassischen Hypothese widerspricht und die a priori Vorstellung stützt.

Abschließend stellt sich die Frage, wie ein derartiger Zusammenhang, der offenbar auch bei längerfristiger Betrachtung Bestand hat, erklärt werden kann. Oder anders ausgedrückt: Wodurch lassen sich Mobilitätsbarrieren zwischen Teilarbeitsmärkten, die durch das in einer Industrie hauptsächlich produzierte Produkt als Klassifikationsmerkmal definiert sind, begründen? Darauf findet sich im vorliegenden Referat jedoch keine Antwort, was aufgrund des Kenntnisstandes der Forschung auf diesem Gebiet vielleicht auch nicht verwunderlich ist.

Investitionsverhalten und Marktstruktur

Empirische Ergebnisse für Österreich

Referat von Karl Aiginger

Zusammenfassung: Eine empirische Bestätigung für die stärkere zyklische Stabilität konzentrierter Sektoren kann für Österreich nicht gefunden werden. Schon bei der Messung der Konzentration unterscheiden sich Maße, die primär die Marktmacht (price cost margin) und solche, die Anteile der größten Unternehmen messen. Viele im Inlandsmarkt starke Unternehmungen stehen international unter großem Gewinndruck. Es werden stilisierte Fakten über Preisverhalten, sektorale Dynamik und Marktanteile entwickelt, die zu der Alternativhypothese führen, daß das Investitionsverhalten sich eher nach "commodities" (Basisindustrien) und "engineering products" (Verarbeitungsgütern) unterscheidet (Strukturhypothese) denn nach dem Konzentrationsgrad.

Abstract: The hypothesis that concentration increases the cyclical stability of investment finds no support for Austria. Measuring concentration by the share of large firms respectively the price cost margin yields diverging ranks, since many basic good industries have large domestic shares but face intense international competition. The paper then collects stylized facts about real industrial behavior (following *Aiginger 1987*) about price decisions, market shares, sectoral growth rates and developes the tentative alternative hypothesis that investment behavior may differ between the declining capital intensive basic goods sector vs. the dynamic, technical innovative engineering sector. Very preliminary empirical checks suggest, that this structural divide may be more important than the degree of concentration on the domestic market. This would suggest also that policy conclusions may differ depending on the potentially concentrated sectors.

1. Aufbau und Zielsetzung des Beitrages

Aufgabe des vorliegenden Artikels ist es zu untersuchen ob ein Zusammenhang zwischen Marktstruktur und privatem Investitionsverhalten besteht. Der Zusammenhang zwischen Marktstruktur und Firmenverhalten wurde insbesondere in der deutschen Monopoldebatte unter dem Gesichtspunkt der verringerten Steuerbarkeit einer stark konzentrierten Wirtschaft geführt. Hier wurden von der Monopolkommission (im Hauptgutachten 1973-75, *Monopolkommission 1976*) 12 Hypothesen über den Zusammenhang von Konzentration und diversen Parametern (Löhne, Preise, Investitionen, Kapazitätsauslastung) aufgestellt. Von diesen betrifft eine direkt den Zusammenhang zwischen Investitionen und Konzentration: "Konzentration stabilisiert den Investitionsverlauf".

Die These und ihre (bruchstückhafte) theoretische Begründung, werden in Abschnitt 2 besprochen. Alternative Hypothesen über den Zusammenhang von Investition und Marktstrukturen werden diskutiert, insbesondere aus der industrieökonomischen Literatur und der Ungleichgewichtstheorie. Die Ableitung von testbaren Implikationen für den makroökonomischen Investitionsverlauf (oder auch nur die Stabilität des Investitionsverhaltens in Industriebranchen) bedarf auch hier beachtlicher Akrobatik. Nach strikten methodischen Ansprüchen ist es unmöglich aus Ergebnissen statischer Modelle Schlußfolgerungen für die zeitliche Stabilität von Investitionen zu erschließen.

Studies in Contemporary Economics
B. Gahlen (Hrsg.)
Marktstruktur und gesamtwirtschaftliche Entwicklung

Der empirische Teil (3. Abschnitt) beginnt notgedrungen mit einer Neuauflage der Diskussion um die Meßkonzepte für Konzentration. Dann wird die These der Monopolkommission überprüft, wobei die Ergebnisse der Literatur (besonders die Ergebnisse des DIW, *Pischner 1979*) durch eigene Berechnungen für Österreich ergänzt werden. Die Ursachen des insgesamt wohl negativen Befundes werden diskutiert, wobei dieser nicht nur als zufällig oder datenbedingt interpretiert wird.

Damit das Ergebnis dieser Arbeit nicht nur destruktiv ausfällt, wird ein Vorschlag für eine Zweiteilung der Industrie in Sektoren mit unterschiedlicher Größen- und Marktstruktur gemacht ("Strukturhypothese"), die für eine offene, von technischem Wandel, Produktdifferenzierung und Unsicherheit geprägte Industrielandschaft typisch sein könnte, und dann Konsequenzen auf das Investitionsverhalten und dessen Stabilität haben sollte (Abschnitt 4). In dieser neuen Zweiteilung hat dann die Unterteilung in stärker oder geringer konzentrierte Sektoren ("Konzentrationshypothese") keine eigenständige Erklärungskraft für die Stabilität der Investitionen. Konzentration ist dann höchstens die Folge produkt- und prozeßtechnologischer Entwicklungen (entgegen der durch das structure-conduct-performance Paradigma unterstellten Kausalitätsrichtung). Illustrativ werden "stilisierte Fakten" in Form von gemeinsamen Tatbeständen für alle Industriezweige und Unterschiede für "basic goods" (Basissektor) und in "engineering industries" (technischer Verarbeitungssektor) vorgeschlagen. Nicht nach der Konzentrationsrate, wohl aber nach diesen Sektoren gibt es gewisse Unterschiede im zyklischen Investitionsverhalten. Mit dieser Alternativhypothese könnte nun eine neue Forschungsarbeit begonnen werden, die das gesamte Methodenspektrum der Industrieökonomie (und nicht nur Durchschnittsbildungen und Einfachregressionen) benützt. Da dies den Umfang der vorliegenden Arbeit überschreitet, bringt Abschnitt 5 eine vorläufige Zusammenfassung der Ergebnisse.

2. Theoretische Vermutungen über die Wirkung von Konzentration

2.1. Thesen der Monopolkommission

Zur Beantwortung der Frage, ob die Konzentration in verschiedenen Zweigen der Industrie einen spürbaren Einfluß auf die "konjunkturelle und längerfristige Entwicklung" ausübt, stellte die Monopolkommission 12 Hypothesen auf. Sie erwarten für konzentrierte Bereiche Preisstarrheit (H 1), spätere Preisreaktion (H 2), geringeren Widerstand gegen Lohnerhöhungen (mit Folgen für die Dynamik von Löhnen und Lohnstückkosten, H 3, H 4) und eine stärkere Orientierung der Preise an Lohnstückkosten (H 5). Schwankungen der Kapazitätsauslastung seien geringer (H 6), so auch der Beschäftigtenabbau in der Rezession (H 7).

Die Preisdynamik sei im Durchschnitt gleich (H 9), obwohl die Arbeitsproduktivität schneller steigt (H 10), Lohnstückkosten steigen daher unterdurchschnittlich (H 11); dies ergibt tendenziell eine dynamischere Gewinnentwicklung im konzentrierten Bereich (H 12).

These 8 berührt das Investititionsverhalten direkt, dieses soll in konzentrierten Bereichen "im Konjunkturzyklus stetiger" verlaufen.

Die theoretische Fundierung der Hypothesen ist nicht aus einem eindeutig definierten Modell abgeleitet, sondern geht von der vagen Vorstellung aus, daß mehr Marktmacht auch mehr Spielraum bedeutet (vgl. *Pischner 1979, S. 7*). Die Ableitung der Hypothesen (sie wurde von der Monopolkommission nach Vorlage einer Studie von *Oberhauser 1979* aufgestellt), erfolgt aus verbalen Überlegungen. Dies muß prinzipiell nicht von Nachteil sein, insbesondere, da die Überlegungen zugleich die optimale Entscheidung in einem Zeitpunkt und dann über die Zeit einschließen muß, und dies für die zyklische wie auch die längerfristige Sicht. Ebenso müssen aus betriebsindividuellen Strategien, meso- oder makroökonomische Folgerungen abgeleitet werden, die in aller Regel im Aggregat (Branchen, oder konzentrierter Sektor) getestet werden. Wenig läßt sich für einen so mehrdimensionalen Fragenkomplex durch exakte Modelle ableiten, besonders wenn man auch die Wirklichkeit getreu nachbilden will. Dennoch hat die verbale Argumentation den Nachteil, daß man oft genug auch gegenteilig argumentieren könnte. Dies ist zum Beispiel in der Frage des Zusammenhanges von Konzentration und Preisstarrheit – teilweise unter Mithilfe von Partialmodellen – geschehen.

Die Hypothesen sind teilweise überlappend und nicht unabhängig. Demonstrieren wir dies an ihren Folgen für die Investitionstätigkeit. Die Stabilitätsthese für den Investitionsverlauf steht mit der These der Stabilität der Kapazitätsauslastung in einem Spannungsverhältnis. Faßt man die Kapazitätsauslastung als Determinante der Investitionen auf, so bedingt These 6 auch These 8. Sollten andererseits kapazitätserweiternde Investitionen in konzentrierten Bereichen mit Blick auf den langfristigen Nachfragetrend – ziemlich unabhängig von kürzeren Konjunkturausschlägen – durchgezogen werden, so bedingt dies eine Kapazitätsausweitung auch in der Rezession und damit eine stärkere Unterauslastung. Man kann nun einen Versöhnungsversuch unternehmen, indem man unterstellt, daß die kapazitätserweiternden Investitionen schon konjunkturell variieren, die längerfristige Stabilität hingegen von anderen Investitionsmotiven (Rationalisierung, Umwelt, Innovationen) herrührt.

Die relative Starrheit der Preise und ihr Lag harmonieren mit der Stabilitätsthese für Investitionen, die Beschäftigungshortung erschwert prinzipiell die Stabilität der Investitionen in der Krise (alle diese vermuteten Eigenschaften im konzentrierten Sektor können aber selbst durch eine weitere Größe – etwa den größeren finanziellen Spielraum dieses Sektors – verursacht sein). Höhere Produktivitätssteigerungen, dynamischere Gewinne beeinflußen die Stabilität der Investitionstätigkeit nicht direkt (weil sie langfristige Phänomene sind), ein indirekter Einfluß via Eigenkapital und finanziellen Spielraum kann aber konstruiert werden.

Die Überlegungen von *Oberhauser (1979)*, die der These von der Stabilität der Investitionen im konzentrierten Bereich zugrunde liegen, sind besonders vage. "Für den

Erfolg der Stabilitätspolitik bei Konzentration" sei es bedeutend "wie die Investitionen reagieren". Primär wird dann ihre Beeinflussung durch staatliche Konjunkturpolitik diskutiert, Fremdfinanzierung sei generell nicht so wichtig, aber wegen der Größe der Investitionen doch nicht unbedeutend, Großunternehmen nähmen Förderungen überdurchschnittlich in Anspruch. Größere Unternehmungen orientierten ihr Verhalten "an der erwarteten von den stabilitätspolitischen Maßnahmen beeinflußten Wirtschaftsentwicklung", versuchten Entwicklungen und ihre zeitliche Begrenzung vorwegzunehmen, es könne ein "antizyklisches Investitionsverhalten" resultieren.

2.2. Andere industrieökonomische Thesen

Buck und Gahlen (1984) stellen dem Gedankengebäude, das den Thesen der Monopolkommission zugrundeliegt (und das sie in der Tradition von Means administrierten Preisen interpretieren), ihren neuen industrieökonomischen Ansatz gegenüber. Dieser zeichne sich durch das Bewußtsein aus, daß man eine theoretische Erklärung für den Zusammenhang Konjunktur-Konzentration brauche, daß diese mit der makroökonomischen Theorie konsistent sein müsse, Preis- und Mengeneffekte gleichzeitig einbezogen werden sollten und jede Erklärung auf die Beziehung Markt-Gesamtwirtschaft eingehen solle. Eckpfeiler dieser modellmäßig noch nicht ausformulierten theoretischen Erklärung sind beispielhaft die folgenden Elemente:

- der Unterschied zwischen Wettbewerbs- und Monopolsektor wird teilweise aufgehoben
- preissetzendes Verhalten ist auf Kundenmärkten des industriellen Sektors der Normalfall
- mit steigender Konzentration dürfte die Preisvariabilität zu- und die Mengenvariabilität abnehmen.

Der Oligopolansatz in der Chamberlin-Bain Tradition liefert dieses Resultat, ebenso Überlegungen über Kosten von Preisänderungen und ein unsicherheitstheoretischer Ansatz von *Eckard (1982)*, in dem der Unternehmer einer stochastischen Nachfragekurve gegenübersteht und über seinen Marktanteil unsicher ist.

Eine direkte Folgerung für den Zusammenhang von Investitionen und Konzentration liefert der industrieökonomische Ansatz nicht, eher legt er die Vermutung nahe, daß die Fragestellung der Konzentration nicht besonders relevant ist, weil es nicht mehr einen konzentrierten und einen wettbewerbsintensiven Sektor gibt, sondern alle Branchen, wenn auch graduell unterschiedlich, Preissetzungsmacht haben. Bei der Interpretation der empirischen Ergebnisse und der Formulierung stilisierter Fakten wird auf mehrere der genannten Aspekte zurückzukommen sein.

Einen interessanten Zusammenhang zwischen Investitionen und Preisentwicklung in Krisen stellen *Stahlecker und Ströbele (1989)* her. Je nachdem, ob der Konjunktureinbruch von der Nachfrageseite kommt oder durch Überinvestitionen verstärkt wurde, sind die Bedingungen für Preiserhöhungen unterschiedlich. Nachfrageausfälle führen zu etwa ähnlichen Auslastungsproblemen, gemeinsame Betroffenheit begünstigt eingespielte Verhaltensweisen. Wenn der Rückgang durch Überinvestitionen verstärkt wird, wird dies nach Firmen unterschiedlich der Fall sein.

Scherer (1969) listet schon in den sechziger Jahren (unbeantwortet von der Monopolkommission) Argumente für eine stabilisierende und solche für eine destabilisierende Wirkung der Konzentration auf. Für eine stabilisierende Wirkung spricht z.B. *Scitovskys* Hypothese, daß Konkurrenzunternehmen bei Nachfrageschwankungen überreagieren, weil sie die Wirkungen ihrer Investitionen auf den Marktpreis nicht berücksichtigen. Ebenso Richardsons Argument, daß Oligopolpraktiken ein Informationssystem generieren, in dem die richtige Investitionsentscheidung getroffen werden kann. Auf der anderen Seite steht das Argument von Duesenberry, daß Oligopolisten die ständige Lieferfähigkeit als Konkurrenzparameter betonen müssen und daher zu Reservekapazitäten neigen (und damit bei steigender Nachfrage heftig investieren). Bain argumentiert mit der Ausnutzung der Oligopolmacht, die dann abrupt durch Neueintritte gebrochen wird, weiters können Oligopolisten auch bei Kreditrestriktionen (im Boom) weiterinvestieren. Die geringe Zahl der Handlungsträger könnte nach Scherer ein viertes Argument für instabile Investitionen im konzentrierten Bereich sein.

2.3. Mikroökonomie und Unsicherheitstheorie

In Ergänzung und teilweise im Kontrast zu den bisher genannten verbal argumentierten Hypothesen über den Zusammenhang von Investitionen und Konzentration im Konjunkturverlauf soll untersucht werden, ob man nicht aus der Theorie der Firma Implikationen über den Zusammenhang zwischen Investitionshöhe und Marktform zunächst im Einperiodenmodell und unter Sicherheit ableiten könnte.

Am einfachsten ist dies, wenn man ein konstantes Verhältnis zwischen Investition und Output (fixer Kapitalkoeffizient) unterstellt, dann entscheidet die Outputwahl über die Investitionshöhe. Es ist bekannt, daß bei identer Kostenkurve der Monopolist einen geringeren Output zu einem höheren Preis anbietet als das Konkurrenzunternehmen. Dies impliziert unter der genannten Annahme eine geringere Investition (im hypothetischen Vergleich Monopol/Konkurrenz). Für den Vergleich von Branchen – in denen ja entweder Konkurrenz oder Monopol (oder eine Zwischenform) vorliegen muß – könnte höchst tendenziell eine testbare Implikation für empirische Arbeit abgeleitet werden, nämlich, daß das Verhältnis von Investitionen zum Gewinn in konzentrierten Branchen kleiner sein sollte (eine Schlußfolgerung, die meines Wissens nie getestet wurde).

In der Praxis kommen einige Faktoren hinzu. Einerseits wird der Monopolist, sofern es economies of scale in Produktion, im Marketing oder in der Forschung gibt, eine niedrigere Kostenkurve haben. Dies würde wiederum die Gewinne erhöhen, andererseits den Output näher an den Konkurrenzoutput heranführen (da Grenzkosten und Grenzerlöse später ihren Schnittpunkt erreichen). In dieselbe Richtung wirkt auch, daß das marktbeherrschende Unternehmen in der Praxis entweder doch Konkurrenz hat (einige kleinere Unternehmen) oder auf potentielle Konkurrenz achten muß (den limit price nicht überschreiten darf) oder durch "Hit and Run" Konkurrenten im Sinne der Theorie angreifbarer Märkte gefährdet ist. Alle diese Argumente wirken der bei Marktkonzentration geringeren Investitions-/Gewinnrelation entgegen, zerstören diese aber nur in den Extremfällen.

Andererseits kann der Monopolist kapitalintensivere Techniken nutzen ohne in die Verlustzone zu kommen. Die Deckung der Fixkosten ist im Konkurrenzmodell nicht gegeben (sofern sie nicht im "Normalprofit" abgegolten ist), der Monopolist kann durch seine bessere Preisdurchsetzungsfähigkeit auch den Übergang zu einer kapitalintensiveren Technik finanzieren. Das stört die Grundhypothese einer niedrigeren Investitions-/Gewinnrelation, eröffnet aber die Möglichkeit, eine höhere Kapitalintensität und einen höheren Kapitalkoeffizienten zu begründen (und zu testen).

Wahrscheinlich gewinnt eine Analyse der Wirkungen von Verhaltensunterschieden nach Marktstellung erst wirklich Bedeutung, wenn die Entscheidung unter Unsicherheit berücksichtigt wird. Für die Wirkung der Unsicherheit auf die Unternehmensentscheidung siehe den Überblick in *Aiginger (1987)*. Hier sollen nur die wesentlichsten Schlußfolgerungen für den Zusammenhang zwischen Investitionen und Marktform bei Unsicherheit wiederholt werden. Die Entscheidung des Konkurrenzunternehmens unter Unsicherheit und als Preisnehmer unterscheidet sich von der Entscheidung unter Sicherheit nur bei Risikoaversion (oder -vorliebe). Das preisnehmende Konkurrenzunternehmen bei Risikoneutralität produziert dieselbe Menge wie bei Sicherheit, dies impliziert auch den identen Kapitaleinsatz.

Steht das Konkurrenzunternehmen einem fixen Marktpreis gegenüber, und steht es der Unsicherheit gegenüber, ob seine Produktion absetzbar ist (Nachfrageunsicherheit bei Fixpreis), ändert sich das Ergebnis. Die Firma produziert auch unter Risikoneutralität weniger (als die erwartete Nachfrage) und setzt entsprechend auch weniger Investitionen ein. Für puristisch denkende Marktformentheoretiker hat dieses Modell einen entscheidenden Nachteil, da die Nichtabsetzbarkeit von Produktion einem Grundgedanken des Konkurrenzmodells widerspricht. Akzeptiert man jedoch die prinzipielle Marktpreisbildung nach Angebot und Nachfrage, wobei bei Unsicherheitsschocks die Preisflexibilität zu langsam ist, so kann man Konkurrenz mit Nachfrageunsicherheit akzeptieren. Heuristische Annahmen wie konstante Marktanteile, Marktregulierungen etc. determinieren in dieser Übergangsphase die auf den individuellen Anbieter entfallende Nachfrage. Phasen mit unterdurchschnittlicher und überdurchschnittlicher Kapazitätsauslastung auch auf "nichtkonzentrierten Märkten" mit vielen Anbietern sind die testbare Implikation dieses Modelles.

Dieselbe Unterscheidung in "Gleichgewichts-" bzw. "Ungleichgewichtsmodelle" ist für den Monopolfall gegeben und hat für die Investitionshöhe entscheidende Bedeutung.

Gehen wir von einem Monopolmodell aus, in dem die Produktion immer absetzbar ist, da die Preise jede Lücke zwischen Angebot und Nachfrage schließen. Der Unternehmer kennt die Nachfragekurve bis auf ein Zufallsglied und muß über den Kapitaleinsatz vor Bekanntwerden der tatsächlichen Nachfrage entscheiden, über den Arbeitseinsatz hingegen erst später. Der Produktionspunkt liegt nahe dem unter Sicherheit, es besteht jedoch eine erhebliche Tendenz eine kapitalintensivere Technik zu wählen. Technisch entscheidet das Verhältnis zwischen Substitutionselastizität und Größenvorteilsparameter. Sind die economies of scale nicht sehr ausgeprägt, so müssen unrealistisch hohe Substitutionselastizitäten (über 10, bei realistischen Werten um Eins) eintreten um den Kapitaleinsatz gleich zu halten. Der größere Kapitaleinsatz (im Vergleich zum Sicherheitsfall) ist eine Art Versicherung, in dem Fall liefern zu können, in dem hohe Nachfrage außergewöhnliche Gewinne verspricht.

Unterstellt man hingegen, daß die Unternehmen ex ante ihre Kapitalintensität (capital/labor ratio) wählen müssen und nach Bekanntwerden der realisierten Nachfrage nur ihre Kapazitätsauslastung wählen können, nähert sich das Modell dem der Konkurrenz bei Nachfrageunsicherheit, Kapital kann unausgelastet sein und wird in geringerem Maße investiert, der Output kann unter den bei Sicherheit fallen.

Die testbaren Schlußfolgerungen für die Produktionshöhe unter Unsicherheit sind somit nicht eindeutig. Bei Markträumung und Risikoneutralität tendieren die Modelle zu unveränderter Produktionshöhe (im Vergleich zur Sicherheit), beim Monopol allerdings mit höherem Kapitaleinsatz (im Vergleich zum Output und dem Arbeitseinsatz). Die höhere Kapitalintensität im konzentrierten Sektor wäre testbar. Bei der Realität von Ungleichgewichten würde der Polipolist einen größeren Outputrückgang hinnehmen, dem der Monopolist teilweise mit Reservekapazität entgegenwirkt. Auch hier müßte die Kapitalintensität im konzentrierten Sektor höher sein.

Die höheren Gewinne im konzentrierten Sektor bleiben in Unsicherheitsmodellen der Tendenz nach erhalten. Die niedrigere Investitions-/Gewinnrelation ist dann nicht mehr gegeben, wenn der Kapitaleinsatz ex ante entschieden werden muß und nachher Substitution und Preisflexibilität herrschen. Wenn die Technikentscheidung ex ante getroffen werden muß und die Preise relativ starr sind, bleibt die Prognose niedriger Investitionen im Verhältnis zu den Gewinnen aufrecht.

Eine weitere Hypothese läßt sich für den Zusammenhang von Unternehmensgröße und Unsicherheit aufstellen. Da alle Ungleichgewichtsmodelle (Konkurrenz bei Nachfrageunsicherheit, Monopol ohne Markträumung) die Höhe der Abweichung der Entscheidung vom Grad der Unsicherheit (z.B. Breite der Verteilungsfunktion) abhängig machen und die Unsicherheit mit der Länge des Zeitraumes zwischen Entscheidung und Absatz zunimmt, werden kleinere Unternehmungen ihre Produktion (ihren Investitionseinsatz) weniger einschränken als größere (mit längerem Entscheidungslag). Kleinere Einheiten sollten daher in Perioden der Unsicherheit tendenziell an Marktanteilen gewinnen, größere hingegen eine höhere durchschnittliche Kapitalauslastung haben (weil sie vorsichtiger investierten).

Dies gilt insbesondere auch, wenn die kleineren Unternehmen eine höhere "ex post Flexibilität" *(Aiginger 1987)* aufzuweisen haben. Darunter soll verstanden werden, in welchem Ausmaß eine vorläufige Entscheidung etwa über die Produktionshöhe, die unter Unsicherheit getroffen wird, im nachhinein adjustierbar ist. Größere Unternehmen können zwar bei diversifizierten Risiken diese intern besser poolen, sind aber inflexibel gegenüber korrelierten Risiken (Nachfrageschwankungen der gesamten Produktpalette). Sie können darauf reagieren, indem sie Verhaltensweisen kleiner Einheiten kopieren (interne Flexibilisierung, Divisionalisierung, flexible Automatisation), oder indem sie das Risiko dem Nachfrager aufladen, indem sie von Lagerproduktion auf Auftragsfertigung umsteigen.

Ob eine Schlußfolgerung von den Erkenntnissen der Theorie bei Unsicherheit auf die Stabilität der Investitionstätigkeit nach Marktform oder nach Unternehmensgröße gezogen werden kann, bin ich nicht sicher. Zunächst scheint es plausibel, daß dann wenn konjunkturelle Einbrüche auch gleichzeitig Phasen besonders hoher Unsicherheit sind, kleinere und polipolistische Einheiten stärker zur Vorsicht bei den Investitionen neigen sollten. Andererseits sind sie auch imstande, auf Ungleichgewichte rascher zu reagieren und diese weniger in Auslastungs- und/oder Preisschwankungen niederschlagen zu lassen. Die Branchenkonjunkturen werden daher schwächer sein und dies bewirkt eine Stabilisierung der Investitionstätigkeit. Ob der erste Effekt (größere Investitionsschwankungen für gleich starke Nachfrageschwankungen) oder der zweite (durch Flexibilität gedämpfte Ungleichgewichte – geringere Preischwankungen – geringere Investitionsschwankungen) überwiegt, ist unbestimmt.

Insgesamt zeigen auch die genannten Überlegungen wie schwer es ist aus Mikromodellen (bei Sicherheit und Unsicherheit) Schlußfolgerungen für makroökonomische (oder mesoökonomische) Aggregate abzuleiten. Insbesondere ist es methodisch problematisch aus statischen Modellen Implikationen für die konjunkturelle Stabilität abzuleiten. Die Zuflucht zur verbalen Begründung von Hypothesen, die von der Monopolkommission und auch von Scherer gesucht wurde, wird verständlich, wenn sie auch nicht befriedigt.

3. Empirischer Teil

3.1. Die Messung von Konzentration

Empirische Studien über die Folgen von Konzentration stehen und fallen mit der Messung von Konzentration. Es gibt zahlreiche Surveys, die mögliche Kennzahlen, ihre Vor- und Nachteile eingehend untersuchen (vgl. *Pischner 1979, Bruckmann 1969, Curry und George 1983*). Wir besprechen hier nur drei Meßgrößen, wie sie in den Studien des DIW für die Monopolkommision, in der Arbeit von Hall und im folgenden empirischen Teil vorgenommen werden.

Die häufigst gewählte Größe ist der Anteil der größten Unternehmen an einem durch Wertschöpfung oder Beschäftigung gemessenen Branchenumfang (Konzentrationsraten, Abkürzung CR). Das DIW verwendet den Anteil der drei größten Unternehmen am Umsatz als Konzentrationsmaß (nachdem es seine hohe Korrelation mit anderen Konzentrationsmaßen getestet hat).

Vorteil dieses Maßes ist seine Einfachheit. Vom theoretischen Standpunkt hat es viele Mängel (besonders Mangel an Symmetrie, Aggregierbarkeit vgl. *Pischner 1979, S. 18*).

In der praktischen Berechnung scheint mir das wichtigste Problem, daß die Konzentrationsrate den Anteil von Unternehmungen an der heimischen Produktion mißt und die Auslandskonkurrenz vernachlässigt. Viele der Branchen mit den statistisch höchsten Konzentrationsraten stehen in heftiger internationaler Konkurrenz (Stahlindustrie, Elektroindustrie). *Baum (1978)* versucht eine Korrektur der Konzentrationszahlen um die Exporte und Importe und findet für die BRD eine Verringerung der Konzentrationsindizes um 19 %. Dies stellt sicher eine Untergrenze dar, da durch Erweiterung von Zähler und Nenner um die "tatsächlichen" Außenhandelsströme die Konkurrenz durch potentielle Importe für den Fall eines monopolartigen Verhaltens sicher unterschätzt wird. Weil Importe drohen, fügen sich Unternehmen in einem homogenen Weltmarkt dem Konkurrenzpreis und beschränken damit die tatsächlichen Außenhandelsströme.

Konzentrationsmaße beruhen auf statistischen Kategorien (2-, 3-, 4-gliedrige Industriegruppen), diese müssen aber nicht mit den relevanten Märkten übereinstimmen. Soweit statistische Industriezweige mehrere Märkte umfassen, sind errechnete Konzentrationskoeffizienten zu niedrig.

Weiters gehen die aus Industriezensen ermittelten Konzentrationsraten manchmal von Firmenkonzepten, oft von Unternehmenskonzepten aus, aber praktisch nie von den eigentlichen Entscheidungsinstanzen wie Konzernen, Firmenkonglomeraten, Holdinggesellschaften.

Eine gängige Alternative zu Konzentrationskoeffizienten ist es, Marktmacht vom Ergebnis her zu definieren. Idealerweise gibt das Ausmaß, in dem der Preis die Grenzkosten (Price Cost Margin, Abkürzung PC) übersteigt, die "Monopolmacht" an. Mangels Grenzkosten wird unterstellt, daß der Kostenverlauf in den Firmen hinreichend linear ist, so daß das Verhältnis von Gewinnquote zu Output ein Indikator für Marktmacht ist. Je nach Studie wird dann im Zähler Umsatz minus Vorleistungen minus Personalaufwand durch den Umsatz dividiert (und mit 100 multipliziert um zu einer Prozentzahl zu kommen), eventuell eine Bereinigung um Lagerinvestitionen vorgenommen, eventuell die Vorleistungen aus Zähler und Nenner eliminiert.

Einige der schwerwiegendsten Einwände gegen die Konzentrationsrate sind im PC ausgeschaltet. Die Annahme linearer Kosten kommt hinzu, ebenso die Abhängigkeit der Rate vom Kapitaleinsatz und der Fremdfinanzierungsquote ("Kosten", die in den Gewinnaufschlag eingehen).

Hall (1986) schlägt ein dritte Messung vor, indem er die Outputveränderung bei konjunkureller Veränderung einer Einheit des Arbeitseinsatzes als Maß für die Entwicklung der Grenzkosten verwendet. Makroökonomische Zyklen bieten ein natürliches Experiment zur Beobachtung von Grenzkosten, argumentiert Hall. Im Boom erhöhen die Firmen den Output und haben dafür Kosten aufzuwenden, das Verhältnis der beiden informiert über die Grenzkosten. In der empirischen Schätzung gibt es Probleme ökonomischer Art (Kapitaleinsatz muß konstant gehalten werden, die Frage ob die Kosten in Stunden, Beschäftigten oder Entlohnung gemessen werden) und solche ökonometrischer Art (Fehler in den Variablen, Identität vs. Verhaltensgleichung, Einsatz von Instrumentvariablen). Siehe die Diskussion bei *Hall (1986), Blanchard (1986)*, die Reaktion von *Hall (1988)* in einem späteren Artikel.

3.2. Ergebnisse in der Literatur

Die engere Fragestellung "Stabilität der Investitionen und Konzentration" wurde vor allem vom DIW für die BRD (als expliziter Test der H 8) und von Scherer für die USA allerdings schon für die Periode 1954–63 präsentiert.

Die DIW-Studie zeigt deutlich, daß empirische Studien ohne genaues Wissen über die theoretische Untermauerung einer Hypothese problematisch werden müssen. Es zeigt sich

- einerseits, daß Investitionen in konzentrierten Branchen instabiler im Sinne einer geringeren Trendanpassung sind (hypothesenwidrig, Rangkorrelation allerdings nicht signifikant),
- andererseits, daß der Zusammenhang zwischen Investitionen und Umsatz in konzentrierten Branchen aber stabiler ist (gemessen an einer Korrelation und der Variation der Investitionsquoten).

Letztere Indizien wurden als Bestätigung der Hypothese gewertet. Als sich jedoch herausstellte, daß meist die Investitionen stärker schwankten als die Produktion, wurde das Meßergebnis als durch eine falsche Meßziffer bedingt erklärt und verworfen. Wir verbleiben ohne Unterstützung der Hypothese (aber eigentlich auch ohne Widerlegung), wohl aber mit dem Bedürfnis mehr zu wissen und bessere Meßmethoden zu erfahren.

Scherer umgeht einen Teil der Probleme, indem er die Variabilität (der Investitionen um den Zeittrend) als erklärende Variable auffaßt und sie durch Konzentrationsrate, 3 Dummies für Industriegruppen, Größe (gemessen am Nettoproduktionswert) und Kapitalintensität zu erklären versucht. Konzentration ist knapp (am 6 %-Niveau) als positive Einflußgröße signifikant, sie verliert etwas an Signifikanz, wenn man die Variation der Arbeitsstunden (als Proxy für die Variabilität der Konjunktur) hinzunimmt, doch will Scherer das angesichts der Multikollinearität noch immer als "fairly strong support" für die stärkere Variabilität in konzentrierten Branchen sehen. Da die Variabilität bei Scherer als erklärte Variable eingegeben ist, entfällt eines der Probleme, die sich bei der Überprüfung durch das DIW ergeben hatten (die Frage ob eine positive Korrelation mit dem Umsatz als Stabilitätsmaß zu deuten ist). Auch läßt sich die Aussage von Scherer (die der Monopolkommissions-Hypothese konträr ist) unabhängig von den Unterschieden in der Konjunkturanfälligkeit der Branchen aufrechterhalten (Investitionen sind instabiler und dies auch wenn man die stärkere Instabilität der Produktion in Branchen mit instabilen Investitionen berücksichtigt). Ein dritter Vorteil ist, daß Scherer den Einfluß der sektoralen Struktur und der Kapitalintensität berücksichtigt.

In der Interpretation der Ergebnisse geht Scherer noch darauf ein, ob die größere Instabilität im Investitionsverhalten auf die geringere Zahl der Entscheidungseinheiten zurückgeht, und ob sie zufällig oder konjunkturell ist. Der Zufallscharakter der größeren Streuung bestätigt sich, wenn man ihn an den Residuen einer Investitionsfunktion mißt. Wieweit das Streuungsproblem durch das Aggregationsproblem (wenige Firmen im konzentrierten Bereich, viele im gering konzentrierten Bereich) überlagert ist, und ob es sich um konjunkturelle Stabilität oder um zufallsbedingte handelt, sollte auch in anderen empirischen Studien getestet werden.

3.3. Ergebnisse für Österreich

3.3.1. Ermittlung von Konzentrationsmaßen

Drei Typen von Konzentrationsmaßen wurden für Österreich ermittelt:

- als Konzentrationsrate (CR) wurde der Anteil der 4 größten Unternehmen an den Beschäftigten (Q: Nichtlandwirtschaftliche Bereichszählung 1983) gewählt. Testberechnungen mit ähnlichen Maßen (Anteile an anderen Variablen, anderes Segment, andere Jahre) brachten kaum Veränderungen in der Rangfolge.
- als Price Cost Margin (PC) wurde der Anteil des Nicht-Lohneinkommens an dem Bruttoproduktionswert genommen (ebenfalls 1983, und mit Testberechnungen).
- als drittes wurde (für einen kleinen Teil der Berechnungen) das Maß von Hall zur direkten Messung (DM–MC) der Grenzkosten angewandt.

Die für diese Berechnungen so wichtige Gliederung in Branchen wurde für eine kleinere (höhere aggregierte) Zahl von Branchen und für eine größere Zahl vorgenommen. Im höher aggregierten Sample gibt es 10 Industriesektoren, die Investitionsdaten sind in der Volkswirtschaftlichen Gesamtrechnung ausgewiesen und für die Periode 1964 bis 1987 verfügbar, insbesondere Exportdaten fehlen in einer vergleichbaren Gliederung. Im niedriger aggregierten Sample sind 20 Branchen (industries) verfügbar, sie entsprechen den Zweistellern der internationalen Klassifikation, in einigen Fällen werden auch

Dreisteller benutzt. Vereinfachend wird das erste Datenset "Sektorenebene" und das zweite "Branchenebene" genannt.

Gemessen an der Konzentrationsrate (CR) sticht auf Sektorenebene (Tabelle 1) die hohe Konzentration des Erdölsektors (93,5 %) und der Grundmetalle (77,4 %) hervor. Ab der dritten Stelle (Chemie 32,1 %) beginnt ein Mittelfeld, das bis zum Rang 7 (Papier 22,6 %) reicht und jeweils sehr geringe Unterschiede aufweist. Zu den sehr niedrig konzentrierten Sektoren gehört der Bekleidungssektor, mineralische Stoffe, Nahrungs- und Genußmittel (9,6 %) und Holzverarbeitung (5,7 %).

Tabelle 1: Konzentrationsmaße nach Sektoren

	Konzentrationsrate		Marktmacht		Preis-Grenzkosten			
	CR 1983	Rang	PC 1983	Rang	Hall 1	Rang	Hall 2	Rang
Bergbau	27,2	5	11,7	4	–0,124	9	–0,056	9
Nahrungs- u. Genußmittelind.	9,6	9	15,5	1	5,613	1	1,640	2
Textilsektor	14,8	8	9,8	5	4,671	3	1,751	1
Holzverarbeitung	5,7	10	13,2	3	1,473	7	0,550	6
Papierindustrie	22,6	7	9,6	6	0,634	8	0,238	8
Chemische Industrie	32,1	3	7,5	9	4,918	2	1,387	3
Erdölindustrie	93,5	1	8,3	8	–3,653	10	–0,578	10
Steine, Glas	27,3	4	13,6	2	3,375	5	1,339	4
Grundmetalle	77,4	2	4,8	10	1,858	6	0,549	7
Metallwaren	23,9	6	8,9	7	3,605	4	1,318	5
Industrie und Bergbau	8,9		10,1		5,743		1,881	

Gemessen am Price Cost Margin (PC) fallen die beiden Spitzenreiter ins Mittelfeld (Erdöl) zurück bzw. landen in Folge der Gewinnschwäche in den achtziger Jahren (Grundmetalle) am Schluß der Reihung. Mit der Nahrungsmittelindustrie und dem Holzbereich gelangen gering konzentrierte Sektoren, gemessen an der Beschäftigung hinsichtlich Marktmacht, an die Spitze. Die Rangkorrelation zwischen der Hierarchie nach Beschäftigtenkonzentration und Price Cost Margin ist signifikant negativ (R= –0,685).

Die sogenannte "direkte" Methode der Bestimmung des Preis-Grenzkostenverhältnisses nach Hall besteht in einer regressionsanalytischen Verknüpfung von Output und Arbeitskostenveränderungen über die Zeit. Je nachdem ob man auch die Vorleistungskosten berücksichtigt oder nicht, ergeben sich zwei Maße (hier Hall 1 und 2 genannt). Sie unterscheiden sich im Niveau, nicht in der Rangfolge der Branchen. Die Reihung der Branchen nach beiden Maßen weist eine positive Korrelation (R= 0,321) mit der Marktmacht (PC) auf und eine negative mit der Konzentrationsrate (CR, R= –0,442). Für die Gesamtindustrie und für die meisten Branchen, in denen die Koeffizienten (die über das Verhältnis Preis zu Grenzkosten informieren sollen) statistisch gesichert sind, liegen diese deutlich über Eins. Wie auch Hall interpretieren wir dies als Indiz für ein Auseinanderklaffen von Preis und Grenzkosten (mit allen methodischen Einschränkungen, die bei *Hall 1986* und *Hall 1988* sowie *Blanchard 1986* genannt sind).

Die relativ geringe Übereinstimmung der Konzentrationsmaße und insbesondere die negative Korrelation von Marktmacht und Konzentrationsrate in der Einfachkorrelation kann nun mehrere Ursachen haben. Besonders naheliegend ist, daß die Sektorengliederung den "relevanten Markt" zu weit faßt und dies vielleicht in manchen Bereichen mehr als in anderen. Tatsächlich ist die negative Korrelation zwischen den beiden Konzentrationsmaßen auf Branchenebene nicht so ausgeprägt (Tabelle 2, R= –0,411). Zu den konzentrierten Bereichen, die eine niedrige Marktmacht haben, gehören die Stahlindustrie, die Metallindustrie, die Bergwerke und die Gießereien. Alle diese Branchen haben hohe Import- oder Exportquoten (oder beides). Auf der anderen Seite haben die Branchen, die eine geringe Konzentrationsrate aber eine hohe Marktmacht besitzen, wie Nahrungs- und Genußmittelindustrie, Steine und Keramik, Holz, eine sehr niedrige Außenhandelsverflechtung. Mißt man die Außenhandelsverflechtung an der Summe aus Import- und Exportquote, so hat die Konzentrationsrate keinen Zusammenhang mit der Außenhandelsverflechtung, die Marktmacht aber einen signifikant negativen (R = –0,626). Auf Dreistellerebene (102 Beobachtungen) ist der Zusammenhang zwischen PC und CR ebenfalls signifikant negativ (R = –0,34, Tabelle 3).

Tabelle 2: Konzentrationsmaße nach Branchen

	Konzentrationsrate		Marktmacht		Außenhandelsquote	
	CR 1983	Rang	PC 1983	Rang	X+M	Rang
Bergwerke	37,9	6	5,6	19	137,6	7
Erdölindustrie	93,5	2	8,3	13	56,4	17
Eisenhütten	94,6	1	3,7	20	152,1	3
Steine und Keramik	18,1	14	12,7	4	26,2	19
Glasindustrie	56,7	4	15,8	1	102,7	11
Chemische Industrie	32,1	9	7,5	15	104,3	10
Papiererzeugung	27,2	10	8,4	12	83,6	13
Papierverarbeitung	19,1	13	11,1	6	63,3	15
Holzverarbeitung	5,7	20	13,2	3	60,4	16
Nahrungs- u. Genußmittelind.	9,6	18	15,5	2	28,4	18
Ledererzeugung	22,9	12	6,5	18	153,0	2
Lederverarbeitung	24,8	11	8,0	14	147,0	4
Textilindustrie	12,1	17	10,2	8	154,7	1
Bekleidungsindustrie	13,1	16	10,4	7	82,9	14
Gießereiindustrie	38,2	5	9,2	10	14,6	20
Metallhütten	73,1	3	8,5	11	123,8	8
Maschinen, Stahl, u. Eisenbau	7,2	19	6,9	17	145,5	5
Fahrzeugindustrie	33,8	8	10,1	9	104,5	9
Eisen- und Metallwaren	16,6	15	12,0	5	96,7	12
Elektroindustrie	37,3	7	7,0	16	139,3	6

Tabelle 3: Rangkorrelationen zwischen Konzentrationsmaßen

CR 1976/CR 1983	0,921	Dreistellerebene (102 Werte)
CR 1983/PC 1983	–0,340	Dreistellerebene (102 Werte)
zur Ergänzung:		
CR 1983/Investquote 1983	–0,076	Dreistellerebene (102 Werte)
PC 1983/Investquote 1983	0,397	Dreistellerebene (102 Werte)
CR 1983/PC 1983	–0,411	20 Branchen (Zweisteller)
zur Ergänzung:		
CR 1983/Außenhandelsquote	0,098	20 Branchen (Zweisteller)
PC 1983/Außenhandelsquote	–0,626	20 Branchen (Zweisteller)
CR 1983/PC 1983	0,685	10 Sektoren (Einsteller)
CR 1983/Hall Maß 1	–0,442	10 Sektoren (Einsteller)
PC 1983/Hall Maß 1	0,321	10 Sektoren (Einsteller)

Die genannten Ergebnisse stellen von vornherein die Sinnhaftigkeit der weiteren Untersuchungen in Frage. Ist eine Einteilung in konzentrierte und nicht konzentrierte Branchen wirklich sinnvoll, wenn es konzentrierte Bereiche mit geschütztem Markt, solche unter Weltmarktkonkurrenz gibt, und wenn die "nicht konzentrierten" ebenfalls in eine entsprechende Zweiteilung untergliedert werden müssen (Maschinen für den Weltmarkt, Eisen und Metallwaren für lokale Märkte etc.)? Dafür daß tatsächlich die Außenhandelsverflechtung den Unterschied zwischen der Branchenwertung nach den Konzentrationsmaßen bestimmt, gibt es folgendes Indiz: Die Unterschiede in der Rangfolge nach den Maßen PC und CR sind mit der Höhe der Außenhandelsverflechtung (gemessen an der Summe von Import- und Exportquote) korreliert (R = 0,42).

Da Ziel der vorliegenden Untersuchung nicht die Widerlegung des in der früheren industrieökonomischen Literatur relativ gut abgesicherten Ergebnisses zwischen Konzentration und Profit Marging ist, soll das vorliegende Ergebnis nicht nach allen verfügbaren Methoden weiter verfolgt werden. Vielmehr wollen wir jetzt die konjunkturelle Stabilität der Investitionen und ihren Zusammenhang mit der Konzentration nach den in der Literatur vorgeschlagenen Methoden überprüfen. Entsprechend der Unsicherheit über das Kriterium, nach dem Konzentration gemessen werden soll, müssen die Berechnungen zumindest nach den zwei Konzentrationsmaßen Konzentration und Marktmacht vorgenommen werden.

3.3.2. Stabilität der Investitionen

Für die Stabilität der Investitionen stehen mehrere Kriterienblöcke zur Verfügung.

Der erste Block umfaßt Streuungsmaße (über die Zeit), wobei die Variabilität von Investitionsniveau, Investitionsdynamik oder Investitionsquoten gemessen werden kann. Die nominelle oder die reale Entwicklung, Streuung oder Variationskoeffizienten können gewählt werden. Wie bei fehlender theoretischer Basis notwendig, wurde eine mehr oder weniger willkürliche Auswahl getroffen. Niveau und Dynamik von realen Investitionen wurden gewählt.

Auf der sektoralen Ebene gibt es einen signifikant positiven Zusammenhang zwischen Varianz von Investitionsdynamik und Konzentration gemessen an der Konzentrationsrate (R= 0,60 bzw. 0,64 nach Glättung der Investitionen über drei Jahre). Dieser ergibt sich weil die drei Branchen mit dem "unruhigsten Investitionsverlauf" (Grundmetalle, Erdöl, Bergwerke) auch hochkonzentriert sind, andererseits jene mit dem ruhigsten Verlauf (Nahrungsmittel, Textil, Metallverarbeitung) geringe Konzentrationsraten aufweisen. Umgekehrt ist die Rangkorrelation zwischen Marktmacht (gemessen am PC) und Stabilität der Investionsdynamik negativ (für die Varianz des Niveaus signifikant, für die Dynamik leicht darunter, R = –0,479).

Auf der Branchenebene ist der Zusammenhang zwischen der Streuung der Investitionsdynamik und beiden Konzentrationsmaßen insignifikant. Der Unterschied zur sektoralen Ebene ergibt sich daraus, daß nunmehr einige kleine Branchen, die nur wenige Unternehmen umfassen, hohe jährliche Investitionsschwankungen aufweisen (Ledererzeugung, Holzverarbeitung).

Ein zweiter Block untersucht den Zusammenhang zwischen Konzentration und der Trendkonformität des Informationsverlaufes, repräsentiert durch einen linearen Trend. Hier zeigt sich auf sektoraler Ebene kein signifikanter Zusammenhang, auch kein Unterschied nach gewähltem Konzentrationsmaß (R= –0,127 bzw. –0,382). Dasselbe gilt für die Branchenebene (Tabelle 4).

Tabelle 4: Zusammenhang zwischen Investitionsstabilität und Konzentration (Rangkorrelationskoeffizienten)

Stabilitätskriterium	Konzentrationsrate (CR)		Marktmacht (PC)	
	Branchen(20)	Sektoren(10)	Branchen(20)	Sektoren(10)
Standardabweichung des Investitionswachstums	–0,041	0,600	0,313	–0,479
Erklärungsgehalt in:				
ln I = f Time	–0,165	–0,127	–0,111	–0,382
ln I = f ln Wertschöpfung	–0,164	–0,079	0,023	–0,333
I = f I_{t-1}	0,227	0,067	–0,317	–0,503
I = f $Wertsch._t$, $Kst._{t-1}$	–0,038		0,183	
I = f Cash Flow	0,281		–0,295	
I = f Prime Rate	0,238		–0,492	
I = f User Costs	–0,120		–0,283	

Im dritten Block wird der Zusammenhang der Konzentration mit der Erklärbarkeit der Investitionen durch konjunkturelle Variable (Wertschöpfung, Gewinne, Akzelerator, Zinssatz) untersucht. Die Konzentrationsrate ist auf sektoraler Ebene negativ korreliert mit der Erklärungsfähigkeit der Investitionsdynamik durch die Dynamik der Wertschöpfung (R= –0,576). Die Marktmacht ist hingegen mit der Erklärungsfähigkeit durch die Wertschöpfung positiv korreliert (R= –0,648). Auf Branchenebene gibt es keine signifikanten Zusammenhänge. Dies gilt auch, wenn man die Erklärbarkeit der Investitionen durch das Akzeleratorprinzip, den Cash-flow oder die Kapitalnutzungskosten sucht.

3.3.4. Zusammenfassende Wertung der empirischen Ergebnisse für Österreich

- Erstens sind die Ergebnisse alles andere als ermutigend für weitere Forschungen über den Zusammenhang von Konzentration und konjunktureller Stabilität. Je nach gewähltem Maß für die Konzentration, je nach Aggregationsniveau der Untersuchungsebene und je nach gewähltem Stabilitätsmaß, unterscheiden sich die Ergebnisse. In der Mehrzahl der Fälle sind sie auch insignifikant.
- Zweitens kann nur ein Teil der unbefriedigenden Ergebnisse den bekannten statistischen Problemen mit den Konzentrationsmaßen zugeschoben werden. Insbesondere die Verschlechterung der Signifikanz fast aller Korrelationen mit stärkerer Disaggregation (hier von Sektoren zu Branchen) weist darauf hin, daß das Heranarbeiten an die relevanten Märkte (die sicher noch enger zu definieren sind als die Branchen) keine Besserung der Ergebnisse bringen würde. Die Bedeutung der irregulären Komponente in der Investitionstätigkeit jeder einzelnen Firma bewirkt, daß jeder Stabilitätsindikator (Varianz, Trendnähe, Determinationskoeffizient in Investitionsfunktion) vor allem von der Zahl der Firmen im Aggregat abhängt: sind es wenige, so ist die Stabilität gering, sind es viele, so ist sie groß. Es gibt dann – so deuten es die Ergebnisse an – eine Aggregationsebene, bei der die Zahl der Firmen keine so große Rolle mehr spielt und gewisse Strukturen des Investitionsprozesses erkennbar werden (siehe positive Korrelation zwischen Varianz der Investitionsdynamik und Konzentration und negative zur Marktmacht gemessen am PC). Teilt man die Industrie in einen gleich großen konzentrierten und nicht konzentrierten Sektor, schwinden die Unterschiede wieder.
- Eine wesentliche Ursache für die negativen Ergebnisse dürfte darin liegen, daß der konzentrierte Sektor in einen binnenorientierten und einen in internationalem Wettbewerb stehenden zerfällt. In dem ersten Fall führt Konzentration zu Marktmacht und erlaubt einen Preis, der tatsächlich über den Grenzkosten liegt, im zweiten Fall gleichen sich Grenzkosten und Weltmarktpreis durch die internationale Konkurrenz an.

4. Elemente eines realistischen Bildes moderner Industrien

Wir wollen diese Arbeit nicht abschließen, ohne den Versuch zu unternehmen, den negativen Befund (Investitionsstabilität und Konzentration stehen in keinem erkennbaren Zusammenhang) durch die Skizze eines realistischen Bildes der Industrie zu ergänzen, aus dem heraus dann neue Hypothesen über die Bedeutung von Konzentration oder Investitionsstabilität formuliert werden können.

Wesentlichstes Element moderner Industrien ist, daß sie größtenteils auf so engen Märkten arbeiten, daß fast alle Unternehmen eine relevante Marktmacht und damit Preissetzungsmöglichkeiten besitzen. Ob diese Wirklichkeit dann durch ein Oligopolmodell oder ein Modell monopolistischer Konkurrenz wiedergegeben werden kann, soll offen bleiben. Von einem Konkurrenzmodell sind die meisten Unternehmen weit entfernt.

Preissetzendes Verhalten ist aber keineswegs mit dem Fehlen von Ungleichgewichten verbunden. Die Preise werden nach langfristigen Überlegungen gebildet, vielleicht nach der Kostensituation, aber unter Einbezug der Reaktion der tatsächlichen und der potentiellen Konkurrenz sowie des Vorteils stabiler Geschäftsbeziehungen. Nachfrageschwankungen bringen Ungleichgewichte um diesen – obwohl mit Marktmacht von der Firma – gesetzten Preis.

Drittens ergeben sich graduelle Unterschiede in dem Grad der Marktmacht (viel, wenig). Jene Restsektoren, in denen Unternehmen noch am ehesten Preisnehmer sind, können nicht so sehr aus der (geringen) Größe der Unternehmen oder ihrer Zahl auf einem Markt definiert werden, sondern aus der Charakteristik der Produkte ("Strukturhypothese"). Bei alten, ausgereiften Produkten (Basissektor, "commodities") sind die Produkte homogen (oder zumindest international standardisiert), es gibt relativ einheitliche Preise und wenig intensive Produzenten-Käuferbeziehungen. Die Produktion ist relativ kapitalintensiv, energieintensiv, Investitionsprogramme müssen schubweise durchgeführt werden. Testbare Implikation wären starke mittelfristige Schwankungen der Investitionen (zwei, drei starke Jahrgänge, dann lange Pause) bei sehr unvollständiger Synchronisation mit der Konjunktur (teilweise später als Nachfrage, schwache Booms bleiben ohne Investitionsbelebung). Starke Auslastungsschwankungen und starke Schwankungen im Outputpreis sollten erkennbar sein. In Unsicherheitsperioden (erste Hälfte der achtziger Jahre) wäre eine geringe Profitabilität zu erwarten. In absoluter Größe und in Relation zu der Inlandsproduktion sind die Unternehmen groß, es herrscht ein Konzentrationszwang (Auslese der Überlebenden).

Auf der anderen Seite stehen die Branchen mit einem hohen Anteil an jungen Produkten und raschem produkttechnischen Fortschritt (technischer Verarbeitungssektor, "engineering products"). Die Produkte haben starke Qualitätsunterschiede und sind oft erst durch ihre Spezifikation, ihren Serviceanteil absetzbar. Es gibt kaum einheitliche Preise, diese können nach den jeweiligen Kosten (plus angestrebtem Gewinnaufschlag) firmenspezifisch festgesetzt werden.

Die zyklischen Schwankungen der Preise sind gering, die Investitionen schwanken relativ wenig, in etwa parallel zur Wertschöpfung. Wo sie bei den Konzentrationsmaßen liegen, ist nicht klar. Es gibt ein Nebeneinander von einigen großen Firmen (Marktleader) und vielen dynamischen kleineren Einheiten. Konzentrationsraten, die den Anteil der größten vier messen, sind wahrscheinlich zufallsbedingt (Holding/Unternehmen, Headquarter in diesem oder jenem Land, Industrieabgrenzung), Konzentration gemessen an der durchschnittlichen Betriebsgröße sollte gering sein. Qualifizierte Arbeit (auch hohe Forschungsausgaben) sollten die Bedeutung von Human Capital hervorstreichen. Generell wäre eine höhere Profitabilität dieses Sektors zu erwarten, die sich aber nicht überdeutlich zeigen muß, wenn der kapitalintensive Sektor rasch genug konzentriert wird (bzw. schrumpft) und im technologieintensiven Sektor viele junge Firmen noch nicht in der Gewinnzone sind (1. Phase des Produktzyklus). Noch wichtiger für die vorliegende Studie ist, daß ein gleich großer Preis-Kosten-Margin für den technologieintensiven Sektor bereits einen höheren Gewinn bedeutet, weil die abzudeckenden Fixkosten geringer sind. Die Investitionen sollten in diesem Sektor aus mehreren Gründen relativ stabil sein. Erstens weil die Nachfrage selbst relativ stabil ist, zweitens weil die großen Preisschwankungen des kapitalintensiven Sektors unterbleiben, drittens weil sie in kleineren Einheiten vorgenommen werden können. Generell gibt es hier einen Wandel im Investitionsbegriff. Nicht mehr große integrierte Anlagen dominieren, sondern flexible Kombinationen von materiellen und immateriellen Investitionen. Schwankungen in der Kapazitätsauslastung sollten gering sein.

Mengenanpassungen sind mindestens so wichtig (so schnell durchführbar) wie Preisanpassungen, auch noch relativ spät. Investitionspläne können kurzfristig – besonders in kleineren Unternehmen – geändert werden, ebenso die Intensität die Nutzung der Produktionsfaktoren und somit die Produktionshöhe. In der Sprache der Unsicherheitstheorie kann eine "ex post Adjustierung" der Entscheidungsvariablen vorgenommen werden. Diese ist nicht vollkommen (und auch nicht kostenlos), so daß Kapazitätsauslastungsschwankungen in konkurrenzstärkeren aber auch in monopolartigen Branchen sichtbar sind. Mengenanpassungen, Kapazitätsauslastungsschwankungen sind aber beide mindestens so wichtig wie Preisschwankungen. Je homogener die Produkte, desto eher spielen Preisschwankungen eine Rolle.

Das entworfene Bild stellt einen Versuch dar, eine realistische Beschreibung der Entscheidungen von Industriefirmen unter Verwendung von Überlegungen in *Aiginger (1987)* zu zeichnen. Es skizziert Fakten, die im folgenden mit empirischem Material untermauert werden sollen. Es kann und will tatsächliches Verhalten nicht als optimal erklären, sondern bedient sich eher der Aufzählung von stilisierten Fakten, die ihrerseits erst theoretisch zu untermauern sind. Wenn allerdings die genannten stilisierten Fakten wirklich für Industrien charakteristisch sind, so verliert die Teilung in einerseits konzentrierte Branchen mit wenig Anbietern und großer Marktmacht und andererseits konkurrenznahe Branchen an Relevanz.

Es sollen nun zwecks härterer Diskussion die stilisierten Fakten nochmals in Hypothesen gegossen werden, um parallel zu den Hypothesen der Monopolkommission einen der Falsifizierung aussetzbaren Hypothesensatz zu erhalten.

Stilisiertes Faktum 1: Der Großteil der Firmen hat eine erhebliche Marktmacht im Sinne eines Preissetzungspotentials (STF 1)

Mehrere Möglichkeiten, diese Hypothese zu untersuchen, bestehen.

Eine davon ist die Errechnung des Verhältnisses von Preisen zu Grenzkosten. Akzeptiert man die PC in Abschnitt 3 als Maß für die Relation Preis zu Grenzkosten, so sieht man, daß sie für alle Branchen und Sektoren weit von Null oder einer Normalverzinsung von Eigenkapital entfernt liegen. Das gleiche gilt für die Berechnungsmethode von Hall, dieser zieht daher ebenfalls aus seinen Ergebnissen die Schlußfolgerung beträchtlicher Preissetzungsfähigkeit.

Auf der anderen Seite des "Methodenspektrums" stehen Direktbefragungen von Firmen. Auf die Frage nach dem Inlandsmarktanteil haben nur 20,7 % der österreichischen Industriefirmen ihren Anteil auf unter 5 % geschätzt. 30,3 % schätzten ihn auf 5-20 %, 31,6 % auf 20-50 %, 17,5 % auf mehr als 50 % *(Aiginger 1987)*. Die Situation ändert sich wohl, wenn man vom Heimmarkt zum Weltmarkt übergeht, immerhin schätzen noch 34,2 % der – im Durchschnitt eher kleinen – österreichischen Unternehmen ihren Weltmarktanteil höher als 5 %.

Das Ergebnis zeigt, daß die Unternehmen den für sie relevanten Markt sehr eng definieren – sicher enger als jede Brancheneinteilung in den oben genannten Untersuchungen – und daß sie dann eine relativ starke Position zu besitzen glauben. Wichtiger als viele andere Branchencharakteristika ist dennoch, ob es sich um einen geschützten oder einen offenen Markt handelt.

Stilisiertes Faktum 2: Preise werden nach langfristigen Kriterien gesetzt, nicht um kurzfristige Nachfrageschwankungen auszugleichen (STF 2)

Trotz der Preissetzungsmacht gibt es stark zyklische Schwankungen in der Kapazitätsauslastung. Mit anderen Worten, die Preise schwanken nicht stark genug, um Auslastungsschwankungen zu verhindern.

Die Kapazitätsauslastung der österreichischen Wirtschaft schwankt nach Direktbefragungen zwischen 79 und 89 %, nach Umfragen in den USA ist die Schwankungsbreite noch größer, ebenso in den einzelnen Branchen (Werte von 60 % bis 100 %). Bewertungen der Kapazitäten und der Fertigwarenlagerbestände in Konjunkturumfragen durch die Firmen lassen diese Schwankungen als Ungleichgewichtsphänomene erkennen und nicht etwa als Ergebnis kostenorientierter Optimierung.

Preisfunktionen für die Industrie untermauern, daß sich Industriepreise primär an Kosten (Arbeitskosten, Rohstoffkosten) orientieren und nur ergänzend an Nachfrageeinflüssen. Verwendung von Preisen zur kurzfristigen Markträumung – etwa bei Zufallsschwankungen – würden eine wesentlich stärkere irreguläre Komponente in den Preisen erfordern.

Auf die Frage, wie die Unternehmen auf Schocks in der Nachfrage reagieren, bezeichnen nur 20 % Preisveränderungen als primäre Reaktion.

***Stilisiertes Faktum 3: Die moderne Industrie zerfällt in einen Block ausgereifter Branchen und in einen Block mit intensiven Produktinnovationen** (STF 3, Tabelle 5)*

Im ausgereiften Block ist die Kapital- und Energieintensität hoch, die Produkte sind relativ homogen, so daß es relativ einheitliche Preise und große Schwankungen von Weltmarktpreisen gibt. Die Investitionen haben einen integrierten Charakter und sind mit der Konjunktur nicht stark synchronisiert. Großunternehmen mit einem hohen Inlandsmarktanteil dominieren, die Marktmacht ist durch die internationale Konkurrenz und die geringe Wachstumsdynamik so stark beschränkt, daß die Gewinne oft niedriger als im Industriedurchschnitt liegen.

Im innovativen Block sind die Produkte heterogen, so daß es kaum Marktpreise gibt. Forschung, qualifizierte Arbeit, intensive Kundenbeziehungen und in aller Regel Auftragsfertigung dominieren. Preisschwankungen sind gering, große und kleine Firmen bearbeiten unterschiedliche Marktspektren.

Als "ausgereifte" Branchengruppe sollen jene Branchen betrachtet werden, die vom Österreichischen Institut für Wirtschaftsforschung als Basisindustrien *("commodities")* bezeichnet werden. Nach deutscher Terminologie wären es Grundstoffe oder Produktionsmittel erzeugende Bereiche. Insbesondere zählen Bergwerke, Ölindustrie, Stahlindustrie, Metallindustrie und Papierindustrie zu diesen Branchen. Als "innovativer" Bereich wird der Technische Verarbeitungssektor genannt *("engineering industries")*, hier zählen Maschinen, Elektroindustrie (Elektronik), Fahrzeuge und Metallwaren dazu. Beide Sektoren zusammen umfassen 62 % der Investitionen. Der Rest der Industrie wird in einen binnenorientierten (vor allem Nahrungsmittel und Bauzulieferung) und in einen außenorientierten (Bekleidungssektor, Chemie) unterteilt, Ergebnisse dafür sind in der Tabelle 5 enthalten, werden hier aber nicht interpretiert.

Der Basissektor erzielt ein durchschnittliches Wachstum von 2,14 %, das in den engineering industries liegt zweieinhalbmal so hoch (5,3 %). Die Kapitalintensität, die Capital Output Ratio und die Investitionsquote liegen im Basissektor zwei bis dreimal so hoch wie im Technischen Verarbeitungsbereich, andererseits ist die Forschungs- und Entwicklungsquote in den engineering industries sieben mal so hoch. Das durchschnittliche Unternehmen im Basissektor hat 434 Beschäftigte, im Verarbeitungssektor 134. Die Schwankungen der Preise über die Zeit sind im Basissektor wesentlich größer (s = 6,99) als im Verarbeitungsbereich (s = 3,29), ebenso die Mengenschwankungen (zumindest in Relation zum durchschnittlichen Wachstum, Variationskoeffizient: 2,48 im Basissektor, 1,38 in den engineering industries) und die Schwankungen in der Kapazitätsauslastung.

Tabelle 5A: Charakteristika der Sektoren – A: Strukur

	Basis-Sektor	Techn.Verarb. Produkte	Sonstige Binnen-orientierte Branchen	Sonstige Außen-orientierte Branchen	Industrie insgesamt
Kapitalintensität in 1.000 S	1144,9	343,5	715,1	437,2	563,5
Kapital/Outputrate	3,67	1,47	2,02	2,03	2,15
Investitionsquote	23,5	13,5	13,7	16,5	16,4
F&E/Umsatz (1985)[1]	0,5	3,5	0,7	1,1	2,0
Beschäftigte je Unternehmen[1]	434	134	81	87	200
Fertigwarenlager/Umsatz (1987)[1]	5,3	5,7	6,4	6,2	5,8
Auftragsbestand/Produktion (1988)[1]	21,7	45,8	12,5	17,5	24,2

[1] Durchschnitt der Branchen

Tabelle 5B: Charakteristika der Sektoren – B: Dynamik und Stabilität

	Basis-Sektor	Techn.Verarb. Produkte	Sonstige Binnen-orientierte Branchen	Sonstige Außen-orientierte Branchen	Industrie insgesamt
Wachstumsrate					
Produktion	2,14	5,30	4,14	4,74	4,49
Preise	3,73	3,42	3,21	1,81	3,02
Investitionen	2,64	4,65	3,69	3,93	3,89
Standardabweichung					
Produktion	5,30	7,30	3,45	4,82	4,52
Preise	6,99	3,29	2,22	3,68	3,35
Investitionen	19,84	19,07	16,06	16,73	13,01
Kapazitätsauslastung	4,07	2,76	1,96	1,80	2,83
Variationskoeffizient					
Produktion	2,48	1,38	0,83	1,02	1,01
Preise	1,87	0,96	0,69	2,03	1,11
Investitionen	7,52	4,10	4,35	4,26	3,34

Tabelle 5C: Charakteristika der Sektoren – C: Investitionen und Konzentration

	Basis-Sektor	Techn.Verarb. Produkte	Sonstige Binnen-orientierte Branchen	Sonstige Außen-orientierte Branchen	Industrie insgesamt
Erklärbarkeit der Investitionen (R2 in ...)					
ln I = f Time	0,64	0,90	0,70	0,72	0,85
ln I = f ln Wertschöpfung	0,65	0,92	0,76	0,74	0,89
I = f Wertschöpfung, Kst_{t-1}	0,59	0,68	0,47	0,23	0,88
I;R = f Wertschöpfung; R	0,004	0,12	0,16	0,18	0,23
I;R = f BIP; R	0,01	0,06	0,33	0,09	0,12
Konzentrationsrate[1]	60,8	23,7	22,5	20,7	33,7
Exportquote und Importquote 1983[1]	94,6	121,5	54,4	117,5	95,0
Marktmacht (PC)[1]	7,3	9,0	14,3	9,0	9,5

[1] Durchschnitt der Branchen

Die Investitionen sind im Verarbeitungssektor nach vielen Kriterien stabiler. Der Variationskoeffizient der jährlichen Schwankungen ist ungefähr halb so hoch (v = 4,10) als im Basissektor, 7,52 (wenn auch das Zusammentreffen zweier Betriebsansiedlungen zu Beginn der achtziger Jahre auch der Investitionsreihe der engineering industries starke Ausschläge verliehen hat). Die Erklärbarkeit der Investitionen durch den linearen Trend, durch die Wertschöpfung und das Akzeleratorprinzip (letzteres in insignifikantem Maße) ist in den engineering industries immer deutlich höher.

Diese Unterschiede sind deutlich stärker als jene, die im Verhältnis konzentrierter vs. nicht konzentrierter Branchen gefunden wurden. Auch sei ergänzt, daß der Basissektor hinsichtlich Konzentrationsrate als eher konzentriert zu werten ist, nach dem Maß für Marktmacht (PC) aber als nicht konzentriert. Die Außenverflechtung (gemessen an der Summe von Import- und Exportquote) ist im Verarbeitungsbereich noch etwas höher, weil hier die Verflechtung export- und importseitig gegeben ist (intra industrieller Handel).

Stilisiertes Faktum 4: Mengenanpassung dominiert, auch im Sinne von ex post Flexibilität

Im Schnitt sind die Mengenschwankungen (gemessen an Amplituden und Standardabweichung) meist größer als die Preisanpassungen. Gegen diese einfache "Beweisführung" sind viele Einwände möglich, Aggregationsfehler, mangelnde Berücksichtigung von Nachfrageelastizitäten, fehlerhafte Daten (Nichtberücksichtigung von Preisabschlägen, Diskonts, sonstige Vertragsbedingungen).

Auch in Direktbefragungen über die wichtigste strategische Reaktion bei Überraschungen betonen die Firmen die Mengenanpassung, gefolgt von den Ungleichgewichtsreaktionen (Schwankungen in der Kapazitätsauslastung, bei den Lagern). Firmen betrachten ihre Preise als relativ fix, die Mengen hingegen als variabel. Das Konkurrenzmodell einer Mengenanpassung, bei einem die Lücken zwischen Angebot und Nachfrage schließenden Marktpreis, betrachtet allerdings nur eine geringe Minderheit (7 %) als relevant.

5. Zusammenfassung der Ergebnisse

(1) Für die Hypothese der Monopolkommission, daß *Investitionen in konzentrierten Branchen konjunkturell stabiler* sein sollen, liegt weder eine befriedigende modellmäßige Begründung noch empirische Unterstützung vor. Die Überprüfung leidet schon unter der Unsicherheit, an welchen Meßziffern die "Stabilität" gemessen werden soll, der empirische Befund ist in der Literatur im allgemeinen und in der vorliegenden Untersuchung für Österreich im besonderen nicht schlüssig.

(2) Auch die Frage, woran "Konzentration" gemessen werden soll, wirft Probleme auf. Konzentrationsmessungen an einer Charakteristik der Anbieter (so an dem Anteil der

größten vier z.B. an der Beschäftigung, hier Konzentrationsrate genannt) und Konzentration gemessen an ihren Folgen (so an dem vermuteten Verhältnis zwischen Grenzkosten und Preis, hier Marktmacht genannt) unterscheiden sich sehr stark. In der vorliegenden Arbeit über Österreich sind sie negativ korrelliert (Sektorebene -0,685, Branchenebene -0,411, Dreistellerebene -0,34). Dies liegt daran, daß ein Teil der Branchen, die gemessen am Heimmarkt "große" Unternehmen aufweisen, besonders international dem scharfen Wettbewerb eines Käufermarktes ausgesetzt sind.

(3) Einzelne signifikante Ergebnisse über den Zusammenhang zwischen Konzentration und Stabilität verlieren aus mehreren Gründen an Bedeutung. Auf der einen Seite sind sie oft vom Konzentrationsmaß abhängig, zweitens vom Aggregationsgrad der Untersuchung (Sektoren, Branchen, Dichotomisierung in "mehr" bzw. "weniger" konzentrierten Bereich) und drittens vom Maß für Stabilität (Streuung, Determinationskoeffizient). Vielleicht ist das fast in jeder Beziehung entmutigende Untersuchungsergebnis in dieser Arbeit für die Hypothese der Monopolkommission durch die geringe Besetzung vieler Branchen in einem relativ kleinen Land verschärft.

(4) Eine andere Möglichkeit wäre, daß Konzentration keine (unabhängige) Determinante für wirtschaftliche Ergebnisse (mehr) ist, formulieren wir es einmal hart, weder für die konjunkturelle Stabilität, z.B. der Investitionen, noch für das Verhältnis von Preisen zu Grenzkosten, noch für das Wirtschaftswachstum.

Stabilität und Konzentration werden in höherem Maße als durch die Zahl der Marktteilnehmer *durch die Struktur der Produkte* ("Strukturhypothese") bestimmt. Unternehmen, die Basisprodukte erzeugen, stehen einer wenig dynamischen Nachfrage gegenüber, es gibt relativ einheitliche und zyklisch stark schwankende Preise (Produkte sind lagerfähig und homogen). Die Produktion ist kapitalintensiv, Investitionen finden in Schüben statt. Rationalisierungszwang, Kostenwettbewerb und economies of scale bewirken große Einheiten (Konzentration). Jeder Konzentrationsschritt bewirkt eine relativ vergrößerte Marktmacht, die aber im Zeitablauf wieder schwindet (relativ schrumpfender Markt) und durch die internationale Konkurrenz stark beschränkt wird. Unternehmen, die in den engineering industries arbeiten, stehen einer dynamischen, diversifizierten Nachfrage gegenüber. Sachkapitalinvestitionen sind niedriger (in Relation zum Umsatz) und teilbarer, sie schwanken von Jahr zu Jahr geringer und sind leichter durch Zeittrend oder Wertschöpfung erklärbar. Unternehmen sind kleiner, haben aber hinsichtlich Preissetzungfähigkeit einen größeren Spielraum als die größeren Grundstoffunternehmen, weil sie in einem heterogeneren Markt arbeiten. Wirtschaftliche Unsicherheit trifft diese Sektoren weniger, da erstens der Markt dynamischer ist, zweitens Preis- und Mengenschwankungen geringer sind und drittens Auftragsproduktion vorherrscht.

Wenn es richtig ist, daß eher die Zugehörigkeit zum Basissektor (commodities) oder zu den Technischen Verarbeitungsgütern (engineering industries) das Verhalten von Firmen bestimmt *("Strukturhypothese")*, dann wird es verständlich, daß Untersuchungen über den Zusammenhang von Konzentration und Investitionen (insbesondere mit Einfachregressionen!) unbefriedigende Ergebnisse liefern. Konzentration scheint eher eine Reaktion auf die Verengung von Märkten, auf technische Trends (economies of scale) und auf den Reifegrad von Produkten zu sein als eine autonome Determinante von Verhalten und Erfolg von Firmen. Eine Unterscheidung zwischen schrumpfenden Märkten, mit wahrscheinlich notwendiger Konzentration, und dynamischen Märkten, mit potentiellen Gefahren von Konzentration auf Vielfalt und Innovationsdynamik, wäre auch für die Wettbewerbspolitik zu überlegen.

Literaturverzeichnis

Aiginger, K. (1987), Production and Decision Theory under Uncertainty. London.

Aiginger, K. (1988), Flexibility as a Strategic Response to Increasing Uncertainty. Paper presented at the 4th international Conference on Utility and Risk (FUR IV, Budapest, 1988).

Aiginger, K. (1989), The Optimal Reaction of Production and Investment on Uncertainty. In: Funke, M., Factors in Business Investment. Heidelberg, New York.

Baum, C. (1978), Systematische Fehler bei der Darstellung der Unternehmenskonzentration durch Konzentrationskoeffizient auf Basis industriestatistischer Daten. *Jahrbuch für Nationalökonomie und Statistik 193, 1,* 30 – 53.

Blanchard, O.J. (1987), Diskussion zu Hall 1986. *Brookings Papers on Economic Activity 1,* 57 – 122.

Bruckmann, G. (1969), Einige Bemerkungen zur statistischen Messung der Konzentration. *Metrika 14,* 183 – 213.

Buck, A.J., Gahlen, B. (1984), Konzentration und Konjunktur – Eine empirische Untersuchung für die Bundesrepublik Deutschland. In: G. Bombach, B. Gahlen, A.E. Ott, Perspektiven der Konjunkturforschung. Schriftenreihe des Wirtschaftswissenschaftlichen Seminars Ottobeuren, Bd. 13. Tübingen, 243 – 268.

Curry, B., George, K.D. (1983), Industrial Concentration: A Survey. *Journal of Industrial Economics 31,* 203 – 168.

Gahlen, B. (1983), Preise und Mengen in kurz- und langfristiger Analyse. *Kyklos 36,* 548 – 574.

Hall, R.E. (1986), Market Structure and Macroeconomic Fluctuations. *Brookings Papers on Economic Activity 2,* 285 – 322.

Hall, R.E. (1988), The Relation between Price and Marginal Cost in U.S. Industry, *Journal of Political Economy 96, 5,* 921 – 947.

Monopolkommission (1976), Hauptgutachten 1973–75, Baden Baden.

Neumann, M. (1980), Marktmacht und Kosteninflation. *Jahrbuch für Nationalökonomie und Statistik 195, 5,* 477 f.

Neumann, M., Böbel, I., Haid, A. (1983), Business Cycle and Industrial Market Power. *Journal of Industrial Economics 32,* 187 – 195.

Oberhauser A. (1979), Unternehmenskonzentration und Wirksamkeit der Stabilitätspolitik. *Wirtschaft und Gesellschaft 13,* Tübingen.

Pischner, R. (1979), Möglichkeit und Grenzen der Messung von Einflüssen der Umsatzkonzentration auf industrielle Kennziffern. *DIW Beiträge zur Strukturforschung 56,* Berlin.

Scherer, F.M. (1969), Market Structure and the Stability of Investment. *American Economic Review 59,* 72 – 79.

Stahlecker, P., Ströbele, W. (1989), Das Preisverhalten des konzentrierten und des nicht konzentrierten Industriebereiches 1966–76. *Zeitschrift für Wirtschafts- und Sozialwissenschaften 5.*

Korreferat zum Referat K. Aiginger

Andrew J. Buck *

Unabhängig vom jeweiligen Forschungsgebiet läßt sich die Bedeutung eines wissenschaftlichen Beitrages wohl daran messen, ob er gelesen wird oder nicht. Legt man dieses Kriterium zugrunde, dann ist das Hauptgutachten 1973-1975 der Monopolkommission und dessen Vorläufer, die Arbeit von *Gardiner Means,* von unschätzbarem Wert. Nicht zuletzt sind auch die finanziellen Mittel für diesen Workshop ein Ergebnis der Kontroversen, die sich an den empirischen Ergebnissen des Hauptgutachtens entzündeten.

Den Ausgangspunkt für den Beitrag von Aiginger bilden die acht Hypothesen der Monopolkommission. Aufbauend darauf wird der Blickwinkel erweitert zu einer allgemeinen Einführung in die Zusammenhänge zwischen der Marktmacht und den Investitionsausgaben.

Die allgemeingültige Schlußfolgerung, die ich aus Aigingers Aufsatz ziehen möchte, ist, daß der Pfad des technischen Fortschritts der Industrieökonomik nur langsam und ungleichmäßig verläuft. Nur zwei Beispiele seien hier genannt: die Spieltheorie und die Variationsrechnung. *Neumanns* Spieltheorie erschien in den 50er Jahren und erst in 1988 erschien das erste industrieökonomische Lehrbuch, das diese Ideen systematisch abhandelte. *Hotelling* veröffentlichte seinen klassischen Beitrag über die optimale Rate des Abbaus einer erschöpfbaren Ressource in den 30er Jahren. Es mußten 40 und mehr Jahre vergehen, ehe die dort benutzte Technik auf Fragen der Industrieökonomik angewendet wurde.

Lamentierend dokumentiert *Aiginger* diesen steinigen Pfad, als er versucht, diese Methoden auf die im Hauptgutachten angesprochenen Punkte anzuwenden. Erstens seien die gebräuchlichen Konzentrationsmaße nicht geeignet, Marktmacht abzubilden. Zweitens sind Inflation, Investition und Output Stromgrößen und deren zyklisches und langfristiges Verhalten kann nicht aus komparativ-statischen Analysen extrapoliert werden. Drittens sei es unzulässig, firmenspezifische Entscheidungen mit aggregierten Daten zu konfrontieren. Und schließlich würde ein hinreichend sorgfältig spezifiziertes Modell gebraucht, das nicht zuläßt, daß zwei Wissenschaftler vom selben Startpunkt aus zu entgegengesetzten Schlußfolgerungen gelangen. Ich stimme mit *Aiginger* darin überein, daß Unsicherheit und Ungleichgewichte bei der Modellierung des Entscheidungsprozesses zu lange vernachlässigt wurden, glaube aber an die Überwindung dieser Mängel in der Zukunft. Die Modellierung der F&E-Ausgaben ist dabei die Hauptstütze meines Optimismus. Insbesondere die kontroll- und spieltheoretischen Modellierungsansätze besitzen hier viele bemerkenswerte Implikationen für die Investitionsausgaben allgemein.

* Übersetzung des englischen Orginales durch Georg Licht.

Bei der Operationalisierung der meist nicht eindeutigen Modelle des Investitionsverhaltens werden oft unvollständige Maße der Marktmacht benutzt. *Aiginger* steht insbesondere der Verwendung der einfachen 3- oder 4-Firmen-Konzentrationsrate kritisch gegenüber. Während ich ihm im Prinzip zustimme, denke ich doch, daß er es versäumt hat, auf einige hervorragende Studien hinzuweisen. Für die USA wurde festgestellt, daß die 4-Firmen-Konzentrationsrate eng mit dem Herfindahl-Index korreliert ist. Ich gehe davon aus, daß dies auch für Deutschland und England zutrifft. *Cowling, Cable, Waterson* und andere haben die theoretische Verbindung zwischen der Preis-Kosten-Marge und dem Herfindahl-Index abgeleitet. Allerdings kann ich Aigingers Enthusiasmus hinsichtlich der Preis-Kosten-Marge als erklärende Variable in industrieökonomischen Querschnittsuntersuchungen nicht teilen. Dies läßt die Frage der Kausalität außer acht. Ähnliche Vorbehalte habe ich auch gegenüber dem von Hall entwickelten Maß für die Profite.

Andererseits stimme ich mit Aiginger in seiner Meinung über die Verwendung anderer konventioneller Maße der Marktmacht überein. In verschiedenen Industrien und Ländern können sie sehr verschiedene Effekte messen.

Obwohl *Aiginger* keinen erschöpfenden Überblick über die Studien zum Zusammenhang von Investitionsverhalten und Konzentration geben wollte, wird doch der Schluß nahegelegt, daß dieses Forschungsgebiet in einem besorgniserregenden Zustand ist. Wenn dem aber so ist, dann trifft dies auch für die Studien zum aggregierten Investitionsverhalten zu. Das einzige, was wir über die Verhältnisse in den USA wissen, ist, daß das Investitionsverhalten in den 70er Jahren instabiler geworden ist. Die Ursache dieser gestiegenen Instabilität wurde bisher allerdings noch nicht aufgedeckt. Ist die Quelle dieser Unbeständigkeit im Zentralbankverhalten oder in den nachhaltigen Änderungen der Marktstruktur in der Industrie zu suchen?

Seine Vorbehalte gegen die Pischner-Studie verdeutlicht *Aiginger* durch eine Untersuchung der Verbindung von Investionen und Marktmacht für die österreichische Industrie. Einigkeit besteht hier hinsichtlich der Konstruktion und der Bedeutung der 4-Firmen-Konzentrationsrate und der Preis-Kosten-Marge. Allerdings erscheint mir die Interpretation von *Halls* Profitmaß unklar. Diese Größe wird entscheidend von der Allokation der Produktions- und Marketingkosten beeinflußt. Vielleicht kann ein Bilanzbuchhalter diese Konstruktion zur Verteilung von Kosten und Erträgen verstehen oder sogar wertschätzen. Ein Firmeninhaber, Wirtschaftspolitiker oder Investor allerdings interessiert sich für die interne Rendite des ganzen Unternehmens und für die Gründe, warum sie besonders hoch oder niedrig ist.

In Österreich ist die Konzentrationsrate, gemessen mit den Beschäftigtenanteilen, negativ korreliert mit der Preis-Kosten-Marge des Jahres 1983. Dies gilt unabhängig vom Grad der Disaggregation. Für die USA konnte festgestellt werden, daß diese Korrelation von der betrachteten Zeitperiode abhängt. Kann man für Österreich eine ähnliche Aussage treffen?

Eine andere Frage betrifft die Messung der Investitionsstabilität. In (übermäßig) vielen Studien wird dazu die Varianz der Zeitreihe herangezogen, wobei meistens der Mittelwert dieser Zeitreihe als Bezugspunkt für die Berechnung der quadrierten Abweichungen herangezogen wird. Wenn man allerdings an den Investitionsschwankungen einer Branche relativ zur gesamten Industrie interessiert ist, dann ist der aggregierte Mittelwert zweifellos das geeignetere Zentralitätsmaß. Darüber hinaus, was bedeutet eigentlich stabil?

Beispielsweise betrachte man die beiden autoregressiven Prozesse

$$X_t = a\, X_{t-1} + u_t\,,$$
$$Y_t = -\,b\, Y_{t-1} + v_t$$

mit

$$0 < a{,}b < 1\,,$$
$$E(u_t) = E(v_t) = 0\,,$$
$$E(u_t u_s) = E(v_t v_s) = 0\,.$$

Der erste Prozeß wird sich sehr gleichmäßig entwickeln. D.h., ohne größere Schocks wird auf einen positiven Wert von X_t auch ein positiver Wert von X_{t+1} folgen. Die zweite Zeitreihe wird häufige Vorzeichenwechsel aufweisen. Trotzdem können beide Prozesse bei einer entsprechenden Wahl von a und b die gleiche Varianz aufweisen. Welcher Prozeß verläuft stabiler? Welchen Zeitpfad würde der Wirtschaftspolitiker bevorzugen?

Die Ergebnisse und Anmerkungen von Aiginger können mich weder überraschen noch enttäuschen. Investitionen sind Ausgaben für Inputfaktoren in einem Zeitpunkt, wobei die Leistungsabgabe dieser Inputfaktoren über die Zeit verteilt ist. In dieser Hinsicht unterscheiden sie sich nicht von den Ausgaben für den Produktionsfaktor Arbeit. Der Einsatz von Inputs hängt von den relativen Preisen, den Erwartungen und der verwendeten Technologie ab. Eine hohe Korrelation zwischen Investitionen und Konzentration läßt sich daher nur dann erwarten, wenn eine systematische Verbindung zwischen diesen drei exogenen Faktoren und der Marktmacht besteht. Ein solcher Zusammenhang könnte allerdings existieren.

Aiginger skizzierte ein realistischeres Bild für die Erklärung der Investitionsschwankungen, unabhängig davon, wie diese dann gemessen werden:

(1) Das Ausmaß der Preissetzungsmacht kann ohne genaue sachliche und räumliche Abgrenzung der Märkte nicht aufgedeckt werden.

(2) Wie mit Firmendaten des WIFO und des IFO nachgewiesen wurde, sind Preisanpassungen träge. Firmen vollziehen erst dann die Anpassung an Nachfrageänderungen, wenn deren permanenter Charakter offensichtlich ist. Statt dessen wird unmittelbar mit einer Variation des Auslastungsgrades reagiert.

(3) Alle Produkte weisen einen Lebenszyklus auf. In der Produktion spielt die Lernkurve der Belegschaften eine wichtige Rolle. Aus beidem ergibt sich der Lebenszyklus einer Industrie. Die Stellung innerhalb dieses Lebenszyklus kann mittels der von Aiginger genannten Charakteristika identifiziert werden.

(4) Die Notwendigkeit für Preisanpassungen ist gering, falls die Produktionsfunktion der Firma konstante Skalenerträge aufweist, was z.B. auch *Baumol* unterstellt, und, falls die Firmen einer Industrie (z.B. Pepsi und Coca Cola) davon ausgehen, daß sich ihre Nachfragekurven proportional verschieben.

Zusammenfassend muß festgestellt werden, daß kein konsistentes Modell für die Beziehung zwischen Konzentration und Investitionen existiert, außer wenn die Konzentration das Verhalten einer Industrie zutreffend charakterisiert. Die Konzentration selbst hingegen ist nicht sonderlich aussagekräftig. Entsprechende empirische Ergebnisse sind mit äußerster Vorsicht zu interpretieren. Schließen möchte ich mit dem Hinweis, daß eine empirisch festgestellte Korrelation von Konzentration und Investionsverhalten wahrscheinlich das Ergebnis einer geschickten Abgrenzung und Aufbereitung der Daten ist.

III. Die Dynamik des Wettbewerbs – Theoretische Analysen der Marktstruktur und des Innovationsverhaltens

Marktstruktur und dynamischer Wettbewerb

Theoretische Grundlagen der Schumpeter-Hypothesen

Referat von Ernst Helmstädter

Die heute dominierende Theorie des *Wettbewerbs als dynamischer Prozeß* verdankt *Schumpeter (1883–1950)* den wesentlichen Anstoß. Sein geniales Jugendwerk über "Die Theorie der wirtschaftlichen Entwicklung" (1912) enthält hierzu eine Reihe von Hypothesen, von denen der Autor gleich auf der Titelseite der Erstauflage des Buches sagt: "Hypotheses non fingo". Aber nicht jene wirklichkeitsbezogenen Hypothesen werden heute "Schumpeter-Hypothesen" genannt. Vielmehr figurieren darunter vergleichsweise simple Behauptungen über den Zusammenhang von Innovationstätigkeit und Marktstruktur, zu denen vor allem *Schumpeters (1942)* dramatisches Spätwerk "Capitalism, Socialism and Democracy" gewisse Hinweise geliefert hat.

In der Literatur ist sowohl von *einer* Schumpeter-Hypothese wie auch von *den* Schumpeter-Hypothesen die Rede. Nach *Scherer (1984, 169)* umschließt *die* Schumpeter-Hypothese drei hauptsächliche Aussagen:

1. Eine Monopolstellung und ein hinreichender Investitionsfonds sind günstig für Innovationen;
2. Große Unternehmen vermögen Forschungs– und Entwicklungsprogramme besser als kleine zu bewältigen;
3. Diversifizierten Unternehmen bieten sich bessere Chancen bei der Nutzung technologischer Möglichkeiten als Unternehmen mit eng ausgelegtem Produktionsprogramm.

Kamien, Schwartz (1982, 22) begreifen als Schumpeter-Hypothesen vor allem die ersten beiden Gesichtspunkte:

1. Zwischen Innovationstätigkeit und ertragreicher Monopolmacht besteht ein positiver Zusammenhang;
2. Große Unternehmen sind überproportional innovationsfähiger als kleine.

In dieser Weise würde die Literatur *Schumpeter* zwei Hypothesen zuschreiben, obwohl die zweite Aussage stärker von *Galbraith* geprägt sei. Darauf wurde auch an anderer Stelle verwiesen: "Erst *Galbraith (1956)* und einige andere Autoren haben die verstreuten Bemerkungen *Schumpeters* dahingehend umformuliert, daß große Firmen in stark konzentrierten Industrien innovativer sind, und daraus wirtschaftspolitische Empfehlungen abgeleitet. Man sollte in diesem Zusammenhang eher von der Neo-Schumpeter-Hypothese sprechen" *(Gerybadze 1982, 108)*.

Was immer auch in der Form einer *Schumpeter-Hypothese* über den Zusammenhang von (monopolistischer) Marktstruktur und Innovationstätigkeit ausgesagt werden

Studies in Contemporary Economics
B. Gahlen (Hrsg.)
Marktstruktur und gesamtwirtschaftliche Entwicklung

mag, steht im strikten Gegensatz zur Theorie des dynamischen Wettbewerbs. Die Vorstellung, daß die marktstrukturellen Bedingungen zu optimieren seien, muß abwegig erscheinen. "Die Suche nach einer optimalen Firmengröße oder Marktstruktur ist fehlgeleitete Mühe. Innovationen fließen dann, wenn die Strukturen der Märkte und der Unternehmen selber offen gegenüber innovatorischem Wandel sind" *(Kaufer 1980, 609).*

Aber die wettbewerbstheoretische Kritik geht noch weiter. Die Abgrenzung von Teilmärkten, auf die sich Marktstrukturaussagen notwendig stützen müssen, wird selbst für fragwürdig gehalten. "'Alle Waren und Dienstleistungen stehen im Wettbewerb mit allen übrigen Waren und Dienstleistungen'. Wettbewerb ist also nicht in einzelne Teilwettbewerbe aufzuspalten" *(Hoppmann 1977, 9; Zitat aus Mises, L. von 1961, 33).*

In diesem Beitrag wird mit der Darstellung der wettbewerbstheoretischen Grundlagen begonnen und zunächst statt einer Reihe von Wettbewerbsfunktionen die bisher kaum beachtete *Kernfunktion des Wettbewerbs* herausgestellt. Darauf aufbauend erfolgt der Versuch einer *Taxonomie des Wettbewerbsprozesses.* Ob die sogenannten Schumpeter-Hypothesen auf das *wettbewerbstheoretische Fundament* oder auf das *neoklassische Oligopol* zu stellen sind, soll dann untersucht werden. Wenn eine solche Begründung – wie jetzt schon zu erwarten – verfehlt wird, fragt sich, welche *wirtschaftspolitischen Schlußfolgerungen* daraus zu ziehen sind. Denn soviel ist klar: Daß die sogenannten Schumpeter-Hypothesen ihre innovations- und wettbewerbspolitischen Empfehlungen in sich tragen, macht ihre eigentliche Brisanz aus.

1. Die Kernfunktion des Wettbewerbs

> "Was aber ist dieses Wesen des Wettbewerbs? Was macht seinen Begriff im Kern aus?" *(Schmidtchen 1978, 35).*

Eine Begriffsdefinition kann verschiedenen Zwecken dienen. Eine Legaldefinition soll den Gerichten klarlegen, welches Rechtsgut zu schützen ist. Eine analytische Definition soll den Gegenstand einer Fragestellung abgrenzen, Nominaldefinitionen sollen ein Aussagensystem strukturieren.

Definitionen können das Wesen eines Begriffsinhalts zu erfassen versuchen; man nennt solche Abgrenzungen "essentialistisch" *(Schmidtchen 1978, 53).* Zielpunkt einer Definition kann auch eine funktionale Aussage sein: "Das Geld gehört zu jenen Gegenständen, deren Wesen nur durch ihre *Funktionen* erklärt werden kann" *(Röpke 1968, 118).* Vom Wettbewerb erwartet man, daß er bestimmte Aufgaben erfüllt. Es erscheint deshalb zweckmäßig, ihn *funktional* zu definieren. Dem Wettbewerb unter analytischem Aspekt eine Funktion zuzuschreiben, darf freilich nicht mit der Absicht verwechselt werden, es sollte damit der Wettbewerbspolitik ein normativ zu verstehendes Ziel vorgeschrieben werden.

Wettbewerb gibt es nicht nur in der Wirtschaft, sondern genauso im Sport, in der Kunst und Politik. *Die Funktion des Wettbewerbs besteht stets darin, eine Abstufung der Leistungen der Wettbewerber herauszufinden.* Es geht um die Feststellung eines Leistungsgefälles zwischen einer Mehrzahl von Wettbewerbern. *Die Ermittlung eines Leistungsgefälles nennen wir die Kernfunktion des Wettbewerbs.* Wenn beispielsweise für den Bau eines neuen Rathauses ein Architektenwettbewerb ausgeschrieben wird, soll auf diese Weise herausgefunden werden, was zuvor unbekannt ist: welcher Architekt den besten Entwurf zustande bringt, welcher den zweitbesten usw. Durch den Wettbewerb wird ein Leistungsgefälle zwischen den einzelnen Entwürfen ermittelt. Genau deswegen wird ein solcher Wettbewerb ausgeschrieben.

Außerhalb der Wirtschaft endet der Wettbewerb mit der Erfüllung der Kernfunktion. Ein sportlicher Wettbewerb etwa ermittelt den Sieger sowie die auf den Plätzen folgenden Wettbewerber und ist damit beendet. Genauso verhält es sich bei kulturellen oder politischen Wettbewerben.

Wirtschaftlicher Wettbewerb findet auf Märkten statt, auf denen Angebot und Nachfrage aufeinandertreffen. Auf beiden Marktseiten erscheinen Wettbewerber. Die Kernfunktion des Wettbewerbs, die Bestimmung des Leistungsgefälles, gilt für beide Seiten. Das Leistungsgefälle der Nachfrageseite ordnet die Wettbewerber nach Maßgabe ihrer Zahlungsbereitschaft, das Leistungsgefälle der Angebotsseite ordnet die dortigen Wettbewerber nach Maßgabe ihrer Entgeltforderungen.

Die Kernfunktion der Ermittlung des Leistungsgefälles auf beiden Marktseiten kann auch ein Auktionator übernehmen. Die das typische Leistungsgefälle beschreibenden Angebots- und Nachfragekurven der Lehrbücher kann man sich durch die Tätigkeit eines Auktionators – und nicht durch den Wettbewerb – zustandegebracht denken.

Die meisten Märkte finden indessen ohne Auktionator statt. Hier ermitteln die Wettbewerber unmittelbar das Leistungsgefälle durch gegenseitiges Über- oder Unterbieten. So ergibt sich zunächst, welche Anbieter und Nachfrager zum Zuge kommen, – man könnte auch sagen: im Wettbewerb bleiben – und welche Wettbewerber ausscheiden. Die erste Aufgabe der Kernfunktion ist somit die Trennung zwischen *effektiven* und *virtuellen* Wettbewerbern. Der Wettbewerb ist insoweit ein Ausleseverfahren, bei dem die Wettbewerber – auf beiden Marktseiten – nach ihrer Leistung eingestuft und die Leistungsfähigsten bestimmt werden: *Leistungswettbewerb.*

Was an einem Wettbewerbsmarkt gehandelt wird, spielt dabei keine Rolle. Das Gesagte gilt für Märkte, auf denen Güter und Leistungen der *laufenden Leistungserstellung* gehandelt werden, genauso wie für Märkte, auf denen lediglich eine *Bestandsumschichtung von Sachvermögen und Rechten* erfolgt.

In der *laufenden Leistungserstellung* lassen sich die gehandelten Güter und Leistungen nach dem *Grad ihrer Neuheit* unterscheiden. Die Märkte der *bekannten* Güter und

Leistungen regeln deren arbeitsteilige Produktion. Der Wettbewerb ermittelt hier die *Arbeitsteilung.* Das Wissen über neue Güter und Leistungen steht den Wettbewerbern nach Maßgabe eines Wissensgefälles zu Gebote. Der Wettbewerb regelt hier die *Wissensteilung.* Die Wettbewerber sind im allgemeinen auch unterschiedlich gestellt in ihrer Fähigkeit, Risiken zu übernehmen. Der Wettbewerb regelt dann die *Risikoteilung,* die übrigens nicht nur in der laufenden Leistungserstellung sondern auch bei der Vermögensbestandsumschichtung eine Rolle spielt.

Ausdruck des Wettbewerbs ist ein im Wettbewerb *selbst herausgefundenes Leistungsgefälle.* Dabei sollte unter "Leistung" nicht nur an Produktionsleistungen gedacht werden sondern an eine *allgemeiner verstandene Fähigkeit zu Angebot und Nachfrage.*

Die Kernfunktion des Wettbewerbs besteht darin, das Leistungsgefälle der Wettbewerber herauszufinden. Nur so kann erreicht werden, daß am Markt die leistungsfähigsten Wettbewerber zum Zuge kommen. Wären an einem Markt alle potentiellen Wettbewerber gleich leistungsfähig, könnte übrigens nicht per Wettbewerb festgestellt werden, welche Wettbewerber zum Zuge kommen. Wären dann zufällig Angebot und Nachfrage größengleich, könnten alle Wettbewerber zum Zuge kommen. Wäre jedoch eine Marktseite kürzer, müßte die andere Marktseite etwa durch Losentscheid entsprechend verkürzt werden.

Aus der Erfüllung der Kernfunktion des Wettbewerbs folgt nicht nur, welche Wettbewerber am Markt zum Zuge kommen. Zugleich ergibt sich der abgestufte Vorteil der einzelnen Wettbewerber nach erfolgter Markttransaktion. Dem bestehenden *Leistungsgefälle* entspricht ex post ein *Ertragsgefälle.* Wiederum ist Ertrag in weitem Sinne zu verstehen, vom Gewinn bis zur Konsumentenrente, jeweils bezogen auf die umgesetzte Gütereinheit.

Dem Wettbewerb die Aufgabe zuzuschreiben, ein Leistungsgefälle herauszufinden, heißt zugleich ihn zu definieren: Wettbewerb ist ein Verfahren zur Ermittlung des Leistungsgefälles der beteiligten Wettbewerber.

Hier steht nun also eine Wettbewerbsdefinition, obwohl es "eine allgemein akzeptierte Definition des Phänomens 'Wettbewerb' nicht gibt und nicht geben kann" *(Herdzina 1987, 10).* Insbesondere wird zudem behauptet, daß "'Wettbewerb' erfahrungswissenschaftlich nicht definiert werden kann, weil das, was ihn im Wesen ausmacht, erfahrungswissenschaftlich nicht zu erkennen ist" *(Schmidtchen 1978, 44).* So gesehen brauchen sich die Nationalökonomen auch heute gar nicht darüber zu wundern, "daß das, was sie in den letzten Jahren unter dem Namen 'Wettbewerb' diskutiert haben, nicht das ist, was in der gewöhnlichen Sprache so heißt" *(Hayek 1946, 122). Hayek* hatte damals zwar den Begriff des 'vollkommenen Wettbewerbs' im Visier. Daß dieser Begriff inzwischen aus dem Verkehr gezogen wurde, ist der Wettbewerbstheorie zu verdanken. Aber wenn sie den Begriff des Wettbewerbs prinzipiell nicht erfahrungswissenschaftlich fassen könnte, so bliebe die Kluft zwischen dem von vielen Menschen erfahrbaren Wettbewerb und den erfahrungswissenschaftlich nicht vorankommenden Wettbewerbsheoretikern allzeit bestehen.

So soll es aber nicht bleiben! Deshalb hier der Vorschlag zu einer funktionalen Definition des Wettbewerbs. Er kann indessen nur dann erfolgreich sein, wenn es damit auch gelingt, den gesamten Bereich des Wettbewerbs gleichsam taxonomisch zu ordnen. Möglicherweise sind dann in der Taxonomie des Wettbewerbs auch die Schumpeter-Hypothesen unterzubringen.

2. Der Wettbewerb als dynamischer Prozeß

Darüber, daß *"Wettbewerb als dynamischer Prozeß" (Clark, J.M. 1961)* zu verstehen ist, herrscht heute Einigkeit im Fach. "Schließlich hat Hayek sich gegen die ... statische Auffassung der Theorie vom Wesen der Konkurrenz in einem prinzipiellen Aufsatz gewandt, dessen Hauptschlußfolgerung die ist, daß 'Konkurrenz ihrer Natur nach ein dynamischer Begriff ist, dessen wesentliche Charakteristika durch die Annahme von vornherein ausgeschlossen werden, die der statischen Analyse zugrundeliegen'" *(Lutz 1956, 32 f.)*. Außer jeder Frage hat auch *Schumpeter* den Wettbewerb stets als Prozeß begriffen.

Was macht nun diesen *Prozeß* aus, wenn seine *Kernfunktion* in der Ermittlung eines Leistungsgefälles besteht? Wir beschränken unsere diesbezügliche Betrachtung auf die Angebotsseite eines Marktes über den Güter und Leistungen der laufenden Produktion getauscht werden.

Jeder Wettbewerber befindet sich hier im Rahmen des zunächst als gegeben zu betrachtenden Leistungsgefälles in jedem Augenblick in einer bestimmten *Wettbewerbsposition.* Ergreift er erfolgreiche *Wettbewerbsstrategien (Porter 1985)*, so verbessert er seine Wettbewerbsposition. Die Summe der Wettbewerbsstrategien der Wettbewerber, die ihre Wettbewerbsposition zu verbessern suchen, bildet den *Wettbewerbsprozeß* insgesamt.

Oben war als wettbewerblicher Strategieparameter nur der Preis genannt worden. Nunmehr beziehen wir sämtliche weiteren verfügbaren Wettbewerbsparameter ein, bei denen sich in gleicher Weise ein Leistungsgefälle zwischen den Wettbewerbern feststellen läßt. Die Wettbewerbsposition eines Wettbewerbers ist jedenfalls erst mit einem *vielstelligen Leistungsgefälle* zureichend erfaßbar.

Hat ein einzelner Markt der laufenden Leistungserstellung den Zustand des langfristigen stationären Gleichgewichts erreicht, so unterscheidet sich die Wettbewerbsposition der einzelnen Wettbewerber auf der Anbieterseite nicht mehr. Kein Wettbewerber ist mehr in der Lage, seine individuelle Wettbewerbsposition zu verbessern. *Der Wettbewerbsprozeß selbst ist damit auf der Anbieterseite zu Ende.* Unbeschadet davon spielt sich die Umsatztätigkeit an einem solchen Markt Periode für Periode, allerdings auf gleichbleibendem Niveau ab, wenn auch die Nachfrage unverändert bleibt.

Der Wettbewerbsprozeß hält nur solange an, wie ein Leistungsgefälle besteht und Wettbewerber in der Lage sind, ihre individuelle Wettbewerbsposition zu verbessern.

Betrachten wir nun einen Markt, an dem ein Wettbewerber nicht nur durch *Imitation* oder *Anpassung* an die günstiger stehenden Wettbewerber seine Wettbewerbsposition verbessern kann, sondern auch durch *innovatorische Strategien*, so kann dauerhaft ein Wettbewerbsgefälle und somit der Wettbewerbsprozeß fortbestehen. "Nur in einem Markt, in dem die Anpassung (Imitation, E.H.) sich im Vergleich mit der Geschwindigkeit der Veränderungen (Innovation, E.H.) langsam vollzieht, ist der Prozeß des Wettbewerbs in fortgesetzter Wirksamkeit" *(Hayek 1946, 136)*.

Wettbewerber, die Neues finden, sehen sich in einer günstigeren Wettbewerbsposition. Das schafft Anreiz zu Suchaktivitäten, die zu neuen marktmäßig verwertbaren Entdeckungen führen. Der Wettbewerbsprozeß ist hier Suchprozeß oder Entdeckungsverfahren *(Hayek 1968)*. Der Suchprozeß führt zu wirtschaftlichen Entdeckungen.

Der Wettbewerbsprozeß ist bei Anpassung an das langfristige Gleichgewicht (keine Innovationen!) ein *Imitationsverfahren* und bei technischem Fortschritt ein *Entdeckungsverfahren*. *Formal* gesehen handelt es sich um ein und denselben Prozeß, aufgefaßt als Summe der individuellen Strategien der Wettbewerber, die eigene Wettbewerbsposition zu verbessern. *Inhaltlich* besteht der Unterschied darin, daß unterschiedliche Strategien zur Verfügung stehen. Am Wettbewerbsprozeß selbst zeigen sich jedoch keine Unterschiede. Das wettbewerbliche Entdeckungsverfahren funktioniert nicht anders als das wettbewerbliche Imitationsverfahren. Allerdings sind unterschiedliche Leistungen gefragt. Unverändert geht es jedoch um die Ermittlung des Leistungsgefälles durch Wettbewerb (Kernfunktion) und Wettbewerbsstrategien zur Verbesserung der Wettbewerbsposition (Wettbewerbsprozeß).

Ein Bewegungsvorgang (Prozeß) ist methodisch nur mit der dynamischen Analyse zu erfassen. Ob man freilich zur Charakterisierung eines Bewegungsvorgangs das adjektivische Attribut "dynamisch" benötigt, mag unterschiedlich beurteilt werden.

Der Ausdruck "dynamisch" ist keineswegs auf den methodischen Aspekt beschränkt. *Schumpeter* weist *John Bates Clark* das Verdienst zu, als erster "'Statik' und 'Dynamik' bewußt und grundsätzlich geschieden zu haben" *(Schumpeter 1912, 5. Aufl. 1952, 92)*. Aber er kritisiert gleichwohl dessen Begriff der Dynamik, weil *Clark* "in den 'dynamischen' Elementen eine exogene Störung des statischen Gleichgewichts" sehe. Die Störungsursachen in die Theorie einzubeziehen, sie also zu endogenisieren, um so die "innere ökonomische Entwicklung" zu zeigen, nimmt sich *Schumpeter* selbst vor. An die Stelle der Clarkschen Außendynamik stellt *Schumpeter* die Innendynamik.

Boulding (1981, 84 ff.) unterscheidet in ähnlicher Weise zwei Begriffe der Dynamik. Unter "Samuelsonian dynamics" versteht er die Dynamik der Periodenanalyse der

Lehrbücher. Daneben gäbe es den inhaltlich reicheren Begriff der Dynamik eines evolutorischen Prozesses in historischer Zeit: evolutorische Eigendynamik.

In diesem Sinne wird hier mit *"dynamischem Wettbewerb"* der die evolutorische Entwicklung dauerhaft antreibende Wettbewerbsprozeß verstanden. *Heuß (1980, 684)* sieht gleichfalls die "Marktentwicklung als endogenen Prozeß" an. Nicht jeder Wettbewerbsprozeß ist in diesem Sinne dynamisch!

So gesehen geht die Feststellung *Schmidtchens (1988, 115)* ins Leere, wonach der Begriff des dynamischen Wettbewerbs in die Reihe der unzähligen Definitionen des "funktionsfähigen Wettbewerbs" als dessen "neueste pleonastische Kreation" einzureihen ist. Wo dem dynamischen Wettbewerb "gar die Eigenschaften eines Zaubertrunks zugesprochen" worden sein sollen, hat Schmidtchen leider nicht mitgeteilt. Wettbewerbserfolge gibt es in einer evolutorischen Wirtschaft an der Front der Entwicklung, in einer *Vorauswirtschaft* also, jedenfalls nicht durch exogene Zauberei sondern nur durch die Leistungen der Wettbewerber selbst.

Aus der "reinen" Theorie des dynamischen Wettbewerbs ergeben sich im übrigen keine Anhaltspunkte für die Gültigkeit der Schumpeter-Hypothesen. Dies schließt nicht aus, daß die empirische Beobachtung erweisen könnte, daß monopolistische Unternehmen beim wettbewerblichen Entdeckungsverfahren leistungsfähiger als ihre Wettbewerber sind.

3. Dynamischer Wettbewerb und Marktstruktur

Dynamischer Wettbewerb ist nur als *Prozeß* zu verstehen. Im Gegensatz dazu bezieht sich der Begriff der Marktstruktur auf einen *Zustand*. Zum Prozeßcharakter des Wettbewerbs würde von vornherein eher der Gedanke an einen damit zusammenhängenden *Strukturwandel* passen.

Das Verhältnis von Wettbewerb und Marktstruktur dürfte als Kausalverhältnis vor allem in dem Sinne zu verstehen sein, daß eine günstige Marktstruktur dem Wettbewerb förderlich ist und weniger in dem Sinne, daß der Wettbewerb eine bestimmte Marktstruktur hervorbringt. Allenfalls läßt sich mit der Theorie des dynamischen Wettbewerbs vom Anpassungswettbewerb (keine Innovationen!) die endgültige Marktstruktur, die er letztlich im stationären Gleichgewicht hervorbringt, bezeichnen: in dieser Marktstruktur sind die Unterschiede zwischen den Anbietern eingeebnet. Deswegen endet mit der Erreichung dieser Marktstruktur der Wettbewerbsprozeß.

Im übrigen verlangt die Theorie des dynamischen Wettbewerbs lediglich eine Marktstruktur mit Leistungsgefälle. Dies erfordert Wettbewerbsfreiheit für die effektiven und virtuellen Wettbewerber. Bestehen die nicht-ökonomischen Voraussetzungen, innovatorisch Verwertbares zu entdecken, dann wird die unterschiedliche Leistungsfähigkeit der Wettbewerber, die unterstellt werden darf, im Wettbewerb ein Leistungsgefälle ergeben, das seinerseits die Wettbewerber anreizt, ihre Wettbewerbsposition zu verbessern.

Der Wettbewerb führt zu Arbeitsteilung, Wissensteilung und Risikoteilung. Er strukturiert insofern das Marktsystem insgesamt. Könnte jeder Wettbewerber alles gleich gut, bedürfte es der vielfältigen *Funktionsteilung,* die der Wettbewerb bewirkt, gar nicht. Umgekehrt gäbe es ohne Leistungsgefälle, wie mehrfach betont, auch keinen Wettbewerb.

Die Vertreter des *Konzepts des freien Wettbewerbs (Hayek, Mises, Hoppmann, Schmidtchen)* halten das Marktsystem insgesamt für eine unzerlegbare Einheit. Dabei spielt das Argument der Interdependenz aller wettbewerblichen Aktivitäten eine Rolle. Dagegen ist im Prinzip nichts einzuwenden. Tatsächlich hängt alles von allem ab.

Auf der anderen Seite besteht der ökonomische Vorteil des Wettbewerbs in der Verwirklichung einer leistungsbedingten Funktionsteilung. Die unterschiedliche Leistungsfähigkeit der Wettbewerber im Wettbewerb herauszufinden, um sie zu nutzen, strukturiert das Marktsystem. Seine damit eben doch unterscheidbaren Teilmärkte, mögen sie an den Grenzen auch ineinanderfließen, können im Prinzip auf ihre Besonderheiten untersucht werden.

Die Suche nach Besonderheiten einzelner Märkte enthält im Ansatz den Vergleich der Teilmärkte und im nächsten Schritt den Versuch, die Marktstruktur wirtschaftspolitisch gestalten zu wollen. Entzieht man solchen Versuchen von vornherein dadurch den Boden, daß man die Teilbarkeit des Marktsystems bestreitet, so mag mancher darin einen eleganten Schachzug sehen, aber zwingend ist das Argument nicht. Es erscheint zudem aus Erkenntnisgründen nicht geboten, die vom Wettbewerb selbst bewirkte Strukturierung des Marktsystems aus dem Forschungsprogramm der Wettbewerbstheorie zu streichen. Zu den "Daten der Marktstruktur", die das Verhalten der Wettbewerber prägen, gehören auch die "Daten des erlernten und sonstwie erworbenen Wissens um die gewachsenen industriespezifischen Bedingungen des Wettbewerbs" *(Kaufer 1980, 510).*

Die Unternehmen konkurrieren nicht nur innerhalb von Märkten sondern auch um Märkte: "Wettbewerb kann sich grundsätzlich auf zweierlei Weise abspielen. Erstens als Wettbewerb in einem Markt und zweitens als Wettbewerb um einen Markt" *(Kaufer 1980, 510).* Der die Marktgrenzen übergreifende Wettbewerb, Ausdruck der Interdependenz der Märkte, ist selbst wettbewerbstheoretisch interessant und noch nicht zureichend erforscht, wie *Kaufer* bemerkt.

Das "die Wettbewerbstheorie und die Wettbewerbspolitik beherrschende Struktur-Performance Modell" *(Kaufer 1980, IX),* wonach Firmengröße und Marktstruktur "im wesentlichen ein ingenieurwissenschaftliches Problem" und die Marktergebnisse gemäß der "organisationslosen und transaktional leeren Preistheorie aus wenigen typischen

Marktstrukturen vorhersagbar sind", hat im Grunde ausgedient. Mit *Kaufer* ist zu hoffen, daß die von der österreichischen Tradition inspirierte Theorie der Markt- und Wettbewerbsprozesse, die als vom Handeln der Wettbewerber bestimmt betrachtet werden, die Thematik gegenseitiger Abhängigkeit von Prozeß und Struktur fortzuentwickeln in der Lage sein wird.

4. Die neoklassische Theorie der Innovation im Oligopol

Wie knappe Mittel optimal einzusetzen sind, ist der Gegenstand der neoklassischen Allokationstheorie. Ihre Methode auf die Innovation anzuwenden, impliziert, daß die Innovation wie andere Faktoren gegen Entgelt erhältlich ist. Damit lassen sich einige Fragen nach dem Modellzusammenhang von Marktstruktur und Innovation aus den Annahmen explizieren.

Hier soll nun das Beispiel des Cournotschen Oligopols für die Ableitung der Höhe der Innovationsausgaben in Abhängigkeit von der Marktstruktur bzw. der Anbieterzahl herangezogen werden. Dieses Modell scheint die Schumpeter-Hypothese zu unterstützen. Es zeigt nämlich, daß der Anteil der Innovationsausgaben mit dem Konzentrationsgrad steigt. Dies soll an einem einfach strukturierten Oligopolmodell demonstriert werden. Der einzige Zweck dieser Darstellung besteht darin zu zeigen, daß ein Monopolist, wenn es ihm durch eine Innovation gelingt, das Kosten-Erlös-Verhältnis günstiger zu gestalten, nicht nur einen absolut höheren, sondern auch einen relativ höheren Gewinnzuwachs zu erwarten hat als mehrere Wettbewerber, die die gleiche Innovation zustandebringen.

Das Modell geht auf *Dasgupta, Stiglitz (1980)* zurück. Es wurde von *Gahlen, Stadler (1986)* und neuerdings von *Stadler (1989)* diskutiert und dabei im wesentlichen akzeptiert als eine Möglichkeit, "in einem einfach gehaltenen Modellrahmen Marktstruktur und Innovationen endogen" zu bestimmen. Erweiterungen und Verallgemeinerungen dieses Grundmodells sind bereits erfolgt. "Der positive Zusammenhang zwischen F & E-Aktivitäten und Marktkonzentration steht im Einklang mit der ... Neo-Schumpeter-Hypothese, so daß der Ansatz durchaus als eine mögliche theoretische Fundierung hierfür in Betracht gezogen werden kann" *(Stadler 1989, 26)*.

Um den Modellzusammenhang so durchsichtig wie irgendmöglich zu halten, wird hier eine lineare Version mit einem Zahlenbeispiel benutzt (s.a. *Helmstädter 1983,234 f.*). Gegeben sei eine lineare (inverse) Nachfragefunktion bzw. Preis-Absatz-Funktion für den Gesamtmarkt:

(1) $$p = a - bx \,.$$

Bei jedem Anbieter i an einem Markt mit einer festen Zahl von insgesamt n = 1,2, 3... Anbietern mögen lediglich variable Kosten anfallen

(2) $$K_i = cx_i \,,$$

die einheitlich für alle gelten.

Bei gleicher Kostensituation und Gleichstellung der Anbieter auch in anderer Hinsicht, realisiert jeder Oligopolist bei n Anbietern den gleichen Absatz x_i:

(3) $$x_i = x/n\,,\ i = 1, 2, \ldots, n\,.$$

Die Cournot-Annahme bezüglich des Verhaltens der Oligopolisten besagt, daß der einzelne Anbieter seine Absatzmenge derart bestimmt, daß bei gegebener Absatzmenge der übrigen Anbieter, sein Gewinn maximal wird. Der Gewinn G_i beträgt:

(4) $$G_i = [a - b\,(x_1 + x_2 + x_3 + \ldots x_n)]\,x_i - cx_i\,.$$

Die Maximierung des Gewinns mit Rücksicht auf x_i verlangt, daß

(5) $$dG_i/dx_i = a - b(x_1 + x_2 + \ldots + 2x_i + \ldots + x_n) - c = 0$$

erfüllt wird. Das ergibt

(6) $$p - bx_i - c = 0$$

bzw. mit (3) und unter Verwendung der Auflösung von (1) nach x:

(6a) $$p - (a - p)\,/\,n - c = 0\,.$$

Im Gleichgewicht beträgt somit der Oligopolpreis bei n = 1,2,3 ... Oligopolisten

(7) $$p_n^* = (a + nc)\,/\,(n + 1)$$

und die Gleichgewichtsmenge errechnet sich mit

(8) $$x_n^* = (a - c)\,/\,(b(1 + 1/n))\,.$$

Es sei nun angenommen, daß die Nachfragefunktion exogen oder durch "nachfragestimulierende F&E-Ausgaben als nichtpreisliche Wettbewerbsfaktoren" *(Stadler 1989, 7)* nach außen verlagert wird und zwar auf dreierlei Weise:

1. proportionaler Preisanstieg (Drehung der Nachfragefunktion um den Ordinatenabschnitt),
2. proportional steigender Absatz (Drehung der Nachfragefunktion um den Abszissenabschnitt),
3. proportionale Zunahme von Preis und Absatzmenge (Parallelverschiebung der Nachfragefunktion).

In der Ausgangslage sei jeweils die folgende Preis-Absatz-Funktion gegeben:

(9) $$p = 10 - 0{,}5x\,.$$

Angenommen wurde schließlich, daß die variablen Stückkosten c = 1 betragen.

Die folgende Tabelle 1 zeigt, wie sich in den drei Marktformen des Monopols, Dyopols und Tripols der zusätzliche Gewinn zum Erlös im Gleichgewicht nach der Nachfragesteigerung verhält.

Tabelle 1: Der Anteil des zusätzlichen Gewinns am Erlös nach erfolgter Nachfragesteigerung

Art der Veränderung der Nachfrage	Zusätzlicher Gewinn in vH des Erlöses MONOPOL (1)	DYOPOL (2)	TRIPOL (3)	(1):(3) (4)	bei c = 2	bei c = 4
1. Proportionale Preiserhöhung	49,87	47,61	45,53	1,095	1,1817	1,3333
2. Proportionale Mengensteigerung	43,06	37,50	34,62	1,244	1,3332	1,5715
3. Proportionale Preis-Mengen-Steigerung	70,18	66,98	64,08	1,095	1,1818	1,3383

In allen drei Fällen der Nachfragevariation hängt der Anteil des zusätzlichen Gewinns am nachfragebedingt erhöhten Erlös vom Konzentrationsgrad ab. Die Zusatzgewinnquote des Monopolisten ist jeweils maximal. Sie liegt in den Fällen 1. und 3. um knapp 10 Prozent über der Zusatzgewinnquote im Tripol, im 2. Fall um fast 25 Prozent. Eine erhöhte Kurvenelastizität (flachere Neigung der Nachfragefunktion) wirkt sich somit in einer stärkeren Differenzierung des Anteils des zusätzlichen Gewinns an dem in den drei Marktformen erzielbaren Erlös aus. Mit höheren variablen Stückkosten verstärken sich diese Unterschiede. Nimmt man beispielsweise c = 4 an, so beträgt der zusätzliche Gewinn das 1,3- bzw. 1,6 Fache des Zusatzgewinns der drei Konkurrenten im Tripol insgesamt.

Nun sei angenommen, daß der zusätzliche Gewinn einer Periode einmalig zu F&E-Ausgaben zu verwenden ist, damit die Nachfrage dauerhaft in der beschriebenen Weise erhöht wird. Dann sind die Anteile in Tabelle 1 als die F&E-Ausgaben in vH der erhöhten Erlöse zu verstehen. Der Monopolist kann den höchsten Zusatzgewinn erwarten und leistet sich folglich die höchsten F&E-Ausgaben.

Denkbar wäre auch eine Interpretation in der Weise, daß ein dauerhafter F&E-Aufwand zu leisten ist, um die Nachfrage dauerhaft auf dem höheren Niveau zu halten. Wäre dann hierfür gerade der zusätzliche Gewinn erforderlich, so wären die Anbieter nicht besser als in der Ausgangslage gestellt. Die Aufwendungen für Forschung und Entwicklung würden sich nicht lohnen.

Der Zusammenhang zwischen Produktinnovation mittels F&E-Ausgaben und erzielbarer Nachfragesteigerung wird in diesem Rechenbeispiel im übrigen nicht modelliert. *Dasgupta, Stiglitz* nehmen hingegen an, daß der einzelne Anbieter mit seinen F&E-Ausgaben nur abnehmende Preiszuwächse *(Stadler 1989, 8)* erzielt. Wenn dann in einem Markt mit mehreren Anbietern die gleichen F&E-Ausgaben wie im Monopol getätigt werden, muß die erzielbare Preissteigerung im ersten Fall kräftiger als beim Monopol sein. Das bedeutet, daß die Produktinnovation mit der Zahl der Oligopolisten erfolgreicher wird. Der höhere Innovationsaufwand bei stärkerer Konzentration ist, so gesehen, die Folge geringerer Leistungsfähigkeit konzentrierter Märkte. Die Annahme abnehmender Preiszuwächse der F&E-Ausgaben impliziert jedenfalls das genaue Gegenteil der Schumpeter-Hypothese.

Stadler (1989, 26) ist in der Beurteilung des Dasgupta-Stiglitz-Modells aus gutem Grund vorsichtig. Eine theoretische Begründung der Neo-Schumpeter-Hypothese erscheint ihm zwar möglich. Er warnt aber vor einer *kausalen* Interpretation des Modellergebnisses.

Mit dem obigen Rechenbeispiel zum Oligopol-Modell mit linearen Funktionen wurde gezeigt:

1. Der aus exogenen Nachfragesteigerungen zu erwartende Zusatzgewinn am Markt insgesamt hängt vom Konzentrationsgrad ab.

2. Der Zusatzgewinn eines Monopolisten ist nicht nur absolut größer als die entsprechenden Gewinne mehrerer Wettbewerber, sondern auch im Verhältnis zum anfänglichen Gewinn. Die F&E-Ausgaben können, wenn sie vom zu erwartenden Zusatzgewinn direkt abhängen, mit höherem Konzentrationsgrad entsprechend hoch sein.

Dieses Ergebnis folgt aus der (linear) fallenden Nachfragefunktion bzw. dem Leistungsgefälle der Nachfrager. Nimmt man mit *Dasgupta, Stiglitz* an, daß die aus F&E-Ausgaben erzielbaren Preiszuwächse abnehmen, dann müssen diese Ausgaben mit dem Konzentrationsgrad zunehmen. Die höheren Innovationsausgaben bei höherem Konzentrationsgrad sind die notwendige Folge zweier formaler Vorgaben, der (linear) fallenden Nachfragefunktion und fallender Preiszuwächse. Sie liefern jedoch keinen Beleg der Schumpeter-Hypothese. Sie zeigen lediglich eine gewisse Parallele auf.

Die Neo-Schumpeter-Hypothese besagt, daß monopolistische Unternehmen eine besonders hohe Innovationsleistung zu erbringen vermögen. Das hier betrachtete Oligopolmodell zeigt hingegen, daß solche Unternehmen hohe F&E-Ausgaben tätigen können.

Nimmt man an, daß die zur Verlagerung der Nachfragefunktion erforderlichen Aufwendungen der zu erwartenden Gewinnsteigerung proportional sind, dann muß der Monopolist auch höhere Aufwendungen aufbringen als mehrere Wettbewerber. Nach der Schumpeter-Hypothese werden bestimmte Innovationen nur von Großunternehmen erbracht, das um Innovationsstrategien erweiterte Oligopol-Modell läßt so gesehen den Schluß zu, daß mehr Wettbewerber auch bei der Innovation erfolgreicher sind.

Wettbewerbspolitisch spricht das Oligopol-Modell jedenfalls für eine höhere Zahl von Wettbewerbern und nicht für eine möglichst niedrige.

Im übrigen soll hier auf die Unterschiede zwischen allokationstheoretischem Oligopol-Modell und der Schumpeter-Hypothese nicht näher eingegangen werden. Nur dies sei noch angefügt: Wettbewerbstheoretisch unpassend ist dieses allokationstheoretische Oligopol-Modell, weil es alle Wettbewerber auf der Anbieterseite gleich stellt. Es besteht von Anfang an kein Leistungsgefälle, also ist auch kein Wettbewerbsprozeß im Rahmen des Modells denkbar. Dies gilt jedenfalls für eine vorgegebene Zahl von Anbietern. Würde diese Zahl über mehrere Marktzutritte schrittweise zustandekommen, dann könnte man sich immerhin einen Unterschied zwischen bereits am Markt befindlichen Anbietern und neu eintretenden Anbietern und somit einen Wettbewerbsprozeß vorstellen.

5. Wettbewerbspolitische Schlußfolgerungen

> "... ist die Konkurrenz sehr scharf, so sind diese Vorsprungsgewinne verschwunden, fast ehe sie entstanden sind, wo sie aber fehlt, kann der Unternehmer auf dem Kissen seiner früheren Fortschritte ewig ruhen. Welcher Grad der Konkurrenz, so mögen wir uns fragen, veranlaßt den Unternehmer zu den größten Bemühungen um technische Fortschritte, um neue Ideen? ... Das Optimum liegt, wie man bei der Patentgesetzgebung längst eingesehen hat, ... in der Mitte – wo genau, wäre von Fall zu Fall zu bestimmen" *(Niehans 1954, 156).*
>
> "Können wir annehmen, daß das Tempo des wirtschaftlichen Wachstums, die Investitionsquote, die Anwendung des technischen Wissens irgend etwas zu tun haben mit der Marktformenstruktur, mit der Stärke des Wettbewerbs innerhalb eines Landes?" *(Giersch 1962, 539).*

Viele von diesen Fragen sind nach wie vor offen. Es scheint, daß die allokationstheoretischen Ansätze zu ihrer Beantwortung wenig beitragen können. Sie schildern Wettbewerbsergebnisse, die sich ohne Wettbewerb aus dem Allokationskalkül errechnen lassen, wobei der Erfolg der Innovation als ebenso bekannt unterstellt wird wie der erforderliche Aufwand.

In der empirischen Analyse "Von Fall zu Fall" bleibt noch viel zu tun. Sie hatte sich bisher vor allem am Tatbestand der wettbewerblichen *Einebnung des Leistungsgefälles* orientiert und sollte doch gerade dessen *Erhaltung* in den Mittelpunkt stellen! Es geht eben darum, die wettbewerbsbedingte und wettbewerbserhaltende Unterschiedlichkeit der Wettbewerber in den Mittelpunkt zu rücken. "Da die Firmen ... unterschiedlich erfolgreich sind, müssen wir in einer Querschnittstudie erstens unterschiedlich profitable Firmen verschiedener Größenordnungen finden, und zweitens müssen diese Gewinnunterschiede zu einem erheblichen Teil firmenspezifisch und nicht industriespezifisch sein" *(Kaufer 1980, 517)*.

Dies gilt für die empirische Analyse und ihre wettbewerbstheoretische Orientierung. In abgewandelter Form geht es wettbewerbspolitisch vor allem darum, *die Leistungsgefälle im Wettbewerb lebendig zu erhalten.* Das kann nur die Freiheit des Wettbewerbs leisten, deshalb kommt es auf ihre Sicherung durch die Rahmenpolitik an. Erstrebenswerte Vorgaben für weitere Prozesse (z.B. Anpassungsprozesse) wirtschaftspolitisch zu fordern, erscheint wettbewerbstheoretisch nicht gerechtfertigt.

Schumpeter hat dem Fach manche Vision von der Wirtschaft und der sie studierenden Wissenschaft geschenkt. Viele seiner Hypothesen beruhen auf der Beobachtung des tatsächlichen Wettbewerbsprozesses. Auch für die von späteren Autoren so genannten Schumpeter-Hypothesen finden sich in der wirklichen Wirtschaft gewiß Anhaltspunkte. Die Ergebnisse der empirischen Erforschung zur Schumpeter-Hypothese belegen aber auch das Gegenteil. Keinesfalls haben sich die Schumpeter-Hypothesen als verallgemeinerungsfähig erwiesen, so daß sie sich auch nicht als Zielvorstellung für die Wettbewerbs- und Innovationspolitik eignen.

Literaturverzeichnis

Boulding, K.E. (1981), Evolutionary Economics. London.

Dasgupta, P.S., Stiglitz, J.E. (1980), Industrial Structure and the Nature of Innovative Activity. *Economic Journal 90*, 266 – 293

Gahlen, B., Stadler, M. (1986), Marktstruktur und Innovationen. Eine modelltheoretische Analyse, Arbeitspapiere zur Strukturanalyse, Beitrag Nr. 39, Augsburg.

Galbraith, J.K. (1952), American Capitalism. Boston.

Gerybadze, A. (1982), Innovation, Wettbewerb und Evolution. Tübingen.

Giersch, H. (1962). Diskussionsbeitrag. In: H. Giersch, K. Borchardt, K. (Hrsg.), Diagnose und Prognose als wirtschaftswissenschaftliche Methodenprobleme, *Schriften des Vereins für Socialpolitik, NF, Bd. 25*, 539

Hayek, F.A. von (1946), Der Sinn des Wettbewerbs. In: ders., Individualismus und wirtschaftliche Ordnung, 2. Aufl. Salzburg 1976, 122 – 140.

Hayek, F.A. von (1968), Der Wettbewerb als Entdeckungsvefahren. In: ders. (1969), Freiburger Studien. Gesammelte Aufsätze, Tübingen, 144 – 160.

Helmstädter, E. (1983), Wirtschaftstheorie I. Mikroökonomische Theorie, 3.Aufl. München.

Helmstädter, E. (1986a), Dynamischer Wettbewerb, Wachstum und Beschäftigung. In: G. Bombach, B. Gahlen, A.E. Ott (Hrsg.), Technologischer Wandel – Analyse und Fakten, Schriftenreihe des Wirtschaftswissenschaftlichen Seminars Ottobeuren, Bd. 15. Tübingen, 67 – 81.

Helmstädter, E. (1986b), Neue Ansätze des dynamischen Wettbewerbs aus der Sicht des Sachverständigenrates. *FIW-Schriftenreihe Heft 120,* Köln u.a., 23 – 33.

Herdzina, K, (1987), Wettbewerbspolitik, 2. Aufl. Stuttgart New York.

Hoppmann, E. (1977), Marktmacht und Wettbewerb. Tübingen.

Heuß, E. (1980), Artikel Wettbewerb. In: Handwörterbuch der Wirtschaftswissenschaften Bd. 8, Stuttgart u.a., 679 – 697.

Kamien, M.I., Schwartz, N.L. (1982), Market Structure and Innovation. Cambridge u.a.

Kaufer, E. (1980), Industrieökonomik. Eine Einführung in die Wettbewerbstheorie, München.

Lutz, F.A. (1956), Bemerkungen zum Monopolproblem, ORDO, Bd. 8, 19 – 43.

Mises, L. von (1961) Artikel Markt. In: Handwörterbuch der Wirtschaftswissenschaften Bd. 7, 131 – 136.

Niehans, J. (1954), Das ökonomische Problem des technischen Fortschritts. *Schweizerische Zeitschrift für Volkswirtschaft und Statistik, 90. Jg.*, 145 – 156.

Porter, M.E. (1985), Wettbewerbsstrategie (Competitive Strategy). Methoden zur Analyse von Branchen und Konkurrenten, 3. Aufl. Frankfurt (Amerik. Erstaufl. 1980).

Röpke, W. (1968), Die Lehre von der Wirtschaft, 11. Aufl., Stuttgart (Erstaufl. 1937).

Scherer, F.M. (1984), Innovation and Growth. Schumpeterian Perspectives, Cambridge, Mass., London.

Schmidt, I. (1981), Wettbewerbstheorie und -politik. Stuttgart.

Schmidt, I. (1987), Wettbewerbspolitik und Kartellrecht, 2. Aufl. Stuttgart.

Schmidtchen, D. (1978), Wettbewerbspolitik als Aufgabe. Baden-Baden.

Schmidtchen, D. (1988), Fehlurteile über das Konzept der Wettbewerbsfreiheit, ORDO, Bd. 39, 111 – 135.

Schumpeter, J.A. (1912), Theorie der wirtschaftlichen Entwicklung, Leipzig (siehe auch: 5. Aufl. Berlin 1952).

Schumpeter, J.A. (1950), Kapitalismus, Sozialismus und Demokratie, Bern (engl. Erstaufl. 1942).

Stadler, M. (1989), Marktstruktur und Innovationen. Eine modelltheoretische Analyse im Rahmen der Industrieökonomik, Berlin u.a.

Korreferat zum Referat E. Helmstädter

Klaus Herdzina

Herr *Helmstädter* hat einen außerordentlich weiten Bogen gespannt. Von *Schumpeter* ausgehend präsentiert er ein Konzept des dynamischen Wettbewerbs, er vergleicht es mit anderen Wettbewerbskonzepten, er diskutiert die neoklassische Theorie der Innovation im Oligopol und er schließt mit wettbewerbspolitischen Implikationen. Es ist hier nicht möglich, auf alle Ausführungen angemessen einzugehen. Ich möchte daher nur zwei Aspekte herausheben:

(1) Die Schumpeter-Hypothesen – hier können einige Ergänzungen zum Referat gemacht werden.

(2) Das Konzept des dynamischen Wettbewerbs und seine Definition – hier sind einige eher grundsätzliche Überlegungen vorzutragen.

1. Die Schumpeter-Hypothesen

Helmstädter konstatiert zu Recht, daß heute nicht "jene wirklichkeitsbezogenen Hypothesen", die *Schumpeter 1911* entwickelt hat, als Schumpeter-Hypothesen bezeichnet werden, sondern "vergleichsweise simple Behauptungen" in "Capitalism, Socialism, and Democracy" von 1942. Über dieses Werk soll *A. Spiethoff* gesagt haben, daß es in Untergangsstimmung geschrieben worden sei, und nach *E. Schneider* hat *Schumpeter* es "nur als Nebenprodukt betrachtet, in dessen Abfassung er Erholung suchte von der harten Arbeit, die mit der Vollendung der 'Business Cycles' verbunden war" *(Schneider 1961, 1175)*.

Diese letzten Formulierungen wie auch die gängigen Auflistungen von sog. Schumpeter-Hypothesen werden dem Anliegen *Schumpeters* m.E. nicht vollkommen gerecht. Es empfiehlt sich daher, zumindest drei Schumpeter-Hypothesen zu unterscheiden und sie bezüglich Schumpeters eigener Position etwas genauer zu beleuchten (vgl. auch *Herdzina 1981, 75 ff.*).

(a) Die Unternehmerhypothese

Die Unternehmer- oder Motivationshypothese stellt auf den Unternehmer als Träger der wirtschaftlichen Entwicklung ab. Er setzt die neuen Kombinationen durch *(Schumpeter 1911, 100 f)*. Sein Typus ist mit Ausdrücken wie Initiative, Autorität, Voraussicht zu charakterisieren. Ihn kennzeichnen Siegerwille und Freude am Gestalten. Sein Motiv ist nicht so sehr Gewinn und Reichtum, sondern der "Traum und der Wille, ein privates Reich zu gründen" *(Schumpeter 1911, 138)*. Die Finanzierung der neuen Kombinationen erfolgt nicht primär aus Monopolgewinnen, sondern mit Hilfe von Krediten. Motiv und Finanzierung sind wichtig im Hinblick auf die späteren Hypothesen, denn von Großunternehmen oder gar von Monopolen als den Trägern des Fortschritts ist 1911 nicht die Rede.

(b) Die Unternehmensgrößenhypothese

Was die Größenhypothese betrifft, so ist zu bedenken, daß das oft zitierte siebente Kapitel von "Kapitalimus, Sozialismus und Demokratie" zunächst als Streitschrift gegen das Modell der vollkommenen Konkurrenz gedacht ist. Diesem Modell stellt *Schumpeter* den "Prozeß der schöpferischen Zerstörung" gegenüber, in dem neue Konsumgüter, neue Produktionsmethoden, neue Märkte und neue Organisationsformen, also die 1911 so genannten neuen Kombinationen, geschaffen werden. Fragt man, unter welchen Bedingungen es zu dieser neuen, viel wirkungsvolleren Art der Konkurrenz kommt, so stellt *Schumpeter* aber nicht auf eine bestimmte Marktform, sondern auf einen bestimmten Unternehmungstyp ab, und zwar "führt uns die Spur ... zu den Toren der großen Konzerne", zur "Großunternehmnung" *(Schumpeter 1950, 135).*

Es ist also von Konzernen und Großunternehmungen die Rede. Die Frage, wie groß die Großunternehmungen mindestens sein müssen, um den Prozeß der schöpferischen Zerstörung auszulösen, wird von Schumpeter nicht angesprochen. Auch eine Aussage dergestalt, daß die Fähigkeit zur schöpferischen Zerstörung mit steigender Unternehmensgröße zunimmt, läßt sich bei Schumpeter nicht finden.

(c) Die Monopolhypothese

Während im siebenten Kapitel vornehmlich von der absoluten Unternehmensgröße die Rede ist, scheint das achte Kapitel die These von der Fortschrittlichkeit der Monopole und damit eine Monopol-, Marktstruktur- bzw. Konzentrationshypothese zu enthalten. Dieser Eindruck ist genaugenommen falsch, er stellt zumindest eine Überinterpretation der Schumpeterschen Position dar. Das achte Kapitel trägt die Überschrift "Monopolistische Praktiken". *Schumpeter* legt hier lediglich dar, daß nicht alles, was in der herkömmlichen Konkurrenztheorie als monopolistische Praktik verbucht wird, für den Prozeß der schöpferischen Zerstörung nachteilig sein muß – etwa Patente, bestimmte Preisstrategien oder sogar einzelne Kartelle. Es geht also um das *Marktverhalten*, es geht *nicht* um die *Marktstruktur*. Dem marktstrukturell definierten Monopol als Alleinanbieter auf dem Markt mißt *Schumpeter* im übrigen kaum praktische Relevanz zu. Die reinen Fälle des langfristigen Monopols seien noch seltener als die Fälle der vollkommenen Konkurrenz (vgl. *Schumpeter 1950, 162*). Die Monopole haben also Wettbewerber, das heißt *Schumpeter* erörtert gar keine Monopole, sondern monopolistic competition.

Im übrigen beklagt *Schumpeter* die ungenaue Verwendung des Terminus "Monopol". Er kritisiert: "In den Vereinigten Staaten ist 'Monopol' praktisch synonym mit jeder Großunternehmung" *(Schumpeter 1950, 165).* Genau diesem Sprachgebrauch folgt er sowohl im siebenten als auch im achten Kapitel aber teilweise selbst. Damit legt er den Grundstein für das verbreitete Mißverständnis, er habe einen Zusammenhang zwischen steigender Marktkonzentration und Fortschrittsdynamik gesehen. Beachtenswert ist aber, daß er auch am Ende des achten Kapitels wieder auf die Großunternehmung als kräfigsten Motor des Fortschritts zurückkommt.

(d) Facit

Aus alledem folgt: Die sog. Schumpeter-Hypothesen werden dem Anliegen von *Schumpeter* nur teilweise gerecht. Die wichtigste Schumpeter-Hypothese (a) wird gar nicht als solche bezeichnet, die beiden übrigen lassen sich so eindeutig bei *Schumpeter* nicht finden. Man sollte daher, wie es Herr Helmstädter auch tut, von Neo-Schumpeter Hypothesen sprechen. Nur eine deutliche Abgrenzung von Original-Schumpeter-Aussagen einerseits und Neo-Schumpeter-Hypothesen andererseits klärt auch den folgenden scheinbaren Widerspruch auf. Ohne Zweifel hat *Schumpeter* der Theorie des dynamischen Wettbewerbs entscheidende Impulse gegeben. Die dritte Neo-Schumpeter-Hypothese (c) steht in der Tat "im strikten Gegensatz zur Theorie des dynamischen Wettbewerbs" *(Helmstädter)*.

2. Das Konzept des dynamischen Wettbewerbs

Es ist Herrn *Helmstädters* Grundanliegen, die dynamischen, evolutorischen Aspekte des Wettbewerbs zu betonen und eine entsprechende Wettbewerbsdefinition zu liefern. Bezüglich der Betonung der dynamischen Aspekte dürfte es bei Wettbewerbstheoretikern und -politikern kaum Widerstand geben. Der Gedanke wird schon sehr lange und nachhaltig propagiert, unter anderem von *F.A. v. Hayek (1946), von H. Arndt (1952)* und von *J.M. Clark (1954 und 1961)*. Was die Wettbewerbsdefinition betrifft, so ist – worauf im Referat bereits hingewiesen wird – Widerstand sehr wohl zu erwarten. Der Problematik der Wettbewerbsdefinition sei daher etwas genauer nachgegangen.

(a) Zum Problem einer positiven Wettbewerbsdefinition

Wettbewerb ist in der Vergangenheit vielfältig definiert worden. Das begriffliche Instrumentarium der Wettbewerbsdefinitionen bewegte sich dabei letztlich immer wieder auf drei Ebenen,

(1) auf der Ebene der *Marktergebnisse* oder der *Wettbewerbsfunktionen*,
(2) auf der Ebene des *Marktverhaltens* bzw. der *Marktprozesse*,
(3) auf der Ebene der *Wettbewerbsvoraussetzungen*, wobei umstritten ist, inwieweit die *Marktstruktur* oder aber die *Wettbewerbsfreiheit* die zentrale Wettbewerbsvoraussetzung darstellt.

Auch *Helmstädters* Wettbewerbsdefinition setzt an allen drei Ebenen an. Sie ist ergebnisorientiert, also funktional ("Kernfunktion"), sie ist prozeßorientiert (es findet ein "Wettbewerbsprozeß" statt, bei dem die Wettbewerber "ihre Wettbewerbsposition zu verbessern suchen") und es wird auf die "Freiheit des Wettbewerbs" als Voraussetzung verwiesen. Gegen den Versuch einer an allen drei Ebenen ansetzenden und relativ *allge-*

meingehaltenen Wettbewerbsdefinition ist zunächst nichts einzuwenden. So kann beispielsweise formuliert werden, daß Wettbewerb für die Marktgegenseite Vorteile bringt, daß da mehrere selbständig nach Geschäftsverbindungen streben, daß sie sich zu übertreffen suchen – und natürlich auch, daß dabei in der Regel (!) Leistungsgefälle sichtbar werden. Was wird demgegenüber von zahlreichen Autoren – m.E. zu Recht – zurückgewiesen? Es wird die Behauptung zurückgewiesen, Wettbewerb lasse sich *positiv und im einzelnen* definieren. Dies ist nicht möglich, weil niemand in der Lage ist, den Ablauf und die Ergebnisse von Wettbewerb im voraus zu kennen.

Mit dem Problem, Abläufe und Ergebnisse im voraus kennen zu müssen, ist m.E. auch *Helmstädters* Wettbewerbsansatz behaftet, weil er zu eng ist. Nur ein paar Hinweise müssen hier als Beleg genügen: Es sei angenommen, daß es am Ende eines Marktprozesses – "nach erfolgter Markttransaktion" – kein Leistungsgefälle gibt, weil alle Marktteilnehmer das Leistungsniveau des Besten erreicht haben. Kann man daraus schließen, daß es keinen Wettbewerb gab oder daß es nun keinen mehr geben wird? Und wenn sich ein Leistungsgefälle (im Sinne eines Ertragsgefälles) bildet – woher weiß man, ob es wettbewerblich zustandegekommen ist oder ob nicht doch wettbewerbsbeschränkende Praktiken zum Einsatz kamen. Wenn man Wettbewerb als einen Marktprozeß definiert, der sich aus Vorstoß- und Verfolgungsaktivitäten zusammensetzt, so muß man bedenken, daß es auch Wettbewerb ohne solche Dynamik sowie Dynamik ohne Wettbewerb gibt.

Grundsätzlich gilt: Jeder, der s.E. schlechte Marktergebnisse bzw. fehlende Dynamik diagnostiziert, muß im nächsten Schritt untersuchen, ob Wettbewerbsbeschränkungen dafür ursächlich gewesen sind. Dies setzt voraus, daß *unabhängig vom Marktergebnis und vom Prozeßablauf festgelegt bzw. definiert wird, was Wettbewerbsbeschränkungen sind.* Der Marktergebnistest liefert zunächst nur Hinweise, einen Markt bezüglich seiner Wettbewerblichkeit genauer zu untersuchen. *Der Marktergebnistest ist ein vorgeschalteter Hilfstest, er ist nicht der Wettbewerbstest selbst. Gleiches gilt für den Marktprozeßtest.* Wiederum kommt es nicht darauf an, ob ein bestimmtes, positiv definiertes Prozeßmuster abläuft oder nicht, sondern darauf, welche Verhaltensweisen praktiziert werden. Diese Verhaltensweisen sind nicht positiv im Sinne von Vorstoß und Verfolgung, sondern negativ im Sinne eines Unterlassens von Wettbewerbsbeschränkungen zu definieren.

Der Negativansatz des Wettbewerbstests wird auch bezüglich der wettbewerbspolitischen Implikationen deutlich. Ich zitiere Herrn *Helmstädter:* "Es ... ist klar, daß die Wirtschaftspolitik dynamischen Wettbewerb nicht 'veranstalten' kann" *(Helmstädter 1986b, 31).* In der Tat kann man etwa Fortschrittsraten oder Prozeßabläufe nicht vorschreiben, weil das weder möglich noch mit dem marktwirtschaftlichen Freiheitspostulat vereinbar ist. Es gilt allein, jedem Marktteilnehmer wettbewerbs- bzw. freiheitsbeschränkende Verhaltensweisen zu verbieten, um die Wettbewerbsfreiheit anderer Marktteilnehmer zu sichern und um die Möglichkeit für das Entstehen fortschrittsinduzierender Marktprozesse offen zu halten.

(b) Wettbewerb als offener Marktprozeß

Zusammenfassend ist festzuhalten: Es ist nichts einzuwenden gegen eine allgemein gehaltene positive Umschreibung von Wettbewerb, um eine Vorstellung von dem gewünschten Marktgeschehen zu vermitteln. Jede positive *Detaildefinition* von Wettbewerb ist aber verfehlt. Wettbewerb kann nur negativ definiert werden als Abwesenheit von Wettbewerbs- bzw. Freiheitsbeschränkungen.

Aufgabe der Wettbewerbspolitik ist es festzulegen, was Freiheitsbeschränkungen sind. Bei dieser Festlegung greift die Wettbewerbspolitik auf die Erkenntnisse der Markttheorie bezüglich der typischerweise auftretenden Marktergebnisse zurück (sog. Mustervoraussage). Teilweise knüpft sie auch an gesellschaftspolitischen Wertvorstellungen an (vgl. *Herdzina 1988*). Sie formuliert die sog. Spielregeln.

Wenn alle Marktteilnehmer die Spielregeln einhalten, also Wettbewerbsbeschränkungen unterlassen, so nennen wir das Marktgeschehen wettbewerblich (nominalistische Negativdefinition). Welchen Verlauf der Wettbewerb nimmt und welche Ergebnisse er bringt, ist nicht vorhersagbar, weil der Prozeß offen ist.

Die Marktstruktur ist insoweit relevant, als es wettbewerbsgefährdende Marktstrukturen gibt, welche die Anwendung von wettbewerbsbeschränkendem Verhalten erleichtern. Hier sind andere, strengere Spielregeln angezeigt. Es gibt aber keine deterministische Struktur-Ergebnis-Kausalität. Dies zeigt auch das erwähnte neoklassische Innovationsmodell, in dem je nach eingebauter Verhaltensannahme die dritte Neo-Schumpeter-Hypothese mal bestätigt und mal widerlegt wird.

Wettbewerb ist ein offener Marktprozeß. Dies ist auch die Position von Herrn *Helmstädter*. Sein Beitrag ist eine engagierte Absage an statisches Modelldenken, an mechanistische structure-performance-Logik. Es ist sein Anliegen, den Wettbewerb als evolutorisches Phänomen zu begreifen und insbesondere die Mustervoraussage über die fortschrittsfördernde Wirkung des Wettbewerbs zu betonen. Seine Aussage, daß es darum gehe, "die wettbewerbsbedingte und wettbewerbserhaltende Unterschiedlichkeit der Wettbewerber in den Mittelpunkt zu rücken", kann man voll unterstreichen. Auch der Aussage, daß nur die Freiheit des Wettbewerbs das Leistungsgefälle im Wettbewerb lebendig hält, ist zuzustimmen – ebenso der Andeutung, daß es darum gehe, fortschrittsförderliche Rahmenbedingungen zu schaffen.

Zu warnen ist allerdings davor, diesen marktwirtschaftlichen Gedanken von der Offenheit und von den evolutorischen Elementen des Systems durch einen m.E. zu engen positiven Definitionsversuch von Wettbewerb zu belasten. Wenn Herr *Helmstädter* das Fehlen einer (positiven, K.H.) Wettbewerbsdefinition beklagt und formuliert: "So soll es aber nicht bleiben", so möchte ich dagegen halten: Lassen wir es so bleiben! Der Verzicht auf eine positive Wettbewerbsdefinition ist kein Fehler. Er ist notwendig wegen der Offenheit des Prozesses.

Literaturverzeichnis

Neben den im Referat genannten Quellen ferner:

Arndt, H. (1952), Schöpferischer Wettbewerb und klassenlose Gesellschaft. Berlin.

Clark, J.M. (1954), Competition and the Objectives of Government Policy. In: E.H. Chamberlin (Hrsg.), Monopoly and Competition and their Regulation. London.

Herdzina, K. (1981), Wirtschaftliches Wachstum, Strukturwandel und Wettbewerb. Berlin, 75 – 82.

Herdzina, K. (1988), Möglichkeiten und Grenzen einer wirtschaftstheoretischen Fundierung der Wettbewerbspolitik. Tübingen.

Schneider, E. (1961), Schumpeter. In: Staatslexikon, Sechster Band, Freiburg, 1172 – 1176.

Innovation, Imitation und Marktstruktur
Ein spieltheoretischer Duopolansatz

Referat von Manfred Stadler*

Zusammenfassung: In diesem Beitrag wird der Innovations- und Imitationswettbewerb zwischen zwei Unternehmen in einem spieltheoretischen Modell dargestellt. Unter der Annahme eines perfekten Patentschutzes wird zunächst bestimmt, bei welchen Marktkonstellationen die Konkurrenten mit ihren F&E-Ausgaben nach einer verbesserten Produktionstechnologie suchen, bzw. sich mit dem erreichten technologischen Niveau zufriedengeben. Abgeleitet wird ein evolutionärer Prozeß des technologischen und strukturellen Wandels, der früher oder später in einen Bereich stationärer Marktstrukturen mündet. Anschließend wird der Einfluß von Imitationsmöglichkeiten auf die F&E-Aktivitäten der Unternehmen sowie auf die stationären Marktstrukturen analysiert. Ein innovationshemmender Imitationseffekt läßt sich vor allem für gleichwertige und für sehr unterschiedliche Produktionsbedingungen der beiden Unternehmen feststellen. Der Bereich stationärer Marktstrukturen verschiebt sich durch die Imitationsmöglichkeiten in Richtung symmetrischer Konstellationen.

Abstract: This paper presents a duopolistic game theoretic model of innovation and imitation. First we determine the range of production costs for which each firm prefers to do R&D when patent protection is assumed perfect. We show that the induced process of technological and structural change converges in a steady-state. Second we analyze the impact of imitation possibilities on the pattern of R&D and the final market structure. We demonstrate that imitation discourages R&D either when the firms production technologies are very close or when they are widely divergent. Further the range of stationary market structures increases when the production sets are sufficient similar, but decreases when initial costs are sufficiently dissimilar.

1. Einleitung

In der neueren industrieökonomischen Literatur über den technologischen Wandel wird die Marktstruktur nicht als eine exogen vorgegebene Einflußgröße interpretiert. Vielmehr werden gerade die wechselseitigen Interdependenzen zwischen Innovationen, Imitationen und der Marktstruktur in den Mittelpunkt der Analyse gestellt. Neben dem maßgeblich von *Nelson und Winter (1982)* entwickelten behavioristischen Ansatz findet dabei vor allem der neoklassisch orientierte rational actors approach *(Kreps, Spence 1985, S. 342)*, der sich durch eine konsequente entscheidungstheoretische Fundierung der unternehmerischen Innovationsaktivitäten auszeichnet, eine zunehmende Beachtung. Hervorzuheben sind insbesondere die Bemühungen, den Prozeß des technologischen und strukturellen Wandels spieltheoretisch abzubilden. Restriktive Modellannahmen lassen sich bei diesem Unterfangen nicht vermeiden. So erfreut sich die Annahme "drastischer Basisinnovationen", unter denen lediglich die Benutzer der jeweils fortschrittlichsten Technologie Innovationserträge realisieren können, einer großen Beliebtheit. Technologischen Wandel als

* Dieser Beitrag ist die überarbeitete Fassung eines Modells in *Stadler (1989)*. Für hilfreiche Kommentare danke ich den Teilnehmern des Workshops sowie des Volkswirtschaftlichen Seminars der Universität Augsburg.

Studies in Contemporary Economics
B. Gahlen (Hrsg.)
Marktstruktur und gesamtwirtschaftliche Entwicklung

Folge derartiger Basisinnovationen modellieren z.B. *Reinganum (1985)* für den Fall eines perfekten Patentschutzes sowie *Futia (1980)* unter Berücksichtigung von Imitationsmöglichkeiten. Beide Ansätze stellen darüber hinaus lediglich auf symmetrische Marktstrukturen ab. Ein wesentliches Charakteristikum des Innovationswettbewerbs liegt aber gerade darin, daß zu jedem Zeitpunkt Unternehmen mit alternativen Produktionstechnologien in asymmetrisch strukturierten Märkten miteinander konkurrieren. Unter diesen realistischeren Marktbedingungen nimmt die Komplexität der zu konstruierenden Modelle beträchtlich zu. Durch eine Vernachlässigung jeder Unsicherheit im Innovationsprozeß kann *Flaherty (1980)* zwar nachweisen, daß asymmetrische Marktgleichgewichte stabil und symmetrische Marktgleichgewichte instabil sein können. Die Entdeckung und Entwicklung technologischer Neuerungen läßt sich jedoch in einem deterministischen Szenario nicht adäquat erfassen. Unabdingbar müssen die Unternehmen ihre Innovationsentscheidungen sowohl unter technischer als auch unter marktbedingter Unsicherheit treffen (vgl. *Kamien, Schwartz 1982*): Weder können sie von einem sicheren Erfolg ihrer Innovationsanstrengungen ausgehen, noch können sie gegebenenfalls die realisierbaren Erträge vorhersagen, zumal jederzeit mit Innovationserfolgen der Konkurrenz zu rechnen ist.

Eine interessante Möglichkeit, sowohl die Unsicherheit als auch die Asymmetrie der Unternehmen in einem evolutionären Prozeß des technologischen und strukturellen Wandels zu erfassen, liegt in der Integration suchtheoretischer Elemente in einen spieltheoretischen Ansatz (vgl. *Reinganum 1982*). Die Leistungsfähigkeit derartiger such- und spieltheoretischer Modellkonstruktionen soll in diesem Beitrag für den Fall nichtdrastischer Prozeßinnovationen demonstriert werden. Die F&E-Ausgaben werden als Suchkosten aufgefaßt, mit denen die Unternehmen neue (überlegene) Produktionstechnologien entdecken können. Die suchtheoretische Formulierung des Innovationsprozesses ermöglicht die Ableitung optimaler Stoppregeln für den F&E-Einsatz der Unternehmen. Diese Entscheidungsregeln geben in Abhängigkeit der jeweiligen Wettbewerbssituation an, ob ein Unternehmen mittels seiner F&E-Ausgaben weiter nach einer Verbesserungsinnovation suchen, oder sich mit der aktuellen Produktionstechnologie zufriedengeben soll. Über die spieltheoretische Formulierung wird gleichzeitig den strategischen Interaktionen der Konkurrenten im Markt Rechnung getragen.

Um die komplexen wechselseitigen Zusammenhänge zwischen der Marktstruktur und den unternehmerischen F&E- und Imitationsaktivitäten auf eine anschauliche Art und Weise darstellen zu können, bleibt die Analyse in diesem Beitrag auf den Duopolfall beschränkt. Im zweiten Abschnitt wird zunächst der technologische und strukturelle Wandel unter einem perfekten Patentschutz für jede Prozeßinnovation modelliert. Dabei kann ein Bereich stationärer Marktstrukturen abgeleitet werden, in den der Innovationsprozeß beim Erreichen hoher technologischer Standards beider Unternehmen hineinkonvergiert. Anhand einer entsprechend statischen Modellversion wird im dritten Abschnitt dann gezeigt, wie sich dieser Bereich stationärer Marktstrukturen verschiebt, wenn die Annahme eines perfekten Patentschutzes fallengelassen wird, und folglich auch Imitationen zu erwarten sind. Eine kritische Bewertung des präsentierten Ansatzes im vierten Abschnitt rundet den Beitrag ab.

2. Technologische und strukturelle Evolution eines Marktes bei perfektem Patentschutz

In einem homogenen Gütermarkt befinden sich zwei Anbieter $i=1,2$. Ihre Produktionsstückkosten c_i sind durch ihr technologisches Know-how vollständig determiniert. Bei gewinnmaximalem Outputverhalten im duopolistischen nichtkooperativen Cournot-Nash-Gleichgewicht lassen sich die periodischen Unternehmensgewinne $v_i(c_1,c_2)$ endogen in Abhängigkeit dieser Produktionsstückkosten angeben, wobei für eine Vielzahl gebräuchlicher Nachfragefunktionen die Eigenschaften

(1) $\partial v_i(c_1,c_2)/\partial c_i < 0$,

(2) $\partial v_i(c_1,c_2)/\partial c_j > 0$,

(3) $\partial^2 v_i(c_1,c_2)/\partial c_1 \partial c_2 < 0$ und

(4) $dv_i(c_i,c_i)/dc_i = dv_j(c_i,c_i)/dc_i < 0$

mit $i \neq j$ erfüllt sind. Aus den Ungleichungen (1) und (2) geht hervor, daß die Gewinne eines Duopolisten mit steigenden Kosten in der eigenen Produktion abnehmen, mit steigenden Produktionskosten des Konkurrenten dagegen zunehmen. Eine Verbesserung der Produktionstechnologie bringt einem Unternehmen nach Ungleichung (3) einen um so größeren Gewinnzuwachs, je höher die Produktionskosten seines Konkurrenten liegen. Für den Symmetriefall folgt aus Ungleichung (4), daß sich die Gewinne beider Unternehmen mit gleichermaßen sinkenden Produktionskosten verbessern.

In jeder Periode ist es den Konkurrenten überlassen, mit einem fixen F&E-Einsatz X nach einer überlegenen Produktionstechnologie, verbunden mit entsprechend geringeren Produktionsstückkosten, zu suchen. Die Erfolgsaussichten ihres Engagements werden durch eine exogen vorgegebene Wahrscheinlichkeitsverteilung aller potentiell realisierbaren Produktionsstückkosten beschrieben. Die zugehörige Verteilungsfunktion $\phi(c_i)$, aus der beide Unternehmen im Rahmen ihrer Suchaktivitäten höchstens einmal pro Periode "ziehen" können, ist stetig und zweifach differenzierbar mit dem unteren Grenzwert $\lim_{c_i \to 0} \phi(c_i)=0$. Falls das entdeckte Produktionsverfahren dem bisherigen überlegen ist, wird es ohne weitere Umstellungskosten in die Produktion integriert, anderenfalls wird die bewährte Technologie weiter beibehalten.

Einen ganz ähnlichen Ansatz diskutiert *Lee (1984)*, der aber nicht auf die Produktionskosten, sondern auf das zugrundeliegende technologische Wissen der Unternehmen abstellt. Außerdem unterstellt er implizit im Gegensatz zum vorliegenden Modell eine positive Kreuzableitung (3), woraus unterschiedliche Ergebnisse resultieren. In letzterer Hinsicht kann sein Modell problemlos auch mit einer entsprechend kompatiblen Annahme gelöst werden (vgl. *Berninghaus, Völker 1987*). Die hier präferierte Betonung der Produktionsstückkosten anstelle des technologischen Know-hows beruht auf rein praktischen Erwägungen: Einerseits wird die ökonomische Interpretation des Ansatzes dadurch erleichtert,[1] andererseits eignet sich gerade diese Modellversion in besonderer Weise für die Erweiterung im nächsten Abschnitt.

Aus methodischer Sicht wird der Innovationsprozeß in Form eines mehrstufigen dynamischen Spiels zwischen den Duopolisten abgebildet, für dessen Lösung wie üblich das teilspielperfekte Nash-Gleichgewicht von *Selten (1965, 1975)* herangezogen wird. Danach treffen die Unternehmen sämtliche Entscheidungen nach dem Gesichtspunkt der Gewinnmaximierung, immer unter der Voraussetzung, daß sie sich auch in aller Zukunft gleichermaßen optimal verhalten werden. Dem Charakter der dynamischen Programmierung entsprechend, erfolgt die Bestimmung solcher mehrstufiger Gleichgewichtslösungen grundsätzlich von der letzten Spielstufe aus beginnend. Im Grundmodell dieses Abschnitts stehen in jeder Periode nur zwei Entscheidungen zur Disposition: Auf der Basis ihrer verfügbaren Technologie legen die Unternehmen zunächst ihren gewinnmaximalen periodischen Output fest. Das resultierende Nash-Gleichgewicht ist durch die Ungleichungen (1) bis (4) bereits charakterisiert. Anschließend müssen sie sich entscheiden, ob sie für die Zukunft nach einer verbesserten Produktionstechnologie suchen wollen oder nicht. Es wird davon ausgegangen, daß eventuelle Forschungsergebnisse erst ab der Folgeperiode einen Niederschlag im Produktionsverfahren finden können. Nachdem beide Unternehmen in der nächsten Periode gegenseitig über ihre F&E-Entscheidungen sowie über eventuell erzielte Innovationserfolge informiert sind, treffen sie nach dem gleichen Schema erneut ihre Output- und F&E-Entscheidungen. Bedingt durch den stochastischen Charakter der Innovationsergebnisse läßt sich auf diese Weise ein disruptiver Prozeß des technologischen und strukturellen Wandels im Rahmen gleichgewichtiger Unternehmensstrategien abbilden.

Die optimalen F&E-Entscheidungen der Unternehmen werden nun exemplarisch für das Unternehmen 1 abgeleitet, und anschließend durch Analogieschluß auf das Unternehmen 2 übertragen. Bei einer unterstellten Risikoneutralität der Konkurrenten lauten die erwarteten abdiskontierten Nettogewinne des Unternehmens 1 in einer durch das Stückkostenpaar (c_1^0, c_2^0) gekennzeichneten Wettbewerbssituation einer beliebigen Periode

$$(5) \qquad J_1(c_1^0, c_2^0) = v_1(c_1^0, c_2^0) + \max\,[-X + \varrho J_1^{X0}\,;\, \varrho J_1^{00}],$$

1 Falls man wie *Lee (1984)* auf das technologische Wissen der Unternehmen abstellt, muß man eine recht willkürliche Wissensobergrenze definieren, sofern auf die — gerade bei diesen Modelltypen aufschlußreichen — graphischen Darstellungen Wert gelegt wird.

falls sich das Unternehmen 2 nicht in F&E engagiert, bzw.

$$(6) \qquad J_1(c_1^o,c_2^o) = v_1(c_1^o,c_2^o) + \max\,[-X + \varrho J_1^{XX}\,;\,\varrho J_1^{0X}]\,,$$

falls sich das Unternehmen 2 zu einem F&E-Einsatz entschließt. J stellt die Wertfunktion der dynamischen Programmierung dar, der Parameter ϱ ist der periodische diskrete Abzinsungsfaktor $(1+r)^{-1}$ beim Zinssatz r, der als konstant unterstellt wird. Der ab der Folgeperiode zu erwartende Gewinngegenwartswert des Unternehmens 1 hängt entscheidend vom beiderseitigen F&E-Verhalten in der laufenden Periode ab. Die positiven und negativen F&E-Entscheidungen werden durch die hochgestellten Indizes X und 0 gekennzeichnet, die sich in der angegebenen Reihenfolge jeweils auf das betrachtete Unternehmen und dessen Konkurrenten beziehen. Für die vier Kombinationsmöglichkeiten des beiderseitigen F&E-Verhaltens lassen sich die bedingten zukünftigen Gewinnerwartungswerte aus den eckigen Klammern in suchtheoretischer Formulierung darstellen als

$$(7) \qquad J_1^{00} = J_1(c_1^o,c_2^o)\,,$$

$$(8) \qquad J_1^{X0} = \int_0^{c_1^o} J_1(c_1,c_2^o)d\phi(c_1) + (1-\phi(c_1^o))J_1(c_1^o,c_2^o)\,,$$

$$J_1^{0X} = \int_0^{c_2^o} J_1(c_1^o,c_2)d\phi(c_2) + (1-\phi(c_2^o))J_1(c_1^o,c_2^o)$$

und

$$(10) \qquad J_1^{XX} = \int_0^{c_1^o}\int_0^{c_2^o} J_1(c_1,c_2)d\phi(c_2)d\phi(c_1) + (1-\phi(c_1^o))\int_0^{c_2^o} J_1(c_1^o,c_2)d\phi(c_2)$$

$$+ (1-\phi(c_2^o))\int_0^{c_1^o} J_1(c_1,c_2^o)d\phi(c_1) + (1-\phi(c_1^o))(1-\phi(c_2^o))J_1(c_1^o,c_2^o)\,.$$

Falls sich keines der Unternehmen in F&E engagiert, erhalten sie in der Folgeperiode unverändert die Gewinne $v_i(c_1^o,c_2^o)$. Jedes F&E-aktive Unternehmen hat jedoch die Chance, aufgrund einer Prozeßinnovation in Zukunft günstiger zu produzieren und damit seinen Marktanteil und seine Gewinne zu vergrößern. Das optimale F&E-Verhalten eines Unternehmens hängt wesentlich von dem seines Konkurrenten ab. Unter der Voraussetzung, daß das Unternehmen 2 in einer beliebigen Periode keine Forschung betreibt, stoppt das Unternehmen 1 unter Beachtung der Gleichungen (5), (7) und (8) in dieser Periode seinen F&E-Einsatz, sofern das Kriterium

$$(11)\qquad \varrho \int_0^{c_1^o} [J_1(c_1,c_2^o)-J_1(c_1^o,c_2^o)]d\phi(c_1) - X \leq 0$$

erfüllt ist. Unter der gegenteiligen Voraussetzung, daß sich das Unternehmen 2 in F&E engagiert, folgt aus den Gleichungen (6), (9) und (10) für das Unternehmen 1 die Stoppregel

$$(12)\qquad \varrho \Big\{ \int_0^{c_1^o} \int_0^{c_2^o} [J_1(c_1,c_2)-J_1(c_1^o,c_2)-J_1(c_1,c_2^o)+J_1(c_1^o,c_2^o)]\, d\phi(c_2)d\phi(c_1) + \int_0^{c_1^o} [J_1(c_1,c_2^o)-J_1(c_1^o,c_2^o)]d\phi(c_1)\Big\} - X \leq 0\,.$$

Zur späteren Charakterisierung der Gleichgewichtsstrategien in F&E ist es nötig, aus diesen Stoppregeln zwei Indifferenzlinien I_1^0 und I_1^X abzuleiten, die für passives bzw. aktives F&E-Verhalten des Konkurrenten 2 jeweils alle Kombinationen der laufenden Produktionsstückkosten (c_1^o,c_2^o) angeben, bei denen das Unternehmen 1 zwischen einer weiteren Suche nach einer überlegenen Technologie und einem Stoppen seiner F&E-Aktivitäten gerade indifferent ist. Durch totale Differentiation erhält man aus der Bedingung (11) bei Gültigkeit des Gleichheitszeichens

$$(13)\qquad \frac{dc_2^o}{dc_1^o} = \frac{\phi(c_1^o)\quad \partial J_1(c_1^o,c_2^o)/\partial c_1^o}{\int_0^{c_1^o} [\partial J_1(c_1,c_2^o)/\partial c_2^o - \partial J_1(c_1^o,c_2^o)/\partial c_2^o]d\phi(c_1)}$$

für die Indifferenzlinie I_1^0 und aus der Bedingung (12)

$$(14)\qquad \frac{dc_2^o}{dc_1^o} = \frac{\phi(c_1^o)[(1-\phi(c_2^o))\partial J_1(c_1^o,c_2^o)/\partial c_1^o + \int_0^{c_2^o} \partial J_1(c_1^o,c_2)/\partial c_1^o\ d\phi(c_2)]}{(1-\phi(c_2^o))\int_0^{c_1^o} [\partial J_1(c_1,c_2^o)/\partial c_2^o - \partial J_1(c_1^o,c_2^o)/\partial c_2^o]d\phi(c_1)}$$

für die Indifferenzlinie I_1^X. Der genaue Verlauf der Indifferenzkurven hängt von den exogenen Einflußgrößen der Nachfragefunktion, der Technologieverteilungsfunktion sowie den fixen F&E-Kosten und dem Zinssatz ab. Aber auch ohne deren expliziter Kenntnis lassen sich einige zentrale qualitative Aussagen ableiten, sofern die Stetigkeit und zweifache Differenzierbarkeit der Wertfunktionen als gegeben angenommen werden. Wie im Anhang nachgewiesen wird, haben die Differentiale (13) und (14) unter den Eigenschaften (1) bis (4) der periodischen Gewinnfunktion generell ein eindeutig negatives Vorzeichen, d.h. beide Indifferenzlinien fallen in einem (c_1^o, c_2^o)-Koordinatensystem. Ferner geht aus einem Vergleich der Differentiale hervor, daß die Indifferenzlinie I_1^X für alle positiven Produktionskosten stärker fällt als die Indifferenzlinie I_1^0. Da die Stoppregeln (11) und (12) nur im Grenzfall $c_2^o = 0$ übereinstimmen, liegt die Indifferenzlinie I_1^X im (c_1^o, c_2^o)-Koordinatensystem der Abbildung 1 – Stetigkeit vorausgesetzt – immer rechts von der Indifferenzlinie I_1^0. Die untere Grenze für die Produktionsstückkosten bildet der Grenzwert Null, der sich zwar nie realisieren läßt, dem sich ein Unternehmen durch Prozeßinnovationen aber beliebig nähern kann. Als obere Grenze kann ein Wert $\tilde{c}$ angegeben werden, der selbst im Falle einer (approximativ) kostenlosen Produktion des führenden Unternehmens gerade noch die Existenz eines zweiten Unternehmens im Markt zuläßt. Unterstellt wird, daß sich das technologisch zurückliegende Unternehmen zumindest in diesem Extremfall für einen F&E-Einsatz entscheidet. Die Indifferenzlinien I_1^0 und I_1^X trennen das (c_1^o, c_2^o)-Quadrat in drei unterschiedliche Verhaltensbereiche. Im linken Bereich engagiert sich das Unternehmen 1 keinesfalls, im rechten Bereich dagegen immer in F&E, jeweils unabhängig vom F&E-Verhalten des Unternehmens 2. In der mittleren Region ist die Strategie des Unternehmens 1 differenzierter. Es entscheidet sich hier immer dann für F&E-Aktivitäten, falls sein Konkurrent davon absieht. Engagiert sich dieser allerdings in F&E, wird das Unternehmen 1 davon Abstand nehmen.

In analoger Vorgehensweise lassen sich die entsprechenden Indifferenzlinien I_2^0 und I_2^X für das Unternehmen 2 ableiten. Graphisch ergeben sie sich durch eine Spiegelung der Indifferenzlinien I_1^0 und I_1^X an der 45°-Linie durch den Ursprung. Anhand der insgesamt vier Indifferenzlinien können nunmehr für alle denkbaren Stückkostenkombinationen und damit auch für alle zulässigen Marktstrukturen die dynamischen Nash-Gleichgewichte der (reinen) F&E-Strategien angegeben werden.[2] In Abbildung 1 sind die diversen Verhaltensbereiche durch die Symbole X und 0 gekennzeichnet.

Anhand dieser Abbildung läßt sich das Verhaltensmuster der unternehmerischen F&E-Aktivitäten in Abhängigkeit der jeweiligen Marktstruktur wie folgt zusammenfassen:

(a) Solange die Produktionskosten beider Unternehmen in einem gerade erst erschlossenen Markt noch sehr hoch sind, ist jedes Unternehmen für sich bestrebt, unter F&E-Einsatz nach einer verbesserten Produktionstechnologie zu suchen.

(b) Gelingt einem Unternehmen durch eine weitreichende oder mehrere kleine Prozeßinnovationen ein hinreichend großer Wettbewerbsvorsprung in Form entsprechend nied-

2 Die Existenz stationärer Nash-Gleichgewichte in den F&E-Strategien sei gewährleistet. Einige kritische Ausführungen zum derzeitigen Stand der (noch) unzureichenden spieltheoretischen Existenzbeweise finden sich in *Berninghaus, Völker (1987)*.

Abbildung 1: Die technologische und strukturelle Evolution eines Marktes im Innovationsprozeß

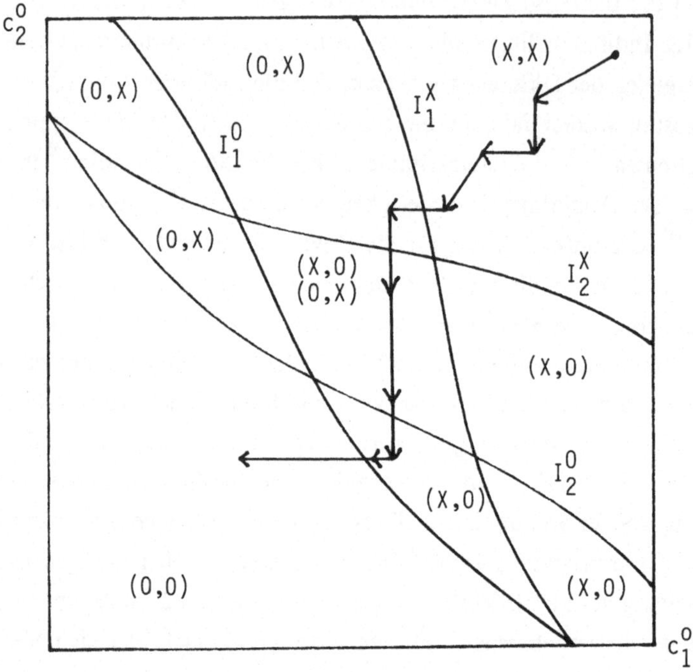

rigerer Produktionsstückkosten, engagiert sich nur noch das technologisch zurückliegende, nicht jedoch das technologisch führende Unternehmen in F&E. Die daraus resultierende "Konvergenzeigenschaft" des Innovationsprozesses *(Lee 1984)* impliziert eine modellimmanente Tendenz in Richtung symmetrischer Marktstrukturen und nicht in Richtung einer zunehmenden Marktkonzentration.[3]

(c) In einem Bereich "mittlerer" Produktionsstückkosten für beide Duopolisten existieren zwei gleichwertige Nash-Gleichgewichte (in reinen Strategien) nebeneinander. Hier sucht entweder nur das Unternehmen 1 oder nur das Unternehmen 2 nach einer Verbesserung der Produktionsbedingungen.

(d) Falls die Duopolisten bereits unter sehr günstigen Kosten produzieren können, endet auf beiden Seiten das F&E-Engagement, da kaum noch technologische Verbesserungen zu erwarten sind. Dieser absolute Stoppbereich aller F&E-Aktivitäten, der gleichzeitig die möglichen stationären Marktstrukturen markiert, ist in Abbildung 1 durch dieKoordinatenachsen sowie durch die zusammengesetzte Indifferenzlinie I^0 eingegrenzt.

Die Marktstruktur stellt somit eine wesentliche Determinante der unternehmerischen F&E-Aktivitäten dar. Gleichzeitig unterliegt sie aber selbst einem durch verwirk-

---

3 Der Herfindahl-Index für die Marktkonzentration erreicht jeweils bei symmetrischen Marktstrukturen sein Minimum. In Abbildung 1 stellt deshalb die 45°-Linie durch den Ursprung die Verbindungslinie aller minimalen Konzentrationsgrade dar.

lichte Prozeßinnovationen hervorgerufenen endogenen Strukturwandel. Aufgrund der dynamischen Formulierung des Modells lassen sich alle potentiellen Entwicklungspfade des technologischen und strukturellen Wandels graphisch abbilden. Anhand des in Abbildung 1 skizzierten Marktprozesses soll dies exemplarisch verdeutlicht werden: In einer beliebigen Ausgangsperiode suchen beide Unternehmen mit noch relativ hohen Produktionskosten erfolgreich nach technologischen Verbesserungen. Nachdem das Unternehmen 1 nach einigen Perioden einen hinreichend großen Wettbewerbsvorsprung erzielt hat, stoppt es vorübergehend seine F&E-Ausgaben, während das zurückliegende Unternehmen 2 auf- und sogar überholen kann. Daraufhin stoppt das Unternehmen 2 sein F&E-Engagement, während das Unternehmen 1 nun seinerseits die Suche nach Prozeßinnovationen wieder fortsetzt. Nach weiteren Forschungserfolgen des Unternehmens 1 lohnt sich schließlich für beide Konkurrenten das F&E-Engagement nicht mehr. Der Strukturwandel des Marktes kommt zum Stillstand.

Unabhängig davon, welcher Entwicklungspfad realisiert wird, generiert das beschriebene Modell einen in irreversibler Zeit ablaufenden Prozeß eines disruptiven technologischen und strukturellen Wandels, der früher oder später in einen absoluten Stoppbereich aller F&E-Aktivitäten hineinkonvergiert. Damit wird zwei typischen Aspekten tatsächlicher Marktentwicklungen in stilisierter Form Rechnung getragen: Zum einen wird "... eine theoretische Erklärung für den Prozeß der schöpferischen Zerstörung von Innovationen i.S. neuer Produktionstechniken gegeben" *(Ramser 1986, S. 159)*. Zum anderen ist das Modell auch in der Lage, eine allmählich abnehmende Marktdynamik bis hin zu den stationären Strukturen in "ausgereiften" Märkten erklären zu können. An letzterem Punkt anknüpfend, wird im folgenden Abschnitt gezeigt, wie sich die F&E-Aktivitäten und der Bereich stationärer Marktstrukturen verändern, wenn man die Annahme eines perfekten Patentschutzes fallen läßt, und Imitationsmöglichkeiten in die Analyse miteinbezieht.

3. Der Einfluß von Imitationsmöglichkeiten bei fehlendem Patentschutz

Ein Großteil technologischer Innovationen läßt sich nicht oder nur unzureichend mit Patenten schützen (vgl. etwa die Studie von *Levin u.a. 1987*). Dies eröffnet den Unternehmen die Option, die überlegene Produktionstechnologie eines Konkurrenten zu imitieren. Je nach Geheimhaltungsmöglichkeit muß damit gerechnet werden, daß zumindest nach einer gewissen "natürlichen Verzögerung" *(Scherer 1980, S. 444)* andere Unternehmen ebenfalls in der Lage sein werden, das innovative Produktionsverfahren gleichwertig nachzuahmen. Daraus folgen entscheidende Konsequenzen für die F&E-Entscheidungen: Technologisch führende Unternehmen müssen nunmehr einen imitationsbedingten Gewinnrückgang miteinkalkulieren, während sich technologisch zurückliegenden Unternehmen die zusätzliche Alternative bietet, auf eigene Innovationsaktivitäten zu verzichten, und statt dessen auf die Imitation fremder Produktionstechnologien zu setzen. In Erweiterung des Grundmodells stehen den Unternehmen somit in jeder Periode drei (technologiebezogene) Entscheidungsalternativen offen: Sie können wie bisher selbst nach Verbesserungsinnovation suchen, sie können die überlegene Technologie des Konkurrenten imitieren, oder sie können sich mit ihrer gegenwärtigen Produktionsweise zufrieden geben. Durch die Berücksichtigung der bislang ausgeschlossenen Imitationen ändern sich sowohl das dynamische F&E-Verhalten der Unternehmen als auch der Bereich stationärer Marktstrukturen. Um diese komplexen Imitationseffekte wenigstens teilweise qualitativ erfassen zu können, wird eine statische Version des dynamischen Grundmodells herangezogen. Ihr liegt die etwas restriktive Annahme zugrunde, daß die Unternehmen jeweils nur eine einzige Innovationschance erblicken, bzw. zukünftige Verbesserungsmöglichkeiten nicht in ihre myopischen F&E-Entscheidungen miteinbeziehen. Damit wird eine Idee von *Gallini, Winter (1985)* aufgegriffen, die ein entsprechendes Szenario nicht im Hinblick auf Imitationen, sondern für den Fall gegenseitiger Lizenzabsprachen bei perfektem Patentschutz untersuchen.

In methodischer Hinsicht läßt sich die Analyse des dynamisch-evolutorischen Ansatzes problemlos auf ein statisches Szenario reduzieren (vgl. *Reinganum 1983*). Für die Wertfunktionen $J_1(c_1,c_2)$ in den Gleichungen (7) bis (10) ergeben sich bei unendlichem Zeithorizont die Bestimmungsgleichungen

$$(15) \qquad J_1(c_1,c_2) = \sum_{t=0}^{\infty} (1+r)^{-t} v_1(c_1,c_2) = (\varrho r)^{-1} v_1(c_1,c_2) .$$

Für die Gewinnerwartungswerte (7) und (8) des Unternehmens 1 bei passivem F&E-Verhalten des Unternehmens 2 folgt mit dieser Spezifizierung

$$(16) \qquad J_1^{00} = (\varrho r)^{-1} v_1(c_1^o,c_2^o) \quad \text{bzw.}$$

$$(17) \qquad J_1^{X0} = (\varrho r)^{-1} \left\{ \int_0^{c_1^o} v_1(c_1,c_2^o) d\phi(c_1) + (1-\phi(c_1^o)) v_1(c_1^o,c_2^o) \right\} .$$

Das statische Optimierungsproblem für das Unternehmen 1 ergibt sich nach Einsetzen der Gleichungen (16) und (17) in die Gleichung (5) als Spezialfall des bereits diskutierten dynamischen Optimierungsproblems. So vereinfacht sich die Stoppregel (11) zu

$$(18) \qquad r^{-1} \int_0^{c_1^o} [v_1(c_1,c_2^o) - v_1(c_1^o,c_2^o)] d\phi(c_1) - X \leq 0 .$$

Die daraus ableitbare sowie alle anderen Indifferenzlinien des statischen Modells nehmen jeweils die gleiche Form wie ihre entsprechenden Indifferenzlinien des dynamischen Modells an. Die dort eingeführten Symbole werden daher unverändert übernommen. Von dieser statischen Referenzsituation ausgehend kann nun analysiert werden, wie sich der durch die Indifferenzlinie I^0 begrenzte Stoppbereich der unternehmerischen F&E-Aktivitäten durch die Einbeziehung von Imitationsaktivitäten verschiebt. Eine Ausdehnung des Stoppbereichs läßt sich als F&E-hemmender, eine Verkleinerung dagegen als F&E-fördernder Effekt interpretieren (vgl. *Gallini, Winter 1985, S. 240 f.*).

Es wird unterstellt, daß ein eventueller F&E-Erfolg sowie das Ausmaß der damit verbundenen Prozeßinnovation in der Periode der erstmaligen Anwendung allgemein bekannt werden.[4] Dem zu diesem Zeitpunkt technologisch zurückliegenden Unternehmen steht dann die Möglichkeit offen, die überlegene Produktionstechnologie seines Konkurrenten zu imitieren. Während die zwangsläufig anfallenden Imitationskosten in der Literatur häufig unbeachtet bleiben, wird hier in Anlehnung an *Katz, Shapiro (1987)* angenommen, daß sie einen fixen Anteil $0<\lambda<1$ an den originären F&E-Ausgaben des erfolgreichen Unternehmens ausmachen.[5] Des weiteren wird davon ausgegangen, daß ein Imitator seine zusätzlichen Erträge genau wie zuvor der Innovator erst nach einer Periode Verzögerung realisieren kann. Auf diese Weise sind einem erfolgreichen Unternehmen zumindest temporäre "Pioniergewinne" gesichert.

Die zeitliche Abfolge aller zu treffenden Entscheidungen in einer beliebigen Periode 0 wird nunmehr wie folgt strukturiert: Zunächst müssen die Unternehmen wie bisher auf der Basis ihrer aktuellen Technologie ihre Produktionsmenge bestimmen. In Abhängigkeit der Wettbewerbssituation müssen sie anschließend festlegen, ob sie die Technologie des Konkurrenten imitieren, ob sie eigene F&E-Aktivitäten entfalten, oder ob sie ihre bewährte Technologie beibehalten wollen. Eine Imitationsentscheidung zu diesem Zeitpunkt wird im folgenden als eine "ex ante-Imitation" bezeichnet, da sie vor der Kenntnis eines eventuellen F&E-Erfolges des Konkurrenten erfolgt. Nachdem beide Seiten über die getroffenen Entscheidungen sowie über gegebenenfalls erzielte Innovationserfolge informiert sind, legen sie auf der Basis ihrer dann verfügbaren Produktionstechnologie in der Periode 1 wiederum erst den Output fest, ehe sie eine nochmalige Gelegenheit einer Imitation wahrnehmen können. Eine Imitation zu diesem Zeitpunkt wird als eine "ex post-Imitation" bezeichnet. In allen folgenden Perioden reduziert sich das Entscheidungsproblem mangels weiterer antizipierter Innovationschancen nur noch auf die periodische Festlegung des Outputs (vgl. zu derartigen mehrstufigen Entscheidungsprozessen auch *Güth, Meyer 1980* sowie – bezogen auf Lizenzen – *Katz, Shapiro 1985*).

---

4 *Benoit (1985)* berücksichtigt zusätzliche Informationsverzögerungen, bis die Technologie einer Prozeßinnovation im Markt bekannt ist. Er unterscheidet allerdings nur zwischen Erfolg und Mißerfolg der F&E-Anstrengungen, während hier ein Kontinuum an "Erfolgsgraden" betrachtet wird.

5 In einer empirischen Studie ermitteln *Mansfield, Schwartz* und *Wagner (1981)* ein Imitations-Innovationskosten-Verhältnis λ von ca. 65 v.H.

Die Bestimmung der teilspielperfekten Gleichgewichtsstrategien beginnt unter diesen Bedingungen (bei bereits charakterisiertem Outputverhalten) mit dem ex post-Imitationsverhalten der Konkurrenten. Exemplarisch sei unterstellt, daß zu Beginn der Periode 1 das Unternehmen 1 mit höheren Stückkosten produziert. In dieser Situation wird es sich immer dann für eine ex post-Imitation der überlegenen Produktionstechnologie seines Konkurrenten 2 entscheiden, falls sein imitationsbedingter Gewinnzuwachs die anfallenden Imitationskosten λX zumindest deckt:

(19) $$r^{-1}[v_1(c_2,c_2) - v_1(c_1,c_2)] - \lambda X \geq 0 .$$

Aus dieser Imitationsregel läßt sich eine Indifferenzlinie L_1 aller Kostenkombinationen (c_1,c_2) bestimmen, unter denen das Unternehmen 1 gerade indifferent ist zwischen einer ex post-Imitation des überlegenen Produktionsverfahrens und einer Weiterproduktion zu den bisherigen Kostenbedingungen. Durch totale Differentiation (unter Gültigkeit des Gleichheitszeichens) erhält man unter Beachtung der Eigenschaften (1), (2) und (4) der periodischen Gewinnfunktion eine positive Steigung der Indifferenzlinie L_1:

(20) $$\frac{dc_2}{dc_1} = \frac{\partial v_1(c_1,c_2)/\partial c_1}{dv_1(c_2,c_2)/dc_2 - \partial v_1(c_1,c_2)/\partial c_2} > 0 .$$

Ihre genaue Lage hängt neben den Nachfrageparametern und dem Zinssatz wesentlich von den Imitationskosten ab. In analoger Weise läßt sich das ex post-Imitationsverhalten des Unternehmens 2 ableiten, sofern das Unternehmen 1 die überlegene Produktionstechnologie in der Periode 1 besitzt. Graphisch ergibt sich die Indifferenzlinie L_2 wiederum durch eine Spiegelung der Indifferenzlinie L_1 an der 45°-Linie. In Abbildung 2 können sehr asymmetrische Marktstrukturen rechts von der L_1- bzw. links von der L_2-Indifferenzlinie höchstens für eine Periode Bestand haben, da nach dieser "natürlichen" Verzögerung das technologisch zurückliegende Unternehmen die effizientere Produktionstechnologie seines Konkurrenten imitiert, worauf sich symmetrische Marktstrukturen herausbilden. Der verbleibende Bereich asymmetrischer stationärer Marktzustände schrumpft mit sinkenden Imitationskosten zunehmend zusammen. Für vernachlässigbare Imitationskosten ($\lambda=0$) stimmen die Indifferenzlinien L_1 und L_2 schließlich vollkommen mit der 45°-Linie überein. Da unter diesen Umständen jede Prozeßinnovation mit einer Periode Verzögerung imitiert wird, sind nur noch symmetrische Marktstrukturen längerfristig stabil.

Im teilspielperfekten Nash-Gleichgewicht müssen die Unternehmen dieses ex post-Imitationsverhalten auf den früheren Entscheidungsstufen mitberücksichtigen. Da gemäß den "Spielregeln" auch eine ex ante-Imitation möglich ist, wird die F&E-Entscheidung

Abbildung 2: Der Einfluß von Imitationsmöglichkeiten auf die unternehmerischen F&E-Aktivitäten und den Bereich stationärer Marktstrukturen

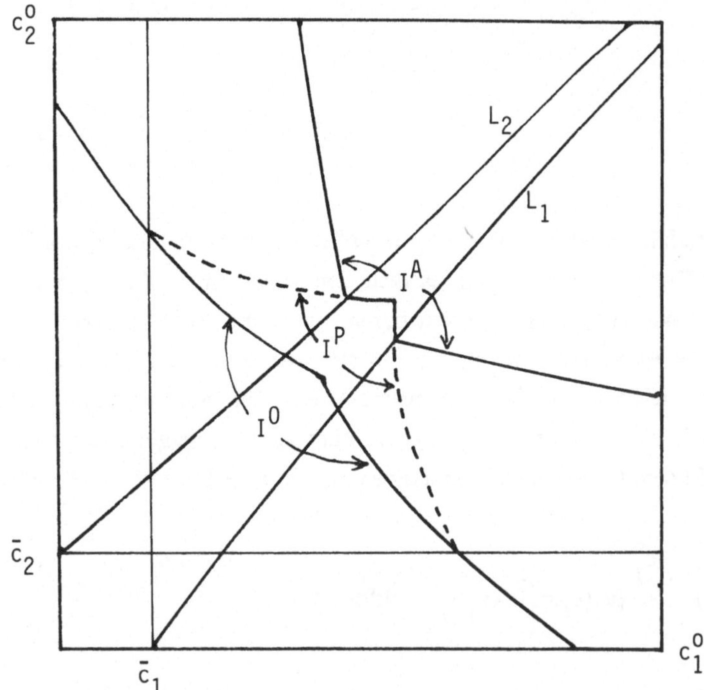

eines Unternehmens durch Imitationen auf zweifache Weise beeinflußt. Erstens muß es in der Periode 0 zwischen einem risikobehafteten Innovationsversuch und einer sicheren ex ante-Imitation abwägen. Dabei muß es zweitens beachten, daß es in der Periode 1 ebenfalls eine effizientere Technologie des Konkurrenten imitieren kann, daß aber auch umgekehrt eine Imitation durch den Konkurrenten möglich ist, falls dieser dann technologisch zurückliegt. Beide Gesichtspunkte müssen nun sukzessive in das Entscheidungsmodell integriert werden. Exemplarisch wird wieder davon ausgegangen, daß das Unternehmen 2 zu Beginn der Periode 0 die effizientere Produktionstechnologie besitzt. Wie verschiebt sich nun die für den Stoppbereich relevante Indifferenzlinie I_1^0 rechts von der 45°-Linie, (a) falls das Imitationskriterium (19) in der Periode 0 (noch) nicht erfüllt ist und (b) falls es erfüllt ist?

Im Fall (a) ist eine ex ante-Imitation irrelevant. Der Gewinnerwartungswert (16) des Unternehmens 1 für passives F&E-Verhalten beider Unternehmen bleibt weiterhin gültig. Ohne die Möglichkeit einer Prozeßinnovation in der Periode 0 kann sich auch in der Periode 1 keine neue Entscheidungssituation für das Imitationsverhalten einstellen. Der Gewinnerwartungswert (17) dagegen ändert sich durch eine eventuelle ex post-Imitation des Unternehmens 2. Nach Umformung ergibt sich

$$(21) \qquad J_1^{X0} = (\varrho r)^{-1} \left\{ \int_0^{c_1^o} v_1(c_1,c_2^o)d\phi(c_1) + (1-\phi(c_1^o))v_1(c_1^o,c_2^o) \right\}$$

$$- r^{-1} \int_0^{c_1^L} [v_1(c_1,c_2^o)d\phi(c_1) - v_1(c_1,c_1)]d\phi(c_1) ,$$

wobei die Produktionsstückkosten $c_1^L \geq 0$ auf der Indifferenzlinie L_2 des Unternehmens 2 liegen. Jede Prozeßinnovation, die es dem Unternehmen 1 erlaubt, mit Stückkosten in Höhe von c_1^L oder darunter zu produzieren, wird mit einer Periode Verzögerung vom dann zurückliegenden Unternehmen 2 imitiert, worauf sich die Pioniergewinne des innovativen Unternehmens wieder verringern. Unter der Voraussetzung, daß das Unternehmen 2 nicht nach Verbesserungsinnovationen sucht, engagiert sich nach der Optimierungsregel (5) somit auch das Unternehmen 1 nicht in F&E, falls die Ungleichung

$$(22) \qquad r^{-1} \int_0^{c_1^o} [v_1(c_1,c_2^o) - v_1(c_1^o,c_2^o)]d\phi(c_1)$$

$$- \varrho r^{-1} \int_0^{c_1^L} [v_1(c_1,c_2^o) - v_1(c_1,c_1)]d\phi(c_1) - X \leq 0$$

erfüllt ist. Es läßt sich nun ein kritischer Wert $\bar{c}_2$ für die Produktionsstückkosten des Unternehmens 2 definieren, für den exakt $c_1^L=0$ gilt. Graphisch ergibt sich als Schnittpunkt der Indifferenzlinie L_2 mit der c_2^o-Achse. Produziert das Unternehmen 2 bereits mit Stückkosten unterhalb des kritischen Wertes $\bar{c}_2$, so wird es aufgrund der Imitationskosten auch keine noch so bedeutende Prozeßinnovation des Unternehmens 1 imitieren. Folglich wird die F&E-Entscheidung des Unternehmens 1 in diesem Fall durch die ex post-Imitationsmöglichkeit nicht beeinflußt. Falls die Produktionsstückkosten des Unternehmens 2 dagegen über dem Wert $\bar{c}_2$ liegen, übt die Gefahr einer ex post-Imitation einen zunehmend negativen F&E-Effekt auf das Unternehmen 1 aus. Je höher nämlich die Produktionsstückkosten des technologisch führenden Unternehmens, desto eher führt ein Innovationserfolg des Nachzüglers zu einem technologischen Überholen, das eine Imitation durch das in Rückstand geratene Unternehmen nach sich zieht. Aus einem Vergleich der beiden Stoppregeln (18) und (22) geht hervor, daß sich der F&E-Anreiz des Unternehmens 1 aufgrund der ex post-Imitationsmöglichkeit um einen positiven Faktor $\varrho r^{-1} \int_0^{c_1^L} [v_1(c_1,c_2^o)-v_1(c_1,c_1)]d\phi(c_1)$ verringert. Dies ist gleichbedeutend mit einer Rechtsverschiebung der entsprechenden Indifferenzkurve im (c_1^o,c_2^o)-Koordinatensystem. Unter alleiniger Beachtung der ex post-Imitationen ergibt sich folglich eine Indifferenzlinie I_1^P für die F&E-Aktivitäten des Unternehmens 1, die für alle $c_2^o \leq \bar{c}_2$ mit der Indifferenzlinie I_1^0 übereinstimmt, für alle $c_2^o > \bar{c}_2$ aber immer rechts von ihr liegt.

Ein eindeutiges Steigungsverhalten, wie es für die Indifferenzkurve I_1^0 im Referenzmodell nachgewiesen werden konnte, läßt sich für die Indifferenzlinie I_1^P nicht mehr ableiten. Bei hohen Produktionskosten des Unternehmens 2 sind positive oder auch negative Steigungsraten möglich. Ursächlich hierfür sind zwei gegenläufige Effekte: Auf der einen Seite bedingen höhere Produktionsstückkosten des Konkurrenten aufgrund der Annahme (3) einen größeren Gewinnzuwachs im Falle einer technologischen Verbesserung, wodurch die F&E-Aktivitäten stimuliert werden. Auf der anderen Seite wird aber gleichzeitig auch eine ex post-Imitation eines F&E-Erfolges durch den Konkurrenten immer wahrscheinlicher, was cet. par. zu einer Reduzierung des erwarteten Gewinns führt. Bei nicht eindeutigem Vorzeichen der Indifferenzlinie I_1^P für hohe Produktionskosten des Unternehmens 2 kann aber nicht mehr generell ausgeschlossen werden, daß die Innovationsbereitschaft des Unternehmens 1 bei einer positiven F&E-Entscheidung seines Konkurrenten größer ist als bei einer negativen F&E-Entscheidung. Graphisch bedeutet dies, daß die alternative Indifferenzlinie bei positiver F&E-Entscheidung des Konkurrenten die Indifferenzlinie I_1^P im Bereich positiver Produktionskosten schneidet. Um die Eindeutigkeit der Nash-Gleichgewichte im absoluten F&E-Stoppbereich sicherzustellen, müssen daher im folgenden hinreichend große Imitationskosten unterstellt werden, die einen derartigen Schnittpunkt rechts von der 45°-Linie ausschließen.[6] Analoges gilt wieder für die entsprechende Indifferenzkurve I_2^P des Unternehmens 2, falls das Unternehmen 1 zu Beginn der Periode 0 die effizientere Produktionstechnologie besitzt. Für den Stoppbereich der unternehmerischen F&E-Aktivitäten sind unter den dargelegten Voraussetzungen die beiden Indifferenzlinien I_1^P und I_2^P bei passivem F&E-Verhalten des jeweiligen Konkurrenten ausschlaggebend.

Um die Analyse zu vervollständigen, muß nun noch Fall (b), in dem das Imitationskriterium (19) für das technologisch zurückliegende Unternehmen 1 bereits in der Periode 0 erfüllt ist, analysiert werden. Hier existieren Marktstrukturen, bei denen sowohl F&E-Aktivitäten als auch ex ante-Imitationsaktivitäten für das Unternehmen 1 von Vorteil sind. Dabei gilt es zu beachten, daß es bei einer nur unwesentlichen oder gar ausbleibenden eigenen Prozeßinnovation in der Folgeperiode immer noch die Möglichkeit einer ex post-Imitation besitzt. Da hier nur die teilspielperfekten Gleichgewichtsstrategien im absoluten Stoppbereich der F&E-Aktivitäten interessieren, scheidet die Möglichkeit sowohl einer ex ante- als auch einer ex post-Imitation aus. Entweder imitiert das technologisch zurückliegende Unternehmen in der Periode 0 die effizientere Produktions-

6 Ohne diese zugegebenermaßen restriktive Annahme ergeben sich Marktkonstellationen unterhalb der Indifferenzlinie I^0, in denen gleichzeitig zwei Nash-Gleichgewichte in reinen F&E-Strategien möglich sind, nämlich beiderseitig passives oder auch beiderseitig aktives F&E-Verhalten der Duopolisten. In diesem Fall kann aber nicht mehr von einem absoluten Stoppbereich der F&E-Aktivitäten gesprochen werden.

technologie seines Konkurrenten oder es engagiert sich in F&E unter der Berücksichtigung der beiderseitigen Imitationsmöglichkeiten in der Periode 1. Unter der Voraussetzung, daß das Unternehmen 2 keine F&E-Aktivitäten entfaltet, läßt sich für das Unternehmen 1 die ex ante-Imitationsbedingung

$$(23) \quad \varrho\left\{\int_0^{c_1^O} v_1(c_1,c_2^O)d\phi(c_1) + (1-\phi(c_1^O))v_1(c_1^O,c_2^O)\right\} + \varrho r^{-1}\left\{\int_0^{c_1^L} v_1(c_1,c_1)d\phi(c_1)\right.$$

$$\left. + \int_{c_1^L}^{c_1^P} v_1(c_1,c_2^O)d\phi(c_1)\right\} - [1-\varrho(1-\phi(c_1^P))]\,[r^{-1}v_1(c_2^O,c_2^O) - \lambda X] - X \leq 0$$

herleiten. Ist diese Ungleichung erfüllt, wird das Unternehmen 1 unter Beachtung aller ex post-Imitationsmöglichkeiten auf einen F&E-Einsatz zugunsten einer ex ante-Imitation verzichten. Die Produktionsstückkosten c_1^P liegen dabei definitionsgemäß auf der Indifferenzlinie L_1, geben also diejenigen Marktstrukturen an, bei denen das Unternehmen 1 in der Periode 1 gerade indifferent zwischen einer ex post-Imitation und der Beibehaltung seiner dann verfügbaren Produktionstechnologie ist. Drei unterschiedliche "Innovationsbereiche" als Folge eines F&E-Einsatzes sind im Entscheidungskriterium (23) berücksichtigt: Ein überragender Innovationserfolg, der zu Produktionsstückkosten von c_1^L oder darunter führt, wird mit einer Periode Verzögerung vom dann zurückliegenden Unternehmen 2 imitiert. Ein mittlerer Innovationserfolg, der Produktionsstückkosten zwischen c_1^L und c_1^P ermöglicht, zieht aufgrund der Imitationskosten keine Imitationsaktivitäten nach sich. Schließlich führt ein mäßiger oder ganz ausbleibender Innovationserfolg, der die Produktionsstückkosten nicht unter den Wert c_1^P zu drücken vermag, zu einer ex post-Imitation des Unternehmens 1.

Wie aus einem Vergleich der beiden F&E-Stoppregeln (22) und (23) hervorgeht, vermindern sich die F&E-Anreize des Unternehmens 1 im Fall (b) gegenüber dem Fall (a) um zwei ökonomisch gut zu interpretierende ex ante-Imitationseffekte

$$\varrho r^{-1}\int_{c_1^P}^{c_1^O} [v_1(c_1,c_2^O)-v_1(c_1^O,c_2^O)]\,d\phi(c_1) \text{ und } [1-\varrho(1-\phi(c_1^P))]\{r^{-1}[v_1(c_2^O,c_2^O)-v_1(c_1^O,c_2^O)]-\lambda X\}.$$

Der erste dieser Faktoren drückt aus, daß ein nur mäßiger Innovationserfolg dem Unternehmen 1 ab der Periode 2 keinen Vorteil mehr bringt, sofern es in der Periode 1 ungeachtet seiner durchgeführten Prozeßinnovation die Produktionstechnologie seines Konkurrenten imitiert. Der zweite Faktor gibt die Vorteilhaftigkeit einer ex ante-Imitation gegenüber der erst eine Periode später möglichen ex post-Imitation bei einem mäßigen oder ganz ausbleibenden Innovationserfolg im Falle einer positiven F&E-Entscheidung an. Beide Faktoren nehmen aufgrund der unterstellten Eigenschaften der periodischen Gewinnfunktion mit steigenden Produktionsstückkosten c_1^O kontinuierlich zu. Im Imitationsbereich rechts von der Indifferenzlinie L_1 liegt die endgültige Indifferenzlinie I_1^A für die F&E-Aktivitäten des Unternehmens 1 bei Berücksichtigung von ex ante- und ex post-Imitationen daher immer oberhalb der Indifferenzlinie I_1^P. Entsprechend liegt auch die analoge Indifferenzlinie I_2^A für das Unternehmen 2 im Imitationsbereich links von der Indifferenzlinie L_2 immer oberhalb der Indifferenzlinie I_2^P. In Abbildung 2 sind die Auswirkungen sämtlicher Imitationsmöglichkeiten auf die F&E-Aktivitäten der Unternehmen graphisch veranschaulicht. Der F&E-Stoppbereich wird nun – ausgehend vom Ursprung – durch die Koordinatenachsen sowie durch die zusammengesetzte I^A-Linie eingegrenzt. Ein Vergleich mit der Indifferenzlinie I^0 zeigt, daß der negative Imitationseffekt vor allem unter sehr ähnlichen sowie unter sehr ungleichen Kostenbedingungen wirkt. Ausschlaggebend sind im ersten Fall die unvollkommene Appropriabilität der Innovationserträge aufgrund zu erwartender Imitationen durch den Konkurrenten, und im zweiten Fall die für das technologisch zurückliegende Unternehmen gegebene Vorteilhaftigkeit einer kostengünstigeren Imitation anstelle von originären F&E-Aktivitäten.

Im Gegensatz zum Referenzmodell stimmen der Stoppbereich für F&E-Aktivitäten und der Bereich stationärer Marktstrukturen nicht mehr überein. Sehr asymmetrische Marktstrukturen rechts von der L_1- und links von der L_2-Linie haben durch die Imitationsaktivitäten des technologisch zurückliegenden Unternehmens keinen dauerhaften Bestand und scheiden folglich als stationäre Marktstrukturen aus. Während im Referenzmodell die I^0-Linie den Bereich stationärer Marktstrukturen eingrenzte, treten nun an ihre Stelle die Indifferenzlinien L_1, L_2 und I^P(bzw. I^A). Zusammengefaßt beeinflussen die Imitationsmöglichkeiten den Bereich stationärer Marktstrukturen dadurch wie folgt: Vor allem unter symmetrischen Kostenbedingungen mindern ex post-Imitationen die F&E-Aktivitäten der Unternehmen, so daß sich der Bereich stationärer Marktstrukturen hier ausdehnt. Gleichzeitig nimmt der Bereich sehr asymmetrischer Marktstrukturen durch ex ante- bzw. ex post-Imitationen ab. Daraus läßt sich eine Verschiebung von sehr asymmetrischen hin zu mehr symmetrischen stationären Marktstrukturen konstatieren. Die bereits im Referenzmodell festgestellte Tendenz in Richtung symmetrischer Marktstrukturen wird durch die Einbeziehung von Imitationen somit deutlich verstärkt. In Märkten mit nur unvollkommenem Patentschutz für technologische Neuerungen muß daher längerfristig mit einem niedrigeren Konzentrationsgrad und mit einer geringeren Innovationsdynamik gerechnet werden.

4. Eine kritische Zusammenfassung

In diesem Beitrag wurden die wechselseitigen Zusammenhänge zwischen der Marktstruktur und dem unternehmerischen Innovations- und Imitationsverhalten in einem spieltheoretischen Duopolmodell untersucht. Sowohl die Innovations- als auch die Imitationsaktivitäten hängen unmittelbar von der jeweiligen Marktstruktur ab. Unter der Annahme eines perfekten Patentschutzes wurde gezeigt, daß vor allem ein technologisch zurückliegendes Unternehmen bestrebt ist, diesen Rückstand durch F&E-Anstrengungen wieder aufzuholen, während ein technologisch führendes Unternehmen in seinen F&E-Bemühungen nachläßt. Ohne einen wirksamen Patentschutz hat ein technologischer Nachzügler darüber hinaus die Möglichkeit, zu geringeren Kosten eine effizientere Produktionstechnologie im Markt zu imitieren. Innovationswettbewerb und Imitationswettbewerb beeinflussen sich dann gegenseitig. Auf der anderen Seite verändert natürlich jede Innovation oder Imitation wiederum die Marktstruktur. Ausgelöst durch Innovationen und fortgesetzt durch deren Imitationen vollzieht sich innerhalb des Marktes ein disruptiver Prozeß des technologischen und strukturellen Wandels. Der immer höhere technologische Standard der Unternehmen bewirkt aber bei gegebener Nachfrage und bei gegebenen F&E- und Imitationskosten eine allmählich nachlassende Marktdynamik, bis sich schließlich eine stationäre (symmetrische oder asymmetrische) Marktstruktur einstellt. Erst nach der Erschließung eines neuen Produktmarktes kann dort der Prozeß technologischer Verbesserungen von neuem beginnen.

Angesichts dieser komplexen Zusammenhänge scheint es durchaus gerechtfertigt zu sein, sich auf den Duopolfall zu konzentrieren. Unbeantwortet bleibt freilich die Frage, auf welche Weise sich die Duopolisten im Markt etablieren konnten. Der Prozeß des technologischen und strukturellen Wandels kann im vorliegenden Modell jeweils nur innerhalb eines bereits erschlossenen Marktes erfaßt werden. In diesem Rahmen vermag es der suchtheoretische Ansatz allerdings in einer ansprechenden Weise, den evolutionären Charakter ablaufender Marktprozesse herauszustellen. Wie in den neoklassischen Innovationsansätzen gemeinhin üblich, wird die Unsicherheit in Form von Risiko, hier bzgl. des Innovationsausmaßes, integriert. Die zeitliche Konstanz der entsprechenden Verteilungsfunktion läßt ein unbestreitbares "Dazulernen" der Unternehmen in ihrer Forschungsstrategie durch vergangene Erfolge und Mißerfolge leider nicht zu. Realistischer wäre zweifelsohne eine im F&E-Prozeß variierbare Verteilungsfunktion. Sie ließe sich beispielsweise durch eine explizite Trennung zwischen Grundlagen- und angewandter Forschung (vgl. *Evenson, Kislev 1976*) oder zwischen Forschung und Entwicklung (vgl. *Lee 1982a*) generieren. Auch eine gewisse Flexibilisierung der F&E-Kosten, etwa durch eine in jeder Periode bestehende Möglichkeit eines mehrfachen Ziehens aus der Verteilungsfunktion (vgl. *Evenson, Kislev 1976, Lee 1982b* sowie *Telser 1982*), wäre sicherlich der Annahme eines fixen periodischen F&E-Einsatzes überlegen. Eine Integration derartiger Verbesserungsvorschläge in das präsentierte Innovationsmodell dürfte allerdings mit kaum lösbaren Schwierigkeiten verbunden sein.

Die Berücksichtigung von Imitationsmöglichkeiten stellt eine wichtige Bereicherung des Innovationsansatzes dar. In der vorliegenden Form wird er allerdings ungeachtet der mehrstufigen Entscheidungsstruktur und unendlich vieler Perioden auf eine statische Betrachtungsebene reduziert, da die Unternehmen immer nur eine einzige Innovationschance antizipieren. Dies gilt auch bei der Unterstellung variabler Informationsverzögerungen (vgl. *Benoit 1985*). Ein dynamisches Innovations-Imitationsmodell mit einer sich evolutionär entwickelnden asymmetrischen Oligopolstruktur würde der Realität natürlich mehr entgegenkommen. Derart komplexe Modelle sind bislang allerdings nur diversen Simulationsmethoden unter Verzicht auf eine entscheidungstheoretisch fundierte Erklärung des unternehmerischen Innovations- und Imitationsverhaltens zugänglich (vgl. etwa *Nelson, Winter 1982, Kap. 12 bis 14*). Die Konstruktion entsprechender Modelle im Rahmen der neoklassisch orientierten Innovationstheorie stellt eine Herausforderung für zukünftige Forschungsbemühungen dar.

Anhang

Um die Vorzeichen der totalen Differentiale (13) und (14) im Text bestimmen zu können, müssen alle vier möglichen Fälle des duopolistischen F&E-Verhaltens einzeln analysiert und auf ihre Konsistenz hin überprüft werden.

Fall 1: Setzen beide Unternehmen keine F&E-Ausgaben ein, ergibt sich aus Gleichung (5) in Verbindung mit Gleichung (7)

$$J_1(c_1^o,c_2^o) = (1-\varrho)^{-1}\, v_1(c_1^o,c_2^o)\,. \tag{A.1}$$

Aufgrund der Eigenschaften (1) und (3) der unterstellten Ertragsfunktion läßt sich daraus direkt ableiten

$$\partial J_1(c_1^o,c_2^o)/\partial c_1^o < 0 \tag{A.2}$$

und

$$\partial^2 J_1(c_1^o,c_2^o)/\partial c_1^o \partial c_2^o < 0\,. \tag{A.3}$$

Fall 2: Setzt nur das Unternehmen 1 F&E-Ausgaben ein, folgt aus Gleichung (5) in Verbindung mit Gleichung (8)

$$J_1(c_1^o,c_2^o) = v_1(c_1^o,c_2^o) - X + \varrho\left\{\int_0^{c_1^o} J_1(c_1,c_2^o)d\phi(c_1) + (1-\phi(c_1^o))J_1(c_1^o,c_2^o)\right\}. \tag{A.4}$$

Aufgrund der Eigenschaft (1) gilt für die erste Ableitung

$$\partial J_1(c_1^o,c_2^o)/\partial c_1^o = [1-\varrho(1-\phi(c_1^o))]^{-1}\, \partial v_1(c_1^o,c_2^o)/\partial c_1^o < 0 \tag{A.5}$$

und aufgrund der Eigenschaft (3) für die Kreuzableitung

$$\partial^2 J_1(c_1^o,c_2^o)/\partial c_1^o \partial c_2^o = [1-\varrho(1-\phi(c_1^o))]^{-1}\, \partial^2 v_1(c_1^o,c_2^o)/\partial c_1^o \partial c_2^o < 0\,. \tag{A.6}$$

Fall 3: Setzt nur das Unternehmen 2 F&E-Ausgaben ein, folgt aus Gleichung (6) in Verbindung mit Gleichung (9)

$$\text{(A.7)} \qquad J_1(c_1^o.c_2^o) = v_1(c_1^o,c_2^o) + \varrho\left\{ \int_0^{c_2^o} J_1(c_1^o,c_2)d\phi(c_2) + (1-\phi(c_2^o))J_1(c_1^o,c_2^o) \right\}.$$

Die erste Ableitung lautet

$$\text{(A.8)} \qquad \partial J_1(c_1^o,c_2^o)/\partial c_1^o = [1-\varrho]^{-1} \left\{ \partial v_1(c_1^o,c_2^o)/\partial c_1^o + \varrho \int_0^{c_2^o} [\partial J_1(c_1^o,c_2)/\partial c_1^o - \partial J_1(c_1^o,c_2^o)/\partial c_1^o] d\phi(c_2) \right\}.$$

Für die Kreuzableitung gilt aufgrund der Eigenschaft (3)

$$\text{(A.9)} \qquad \partial^2 J_1(c_1^o,c_2^o)/\partial c_1^o \partial c_2^o = [1-\varrho(1-\phi(c_2^o))]^{-1}\, \partial^2 v_1(c_1^o,c_2^o)/\partial c_1^o \partial c_2^o < 0.$$

Fall 4: Setzen beide Unternehmen F&E-Ausgaben ein, folgt aus Gleichung (6) in Verbindung mit Gleichung (10)

$$\begin{aligned}\text{(A.10)} \qquad J_1(c_1^o,c_2^o) = v_1(c_1^o,c_2^o) - X + \varrho \Bigg\{ & \int_0^{c_1^o} \int_0^{c_2^o} J_1(c_1,c_2)d\phi(c_2)d\phi(c_1) \\ & + (1-\phi(c_1^o)) \int_0^{c_2^o} J_1(c_1^o,c_2)d\phi(c_2) + (1-\phi(c_2^o)) \int_0^{c_1^o} J_1(c_1,c_2^o)d\phi(c_1) \\ & + (1-\phi(c_1^o))(1-\phi(c_2^o))J_1(c_1^o,c_2^o) \Bigg\}.\end{aligned}$$

Die erste Ableitung lautet

$$\begin{aligned}\text{(A.11)} \qquad \partial J_1(c_1^o,c_2^o)/\partial c_1^o = [1-\varrho(1-\phi(c_1^o))]^{-1} \Bigg\{ & \partial v_1(c_1^o,c_2^o)/\partial c_1^o \\ & + \varrho\, (1-\phi(c_1^o)) \int_0^{c_2^o} [\partial J_1(c_1^o,c_2)/\partial c_1^o - \partial J_1(c_1^o,c_2^o)/\partial c_1^o] d\phi(c_2) \Bigg\}.\end{aligned}$$

Für die Kreuzableitung gilt aufgrund der Eigenschaft (3)

$$\text{(A.12)} \qquad \partial^2 J_1(c_1^o,c_2^o)/\partial c_1^o \partial c_2^o = [1-\varrho(1-\phi(c_1^o))(1-\phi(c_2^o))]^{-1} \partial^2 v_1(c_1^o,c_2^o)/\partial c_1^o \partial c_2^o < 0.$$

Damit weist die Kreuzableitung in allen vier Fällen ein negatives Vorzeichen auf. Für die ersten Ableitungen konnten dagegen nur in den Fällen 1 und 2 eindeutig negative Vorzeichen ermittelt werden. Unter Berücksichtigung der partiellen Integration

$$(A.13)\quad \int_0^{c_2^o} [\partial J_1(c_1^o,c_2)/\partial c_1^o - \partial J_1(c_1^o,c_2^o)/\partial c_1^o]\, d\phi(c_2) = - \int_0^{c_2^o} [\partial^2 J_1(c_1^o,c_2)/\partial c_1^o \partial c_2]\, \phi(c_2) dc_2$$

ergibt sich aber aufgrund der Gleichung (A.9) für die Gleichung (A.8)

$$(A.14)\quad \partial J_1(c_1^o,c_2^o)/\partial c_1^o = [1-\varrho]^{-1} \left\{ \partial v_1(c_1^o,c_2^o)/\partial c_1^o - \int_0^{c_2^o} [\xi_1 \partial^2 v_1(c_1^o,c_2)/\partial c_1^o \partial c_2]\, dc_2 \right\} < 0$$

mit $\xi_1 = \dfrac{\varrho\phi(c_2)}{1-\varrho+\varrho\phi(c_2)} < 1$, sowie aufgrund der Gleichung (A.12) für die Gleichung (A.11)

$$(A.15)\quad \partial J_1(c_1^o,c_2^o)/\partial c_1^o = [1-\varrho(1-\phi(c_1^o))]^{-1} \left\{ \partial v_1(c_1^o,c_2^o)/\partial c_1^o - \int_0^{c_2^o} [\xi_2 \partial^2 v_1(c_1^o,c_2)/\partial c_1^o \partial c_2]\, dc_2 \right\} < 0$$

mit $\xi_2 = \dfrac{\varrho(1-\phi(c_1^o))\phi(c_2)}{1-\varrho(1-\phi(c_1^o)) + \varrho(1-\phi(c_1^o))\phi(c_2)} < 1$.

Somit haben auch die ersten Ableitungen in allen vier Fällen konsistenterweise ein negatives Vorzeichen. Daraus folgen jeweils negative Vorzeichen für die Zähler in den beiden Differentialen (13) und (14). Die entsprechenden Nenner haben dagegen aufgrund der partiellen Integration

$$(A.16)\quad \int_0^{c_1^o} [\partial J_1(c_1,c_2^o)/\partial c_2^o - \partial J_1(c_1^o,c_2^o)/\partial c_2^o]\, d\phi(c_1) = - \int_0^{c_1^o} [\partial^2 J_1(c_1,c_2^o)/\partial c_1 \partial c_2^o]\, \phi(c_1) dc_1$$

und der negativen Kreuzableitungen ein positives Vorzeichen. Insgesamt weisen also die totalen Differentiale (13) und (14) jeweils negative Vorzeichen auf.

Literaturverzeichnis

Benoit, J.P. (1985), "Innovation and Imitation in a Duopoly", *Review of Economic Studies 52*, 99 – 106.

Berninghaus, S., Völker, R. (1987), "Ein spieltheoretisches Modell der Schumpeterschen Innovationskonkurrenz". Vortrag gehalten auf der 4. Arbeitstagung Industrieökonomik im Wissenschaftszentrum Berlin vom 16. bis 20. März 1987.

Evenson, R.E., Kislev, Y. (1976), "A Stochastical Model of Applied Research", *Journal of Political Economy 84*, 265 – 281.

Flaherty, M.T. (1980), "Industry Structure and Cost-Reducing Investment", *Econometrica 48*, 1187 – 1209.

Futia, C.A. (1980), "Schumpeterian Competition", *Quarterly Journal of Economics 94*, 675 – 695.

Gallini, N.T., Winter, R.A. (1985), "Licensing in the Theory of Innovation", *Rand Journal of Economics 16*, 237 – 252.

Güth, W., Meyer, U. (1980), "Innovationsentscheidungen in oligopolistischen Märkten. Eine modelltheoretische Untersuchung", *Zeitschrift für die gesamte Staatswissenschaft 136*, 113 – 135.

Kamien, M.I., Schwartz, N.L. (1982), Market Structure and Innovation, Cambridge.

Katz, M.L., Shapiro, C. (1985), "On the Licensing of Innovations", *Rand Journal of Economics 16*, 504 – 520.

Katz, M.L., Shapiro, C. (1987), "R&D Rivalry with Licensing or Imitation", *American Economic Review 77*, 402 – 420.

Kreps, D.M., Spence, M. (1985), "Modelling the Role of History in Industrial Organization and Competition". In: G.R. Feiwel (Hrsg.), Issues in Contemporary Microeconomics and Welfare, London, Basingstoke, 340 – 378.

Lee, T.K. (1982a), "On the Reswitching Property of R&D", *Management Science 28*, 887 – 899.

Lee, T.K. (1982b), "A Nonsequential R&D Search Model", *Management Science* 28, 900 – 909.

Lee, T.K. (1984), "On the Reswitching and Convergence Properties of Research & Development Rivalry", *Management Science 30*, 186 – 197.

Levin, R.C., Kleverick, A.K., Nelson, R.R., Winter, S.G. (1987), "Appropriating the Returns from Industrial Research and Development", *Brookings Papers on Economic Activity*, 783 – 820.

Mansfield, E., Schwartz, M., Wagner, S. (1981), "Imitation Costs and Patents: An Empirical Study", *Economic Journal 91*, 907 – 918.

Nelson, R.R., Winter, S.G. (1982), An Evolutionary Theory of Economic Chance, Cambridge, London.

Ramser, H.J. (1986), "Schumpetersche Konzepte in der Analyse des technischen Wandels". In: G. Bombach, B. Gahlen, A.E. Ott (Hrsg.), Technologischer Wandel – Analyse und Fakten. Schriftenreihe des Wirtschaftswissenschaftlichen Seminars Ottobeuren 15, Tübingen, 145 – 169.

Reinganum, J.F. (1982), "Strategic Search Theory", *International Economic Review 23*, 1 – 17.

Reinganum, J.F. (1983), "Technology Adoption under Imperfect Information", *Bell Journal of Economics 14*, 57 – 69.

Reinganum, J.F. (1985), "Innovation and Industry Evolution", *Quarterly Journal of Economics 100*, 81 – 99.

Scherer, F.M. (1980), Industrial Market Structure and Economic Performance, 2. Aufl., Chicago.

Selten, R. (1965), "Spieltheoretische Behandlung eines Oligopolmodells mit Nachfrageträgheit", *Zeitschrift für die gesamte Staatswissenschaft 121*, 301 – 324 und 667 – 689.

Selten, R. (1975), "Reexamination of the Perfectness Concept for Equilibrium Points in Extensive Games", *International Journal of Game Theory 4*, 25 – 55.

Stadler, M. (1989), Marktstruktur und technologischer Wandel. Eine modelltheoretische Analyse im Rahmen der Industrieökonomik, Berlin u.a.

Telser, L.G. (1982), "A Theory of Innovation and Its Effects", *Bell Journal of Economics 13*, 69 – 92.

Korreferat zum Referat M. Stadler

Rainer Völker

Der Referent verfolgt mit seinem Beitrag offensichtlich zwei Zielsetzungen:

1. Die formale Analyse von dynamischem F&E-Wettbewerb mit endogener Marktstruktur bei perfektem Patentschutz.
2. Die ebenfalls formale Untersuchung der Frage, wie das F&E-Verhalten sich ändert, wenn Imitation eingeführt wird/möglich ist.

Für den ersten Aspekt übernimmt *Stadler* ein Modell von *Lee (1984)*; der Autor beschränkt sich auf den Spezialfall der Stückkostenreduktion. Der Analyse von Aspekt 2 stand das Modell von *Gallini* und *Winter (1985)* Pate.

Übergreifende Grundlage bei beiden Modellen ist zum einen das suchtheoretische Paradigma und zum anderen – wenn auch nicht erwähnt – das Instrument des Stochastischen Spiels, was im weiteren noch von Bedeutung sein wird.

Bevor ich zu einigen kritischen Einwendungen gegenüber den von *Stadler* vorgenommenen Ausdeutungen der Modelle komme, will ich vorausschicken, daß ich selbst die erwähnten Konzeptionen durchaus schätze. Wenn man sich von vornherein für eine entscheidungstheoretische Vorgehensweise entscheidet und nicht auf evolutionstheoretische Modelle à la *Nelson/Winter* zurückgreift, denke ich, daß der suchtheoretische Rahmen ein geeignetes Instrumentarium darstellt, um auf einzelwirtschaftlicher Ebene und auch für Partialmarktbetrachtungen innovationstheoretische Fragen "anzugehen".

Was nun das Modell von *Lee* und damit auch die Version von *Stadler* betrifft, so müssen die damit präjudizierten Marktabläufe mit einigem Vorbehalt bedacht werden:
In Abbildung 1 des Papiers werden Zustandskombinationen (c_1, c_2) abgegrenzt, bei denen es für nur eine, für beide oder auch für keine Firma rational ist zu innovieren; wenn nur eine Firma noch innoviert – so besagt die Abbildung – so ist das immer diejenige mit den höheren Stückkosten, dem niedrigeren Marktanteil. Lee und vor allem der Referent leiten daraus eine "Tendenz des dynamischen Prozesses[1] zu symmetrischen Marktstrukturen" her – was implizit wohl als wirtschaftspolitisch wünschenswert unterstellt wird. Abgesehen davon, ob und nach welchen Kriterien ein solcher Konvergenzprozeß wirklich positiv zu beurteilen ist, ist es aufgrund der folgenden Aspekte mehr als fraglich, ob er überhaupt zustande kommt:

a) Die Herleitung der Gleichgewichtsreaktionsfelder im Zustandsraum setzt die Verwendung sogenannter "stationärer Strategien" für die Spieler (= Firmen) voraus – oder etwas anders gewendet: Untersucht werden lediglich Nash-Gleichgewichte in

---

1 Es handelt sich hier übrigens nicht um einen Prozeß in irreversibler Zeit im strengen Sinne der Evolutionstheorie *(Faber, Proobs 1987)*.

stationären reinen Strategien. Diese formale Eigenschaft beschreibt nun ganz einfach folgenden Tatbestand: Nur die Relation $c_i : c_j$, $i,j = 1,2$, $i \neq j$, ist in jeder Periode des unendlichstufigen Spiels für die Innovationsentscheidung der Firmen von Bedeutung; der Zeitpunkt, wann eine gewisse Relation der Stückkosten eintritt und der bisherige Konkurrenzablauf spielen bei den Innovationsentscheidungen keine Rolle. Das entspräche ungefähr der Situation, als wenn zwei Firmen durch Verfahrensinnovationen ihre Konkurrenzfähigkeit zu verbessern trachten, ohne zu beachten, welche F&E-Strategie die jeweils andere Firma bisher verfolgt hat!

Unabhängig davon, daß eine solche Ausgrenzung strategischer Möglichkeiten bei Leuten etwa wie *Michael Porter* größere Verwunderung hervorrufen dürfte, läßt sich eben auch zeigen, daß die "erwünschten" Symmetrieeffekte bei Zulassung von history dependent strategies nicht auftreten müssen bzw., daß sich beide Spieler bei solchen Strategien auch besserstellen können (vgl. *von Damme 1981*).

b) In dem Modell wird per definitionem Monopolisierung ausgeschlossen, d.h. es gilt immer die kurzfristige Pay-off-Funktion $v_i(c_i,c_j)$. Gerade bei dem Innovationsfall, den der Referent wählt, nämlich Stückkostenreduktion, sollte es ja nicht ausgeschlossen sein, daß Relationen $c_j >> c_i$ möglich sind, die einer Firma i erlauben, den Markt zu monopolisieren. Läßt man die Monopolisierungsmöglichkeit zu – ja gerade dann läßt sich in einem einfachen statischen Szenario schon zeigen, daß die technologisch führende Firma Anreize hat zu innovieren, um die andere Firma endgültig "aus dem Markt zu werfen" und sich die Monopolprofite zu garantieren (vgl. *Völker 1989*).

c) Trivial, aber vor einem realistischen Hintergrund doch zu erwähnen ist folgender Einwand: Bei dem Modell wird ein vollkommener Kapitalmarkt unterstellt. D.h. liegt eine Firma technologisch auch noch so weit zurück – sie hat immer genug Finanzmittel, um erneut ein F&E-Risiko einzugehen und kann von daher immer (potentiell) die innovative Firma einholen!

Was nun Untersuchungsziel 2 von *Stadler* – der Einfluß von Imitation – angeht, so denke ich, daß hier sicherlich eine relevante Fragestellung vom Ansatz her gut aufgegriffen wurde. Kritisch anmerken ließen sich natürlich auch hier meine Aspekte b) und c) bzw. die Tatsache, daß es sich ja "nur" um den Vergleich zweier Situationen handelt, bei der es jeweils nur um eine Innovationsrunde geht. Allerdings ist diese "einfache" Betrachtung schon so komplex, daß Erweiterungen sehr schwer handhabbar sein dürften.

Erforderlich wäre jedoch hier für das präsentierte Imitationsszenario, daß die Spielstruktur und mögliche Gleichgewichtskonstellationen klar herausgearbeitet werden. Während dies in dem grundlegenden Artikel von *Gallini/Winter* in exakter Weise geschieht, wird in dem Papier von *Stadler* durch die verbalen Einlassungen nicht vollkommen deutlich, wie man sich die Entscheidungs- und Informationsstruktur des Spiels vorzustellen hat. Da es sich hier um Imitation (mit exogenen Imitationskosten!) und nicht um Lizenzierung (mit endogenen Lizenzen!) wie bei *Gallini/Winter* handelt, kann es sich nicht um eine völlig adäquate Modellübertragung handeln, die eine genauere spieltheoretische Analyse des Szenarios überflüssig macht. Außerdem läßt sich für bestimmte Ausgangskonstellationen $c_1:c_2$ und Annahmen an $\delta v_i/\delta c_i$ und $\delta v_i/\delta c_j$ (insbesondere für $\delta v_i/\delta c_i > \delta v_i/\delta c_j$, was ja im linearen Fall z.B. gilt) auch zeigen, daß Imitationsmöglichkeiten der F&E-Aktivität nicht abträglich, sondern auch dienlich sein können (vgl. *Völker 1989*). Für diesen Sachverhalt gibt es anscheinend auch einige empirische Anhaltspunkte (vgl. dazu neben *Kamien, Schwartz 1982* auch *Katz, Shapiro 1987*). Mein Fazit wäre folgendes:

Wie eingangs erwähnt meine ich, daß ein Weiterarbeiten mit diesem Modellrahmen für verschiedene innovationstheoretische Fragestellungen mir durchaus lohnend erscheint, nicht zuletzt da wesentliche Eigenheiten von Innovationsprozessen stilisiert erfaßt werden können. Irgendwelche wirtschaftspolitischen Schlußfolgerungen – expliziter oder impliziter Natur – aus dieser trotz aller formalen Komplexität doch rudimentären Betrachtungen abzuleiten, verbietet sich zweifellos; jedoch halte ich es durchaus für sinnvoll und möglich – und das sollte auch ein weiteres Forschungsziel sein – mit diesen oder ähnlichen Modellen zu ökonometrisch testbaren Hypothesen zu gelangen.

Literaturverzeichnis

Damme, E.E.C. v. (1981), History-Dependent Equilibrium Points in Dynamic Games. In: O. Moeschlin, D. Pallaschke (Hrsg.), Game Theory and Related Topics. Amsterdam, 27 – 38.

Faber, M., Proobs, J. (1987), On Aspects of Time Irreversibility in Economics, Discussion Paper.

Kamien, M.I., Schwartz, N.L. (1982), Market Structure and Innovation. Cambridge.

Katz, M.L., Shapiro, C. (1987), R&D Rivalry with Licensing or Imitation. *American Economic Review 77*, 402 – 420.

Völker, R. (1989), Innovationsentscheidungen und Marktstruktur – Der suchtheoretische Ansatz. Heidelberg.

Innovationen als Ergebnis stochastischer Optimierung

Referat von Manfred Neumann und Alfred Haid

Zusammenfassung: Innovationen werden als Ergebnis stochastischer Optimierung dargestellt. Während Nachfragewachstum Innovationen begünstigt, wird die Innovationstätigkeit durch Ungewißheit und das daraus resultiertende Risiko gehemmt. Diese theoretisch abgeleiteten Schlußfolgerungen werden durch empirische Evidenz aus der verarbeitenden Industrie der Bundesrepublik Deutschland gestützt. Im Modell ist der Einfluß des Wettbewerbs komplexer Natur. Einerseits übt Monopolmacht einen nachteiligen Einfluß auf die Innovationstätigkeit aus, andererseits jedoch kann Rivalität in Forschung und Entwicklung die Risiken erhöhen und dadurch die Innovationsrate vermindert.

Abstract: Innovations are modelled as resulting from stochastic optimization. Whereas growth of demand favours innovations uncertainty and the ensuing risks are shown to inhibit innovative activity. These theoretical conclusions are corroborated by empirical evidence pertaining to manufacturing industry in the Federal Republic of Germany. In the model the influence of competition is of complex nature. On one hand monopoly power exerts an unfavourable influence on innovative activity. On the other hand, rivalry in research and development may give rise to increased risks and may thus reduce the rate of innovations.

Technischer Fortschritt fällt nicht vom Himmel. Er muß vielmehr als Ergebnis von Forschung und Entwicklung angesehen werden. Forschung und Entwicklung ist jedoch kein Prozeß, bei dem einem Aufwand ein bestimmtes Ergebnis mit Gewißheit zugeordnet werden kann. Das Ergebnis von Forschung und Entwicklung unterliegt Ungewißheit. Durch die Existenz derartiger Ungewißheit wird entgegen einer gelegentlich geäußerten Vermutung (vgl. z.B. *Witt 1987, S. 62 f.*) die Möglichkeit maximierenden Verhaltens nicht ausgeschlossen. Mit der Methode der stochastischen Optimierung (vgl. z.B. *Malliaris, Brock 1982*) steht ein Verfahren zur Verfügung, dem Problem der Ungewißheit Rechnung zu tragen.

Betrachtet sei im folgenden ein Unternehmen, das den Erwartungswert des zukünftigen Cash-Flow durch die Wahl des Arbeitseinsatzes, der Investitionen in Sachkapital und Forschung und Entwicklung zu maximieren sucht. Angenommen wird, daß sich das einzelne Unternehmen als Cournot-Oligopolist verhält und zwar im Hinblick auf den Absatz als auch im Hinblick auf Forschung und Entwicklung. Ungewißheit spielt nicht nur bei der Erzeugung neuen Wissens durch Forschung und Entwicklung eine Rolle. Auch die Entwicklung der Nachfrage nach dem Produkt des betrachteten Unternehmens sei ungewiß. Da sowohl Investitionen in Sachkapital als auch Forschung und Entwicklung Prozesse sind, die sich in der Zeit erstrecken, ist es konsequent, auch die Ungewißheit durch Zufallsprozesse abzubilden.

Mit Hilfe des verwendeten Modells kann gezeigt werden, daß Ungewißheit die Innovations- und Investitionstätigkeit hemmt. Bezüglich der Investitionen steht dieses Ergebnis im Gegensatz zu der Vermutung *Pindycks (1982)*, daß Ungewißheit der Nachfrage zu einer Erhöhung der Investitionen führen kann. Andererseits werden einige Schlußfolge-

Studies in Contemporary Economics
B. Gahlen (Hrsg.)
Marktstruktur und gesamtwirtschaftliche Entwicklung

rungen bestätigt, die aus Modellen bekannt sind, in denen Ungewißheit nicht vorausgesetzt wurde: Innovationen werden durch Nachfragewachstum begünstigt, wie schon *Schmookler (1966)* vermutete, und durch Monopolmacht beeinträchtigt, wie von *Arrow (1962)* behauptet wurde. Die Zusammenhänge zwischen Innovationen einerseits und Nachfragewachstum sowie Ungewißheit andererseits werden für die verarbeitende Industrie der Bundesrepublik Deutschland überprüft und bestätigt.

Im folgenden wird zunächst das Modell dargestellt. Danach werden in komparativstatischer Analyse die Determinanten der Innovationstätigkeit herausgearbeitet. Es folgen die Darstellung der empirischen Studie und einige abschließende Bemerkungen. Im Anhang findet sich eine geraffte Wiedergabe der Methode des stochastischen Maximumsprinzips.

I. Das Modell

Betrachtet sei ein Unternehmen, das den Erwartungswert des mit einem konstanten Zins i diskontierten Cash-Flow

$$E\int_0^\infty \pi(t)e^{-it}dt$$

maximiert. Dabei ist $\pi(t) := p(Q,\Theta)q - wL - vI - R$ der Cash-Flow des Zeitraums t, $p(Q,\Theta)$ ist der vom Angebot aller Anbieter eines Marktes und einem Lageparameter Θ abhängige Marktpreis, q ist die Produktion des betrachteten Unternehmens, I die Investition in Sachkapital, L der Arbeitseinsatz, und R sind die Aufwendungen für Forschung und Entwicklung, w ist der Lohnsatz und v der Preis eines Kapitalgutes, der ebenso wie der Lohnsatz exogen gegeben sei.

Hinsichtlich der Produktionstechnik wird angenommen:

A1: Die Produktion $q = F(K,AL)$ ist von Kapitaleinsatz K und vom Arbeitseinsatz L abhängig, wobei A ein Effizienzparameter ist, der durch Innovationen verändert werden kann. Die Funktion F ist linear-homogen und strikt quasi-konkav.

Der Kapitalstock entwickelt sich entsprechend der Gleichung

(1) $$dK = (h(I) - \delta K)dt\ ,$$

in der δ eine konstante Abschreibungsrate darstellt. Die Einführung eines neuen Kapitalgutes ist mit Anpassungskosten verbunden, so daß bei einer Investition von I der Kapitalstock nur um $h(I) < I$ steigt. Für die Funktion h wird folgendes angenommen:

A2: $h(0) = 0$, $h'(I) > 0$, $h''(I) < 0$ für alle $I \geq 0$, und $h'''(I)$ ändert das Vorzeichen nicht.

Das impliziert

Lemma 1: $h'''(I) > 0$.

Zum Beweis sei das Gegenteil angenommen, $h'''(I) \leq 0$. Wäre das richtig, so würde, wie in Abbildung 1 gezeigt ist, $h'(I)$ bei einem endlichen $I > 0$ negativ werden. Das widerspräche der Annahme A2.

Abbildung 1:

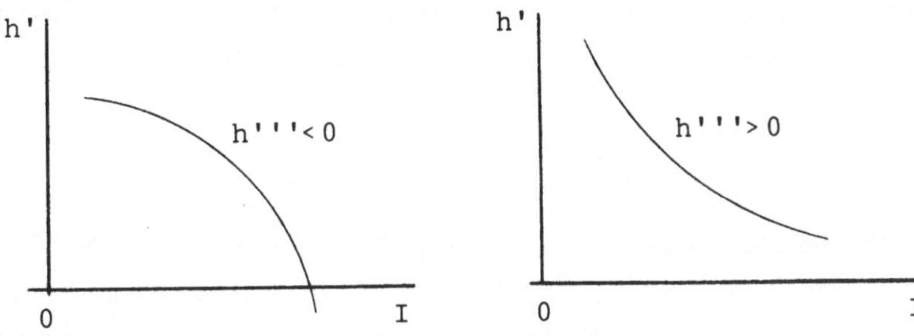

Hinsichtlich der Plausibilität der Annahme, daß $h'''(I)$ das Vorzeichen nicht wechselt, kann auf *Neumann (1989)* verwiesen werden.

Veränderungen der Technologie seien durch die stochastische Differentialgleichung

(2) $$dA = a(r)Adt + \sigma_A Adz_A$$

wiedergegeben, in der $z_A(t)$ ein Wiener-Prozeß ist, wobei sich die Varianz der Wachstumsrate von A auf σ_A^2 beläuft. Die stochastische Differentialgleichung besteht auf der rechten Seite aus zwei Termen, einer Drift und einem stochastischen Term. Die Drift $a(r)$, das ist der Erwartungswert der Veränderungsrate von $A(t)$, kann durch Forschung und Entwicklung beeinflußt werden. Die tatsächliche Veränderungsrate des Effizienzparameters $A(t)$ ist aber auch zufallsabhängig, sie kann also höher oder niedriger sein als der Erwartungswert. Die Varianz des Zufallsprozesses spiegelt die Ungewißheit wider, die mit Forschung und Entwicklung verbunden ist. Die Annahme eines Wiener-Prozesses beinhaltet, daß die Änderung $z_A(t) - z_A(s)$ einen Erwartungswert von Null besitzt und für $0 \leq s < t$ mit gleicher Wahrscheinlichkeit positiv oder negativ sein kann, wobei die Varianz mit der Länge des Zeitintervalls $t - s$ zunimmt. Das bedeutet, daß die Ungewißheit um so größer wird, je weiter ein Ereignis $z_A(t)$ in der Zukunft liegt.

Für den Einfluß von Forschung und Entwicklung auf die Drift wird folgendes angenommen:

A3: Sei $r := R/AL$, so gilt $a'(r) > 0$, $a''(r) < 0$ für alle $r > 0$, und $a'''(r)$ ändert sein Vorzeichen nicht.

Das impliziert

Lemma 2: $a'''(r) > 0$.

Der Beweis kann fortgelassen werden, da er völlig analog zum Beweis für Lemma 1 verläuft.

Bezüglich der Nachfragefunktion wird angenommen:

A4: Für die inverse Nachfragefunktion $p(Q,\Theta)$ gilt $\partial p/\partial Q < 0$ und $\partial p/\partial \Theta > 0$, wobei der Lageparameter $\Theta(t)$ Änderungen unterliegt, die durch die stochastische Differentialgleichung

(3) $$d\Theta = \sigma_\Theta \Theta dz_\Theta$$

dargestellt werden.

In der Differentialgleichung ist $z_\Theta(t)$ ein Wiener-Prozeß, wobei die Veränderungsrate von Θ eine Varianz von $\sigma_\Theta{}^2$ aufweist. Sie spiegelt unvorhersehbare Änderungen der Nachfrage wider, im Fall der vollständigen Konkurrenz unvorhersehbare Änderungen des Marktpreises.

Schließlich sei angenommen:

A5: Die Prozesse $z_A(t)$ und $z_\Theta(t)$ sind stochastisch unabhängig

und

A6: $L(t), I(t), r(t) > 0$.

II. Die Lösung

Nach dem stochastischen Maximumsprinzip (vgl. Anhang) ist die laufende Hamilton-Funktion

$$H := \pi(t) + y_1(h(I) - \delta K) + y_2 a(r)A + \frac{1}{2}\frac{\partial y_2}{\partial A}(\sigma_A A)^2 + \frac{1}{2}\frac{y_3}{\partial A}(\sigma_\Theta \Theta)^2$$

bezüglich der Instrumentvariablen L, I und r zu maximieren, so daß $H^0 := \max\limits_{(L,I,r)} H$ ist.

Notwendig ist dann ferner für die Erwartungswerte der Veränderung von y_1 und y_2

(4a) $$(1/dt)\, E\, dy_1 = (iy_1 - \partial H^0/\partial K)\,,$$

(4b) $$(1/dt)\, E\, dy_2 = (iy_2 - \partial H^0/\partial K)\,.$$

Die Maximierung von H impliziert, daß

(5) $$\partial H/\partial L = MR.F_L - w - rA \qquad = 0\,,$$

(6) $$\partial H/\partial I = -v + y_1 h'(I) \qquad = 0\,,$$

(7) $$\partial H/\partial r = (-L + y_2 a'(r))A \qquad = 0\,.$$

Dabei ist MR: = p(1–m) der Grenzerlös und m = s(1+λ)/ϵ der Lerner-Index der Monopolmacht, wobei s der Marktanteil, λ die konjekturale Mengenänderung und ϵ die Preiselastizität der Nachfrage ist.

Als zusätzliche Annahme wird eingeführt:

A7: Für eine Veränderung von Θ gilt $\partial MR/\partial\Theta > 0$ und für eine Veränderung des Lerner-Index der Monopolmacht $\partial MR/\partial m < 0$.

Die Maximumsbedingungen zweiter Ordnung bezüglich der Kontrollvariablen sind aufgrund der Annahmen A1–A4 erfüllt.

Die partiellen Ableitungen von H nach K und A sind

$$\frac{\partial H}{\partial K} = MR.F_K - \delta y_1 ,$$

$$\frac{\partial H}{\partial A} = MR.F_L \frac{L}{A} - rL + y_2 a + \frac{\partial y_2}{\partial A} \sigma_A^2 A .$$

Durch Einsetzen in die Gleichungen (4a) und (4b) erhält man

$$\text{(8a)} \qquad (1/dt)\, E\, dy_1 = (i + \delta)y_1 - MR.F_K ,$$

$$\text{(8b)} \qquad (1/dt)\, E\, dy_2 = (i - a)y_2 + rL - MR.F_L \frac{L}{A} - \frac{\partial y_2}{\partial A} \sigma_A^2 A .$$

Durch diese Gleichungen wird die erwartete Entwicklung der Ko-Zustandsvariablen y_1 und y_2 beschrieben. Um entsprechende Gleichungen für die Instrumentvariablen I(t) und r(t) zu erhalten, benutzen wir die Gleichungen (6) und (7), um y_1 und y_2 zu eliminieren.

Man erhält zunächst die Differentiale

$$dy_1 = -v d[h'(I)]/[h'(I)]^2 ,$$

$$dy_2 = [dL/L - d(a'(r))/a'(r)]L/a'(r) .$$

Zu beachten ist dann, daß I(t) und r(t) stochastische Variable sind, denn auf einem optimalen Pfad gilt $I^* = I(K,A,\Theta)$ und $r^* = r(K,A,\Theta)$, wobei a(t) und Θ(t) stochastisch sind.

Setzt man eine Taylorreihe an, so ergibt sich

$$d(h'(I)) = h''(I)dI + \frac{1}{2} h'''(I)\,(dI)^2 ,$$

$$d(a'(r)) = a''(r)dr + \frac{1}{2} a'''(r)\,(dr)^2 .$$

Daraus folgt unter Nutzung der Multiplikationsregeln von Ito (vgl. Anhang)

$$(dI)^2 = [(I_A \sigma_A A)^2 + (I_\Theta \sigma_\Theta \Theta)^2] dt ,$$

$$(dr)^2 = [(r_A \sigma_A A)^2 + (r_\Theta \sigma_\Theta \Theta)^2] dt ,$$

wobei I_A, r_A, I_Θ, r_Θ partielle Ableitungen sind.

Fügt man jetzt die Einzelergebnisse zusammen, so erhält man

$$(9a) \qquad (1/dt)\, E\, dI = -\frac{(h')^2}{vh''} \Big\{ (i + \delta) \frac{v}{h'} - MR.F_K + \frac{1}{2} \frac{vh'''(I)}{(h')^2} [(I_A \sigma_A A)^2 + (I_\Theta \sigma_\Theta \Theta)^2] \Big\}$$

$$(9b) \qquad (1/dt)\, E\, dr = -\frac{[a'(r)]}{a''(r)} \Big\{ [i - a(r) - \frac{(1/dt) E\ dL}{L}] + ra'(r) - MR. \frac{F_L}{A} a'(r) - \frac{A \partial y_2}{y_2 \partial A} \sigma_A{}^2 + \frac{1}{2} \frac{a'''(r)}{a'(r)} [(r_A \sigma_A A)^2 + (r_\Theta \sigma_\Theta \Theta)^2] \Big\} .$$

Wie man sieht, wird der erwartete Zeitpfad der Instrumentvariablen sowohl von der Nachfrageungewißheit als auch von der Ungewißheit der Resultate von Forschung und Entwicklung beeinflußt.

Die Gleichungen (9a) und (9b) können nun benutzt werden, um den Effekt exogener Variablen auf Kapitalbildung und Innovationstätigkeit abzuschätzen. Es ist zweckmäßig, dabei zunächst den deterministischen Fall zu behandeln, um danach den Einfluß von Ungewißheit herauszuarbeiten.

III. Determinanten von Kapitalbildung und Innovationen

Angenommen sei zunächst Gewißheit, so daß alle Terme, in denen die Varianz der stochastischen Variablen vorkommt, verschwinden. Ferner sei vorausgesetzt, daß bei Investitionen Anpassungskosten nicht entstehen, so daß $h(I) = I$ ist. In diesem Fall erhält man aus (9a) und (9b) die Gleichungen

$$(10a) \qquad (i + \delta)v - MR.f'(x) = 0 ,$$

$$(10b) \qquad dr/dt = (-a'^2/a'' \Big\{ (i-a-n)/a' + r - MR. [f(x) - xf'(x)] \Big\} ,$$

wobei $n := (1/L)dL/dt$ und $x := K/AL$ ist, so daß wegen der linearen Homogenität der Produktionsfunktion $F(K,AL) = ALf(x)$ geschrieben werden kann und $F_K = f'(x)$ sowie $F_L/A = f(x) - xf'(x)$ ist.

Abbildung 2:

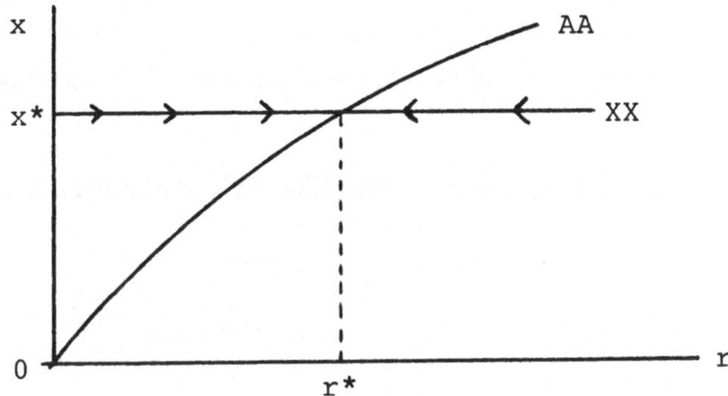

Eine Steady State Lösung ist in Abbildung 2 dargestellt. Die Gleichung (10a) wird graphisch durch die XX-Gerade wiedergegeben, durch die bei einem gegebenen Kapitalnutzungspreis $(i + \delta)v$ der Gleichgewichtswert x^* eindeutig bestimmt wird. Da annahmegemäß Anpassungskosten nicht entstehen, wird x^* zu jedem Zeitpunkt realisiert. Die Gleichung (10b) wird durch die Kurve AA dargestellt. Sie weist eine positive Steigung auf, denn

$$\frac{\partial x}{\partial r} = \frac{(i-a-n)(a''/a'^2)}{MR \cdot xf''} > 0,$$

weil $i > n + a$ anzunehmen ist.

Abbildung 3:

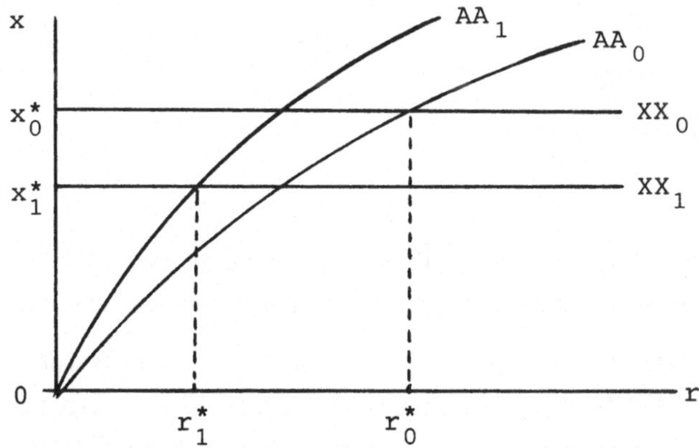

Bei einer Erhöhung des Zinssatzes verschiebt sich die XX-Gerade nach unten, während die AA-Kurve nach oben verschoben wird (Abbildung 3), denn bei gegebenem r ist $\partial x/\partial i = -1/a'(r)MR \cdot xf''(x) > 0$. Damit erhält man den

Satz 1: Bei Abwesenheit von Ungewißheit und Anpassungskosten führt eine Erhöhung des Zinssatzes zu einer Verringerung der Innovationsrate $a := (1/A)dA/dt$.

Dieses Ergebnis beruht darauf, daß Aufwendungen für Forschung und Entwicklung den gleichen Charakter besitzen wie Investitionen in Sachkapital. Ebenso wie der gewünschte Bestand an Sachkapital durch eine Zinserhöhung negativ beeinflußt wird, vermindert sich auch der Bestand an "intangiblem Kapital", der durch Forschung und Entwicklung geschaffen wird.

Der Einfluß von Monopolmacht kann man mit Hilfe des vollständigen Differentials

$$\begin{bmatrix} MR\cdot f'' & 0 \\ MR\cdot xf'' & -(i-a-n)a''/a'^2 \end{bmatrix} \begin{bmatrix} dx \\ dr \end{bmatrix} = \begin{bmatrix} -f'dMR \\ (f-xf')\,dMR \end{bmatrix}$$

ableiten. Man erhält

$$\frac{\partial r}{\partial MR} = \frac{f}{-(i-a-n)a''/a'^2} > 0\,.$$

Der Grenzerlös vermindert sich (nach A7) durch eine Zunahme des Monopolgrades, $\partial MR/\partial m < 0$. Daher gilt

$$\frac{\partial r}{\partial m} = \frac{\partial r}{\partial MR}\cdot\frac{\partial MR}{\partial m} < 0$$

und demzufolge

Satz 2: Bei Abwesenheit von Ungewißheit und Anpassungskosten führt steigende Monopolmacht zu einer Verringerung der Innovationsrate.

Da der Grenzerlös (nach A7) eine zunehmende Funktion des Lageparameters Θ ist, ergibt sich ferner

$$\frac{\partial r}{\partial \Theta} = \frac{\partial r}{\partial MR}\cdot\frac{\partial MR}{\partial \Theta} > 0$$

und daher

Satz 3: Bei Abwesenheit von Ungewißheit und Anpassungskosten führt eine exogene Vergrößerung der Nachfrage zu einer Erhöhung der Innovationsrate.

Der durch Satz 3 beschriebene Effekt ist jedoch nur temporärer Natur, denn durch das Hinzutreten neuer Wettbewerber in einem wachsenden Markt verschiebt sich die individuelle Nachfragekurve des einzelnen Anbieters wieder nach links, so daß die Innovationsrate auf ihren alten Wert zurückfällt. Etwas anders liegen die Dinge, wenn der Markteintritt neuer Konkurrenten nicht augenblicklich erfolgt und wenn die Nachfrage ständig wächst. Dann nämlich verschiebt sich die individuelle Nachfragekurve des einzelnen Anbieters allmählich und mehr oder weniger stetig nach rechts, so daß auch auf Dauer eine höhere Innovationsrate zustande kommt. Man kann daher bei verzögertem Markteintritt neuer Konkurrenten damit rechnen, daß Wachstum der Nachfrage zu einer Erhöhung der Rate des technischen Fortschritts führt. Das ist ein Zusammenhang, wie er von *Schmookler (1966)* postuliert und empirisch nachgewiesen wurde.

Um den Einfluß der Ungewißheit abzuschätzen, sei zunächst weiterhin vorausgesetzt, daß Anpassungskosten bei der Investition in Sachkapital nicht auftreten. Dann bleibt in der Graphik der Abbildung 2 bzw. 3 die XX-Kurve von der Ungewißheit unberührt. Ungewißheit führt jedoch dazu, daß die AA-Kurve im Sinne eines Erwartungswerts zu interpretieren ist. Die tatsächliche AA-Kurve fluktuiert von Periode zu Periode nach Maßgabe des Wiener-Prozesses um die erwartete Lage. Betrachtet man nur den Erwartungswert der AA-Kurve, so ergibt sich folgendes: Die Terme, die Ungewißheit widerspiegeln, besitzen das gleiche Vorzeichen wie der Zins, denn (wegen Lemma 2 ist) $a'''(r) > 0$, und (wegen der Konkavität der zugrunde liegenden zu maximierenden Wertfunktion $J(K,A,\Theta,t)$ ist) $\partial y_2/\partial A \leq 0$. Durch eine Vergrößerung der Ungewißheit wird daher die erwartete AA-Kurve ebenso wie durch eine Zinssteigerung nach links verschoben. Das führt bei einer gegebenen XX-Kurve zu einer Verminderung der erwarteten Innovationsrate. Dieser Effekt wird verstärkt, wenn bei Veränderungen des Sachkapitalbestandes Anpassungskosten entstehen, denn in der Gleichung (9a) weist der Term, der Ungewißheit widerspiegelt, wegen $h'''(I) > 0$ (Lemma 1) ebenfalls das gleiche Vorzeichen auf wie der Zins. Eine Zunahme der Ungewißheit wird daher den gleichen Effekt haben wie eine Zinserhöhung. Das führt zum

Satz 4: Ungewißheit vermindert die Innovationsrate.

Das gilt sowohl für die Ungewißheit bei der Erzeugung neuen Wissens als auch für die Ungewißheit der Nachfrage. Rivalität in Forschung und Entwicklung kann die Ungewißheit erhöhen; denn patentgeschützte Erfindungen eines Konkurrenten können eigene Forschungsanstrengungen entwerten, und ein Vorsprung eines Konkurrenten, den dieser durch Forschung und Entwicklung gewonnen hat, kann die eigene Nachfrage beeinträchtigen. Besonders gravierend wirkt sich dies bei der Grundlagenforschung aus oder bei angewandter Forschung, deren erwartete Resultate weit in der Zukunft liegen. Daher ist zu erwarten, daß Aufwendungen für angewandte Forschung, deren Ergebnisse vergleichsweise gut vorhersehbar sind, einen größeren Anteil am Forschungsbudget von Unternehmen einnehmen als Aufwendungen für Grundlagenforschung.

In dem Modell, das bisher behandelt wurde, haben wir nur Prozeßinnovationen berücksichtigt. Die Ergebnisse der Analyse lassen sich jedoch auch auf Produktinnovationen übertragen. Die Einführung eines neuen Produktes führt in einem heterogenen Markt zu einer Rechtsverschiebung der Nachfragekurve des Innovators. Durch Produktinnovationen eines Rivalen wird die Nachfragekurve demgegenüber nach links verschoben. Ungewißheit hinsichtlich des Erfolgs eigener Produktentwicklungen und der Innovationen rivalisierender Unternehmen erhöht die Varianz der Lage der Nachfragekurve und reduziert deshalb die Innovationsrate. Wieder gilt, daß radikale Produktinnovationen ein höheres Risiko in sich bergen. Daher ist zu erwarten, daß Unternehmen vorzugsweise weniger radikale Produktentwicklungen ins Auge fassen.

Das in Satz 2 zusammengefaßte Ergebnis, daß Monopolmacht die Innovationstätigkeit hemmt, darf nicht mit der Behauptung verwechselt werden, ein hoher Konzentrationsgrad vermindere die Innovationstätigkeit. Konzentration ist nicht immer gleichbedeutend mit Monopolmacht, sondern kann das Ergebnis eines Zufallsprozesses sein. Um das zu sehen und den Zusammenhang mit Forschung Entwicklung und daraus hervorgehenden Innovationen zu erkennen, muß man sich klar machen, daß Forschung und Entwicklung konstante Skalenerträge in der Produktion nicht ausschließt. Die Nettoproduktion ist durch $F(K,AL) - R$ bzw. $F(K,AL) - rAL$ gegeben. Bei konstantem $r = r^*$ ist die Nettoproduktion linear-homogen in K und L. Im langfristigen Gleichgewicht liegen in der Produktion daher konstante Skalenerträge vor, so daß die langfristige Angebotskurve horizontal verläuft. Das impliziert, daß die Größe des einzelnen Unternehmens indeterminiert ist. Falls allen Unternehmen technologisch die gleichen Chancen gegeben sind, folgt die Größenverteilung aus Gibrats Gesetz. Die Schiefe der Verteilung und damit der Konzentrationsgrad hängt entscheidend von der Varianz der Wachstumsrate des Umsatzes ab, soweit sie durch die Varianz des Erfolgs von Forschung und Entwicklung determiniert ist. Je höher die Varianz ist, um so höher ist die Konzentration. Auf der anderen Seite wird die Innovationsrate von der Varianz negativ beeinflußt. Daher kann es eine Koinzidenz von hoher Konzentration und niedriger Innovationsrate geben, die keineswegs kausal interpretiert werden kann. Auf der anderen Seite kann eine hohe Konzentration aber auch darauf beruhen, daß Markteintrittssperren bestehen, so daß eine Zunahme der Marktnachfrage vor allem den bestehenden Unternehmen zugute kommt und bei ihnen zu einer erhöhten Innovationstätigkeit führt. Dem steht allerdings auch gegenüber, daß Markteintrittsschranken monopolistische Marktmacht begründen, die sich ihrerseits ungünstig auf die Innovationstätigkeit auswirkt.

IV. Nachfragewachstum und Ungewißheit: Empirische Evidenz

Das Modell enthält die Implikation, daß Kapitalakkumulation und Innovationen durch Nachfragewachstum günstig und durch Ungewißheit ungünstig beeinflußt werden. Diese Hypothese haben wir überprüft, indem für die Perioden 1970-78 und 1979-87 Daten für 32 zweistellige Zweige der verarbeitenden Industrie Deutschlands herangezogen wurden. Beide Perioden umschließen ähnliche Phasen des Konjunkturzyklus. Als abhängige Variable verwendeten wir die Zuwachsrate der Arbeitsproduktivität pro Stunde, die sowohl technischen Fortschritt als auch Veränderungen der Kapitalintensität widerspiegelt. Als erklärende Variable benutzten wir erstens die Zuwachsrate der realen Bruttowertschöpfung der einzelnen Industriezweige als Indikator des Nachfragewachstums und zweitens den Standardfehler eines linearen Zeittrends des Umsatzes auf Inlands- und Auslandsmärkten. Veränderungen des Umsatzes gehen sowohl auf Mengen- als auch auf Preisänderungen zurück.

Nachdem mit Hilfe des Park-Glejser-Tests Heteroskedastizität ausgeschlossen werden konnte, wurde der Zusammenhang zwischen den Variablen mit der Methode der kleinsten Quadrate geschätzt. Die Ergebnisse sind in der folgenden Tabelle zusammengestellt.

Zeitraum	Konstante	Zuwachsrate der realen Bruttowertschöpfung	Standardfehler des linearen Zeittrends des Umsatzes im Inland	Ausland	R^2
1979-87	3,21 (13,04)	0,46 (8,51)	–0,000233 (3,31)	–	0,772
	3,05 (10,54)	0,51 (8,42)	–	–0,000391 (1,56)	0,710
1970-78	4,95 (13,03)	0,58 (6,74)	–0,000289 (1,27)	–	0,612
	4,86 (13,40)	0,58 (6,65)	–	–0,000399 (1,06)	0,606

(t-Werte in Klammern)

Unter den erklärenden Variablen nimmt die Wachstumsrate der realen Bruttowertschöpfung die dominante Stellung ein. Einen erheblichen Beitrag zur Erklärung der Zuwachsrate der Arbeitsproduktivität leistet aber auch die zur Wiedergabe der Ungewißheit verwendete Variable. Statistisch signifikant auf dem 1 %-Niveau ist diese Variable zwar nur im Zeitraum 1979-87 für die Inlandsmärkte, bemerkenswert ist jedoch, daß die Regressionskoeffizienten im übrigen für Inland und Ausland jeweils die gleichen Größenordnungen in den beiden Perioden besaßen.

Wir haben auch untersucht, welche Rolle der Konzentrationsgrad als zusätzliche erklärende Variable spielt. Die Koeffizienten waren stets positiv, die t-Werte waren aber sehr niedrig und lagen damit deutlich unterhalb der üblicherweise angesetzten Signifikanzschwelle. Wie oben dargelegt wurde, ist der Konzentrationsgrad vermutlich eine endogene Variable, deren Einfluß nur in einem umfassenderen Modell abgeschätzt werden kann (vgl. *Neumann, Böbel und Haid 1982*).

V. Schluß

Mit Hilfe eines Modells, in dem Innovationen als Ergebnis stochastischer Optimierung dargestellt werden, wurde gezeigt, daß Nachfragewachstum Innovationen begünstigt, während Ungewißheit und das damit verbundene Risiko die Innovationstätigkeit hemmt. Erste empirische Resultate für die verarbeitende Industrie der Bundesrepublik Deutschland liefern eine Unterstützung für die theoretisch abgeleiteten Zusammenhänge. Hinsichtlich des Einflusses des Wettbewerbs auf den Innovationsprozeß zeigt sich, daß hier komplexe Beziehungen vorliegen. Während Monopolmacht die Innovationstätigkeit vermutlich beeinträchtigt, kann Rivalität in Forschung und Entwicklung die Risiken erhöhen und damit die Innovationsrate reduzieren. Diese Zusammenhänge bedürfen weiterer theoretischer und empirischer Studien.

Auf eine weitere Implikation des Modells sei am Schluß hingewiesen. Ungewißheit auf der Nachfrageseite kann auch auf Volatilität der Wechselkurse zurückgehen und durch Variabilität der Inflationsrate bedingt sein, wie sie regelmäßig in inflatorischen Phasen zu beobachten ist. Daraus ergibt sich aufgrund des Modells die Vermutung, daß zum Rückgang des Produktivitätswachstums, der seit Anfang der siebziger Jahre zu beobachten ist, auch die Freigabe der Wechselkurse und die verhältnismäßig hohen Inflationsraten beigetragen haben.

Anhang:

I. Stochastisches Maximumsprinzip

Man betrachte das Problem

$$J(x,t) = \max_{u} E\int_0^\infty f(t,x,u)dt \, ,$$

bei $$dx = g(t,x,u)dt + \sigma(x)dz \, ,$$

wobei J(x,t) konkav ist.

Die Hamilton-Jacobi-Bellman-Gleichung lautet

(i) $$-J_t(t,x) = \max_{u} [f(t,x,u) + J_x(t,x)g + (1/2)J_{xx}(t,x)\sigma^2] \, .$$

Sei $f = Fe^{-it}$ und

(ii) $$\Psi := J_x(t,x) \text{ und } \Psi := e^{-it}y \, ,$$

wobei y den jeweils laufenden Wert der Ko-Zustandsvariablen bezeichnet, dann ist

(iii) $$d\Psi = (dy - iydt)e^{it} \, .$$

Man definiere nun die laufende Hamilton-Funktion

$$H = F + yg + (1/2)\sigma^2 \partial y/\partial x \, .$$

Aus (i) folgt

(iv) $$-e^{it}J_t = \max_{u}[F + yg + (1/2)\sigma^2 \partial y/\partial x] = \max_{u} H =: H^o \, .$$

Partielle Differentiation liefert

(v) $$-e^{it}J_{tx} = \frac{\partial H^o}{\partial x} + \frac{\partial H^o}{\partial y}\frac{\partial y}{\partial x} + \frac{\partial H^o}{\partial y_x}\frac{\partial^2 y}{\partial x^2} = \frac{\partial H^o}{\partial x} + g\frac{\partial y}{\partial x} + (1/2)\sigma^2\frac{\partial^2 y}{\partial x^2} \, .$$

Durch Verwendung einer Taylor-Reihe für (ii) erhält man

$$d\Psi = J_{xt}dt + J_{xx}dx + (1/2)J_{xxx}(dx)\,(x)^2 \, .$$

Die Anwendung von Itos Multiplikationsregeln (II) führt zu

$$d\Psi : (J_{xt} + J_{xx}g + (1/2)J_{xxx}\sigma^2)dt + J_{xx}\sigma dz \, .$$

Man multipliziere dann mit e^{it} und benutze (iii), um

$$dy - iydt = (J_{xt}e^{it} + g\partial y/\partial x + (1/2)\sigma^2\partial^2 y/\partial x^2)dt + (\partial y/\partial x)\sigma dz$$

zu erhalten. Da $J_{xt} = J_{tx}$ erhält man unter Verwendung von (v)

$$dy = (iy - \partial H^o/\partial x)dt + (\partial y/\partial x)\sigma dz .$$

Nimmt man nun Erwartungen auf beiden Seiten, so folgt

$$(1/dt)E\, dy = iy - \partial H^o/\partial x .$$

Eine Verallgemeinerung für den Fall, in dem x, u und y Vektoren sind, ist offensichtlich (vgl. im übrigen Malliaris und Brock 1982, S. 115).

II. Itos Multiplikationsregeln

Die Multiplikationsregeln sind in der folgenden Tabelle wiedergegeben

	dt	dz_1	dz_2	...
dt	0	0	0	....
dz_1	0	dt	$\varrho_{12}dt$	....
dz_2	0	$\varrho_{12}dt$	dt	....
.	.	.	.	....

Darin ist ϱ_{ij} der Korrelationskoeffizient zwischen den Variablen z_i und z_j, der bei stochastischer Unabhängigkeit Null ist.

Literaturverzeichnis

Arrow, K. (1962), Economic Welfare and the Allocation of Resources for Invention. In: The Rate and Direction of Inventive Activity, National Bureau of Economic Research, 609 – 625

Malliaris, A.G., Brock, W.A. (1982), Stochastic Methods in Economics and Finance, Amsterdam.

Neumann, M. (1989), Market Size, Monopoly Power and Innovations under Uncertainty. In: Audretsch, D.B., Sleuwaegen, L. und Yamawaki, H. (Hrsg.), The Convergence of International and Domestic Markets, Amsterdam, 295 – 314

Neumann, M., Böbel, I. und Haid, A. (1982), Innovations and Market Structure in West German Industries. *Managerial and Decision Economics 3*, 131 –1 39

Pindyck, R.S. (1982), Adjustment Costs, Uncertainty and the Behavior of the Firm, *American Economic Review 72*, 415 – 427

Schmookler, J. (1966), Invention and Economic Growth, Cambridge, Mass.

Witt, U. (1987), Individualistische Grundlagen der evolutorischen Ökonomie. Tübingen.

Literaturverzeichnis

Arrow, K.J. (1962), Economic Welfare and the Allocation of Resources for Invention, in: The Rate and Direction of Inventive Activity, National Bureau of Economic Research, [illegible]

[illegible] A.O. [illegible] (19[illegible]), [illegible]

[illegible] M. [illegible], Market [illegible] [illegible] in: [illegible], Information and Domestic [illegible]

[illegible] M. [illegible] [illegible]

[illegible]

[illegible] (19[illegible]), Invention and [illegible]

[illegible] (19[illegible]), Individualistische [illegible]

Korreferat zum Referat M. Neumann und A. Haid

Konrad Stahl

Die Autoren analysieren ein stochastisches Kontrollmodell für ein Unternehmen, welches mit einer preisabhängigen Nachfrage konfrontiert ist und mit Hilfe von Entscheidungen über Arbeitseinsatz, Investitionen in Kapitalstock, und Investitionen in arbeitssparenden technischen Fortschritt den Barwert seines cash-flow zu maximieren sucht. Die aus der theoretischen Analyse abgeleiteten Resultate werden einer empirischen Prüfung mit Hilfe von aggregierten Daten unterzogen. In meinem Korreferat möchte ich zunächst die Ingredienzien der untersuchten Modelle kurz skizzieren und die daraus abgeleiteten Resultate zusammenfassen, und danach einige kritische Fragen hierzu aufwerfen.

Das von *Neumann* und *Haid* vorgestellte Kontrollmodell für einen "Cournot-Oligopolisten" enthält zwei Zustandsvariablen, nämlich das vom Unternehmen verwandte Produktionskapital K und einen die Effizienz des Arbeitseinsatzes charakterisierenden Parameter A. Zwei Größen sind gestört, und zwar eben der Effizienzparameter A sowie die Marktnachfrage p(Q). Die Steigerungen sind stochastisch unabhängig. Zur optimalen Kontrolle des über einen unendlich langen Zeithorizont abgezinsten Barwerts seines cash-flow stehen dem Unternehmen drei Kontrollvariablen zur Verfügung, nämlich der Arbeitseinsatz pro Zeiteinheit L, die Investitionen in den Kapitalstock pro Zeiteinheit I, und schließlich die Investitionen in die Effizienzsteigerung für den Arbeitseinsatz pro Zeiteinheit, r. Die Anpassung an den Kapitalstock ist Gegenstand steigender Kosten.

Die Analyse einiger notwendiger Bedingungen für eine optimale Auswahlentscheidung – die Analyse der Transversalitätsbedingungen unterbleibt – konzentriert sich auf die Wirkung der Änderung exogener Größen auf die – leider nicht definierte – "Innovationsrate" des Unternehmens. Die Ergebnisse werden in vier Sätzen zusammengefaßt, wovon drei von den zuvor eingeführten stochastischen Elementen sowie den Anpassungskosten für den Kapitalbestand abstrahieren. Zunächst wird unter dieser Abstraktion gezeigt, daß eine Reduktion des Kapitalmarkt-Zinssatzes oder des Lerner-Index der Monopolmacht sowie eine Erhöhung der Marktnachfrage zu einer Erhöhung der Innovationsrate führt. Sodann weisen die Autoren unter Einbeziehung der stochastischen Elemente bzw. der Anpassungskosten nach, daß eine Erhöhung der Ungewißheit bezüglich der realisierbaren Marktnachfrage bzw. einer Wirkung von Ausgaben in arbeitssparenden technischen Fortschritt die Innovationsrate des Unternehmens senkt.

Über den engen Rahmen des theoretischen Modells hinaus werden einige interessante Ergebnisse argumentativ abgeleitet. Danach zum Beispiel wird die Verteilung von Unternehmensgrößen in einem Markt selbst bei konstanten Skalenerträgen auf der Ebene des einzelnen Unternehmens (und gegebenenfalls kompetitivem Verhalten) durch die Varianz von Erträgen aus Investitionen in Innovation beeinflußt. Je größer diese Varianz, desto höher, cet. par. die durch zufälliges Unternehmenswachstum erzeugte Konzentration. Umgekehrt gilt jedoch auch, daß je größer die Varianz, desto niedriger die Innovationsrate des einzelnen Unternehmens. Es bleibt offen, welcher der beiden Effekte durchschlägt.

Innerhalb einer nur skizzenhaft dargestellten empirischen Analyse versuchen die Autoren, die aus dem theoretischen Modell abgeleiteten Hypothesen mit Hilfe aggregierter Querschnitts/Zeitreihendaten innerhalb einer multiplen Regressionsanalyse zu überprüfen. Als abhängige Variable werden die Zuwachsrate der Arbeitsproduktivität pro Stunde, als unabhängige Variablen die Zuwachsrate der realen Bruttowertschöpfung sowie der Standardfehler eines linearen Zeittrends des Umsatzes auf Inlands- und Auslandsmärkten in den jeweils betrachteten Sektoren verwendet. Die erstgenannte Größe gilt als Näherungsgröße für den technischen Fortschritt, die zweitgenannte als Näherungsgröße für das Nachfragewachstum und die drittgenannte als Näherungsgröße für die Ungewißheit. Der mit der Proxy-Größe für Nachfragewachstum assoziierte Parameter ist hoch signifikant, jener für die Ungewißheit nur für eine Teilperiode (1979 – 87) und nur für das Inland.

Zur Diskussion der vorliegenden Arbeit möchte ich zunächst für den theoretischen Teil die folgenden Fragen aufwerfen: Ist das vorliegende Modell konsistent und sind die Aussagen theoretisch korrekt abgeleitet? Sind sie innovativ? Könnten sie auch aus einem weniger aufwendigen Modell abgeleitet werden? Zur empirischen Analyse schließlich ist zu fragen, ob sie tatsächlich die theoretisch abgeleiteten Aussagen bestätigt.

Zur Kritik des theoretischen Modells: Zunächst wird nicht, wie von den Autoren behauptet, das Verhalten eines Cournot-Oligopolisten beschrieben: Dazu wäre eine Aussage über die betrachtete Marktstruktur sowie über das interaktive Verhalten dieser Oligopolisten von Nöten. Tatsächlich beschreibt das Modell das Verhalten eines mit preisvariabler Nachfrage konfrontierten Unternehmers. Die stochastischen Elemente im Modellansatz sind jedoch sehr einleuchtend: Offensichtlich ist die Modellierung von Ungewißheit bezüglich des Erfolgs von Innovationsanstrengungen bzw. der (daraus) realisierbaren Erträge sehr naheliegend.

Auch ist die technische Analyse des Modells unvollständig. Beispielsweise bleiben die Anfangsbedingungen für die Zustands- bzw. die Kontrollgrößen unspezifiziert. In der laufenden Hamilton-Funktion fehlen die Nicht-Negativitätsbedingungen für eben diese Größen. Es bleibt unklar, warum für die Veränderung des Effizienzparameters A eine Drift unterstellt wird, nicht jedoch für die Veränderung der Nachfrage. Die Maximierungsbedingungen zweiter Ordnung sind aufgrund der Annahmen A1 – A4 m.E. keinesfalls notwendigerweise erfüllt. Auch würde ein Hinweis auf die Existenz und die Eindeutigkeit der optimalen Kontrolltrajektorie nicht schaden. Schließlich gehen die in A2 und A3 spezifizierten Annahmen bezüglich h''' und a''' spezifizierten Annahmen kritisch in die Analyse des Zusammenhangs zwischen Ungewißheit und Innovation ein, werden jedoch theoretisch nicht motiviert.

Nichtsdestoweniger sind die aus dem theoretischen Modell abgeleiteten Resultate sehr einleuchtend. Ich meine sogar: so einleuchtend, daß man sie aus einem simplen statischen Textbuch-Modell ableiten könnte. Ungeachtet der Unschärfe des Zusammenhangs zwischen den Sätzen und der formalen Ableitung – der in den Sätzen verwandte Begriff der "Innovationsrate" bleibt, wie gesagt, undefiniert – gehen die Aussagen aus den Sätzen 1 – 3 unmittelbar aus einem statischen Modell hervor: Zwar werden in dem Modell der Autoren die Allokationsentscheidungen des Unternehmens über die Zeit durch die Drift a(r), also den Erwartungswert der Veränderungsrate von A(t) beeinflußt. Jedoch geschieht dies in einem vollständig vorhersehbaren und durch nichtexistente Anpassungskosten unbeeinflußten Zusammenhang.

Die Einbeziehung von Ungewißheit und Anpassungskosten in das simple statische Modell dürfte schließlich schnell zum Resultat 4 führen. Schließlich sind die Resultate so allgemein, daß sie mit Sicherheit auch für andere Spezifikationen des technischen Fortschritts als die von den Autoren gewählte anwendbar sind.

Ich möchte nun zur Kritik der empirischen Analyse kommen. Der Zusammenhang zwischen den abgeleiteten Hypothesen und dieser Analyse scheint mir doch recht locker zu sein. Zunächst werden die aus einem reinen Mikromodell abgeleiteten Hypothesen mit Hilfe *aggregierter* Daten einer Überprüfung unterzogen. Des weiteren sind die gewählten Näherungsgrößen sehr unscharf. Mit Sicherheit gibt es deshalb neben den im theoretischen Ansatz postulierten eine Reihe von Gründen für einen statistisch hochsignifikanten Zusammenhang zwischen Zuwachsrate der Arbeitsproduktivität und Zuwachsrate der realen Bruttowertschöpfung. Selbst wenn man den im theoretischen Modell eng gefaßten Zusammenhang betrachtet, wirft der empirische Ansatz Interpretationsprobleme auf, und zwar bezüglich der Simultaneität von Produkt- und Prozeßinnovationen und Veränderungen in der Nachfrage, welche ein Unternehmen innerhalb eines nicht monopolistisch strukturierten Marktes auf sich vereinigen kann.

Auch ist naheliegend, daß innerhalb des von den Autoren betrachteten Zeitraums 1970 – 87 der Eintritt und Austritt von Unternehmen auf die von den einzelnen Unternehmen im Markt realisierte Nachfrage einen erheblichen Einfluß gehabt hat. Dieser Gesichtspunkt muß im hier betrachteten theoretischen Modell unberücksichtigt bleiben. In der theoretischen Literatur finden sich jedoch viele Beispiele dafür, daß der Zusammenhang zwischen Ungewißheit und Innovationsverhalten in einem solchen generellen Kontext aufgeweicht wird.

Schließlich sollte bei der von den Autoren gewählten Interpretation der zweiten unabhängigen Größe der Standardfehler des Zeittrends auf *Auslands*märkten deutlich stärker signifikant sein als der auf *Inlands*märkten, und zwar insbesondere wegen des Wechselkursrisikos. Zusammenfassend scheint mir die von Autoren vorgestellte empirische Analyse ihre theoretisch abgeleiteten Hypothesen weder zu bestätigen noch zu widerlegen, zumal sie selbst den von ihnen theoretisch postulierten stringenten Zusammenhang zwischen Ungewißheit und Innovation auf einzelwirtschaftlicher Ebene für die Ebene eines Marktes in Frage stellen.

IV. Empirische Analyse zum Zusammenhang von Marktstruktur und technischem Fortschritt

F&E-Ausgaben und Produktivitätsentwicklung –
Ein Überblick über neuere empirische Untersuchungen*

Referat von Klaus F. Zimmermann

Zusammenfassung: Die Studie gibt einen Überblick über empirische Ansätze zum Zusammenhang zwischen F&E-Ausgaben und Produktivität. Zunächst werden empirische Befunde zum Produktivitätsrückgang in westlichen Industrienationen problematisiert. Technischer Fortschritt wird dann primär als endogen und nachfragegetrieben angesehen: Die Fortschrittskrise entpuppt sich somit als Nachfragekrise. Die empirischen Untersuchungen zeigen ferner wenig überzeugende Evidenz, daß die F&E-Effizienz in den siebziger Jahren kleiner geworden wäre.

Abstract: The study surveys the emprical literature the relationship between R&D-expenditures and productivity. First, the statistical validity of the productivity decline in Western industrialized countries is qualified. Second, technical progress is seen as endogenous and demand-driven: The perceived crisis of technical progress is then a crisis of demand. The empirical results furthermore show that the R&D-efficiency in the seventies is not smaller than before.

1. Prolog

Es gibt wohl kaum ein ökonomisches Forschungsfeld, das in den letzten Dekaden so viel Interesse gefunden hat, wie der Zusammenhang zwischen Forschungsaktivität und Produktivität des Güteroutputs. Das Gebiet kann so mit gutem Gewissen als überforscht angesehen werden. Allein Zvi Griliches, der ein Gutteil eines produktiven Wissenschaftlerlebens der Analyse dieses Zusammenhangs gewidmet hat, faßt die Forschungsentwicklung regelmäßig in wichtigen Beiträgen *(Griliches 1973 , 1979, 1984, 1988)* zusammen. *Griliches (1988)* ist Teil eines Symposiums zum Thema im *Journal of Economic Perspectives, Griliches (1984)* stellt einen wegweisenden Konferenzband dar. Seit Anfang der achtziger Jahre verging kaum eine Jahrestagung der *American Economic Association* ohne eine Sektion zur Fragestellung, wie sich unschwer aus den jährlichen *Papers and Proceedings* ergibt. In weniger als einer Dekade haben sich im *Journal of Economic Literature* drei Surveys von *Nelson (1981), Maddison (1987)* und *Dosi (1988)* mit der Frage befaßt, wenn auch der letzte Beitrag weniger zentral.

Eine Faszination entstammt sicherlich der latenten Struktur der beteiligten Schlüsselvariablen: (a) Wie ist Produktivität zu messen? (b) Was soll als Forschungsaktivität oder technischer Fortschritt erfaßt werden? – Mit gutem Recht können alternative Konzepte als plausibel bezeichnet werden. Antworten müssen ferner gefunden werden, schließlich sind zentrale Lebensfragen der Ökonomien berührt.

* Ich danke Rainer Magnan (Berlin) und Martin Hofmann und Gerald Schehl (Mannheim) für fähige Forschungsassistenz und der Deutschen Forschungsgemeinschaft für materielle Unterstützung. Den Teilnehmern des Workshops, insbesondere Günter Bamberg, Karl Heinrich Oppenländer und Joachim Schwalbach, bin ich für zahlreiche Hinweise zu Dank verpflichtet.

Studies in Contemporary Economics
B. Gahlen (Hrsg.)
Marktstruktur und gesamtwirtschaftliche Entwicklung

Eine andere Faszination leitet sich aus einem vielfach als dramatisch empfundenen Produktivitätsrückgang ab. Diese Entwicklung läßt sich seit den siebziger Jahren für zahlreiche entwickelte Nationen nachzeichnen. Wegen eines als gut empfundenen empirischen Zusammenhanges zwischen Forschung und Produktivität liegt die Postulierung einer *Forschungsschwäche* nahe.

Es gibt andererseits gute Gründe zu vermuten, daß eine solche Schwäche nicht vorliegt. Es gibt auch andere gute Gründe zu vermuten, daß es einen Produktivitätsrückgang beunruhigenswert nicht gibt. – Außer Spesen nichts gewesen? Was bleibt, ist vermehrte empirische Evidenz über den Zusammenhang zwischen Forschungsaktivität und Produktivität.

Abschnitt 2 gibt zunächst einen Einblick in Produktivitätsmangeltheorien und stellt empirische Befunde dar. Abschnitt 3 thematisiert die Endogenität der Forschung insbesondere im Kontext der Marktentwicklung und trennt analytisch Forschung, Invention und Innovation. Abschnitt 4 enthält einen methodischen Überblick über Ansätze zur Messung von Produktivitätseffekten der Forschungsaktivität. Abschnitt 5 faßt empirische Befunde aus Studien der letzten Dekade zusammen. Abschnitt 6 enthält einige empirische Analysen für die Bundesrepublik Deutschland. Abschnitt 7 faßt wichtige Ergebnisse zusammen.

2. Produktivitätsschwäche – Fakt oder Fantasie?

Tabelle 1 zeigt die Entwicklung der Stundenproduktivität für ausgewählte Länder und Zeiträume. Der Produktivitätseinbruch nach 1973 für die meisten Nationen ist selbstevident. (Komplexere Produktivitätsmaße, wie die totale Faktorproduktivität, bei der das Produktivitätswachstum als Differenz zwischen Gesamtwachstum und Wachstum der mit ihren Outputanteilen gewichteten regulären Inputs berechnet wird, vermitteln die gleiche Botschaft.) Zwar ist für 1979-1986 in den USA wieder ein Anstieg zu verzeichnen gewesen, aber der Rückgang für die meisten Länder (einschließlich der Bundesrepublik Deutschland) verstärkte sich.

"Labor productivity growth for the private economy as a whole seems to have stopped altogether" *(Baily 1982, 423)*. Baily folglich "focuses on the following questions. (1) Does the incidence of the productivity slowdown by industry suggest that capital services have declined relative to the capital stock? (2) Does it suggest that the rate of technical change has slowed? (3) Have responses to the increased cost of energy been a major cause for the slowdown? (4) Have changes in the distribution of output or employment among industries contributed to the slowdown in aggregate labor productivity?" *(Baily 1982, 423-424)*.

Die Antwort auf die Frage nach der Ursache scheint ganz einfach: "The classic empirical result in this area (for which, among other results, Robert Solow received the 1987 Nobel Prize in economic science) is that technological progress accounts for about

Tabelle 1: Durchschnittliche jährliche Wachstumsraten der Arbeitsstundenproduktivität in der Verarbeitenden Industrie

	1950–60 (1)	1960–73 (2)	1973–79 (3)	1979–86 (4)
Vereinigte Staaten	2,0	3,2	1,4	3,1
Kanada	3,8	4,5	2,1	1,4
Japan	9,5	10,3	5,5	5,6[a]
Belgien	–	6,9	6,2	5,3[a]
Dänemark	2,8	6,4	4,2	1,3
Frankreich	2,8	6,5	5,0	3,6
Deutschland	7,4	5,8	4,3	2,8
Italien	5,7	7,3	3,3	3,3
Holland	4,7	7,4	5,5	4,4[a]
Norwegen	3,4	4,3	2,1	1,9
Schweden	3,4	6,4	2,6	3,0
Großbritannien	2,1	4,3	1,1	4,4

[a] 1979-85

Quelle: *Bureau of Labor Statistics*, "International Comparisons of Manufacturing Productivity and Labor Costs Trends, 1986," USDL 87-237. Zitiert nach *Griliches (1988, S. 10)*.

half the growth of per capita output. Correspondingly, most of the growth slowdown (in per capita income) can be traced to a slowdown of productivity growth" *(Fischer 1988, 3-4)*. Und *Griliches (1986, 153)* sekundiert: Es gibt Belege "for the proposition that R&D contributes significantly to productivity growth, that the basic research component of it does so even more strongly, and that privately financed R&D expenditures have a significantly larger effect on private productivity and profitability than federally financed R&D. These findings ... do raise the issue that the overall slowdown in the growth of R&D and the absolute decline in basic research in industry which occured in the 1970's may turn out to have been very costly to the economy in terms of foregone growth opportunities."

Einfache empirische Belege für diese These finden sich auch in den in Tabelle 2 enthaltenen Angaben zu den Patentanmeldungen der einzelnen Länder. Seit Beginn der siebziger Jahre verliert dieses Maß für Forschungsintensität für u.a. die USA, Deutschland und Großbritannien an Anteilen. Dies ging mit einem Rückgang der internationalen Wettbewerbsfähigkeit dieser Länder in den Hochtechnologiegütergruppen einher. So fiel der Exportmarktanteil in den F&E-intensiven Gütergruppen von 1970-1980 in den USA von 35,4% auf 30,5% (1984: 31,2%), stagnierte in Deutschland (10,7% auf 10,5%; 1984: 8,0%) und stieg in Japan von 15,0% auf 21% (1984: 28,8%). (Vgl. für Details *Zimmermann 1989*).

Tabelle 3 zeigt allerdings, daß die Ausgaben für Forschung und Entwicklung in den führenden westlichen Industrienationen in den siebziger und achtziger Jahren bezogen auf das Bruttosozialprodukt klar angestiegen sind. Dies gilt um so mehr, wenn man als Bezugsgröße die Ausrüstungsinvestitionen wählt. Dies heißt nun nicht, daß keine relative

Tabelle 2: Länderanteile der Patentanmeldungen: national und international

		1965	1970	1975	1980	1983
Vereinigte Staaten	(1)	17,5	16,8	17,2	15,7	13,5
	(2)	36,9	34,6	31,0	29,8	31,7
Japan	(1)	15,1	21,3	27,2	28,6	32,7
	(2)	3,0	7,4	9,2	11,6	12,9
Deutschland	(1)	12,3	10,8	10,2	9,8	9,3
	(2)	18,9	19,6	20,2	21,1	17,9
Frankreich	(1)	8,8	7,7	6,9	6,6	6,3
	(2)	7,0	6,8	7,8	8,4	8,0
Großbritannien	(1)	10,3	10,1	9,1	8,8	8,0
	(2)	11,6	9,4	8,1	7,2	7,9

Quelle: *OECD (1986), S. 50, 52.* OECD = 100. (1): nationale Anmeldungen, (2): internationale Anmeldungen

Stagnation in der Forschungsentwicklung zu verzeichnen wäre. Die aus inländischen Quellen finanzierten F&E-Ausgaben der Bundesrepublik Deutschland in v.H. des Bruttosozialprodukts betrugen 1962 1,3%, 1973, d.h. 11 Jahre später, immerhin 2,2%. Weitere 11 Jahre später, 1984 , betrug diese Ziffer nur 2,6%, d.h. der Anstieg verflachte. (1979: 2,4%; 1987: 2,8%, alle Angaben *Bundesbericht Forschung 1988, S. 351*) Ausgaben sagen ferner noch nichts über die damit verbundene Effizienz oder Effektivität. Hat sie abgenommen? Eine Antwort auf diese Frage erfordert quantitative Analysen, auf die in den Abschnitten 4 und 5 einzugehen sein wird.

Tabelle 3: Ausgaben für Forschung und Entwicklung

	In vH des Bruttosozialprodukts				In vH der Ausrüstungsinvestitionen			
	1975	1979	1983	1987	1975	1979	1983	1987
Vereinigte Staaten	2,3	2,3	2,6	2,8	34,4	27,8	38,2	40,8
Japan	2,0	2,1	2,6	2,8[a]	12,3	14,2	17,9	17,2[c]
Deutschland	2,2	2,4[a]	2,5	2,7	29,4	28,1[a]	31,0	32,3
Frankreich	1,8	1,8	2,1	2,3	23,1	23,7	29,3	31,6
Großbritannien	2,0	2,1[b]	2,3	2,4	24,7	22,8[b]	30,3	29,4

[a] Mit den Vorjahren nicht voll vergleichbar, da kleine und mittlere Unternehmen stärker einbezogen worden sind; [b] 1978; [c] 1986.
Quelle: *OECD, Sachverständigenrat (1988), S. 113.*

Aus der Produktivitätsschwäche und ihrer möglichen Ursache in einem Forschungsmangel sind häufig Probleme für die internationale Wettbewerbsfähigkeit der einzelnen Länder abgeleitet worden. Dies wurde zu Beginn der achtziger Jahre auch intensiv für die Bundesrepublik Deutschland diskutiert. Das neueste Jahresgutachten des *Sachverständigenrates (1988, S. 113)* sieht allerdings keinen Grund mehr, "an der internationalen Wettbewerbsfähigkeit der Bundesrepublik in den kommenden Jahren zu zweifeln."

Hinweise auf die Diskussion finden sich bei *Zimmermann (1985b, 1989)*, *Zimmermann und Zimmermann-Trapp (1987)*, *Gahlen, Rahmeyer und Stadler (1986)*, *Krupp (1986)* und *Wegner (1986)*.

Inwieweit hat ein Nachlassen der Forschungsaktivität, etwa gemessen durch die F&E-Ausgaben, den Produktivitätsrückgang verursacht? Oder ist die Effektivität der Forschungsaktivität geringer geworden? Auf diese guten Fragen, die bereits Anfang der achtziger Jahre für die USA gestellt wurden, gibt es keine klare Antworten, was rechtfertigt, daß sie immer wieder neu in die Diskussion eingebracht wurden. Ein weiterer Grund liegt sicherlich in der bereits erwähnten Faszination der von *Solow u.a. (1957)* vorgelegten Arbeit: "Virtually all scholars of productivity growth now agree on the central role of technological advance" *(Nelson, 1981, 1045)*.

Empirische Belege für einen positiven Zusammenhang zwischen Forschungsaktivität und Produktivität gibt es hinreichend, u.a. von *Nadiri (1980)*, *Mansfield (1980)*, *Link (1981)*, *Baily und Chakrabarti (1985)*, *Michl (1986)*, *Griliches (1980)* und *Scherer (1983b, 1984)*. Andererseits wird die Bedeutung der Forschungsaktivität bzw. der F&E-Ausgaben für den Produktivitätsrückgang der siebziger Jahre nicht als zentral angesehen. *Jorgensen (1988)* betont stattdessen die Rolle der Energiepreise, *Olson (1988)* unterstützt dies mit einer Betonung der Bedeutung institutioneller Bedingungen. Eine Vielzahl von Autoren *(Baily 1982, Nadiri und Schankerman 1981, Griliches 1980, 1988)* sieht hingegen in der Nachfrage den entscheidenden Faktor der Produktivitätskrise. So stellt *Griliches* bereits *(1980)* fest: "The most likely explanation is one of confusion: the large energy price shocks, the resulting fluctuations in capacity utilization, the substantial increase in uncertainty about future absolute and relative prices may have forced many firms away from their long-run production frontiers. What we see in the data are not movements along the technological frontier, and hence they should not and cannot be attributed to a variable whose role is to shift this frontier outward" *(347)*.

Der Produktivitätsrückgang in den USA scheint gut belegt. In der bereits zitierten Literatur, insbesondere *Maddison (1987)*, *Baily (1982)*, *Clark and Haltmaier (1985)*, *Gordon, Schankerman, Spady (1985)*, *Griliches (1980)* und *Scherer (1983b)* finden sich zahlreiche Belege dafür. Er ist in der amerikanischen Öffentlichkeit panikartig zur Kenntnis genommen worden (vgl. *Darby 1984, 309*). Allerdings kann *Darby (1984)* zeigen, "that the productivity panic is based upon statistical myopia, and that a careful analysis within the perspective of the entire twentieth century discloses" *(301)*: "... there have been no substantial variations in secular U.S. labor productivity growth after adjustment for changing demographic trends" *(315)*. Nach den Analysen von Darby haben insbesondere im Zeitraum 1965-1979 die geringere Produktivität jüngerer und weiblicher Arbeitskräfte mit einem demographisch bedingten Anstieg dieser Komponenten zu einer (temporären) Produktivitätsabschwächung geführt. Damit wird das hier untersuchte Forschungsgebiet wieder zur gewöhnlichen Grundlagenforschung.

3. Forschungskrise oder Nachfragekrise: Zur Exogenität des technischen Fortschritts

Die Wirtschaftstheorie hat technischen Fortschritt lange Zeit als exogen zum ökonomischen System angesehen. Dann läßt sich ein kausaler Zusammenhang zwischen Technologieentwicklung und Produktivität leicht begründen. Die Plausibilität eines solchen Ansatzes erscheint aber mehr als zweifelhaft. So unsicher F&E-Aktivität im Einzelfall auch sein mag: Rationale Unternehmen werden Kosten-Nutzen-Analysen einbeziehen, wenn immer auch eine deterministische Komponente existiert. Zu 'üblichen' Unternehmensentscheidungen besteht nur ein gradueller Unterschied.

Mit der "Nachfrage-Sog"-Hypothese von *Schmookler (1966)* existiert ein erster Ansatz zur Modellierung von Forschungsaktivität. Sie stützt sich auf die Überlegung, daß die Bereitschaft zum Forschungsengagement und die Erneuerungsfähigkeit von Unternehmen mit der erwarteten Profitabilität zusammenhängen. Insofern ist bei Firmen in wachsenden Märkten mit einer größeren Forschungs-, Inventions- und Innovationsaktivität zu rechnen. Für umfangreiche empirische Untersuchungen, die diese Überlegungen bestätigen, vgl. auch *Zimmermann (1989, 1987)*.

Insoweit sollten kurzfristige und langfristige Nachfrageerwartungen positiv mit Forschungsaktivität korreliert sein. In einen neoklassischen Unternehmenskalkül kann dies problemlos Eingang finden. Faktorpreise (der Forschungsinputs) und Nachfragebedingungen determinieren die *F&E-Ausgaben* im unternehmerischen Entscheidungsmodell. Forschungsergebnisse werden (unter Unsicherheit) produziert, es kommt zur *Invention.* Dieser Prozeß kann durch Zufall oder Industrie- und Makroökonomieeffekte beeinflußt werden. Ein Teil der Inventionen werden angemeldet, die registrierten Patente steigen. U.a. durch *Imitationen* kommt es zu *Spill-over-Effekten* in andere Sektoren.

Inventionen müssen nicht direkt eingesetzt, Patente nicht sofort genutzt werden. Ihre Umsetzung zu Innovationen ist wiederum ressourcenverzehrend und erfordert eine Interessenabwägung unter Berücksichtigung der Faktorpreise der Güterproduktion wie der Güternachfrage. Eine Prozeßinnovation erhöht wahrscheinlich die Arbeitsproduktivität, eine Produktinnovation kann theoretisch alle möglichen Effekte haben. Inventionen oder Patente werden häufig nicht im eigenen Sektor oder der eigenen Firma eingesetzt, sondern sind Produktinventionen, die zu Prozeßinnovationen werden. Daraus folgt, daß die Abschätzung der Produktivitätseffekte technischer Neuerungen schwierig ist.

Diese Gedankengänge sind in Schaubild 1 dargestellt.

Unabhängig von der in der Literatur diskutierten Auslastungsproblematik der Kapazitäten kann somit eine *Wachstumsschwäche* eine *Produktivitätskrise* erzeugen. Die implizierte *Forschungskrise* ist dann endogen. Da sich die Arbeitsproduktivität wiederum auf das Wachstum auswirkt, ist eine Zurechnung von Ursachen und Wirkungen sehr kompliziert.

Abbildung 1: F&E, Invention, Innovation und Produktivität

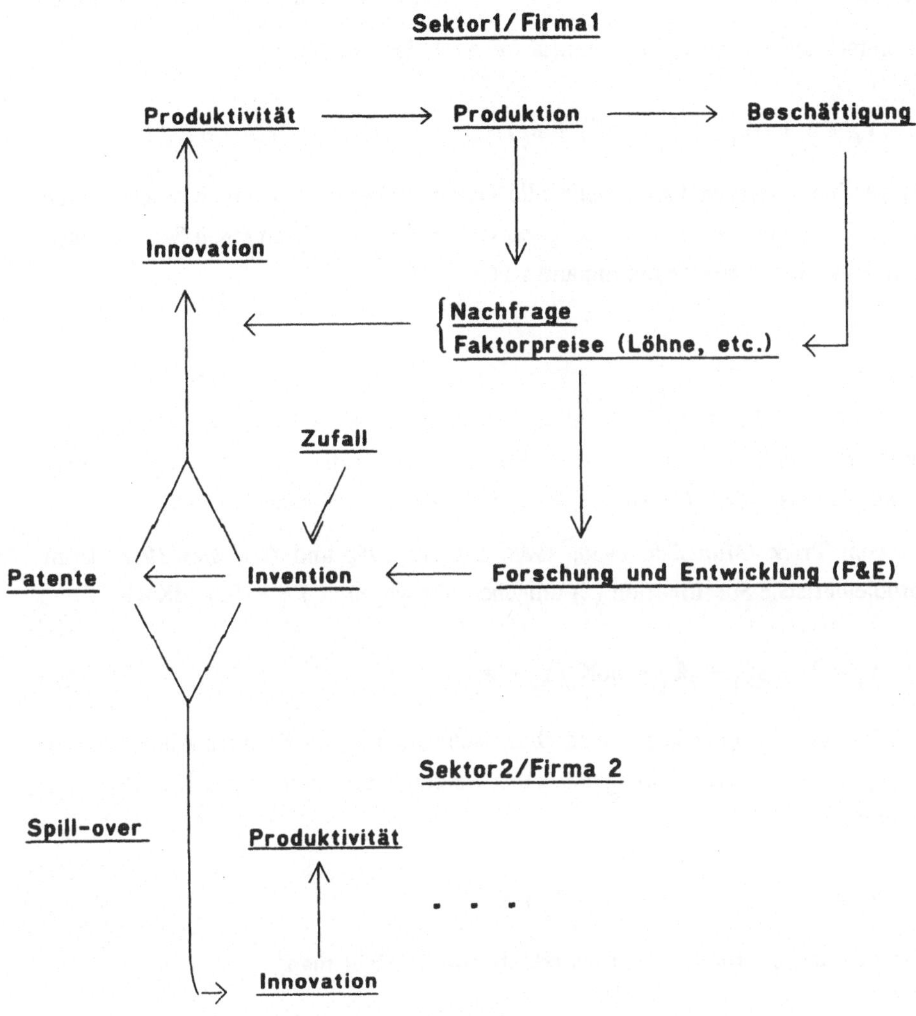

4. Messung der Produktivitätseffekte durch Forschungsaktivität

Der Standardansatz mißt Forschungsaktivitäten mithilfe der F&E-Ausgaben und zieht eine Produktionsfunktion zur Messung der Effekte auf die Produktivität heran. Es ist inzwischen Standard (*Griliches 1979, 1986, 1988, Mansfield 1980, 1988, Scherer 1982, Griliches und Mairesse 1983, 1984, Cuneo und Mairesse 1984* und *Baily 1982)*, dafür die Cobb-Douglas-Produktionsfunktion heranzuziehen:

$$(1) \qquad Y_t = Ae^{\lambda t} C_t^{\alpha} L_t^{\beta} K_t^{\gamma}, \qquad a, \beta, \gamma > 0, \quad \alpha + \beta = 1$$

Y ist der Output oder die Wertschöpfung einer Firma oder Branche, C der Kapitalstock, L der Arbeitsbestand, K das Forschungskapital (F&E-Kapitalstock), λ repräsentiert den exogenen technischen Fortschritt, A eine Niveaukonstante und t den Zeitindex.

Eine einfach logarithmische Differentiation nach der Zeit führt zu

$$(1') \qquad \hat{Y}_t = \lambda + \alpha\hat{C}_t + \beta\hat{L}_t + \gamma\hat{K}_t + \varepsilon_t ,$$

was direkt geschätzt werden kann, wenn alle Daten vorliegen. ε ist eine stochastische Störgröße. Die Ermittlung eines Forschungskapitals K wird im allgemeinen Schwierigkeiten bereiten. Eine Berechnung kann anhand von

$$(2) \qquad K_t = \Sigma_i W_i R_{t-i}$$

erfolgen, wobei R die F&E-Ausgaben und W feste Gewichte sind. K ist dann ein Maß des so akkumulierten und noch produktiven Forschungskapitals *(Griliches 1979, 1986, Griliches und Mairesse 1984, Cuneo und Mairesse 1984,* und *Mansfield, 1980*).

Mit einem Trick *(Mansfield 1980, 1988, Scherer 1982* und *Griliches 1988)* kann man die problematische Spezifikation (2) umgehen: Da wegen (1') $\gamma = (dY/dK)(K/Y)$

$$(1'') \qquad \hat{Y}_t = \lambda + \alpha\hat{C}_t + \beta\hat{L}_t + \varrho dK_t/Y_t + \varepsilon_t$$

mit $\varrho = dY/dK$ gilt, ist (1'') leicht schätzbar, wenn man $R_t \approx dK_t$ anzunehmen bereit ist. (Dies impliziert zu vernachlässigende Abschreibungsraten auf dieses Kapital.) Die Schätzgleichung ist

$$(3) \qquad \hat{Y}_t = \lambda + \alpha\hat{C}_t + \beta\hat{L}_t + \varrho R_t/Y_t + \varepsilon .$$

Für die Veränderung der totalen Faktorproduktivität $\hat{T}$ erhält man

$$(4) \qquad \hat{T}_t = \hat{Y}_t - \alpha\hat{C}_t - \beta\hat{L}_t$$
$$= \lambda + \varrho R_t/Y_t + \varepsilon_t .$$

Werden Inputvariablen mit Fehler gemessen, ist beispielsweise L_t in (4) durch L_tQ_t zu ersetzen, wobei Q_t den Qualitätsindex der Arbeiter L_t darstellt, so gilt:

$$(4') \qquad \hat{T}_t = \lambda + \varrho R_t/Y_t + \beta\hat{Q}_t + \varepsilon_t$$

Dann ist eine Gleichung wie (4) fehlspezifiziert und die Rolle der F&E-Ausgaben kann überschätzt werden. Dies ist (implizit) das in Abschnitt 2 referierte Forschungsergebnis von *Darby (1984). Baily (1982)* berücksichtigt dagegen Meßfehler bei der Kapitalnutzung, die unzureichend durch die Kapitalstockänderung erfaßt wird. Bezeichnet C_t^s 'capital service', so gilt bei korrekter Messung des Faktors Arbeit

$$(4'') \qquad \hat{T}_t = \lambda + \varrho R_t/Y_t + \alpha(\hat{C}^s_t - \hat{C}_t).$$

Griliches (1986) hat untersucht, wie die Rolle spezifischer F&E-Ausgaben (private versus staatliche bzw. grundlegende versus anwendungsorientierte) berücksichtigt werden kann. Dies ist wichtig um zu testen, ob sie gleich effizient bei der Generierung von Produktivitätswachstum sind. $R^{(1)}$ und $R^{(2)}$ seien die beiden F&E-Ausgabentypen. Der Parameter d soll die Differenz in der Wirkung der beiden Variablen messen. R_t (mit $R_t = R_t^{(1)} + R^{(2)}$) in (4') muß deshalb durch

$$(5) \qquad R^*_t = R^{(1)}_t + \delta R^{(2)}_t$$

ersetzt werden. Aus $S_t = R_t^{(2)}/R_t$ folgt

$$(5') \qquad R^*_t = R_t[1 + S_t(\delta - 1)].$$

Für $\delta > 1$ ist $R^{(2)}$ effizienter als $R^{(1)}$.

5. "The United States may never match Japan's R&D efficiency" und andere empirische Befunde

Eine Durchsicht der empirischen Literatur zur Messung der Produktivitätseffekte von F&E-Ausgaben erbrachte folgende Schwerpunkte in den behandelten Fragen: (a) globale Tendenzen, (b) Länder bzw. Sektorenvergleiche bezüglich der Wirkungseffizienz, (c) die Rolle des Staates und der Grundlagenforschung im Vergleich zur privaten bzw. angewandten Forschungsaktivität und (d) Spill-over-Effekte. Daneben erschien Literatur über (e) den Zusammenhang zwischen staatlicher und privater F&E-Aktivität und über (f) die Interrelation von Forschungsintensität, Produktivität und Lohnbildung erwähnenswert.

Eine Analyse der globalen Tendenzen für den Zusammenhang zwischen F&E-Ausgaben und Produktivität überwiegend für die Vereinigten Staaten findet sich bei *Flaherty (1984)*, *Griliches (1980, 1988)*, *Baily (1982)*, *Mansfield (1988)*, *Scherer (1983a, 1983b)*, *Griliches und Mairesse (1983, 1984)*, *Griliches und Lichtenberg (1984b)*, *Cuneo und Mairesse (1984)*, *Clark und Griliches (1984)* und *Nadiri und Schankerman (1981)*. *Mansfield (1988)* stellt einen Ländervergleich zwischen den USA und Japan, *Griliches und Mairesse (1983)* zwischen den USA und Frankreich dar. Die Studien von *Griliches und Mairesse (1984)*, *Cuneo und Mairesse (1984)* und *Clark und Griliches (1984)* basieren auf firmenspezifischen Paneldaten.

Schätzvarianten des Gleichungstyps (1') finden sich bei *Griliches (1973, 1980, 1986)*, *Griliches und Mairesse (1984)* und *Cuneo und Mairesse (1984)*. Empirische Untersuchungen im Kontext des Ansatzes (1'') haben *Mansfield (1988)*, *Griliches (1986)*, *Clark und Griliches (1984)*, *Griliches und Lichtenberg (1984a, 1984b)*, *Scherer*

(1983a, 1983b, 1984) und *Link (1981)* verfolgt. Die geschätzten Outputelastizitäten des F&E-Kapitals liegen grob zwischen 0,06 und 0,1. Der geschätzte marginale Effekt der F&E-Ausgaben auf den Output liegt etwa im Bereich 0,2-0,5.

"It turns out that coefficients of this size, even though they imply a substantive and statistically significant role for R&D in the productivity growth story, are not large enough to account for more than a modest part of the observed slowdown in the growth of productivity" *(Griliches 1988, 15)*. Es gibt auch wenig überzeugende Evidenz, daß die Größenordnungen der F&E- bzw. Forschungskapitalwirkungskoeffizienten in den siebziger Jahren kleiner als zuvor geworden wären *(Griliches 1988, 16)*. Dies zeigen auch andere Studien *(Baily 1982, Nadiri 1980, Nadiri und Schankerman 1981)*.

Die Rolle des Staates und der Grundlagenforschung im Vergleich zur privaten bzw. angewandten Forschungsaktivität wird in den Beiträgen von *Mansfield (1980, 1988)*, *Link (1981)*, *Griliches (1986)* und *Levy und Terlecky (1983)* analysiert. *Lichtenberg (1984)* zeigt, daß ein Anstieg der staatlichen F&E-Ausgaben einen Rückgang der privat finanzierten F&E-Ausgaben induziert. Dagegen sind *Levy und Terleckyj (1983)* zum gegensätzlichen Schluß gekommen. Sie zeigen auch, daß von staatlichen F&E-Ausgaben ein positiver Effekt auf die Produktivität des privaten Forschungskapitals ausgehen. Dies wird auch durch die Studien von *Griliches (1986)* und *Link (1981)* gestützt. Die Arbeiten von *Mansfield (1980, 1988)*, *Link (1981)* und *Griliches (1986)* machen ferner klar, daß für die USA die Produktivitätseffekte der Grundlagenforschung klar die Produktivitätswirkungen der anwendungsorienten Forschung dominieren. Japan zeigt genau das gegengesetzte Resultat.

Produktivitätswirkungen der Forschungsaktivität können nicht nur in der Branche oder für die Firma allein modelliert werden. Dies erklärt sich aus den vielfältigen Spill-over-Effekten. Zu den Studien, die sich diesem Problem gewidmet haben, gehören *Scherer (1984)*, *Bresnahan (1986)*, *Jaffee (1986)*, *Griliches und Lichtenberg (1984)* und *Bernstein und Nadiri (1988)*. Die vorliegenden Untersuchungen bestätigen überwiegend die Existenz von Spill-over-Effekten, wenn auch die Wirkungskoeffizienten nicht groß sind.

Eine kritische Nachbemerkung sei gestattet: Industrieökonomische Studien deuten darauf hin, daß forschungsintensive Branchen höhere Löhne zahlen *(Oppenländer 1987, Bartel und Lichtenberg 1988, Zimmermann 1989)*. Sie tun dies, um besser qualifizierte Arbeiter zu attrahieren. Diese Beschäftigten sind dann auch produktiver.

6. Forschungsintensität und Arbeitsproduktivität in der Bundesrepublik Deutschland

Welcher Zusammenhang besteht in der Bundesrepublik Deutschland zwischen Forschungsaktivität und Arbeitsproduktivität? Wer eine sorgfältige Analyse auf der Querschnittsebene anstrebt, wird hier bald am fehlenden Datenmaterial scheitern. Die vom Stifterverband bereitgestellten F&E-Daten sind nur zweijährlich verfügbar, die Industrieklassifikation ist nicht völlig konsistent über die Zeit hinweg und nicht voll mit der Klassifikation aus der amtlichen Statistik kompatibel. Im Zwischenindustrievergleich ist weiterhin von Bedeutung, daß nicht alle – nur ein Drittel der kleinen Firmen – F&E-Ausgaben ausweisen und zwischen Industrien unterschiedlich verteilt sind. Wie Tabelle 4 zeigt, sind die Stifterverbandsangaben zur F&E-Aktivität erheblich zeitlich korreliert, d.h. eine Analyse von Lag-Verteilungen ist nicht möglich. Ferner zeigt die Analyse in Abschnitt 4, daß der eigentliche Zusammenhang zwischen Produktivität und Innovationsaktivität und nicht zwischen Produktivität und F&E-Ausgaben besteht.

Tabelle 4: Forschungsaktivität in 33 Branchen der deutschen Verarbeitenden Industrie und des Bergbaus: Zeitliche Korrelation der Indikatoren

Indikator (1979)	1981	1983	1985
Gesamte F&E–Ausgaben	0,998	0,996	0,995
Personalausgaben	0,999	0,997	0,997
Investitionsausgaben	0,988	0,966	0,928
F&E–Beschäftigte	0,9995	0,9985	0,9969

Quelle: *Stifterverband für die Deutsche Wissenschaft*. Eigene Berechnungen. Korreliert werden die Angaben in 1979 mit der Entwicklung in den Folgejahren.

Es wird deshalb ein Zusammenhang zwischen Innovationsaktivität und Arbeitsproduktivität analysiert. Es wird zwischen betriebsspezifisch erhobener Arbeitsproduktivität auf Beschäftigten- und Stundenbasis unterschieden, wobei als Quelle das Statistische Jahrbuch zugrunde liegt. Die Angaben zur Innovationsaktivität entstammen dem Ifo-Konjunkturtest. Einmal jährlich werden die Firmen befragt, ob sie Produkt- oder Prozeßinnovationen durchgeführt haben. Der prozentuale Anteil dieser Meldungen in der Industrie stellt die Meßgröße der entsprechenden Innovationsaktivität dar.

Tabelle 5: Innovationsaktivität und Wachstumsrate der Arbeitsproduktivität: Korrelationskoeffizienten[a]

	1981	1982	1983	1984
(APB, QI)	0,511	0,128	0,018	0,043
(APB, TI)	0,090	0,158	0,372	0,454
(APS, QI)	0,538	0,094	0,042	–0,045
(APS, TI)	0,036	0,166	0,467	0,414
(APB, APS)	0,978	0,938	0,962	0,960
(QI, TI)	0,368	0,611	0,693	0,648

[a] APB: Wachstumsrate der Arbeitsproduktivität auf Beschäftigtenbasis; APS: Wachstumsrate der Arbeitsproduktivität auf Stundenbasis; QI: Prozentsatz der Produktinnovationen; TI: Prozentsatz der Prozeßinnovationen.

Quelle: APB, APS: *Statistische Jahrbücher*, diverse Jahre. QI, TI: *Ifo-Konjunkturtest*, eigene Berechnungen.

Die Innovationsdaten lagen nur für 1981-1984 vor, was den gesamten Untersuchungszeitraum beschränkte. Die Analyse wurde auf der Basis von 27 Branchen der Zweistellerebene vorgenommen. Tabelle 5 enthält die Korrelationskoeffizienten zwischen den Variablen im Zeitraum 1981-1984. Die Produktinnovationen sind zu Beginn, die Prozeßinnovationen am Ende des Untersuchungszeitraums stärker mit den Wachstumsraten der Arbeitsproduktivität korreliert.

Im folgenden wird das Produktivitätswachstum für 1985 in Abhängigkeit von der verzögerten Endogenen und den verzögerten Innovationsvariablen der Jahre 1981-1984 analysiert. Bei der Analyse von Querschnittsdaten besteht üblicherweise die Gefahr von Heteroskedastizität. Dann ist es schwer, ökonometrisch zu modellieren, da im allgemeinen die Art der Heteroskedastizität unbekannt ist. Nun sind aber die Ordinary Least Squares (OLS)-Schätzer des Parametervektors auch bei Heteroskedastizität unverzerrt und konsistent. *White (1980)* hat gezeigt, daß

$$V(b) = (Z'Z)^{-1}\,[Z'E^2Z]\,[Z'Z]^{-1}$$

die geeignete asymptotische Kovarianz für das Modell

$$Y_i = b'Z_i + \varepsilon_i, \qquad i = 1,2,\dots,N$$

auch bei unbekannter Heteroskedastizität darstellt. Y ist die endogene Variable, Z_i der Regressorvektor, ε_i der Störterm, E eine Diagonalmatrix mit Diagonalelement ε_t, b der Parametervektor, i der Industrieindex und N der Stichprobenumfang. Die geschätzten Standardfehler sind somit konsistent. Die Standardfehler nach *White (1980)* werden deshalb in den Querschnittsstudien des folgenden Abschnittes verwendet, wobei unterstellt wird, daß die Resultate auch für kleine Stichproben robust sind.

Die Variablen und Lags wurden mit Hilfe des finalen Prognosefehlers von Akaike schrittweise selektiert (vgl. *Zimmermann 1985a*). Dabei wurden insbesondere die Lags nach ihrer Prognosefähigkeit sortiert und sukzessive in die Regression einbezogen. Die Tabellen 6 und 7 enthalten die Ergebnisse für beide Maße der Arbeitsproduktivität, die sehr ähnlich sind. Die Spalten (6) in beiden Tabellen enthalten die finalen Gleichungen. Die verzögerten Prozeßinnovationen erhöhen signifikant die Arbeitsproduktivität, dagegen gibt es keinen Zusammenhang mit Produktinnovationen.

7. Epilog oder "Crazy Explanations" zur Erklärung der Produktivitätsentwicklung?

In einem lesenswerten Beitrag zum Produktivitätsrückgang hat *Romer (1987, 163-164)* ein alternatives Theoriekonzept (mit empirischer Prüfung) vorgelegt. "I take the key features of that theory (der neoklassischen Theorie, KFZ) to be competition, a constant-returns-to-scale production function, and a specification of technological change as an

Tabelle 6: Arbeitsproduktivität auf Beschäftigtenbasis 1985: Logarithmische Änderungen[a]

	(1)	(2)	(3)	(4)	(5)	(6)
Konstante	–0,0002 (–0,02)	–0,104* (–4,72)	–0,059* (–5,01)	–0,094* (–4,52)	–0,091* (–3,89)	–0,112* (–4,57)
Arbeitsproduktivität 1984	0,584* (2,67)	0,284 (1,66)	0,384* (2,12)	0,380* (2,23)	0,447* (3,11)	0,382* (2,77)
Produktinnovationen						
1984	–	–0,024 (–0,52)	–	–	–	–
1983	–	–	0,026 (0,55)	–	–	–
1982	–	–	–	–0,021 (–0,61)	–	–
1981	–	–	–	–	0,027 (0,64)	–
Prozeßinnovationen						
1984	–	0,290* (3,26)	–	–	–	–
1983	–	–	0,137* (2,20)	–	–	–
1982	–	–	–	0,275* (3,38)	–	0,174* (3,51)
1981	–	–	–	–	0,229* (2,86)	0,133* (2,11)
$\bar{R}^2$	0,286	0,528	0,470	0,559	0,517	0,654
SSR	0,0295	0,0180	0,0200	0,0167	0,0184	0,0149

[a] Die Prozentsätze der Innovationen in den 27 Branchen wurden aufgrund der Angaben im Ifo-Konjunkturtest berechnet. Die Produktivitätsberechnungen basieren auf Datenmaterial des Statistischen Jahrbuchs. Ein * zeigt Signifikanz zum 5%-Niveau an. Die t-Werte sind heteroskedastisch-konsistente Schätzer nach der Methode von *White (1980)*. SSR ist der Standardfehler der Gleichung.

Tabelle 7: Arbeitsproduktivität auf Stundenbasis 1985: Logarithmische Änderungen[a]

	(1)	(2)	(3)	(4)	(5)	(6)
Konstante	0,003 (0,23)	–0,104* (–6,00)	–0,059* (–5,91)	–0,088* (–4,09)	–0,091* (–3,59)	–0,113* (–4,64)
Arbeitsproduktivität 1984	0,732* (2,86)	0,377* (2,86)	0,448* (4,44)	0,528* (2,68)	0,601* (3,91)	0,472* (3,68)
Produktinnovationen						
1984	–	–0,062 (–1,36)	–	–	–	–
1983	–	–	–0,011 (–0,23)	–	–	–
1982	–	–	–	–0,027 (–0,68)	–	–
1981	–	–	–	–	0,036 (0,83)	–
Prozeßinnovationen						
1984	–	0,338* (4,91)	–	–	–	0,157* (3,05)
1983	–	–	0,189* (4,88)	–	–	–
1982	–	–	–	0,273* (3,82)	–	0,143* (3,61)
1981	–	–	–	–	0,227* (3,08)	–
$\bar{R}^2$	0,376	0,634	0,614	0,661	0,607	0,668
SSR	0,0278	0,0150	0,0159	0,0158	0,0161	0,0136

[a] Siehe Tabelle 6.

exogenous function of time ... I will try to offer suggestions that are not just crazy, but are radically so. For example, I will argue that we should drop the notion of technological change altogether and work with a production function that can be described as a stationary function of measurable inputs. ... it will be necessary to drop the assumptions required for perfect competition. I will allow for the possibility that there are aggregate increasing returns, and I will even argue that an important part of technological change may act to lower the marginal productivity of labor".

Das Resultat liest sich spannend. Ist es den Preis wert? Die Annahme eines exogenen technischen Forschritts ist sichtlich obsolet. F&E-Ausgaben sind kein überzeugender Faktor, trotz aller Vorurteile , für die Produktivitätsschwäche, andere Faktoren (z.B. Engergiepreise) scheinen wahrscheinlicher. Vertraut man *Darby (1982)*, so liegt eine statistische Fantasie vor. Dann braucht man weder zu träumen noch verrückte Erklärungen.

Literaturverzeichnis

Baily, M.N. (1982), The Productivity Growth Slowdown by Industry. *Brookings Papers on Economic Activity 1*, 423 – 459.

Baily, M.N. und Chakrabarti, A.K. (1985), Innovation and Productivity in U.S. Industry. *Brookings Papers 2*, 609 – 639.

Bartel, A.P. und Lichtenberg, F.R. (1988), Technical Change, Learning, and Wages. *NBER Working Paper 2732*.

Bernstein, J.I. und M.I. Nadiri (1988), Interindustry R&D Spillovers, Rates of Return, and Production in High-Tech Industries. *NBER Working Paper 2554*.

Bresnahan, T. (1986), Measuring Spillovers from 'Technical Advance'. *American Economic Review 76*, 741 – 755.

Bundesregierung (1988), Bundesbericht Forschung 1988. Unterrichtung durch die Bundesregierung, Deutscher Bundestag, *Drucksache 11/2049*, Bonn.

Clark, K.B. und Griliches, Z. (1984), Productivity Growth and R&D at the Business in Level: Results from the PIMS Data Base. In: R&D, Patents, and Productivity, hrsg. von Z. Griliches. Chicago and London, 393 – 416.

Clark, P.K. und Haltmaier, J.T. (1985), The Labor Productivity Slowdown in the United States: Evidence from Physical Output Measures. *Review of Economics and Statistics 67*, 504 – 508.

Cuneo, P. und Mairesse, J. (1984), Productivity and R&D at the Firm Level in French in Manufacturing. In: R&D, Patents, and Productivity, hrsg. von Z. Griliches. Chicago und London, 375 – 392.

Darby, M.R (1984), The U.S. Productivity Slowdown. *American Economic Review 74*, 301 – 322.

Dosi, G. (1988): Sources, Procedures, and Microeconomic Effects of Innovation. *Journal of Economic Literature 26*, 1120 – 1171.

Fischer, S. (1988), Symposium on the Slowdown in Productivity Growth. *Journal of Economic Perspectives 2*, 3 – 7.

Flaherty, T. (1984), Field Research on the Link Between Technological Innovation and Growth: Evidence from the International Semiconductor Industry. *American Economic Review 74*, 67 – 72.

Gahlen, B., Rahmeyer, F. und Stadler, M. (1986), Zur internationalen Wettbewerbsfähigkeit der deutschen Wirtschaft. *Konjunkturpolitik 32*, 130 – 150.

Gordon, R.H., Schankerman, M. und Spady, R.H. (1985), Estimating the Effects of R&D on Bell System Productivity: A Model of Embodied Technical Change. *NBER Working Paper 1607*.

Griliches, Z. (1973), Research Expenditures and Growth Accounting. In: Science and Technology in Economic Growth, hrsg. von B.R. Williams. London, 59 – 95.

Griliches, Z. (1979), Issues in Assessing the Contribution of Research and Development to Productivity Growth. *Bell Journal of Economics 10*, 92 – 116.

Griliches, Z. (1980), R&D and the Productivity Slowdown. *American Economic Review 70,* 343 – 348.

Griliches, Z. (1984), R&D, Patents, and Productivity, Chicago und London.

Griliches, Z. (1986), Productivity, R&D, and Basic Research at the Firm Level in the 1970's. *American Economic Review 76,* 141 – 154.

Griliches, Z. (1988), Productivity Puzzles and R&D: Another Nonexplanation. *Journal of Economic Perspectives 2,* 9 – 21.

Griliches Z. und Lichtenberg, F. (1984a), Interindustry Technology Flows and Productivity Growth: A Reexamination. *Review of Economics and Statistics 66,* 324 – 329.

Griliches, Z. (1984b), R&D and Productivity Growth at the Industry Level: Is There Still a Relationship? In: R&D, Patents, and Productivity, hrsg. von Z. Griliches. Chicago und London, 465 – 496.

Griliches, Z. und Mairesse, J. (1983), Comparing Productivity Growth: An Exploration of French and U.S. Industrial and Firm Data. *European Economic Review 21,* 89 – 119.

Griliches, Z. und Mairesse, J. (1984), Productivity and R&D at the Firm Level. In: R&D, Patents, and Productivity, hrsg. von Z. Griliches, Chicago und London, 39 – 374.

Jaffe, A.B. (1986), Technological Opportunity and Spillovers of R&D: Evidence from Firm's Patents, Profits and Market Value. *American Economic Review 76,* 984 – 1001.

Jorgenson, D.W. (1988), Productivity and Postwar U.S. Economic Growth. *Journal of Economic Perspectives 2,* 23 – 41.

Krupp, H.-J. (1986), Innovation und Wettbewerbsfähigkeit der Deutschen Volkswirtschaft. In: G. Bombach, B. Gahlen, A.E. Ott (Hrsg.), Technologischer Wandel – Analyse und Fakten, Schriftenreihe des Wirtschaftswissenschaftlichen Seminars Ottobeuren, Bd. 15. Tübingen, 195 – 218.

Levy, D.M. und Terleckyj, N.E. (1983), Effects of Government R&D on Private R&D Investment and Productivity: A Macroeconomic Analysis. *Bell Journal of Economics 14,* 551 – 561.

Lichtenberg, F.R. (1984), Relationship Between Federal Contract R&D and Company R&D. *American Economic Review 74,* 73 – 78.

Link, A.N. (1981), Basic Research and Productivity Increase in Manufacturing: Additional Evidence. *American Economic Review 71,* 1111 – 1112.

Maddison, A. (1987), Growth and Slowdown in Advanced Capitalistic Economies, *Journal of Economic Literature 25,* 649 – 698.

Mansfield, E. (1980), Basic Research and Productivity Increase in Manufacturing, *American Economic Review 70,* 863 – 873.

Mansfield, E. (1988), Industrial R&D in Japan and the United States: A Comparative Study. *American Economic Review 78,* 223 – 228.

Michl, T.R. (1986), The Productivity Slowdown and the Elasticity of Demand for Labor. *Review of Economics and Statistics 68,* 532 – 536.

Nadiri, M.I. (1980), Sectoral Productivity Slowdown. *American Economic Review 70*, 349 – 352.

Nadiri, M.I. und Schankerman, M.A. (1981), Technical Change, Returns to Scale, and the Productivity Slowdown. *American Economic Review 71*, 314 – 319.

Nelson, R.R. (1981), Research on Productivity Growth and Differences. *Journal of Economic Literature 19*, 1029 – 1064.

OECD (1986), OECD Science and Technology Indicators, No. 2, R&D, Invention and Competitiveness. Paris.

Olson, M. (1988), The Productivity Slowdown, the Oil Shocks, and the Real Cycle, *Journal of Economic Perspectives 2*, 43 – 69.

Oppenländer, K.H. (1987), Arbeitsmarktentwicklungen moderner Technologien. In: G. Bombach, B. Gahlen, A.E. Ott (Hrsg.), Arbeitsmärkte und Beschäftigung. Fakten, Analysen, Perspektiven, Schriftenreihe des Wirtschaftswissenschaftlichen Seminars Ottobeuren, Bd. 16. Tübingen, 267 – 286.

Romer, P.M. (1987), Crazy Explanations for the Productivity Slowdown, in *NBER Macroeconomics Annual 1987*, hrsg. von S. Fischer. Cambridge and London, 163 – 202.

Sachverständigenrat zur Begutachtung der gesamtwirtschaftlichen Entwicklung (1988), Arbeitsplätze im Wettbewerb, Jahresgutachten 1988/89. Stuttgart und Mainz.

Scherer, F.M. (1982), Interindustry Technology Flows and Productivity Growth. *Review of Economics and Statistics 64*, 627 – 634.

Scherer, F.M. (1983a), Concentration, R&D, and Productivity Change, *Southern Economic Journal 50*, 221 – 225.

Scherer, F.M. (1983b), R&D and Declining Productivity Growth. *American Economic Review 73*, 215 – 218.

Scherer, F.M. (1984), Using Linked Patent and R&D Data to Measure Interindustry in Technology Flows. In: R&D, Patents, and Productivity, hrsg. von Z. Griliches. Chicago und London, 417 – 460.

Schmookler, J. (1966), Invention and Economic Growth, Cambridge, MA.

Solow, R. (1957), Technical Change and the Aggregate Production Function. *Review of Economics and Statistics*, 312 – 320.

Wegner, M. (1986), Die Produktivitätsabschwächung in den USA. In: G. Bombach, B. Gahlen, A.E. Ott (Hrsg.), Technologischer Wandel – Analyse und Fakten, Bd. 15, Tübingen. 245 – 262.

White, H. (1980), A Heteroskedasticity-Consistent Covariance Matrix Estimator and a Direct Test for Heteroskedasticity. *Econometrica 48*, 817 – 838.

Zimmermann, K.F. (1985a), Familienökonomie. Theoretische und empirische Untersuchungen zur Frauenerwerbstätigkeit und Geburtenentwicklung. Berlin et al.

Zimmermann, K.F. (1985b), Innovationsaktivität, Preisflexibilität, Nachfragedruck und Marktstruktur. In: G. Bombach, B. Gahlen, A.E. Ott (Hrsg.), Industrieökonomik: Theorie und Empirie. Schriftenreihe des Wirtschaftswissenschaftlichen Seminars Ottobeuren, Bd. 14. Tübingen, 67 – 85.

Zimmermann, K.F. (1987), Trade and Dynamic Efficiency, *Kyklos 40*, 73 – 87.

Zimmermann, K.F. (1989), Innovative Activity, Employment Decisions, and the Neoclassical Model of the Firm: Theory and Practice, Manuskript, Mannheim.

Zimmermann, K.F. und Zimmermann-Trapp, A. (1987), Unternehmensgröße, Erfolg und Forschung und Entwicklung. In: Technologieparks, hrsg. von N. Dose und A. Drexler, Opladen, 48 – 63.

Korreferat zum Referat Klaus F. Zimmermann

Joachim Schwalbach

Das Referat von *Klaus F. Zimmermann* lieferte einen guten Überblick über den aktuellen Stand der Diskussion zum Verhältnis von technischem Fortschritt und Produktivität. Es wurde deutlich, daß eine Fülle von Arbeiten dieses Verhältnis beleuchtet haben, was den Referenten zu der Bemerkung veranlaßte: "Das Gebiet kann so mit gutem Gewissen als überforscht angesehen werden". Beurteilt man die wissenschaftlichen Beiträge dagegen aus regionaler Sicht, dann wird auch deutlich, daß der Zusammenhang zwischen technischem Fortschritt und Produktivität im deutschsprachigen Raum kaum betrachtet wurde, weshalb dieses Forschungsgebiet in dieser Region dann auch eher als "unterforscht" angesehen werden kann.

In meinem Korreferat möchte ich mich auf zwei Schwerpunkte konzentrieren, die in dem Referat von *Klaus F. Zimmermann* nur angedeutet wurden, die aber für die Thematik bedeutsam sind und deshalb einer stärkeren Gewichtung bedürfen. Es handelt sich hierbei erstens um die Annahme der Exogenität des technischen Fortschritts und zweitens um die sogenannten anderen Faktoren, die für die Produktivitätsschwäche verantwortlich gemacht werden. Die Ausführungen sollen das Paper von *Klaus F. Zimmermann* abrunden.

Kommen wir zur Annahme der Exogenität des technischen Fortschritts. Üblicherweise wird F&E als Synonym für Innovationstätigkeit verwendet. Investitionen in F&E sind jedoch neben anderen Faktoren nur als ein Inputfaktor im Innovationsprozeß zu verstehen. *Mansfield et al. (1971)* beispielsweise haben für mehrere Industrien gezeigt, daß die F&E-Kosten nicht den größten Anteil an den Aufwendungen für den Innovationsprozeß ausmachen. Der Innovationsprozeß und der durch ihn ausgelöste Produktivitätszuwachs wird mit technologischem Wissen gespeist, das nicht in den eigenen F&E-Abteilungen entstanden ist. Weiterhin weist *Scherer (1982, 1984)* nach, daß technologisches Wissen nicht ausschließlich in denjenigen Industrien verbleibt, in denen es erzeugt wurde. Zudem zeigen empirische Studien, daß die Anstöße für die in einer F&E-Abteilung bearbeiteten Projekte von außerhalb der Abteilungen kamen. So konnte beispielsweise *Link (1987)* herausfinden, daß die meisten Anstöße aus dem Marketing und aus dem Produktionsbereich kamen.

Fassen wir die Argumente zusammen, dann wirken zahlreiche Faktoren auf den technischen Fortschritt ein. Insofern ist die Annahme der Endogenität des technischen Fortschritts zwingend. Abbildung 1 soll die Wirkungszusammenhänge nochmals verdeutlichen. Demnach wirken unternehmensinterne und -externe Faktoren auf den Innovationsprozeß ein, der seinerseits diese Faktoren beeinflußt.

Abbildung 1: Endogenität des technischen Fortschritts

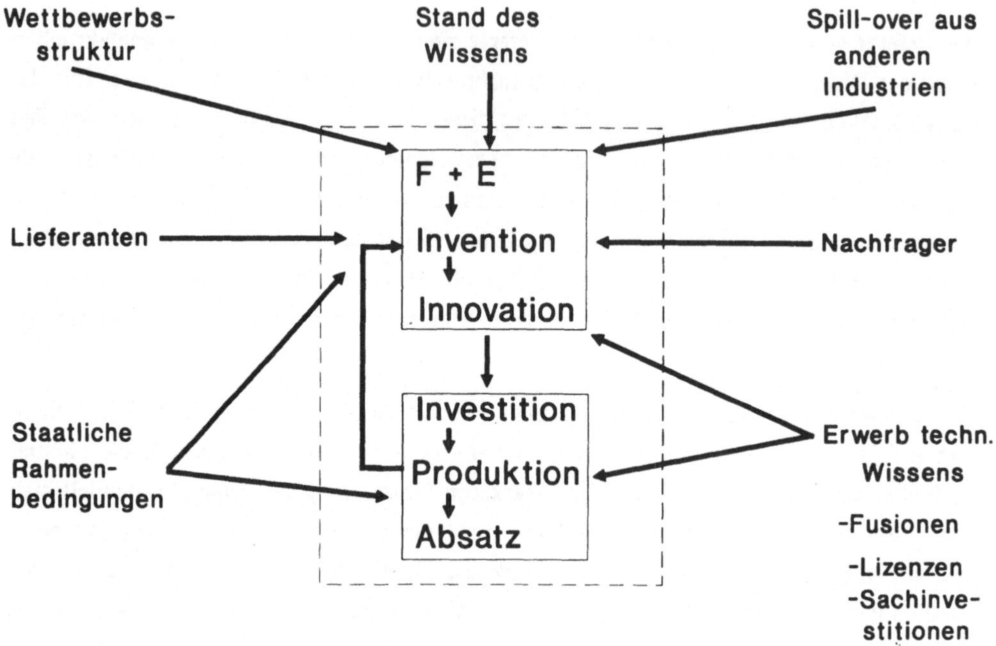

Kommen wir nun zu den Faktoren, die in der Literatur neben dem technischen Fortschritt zur Erklärung eines Produktivitätrückgangs herangezogen werden. Übereinstimmung wird hinsichtlich unterschiedlicher Erklärungsfaktoren erzielt, jedoch wird deren Bedeutung unterschiedlich gesehen.

Zu diesen Faktoren zählen "zyklische Schocks". Die zentrale Frage hier ist, ob der Produktivitätsrückgang zyklisch verläuft aufgrund der Veränderung der Zusammensetzung der Nachfrage oder der Kapazitätsausnutzung, oder ob der Produktivitätsrückgang langfristigen Charakter besitzt und durch inter-sektorale oder demographische Veränderung der Produktionsfaktoren geprägt ist. Für beide Erklärungsansätze finden sich empirische Belege. Beispielsweise beobachtete *Gordon (1979)* einen zyklischen während *Dickens (1982)* eher den langfristigen Verlauf der Arbeitsproduktivität sieht. Dagegen rechneten *Nadiri und Mohnen (1981)* die Hälfte des Produktivitätsrückgangs in der totalen Faktorproduktivität zyklischen Faktoren zu.

Realinvestitionen sind ein weiterer Erklärungsfaktor. Veränderungen im Wachstum von Realinvestitionen werden häufig als unabhängige Ursache für den Produktivitätsrückgang gesehen. *Maddison (1984) und Kendrick (1982)* fanden empirische Belege, daß der Rückgang der Investitionstätigkeit mit einem Produktivitätsrückgang einherging (siehe auch die Übersicht bei *Link 1987*).

Inflation und Energiepreise werden ebenfalls zur Erklärung des Produktivitätsrückgangs herangezogen. In zahlreichen Studien wurden der Inflation negative Effekte auf das Produktivitätswachstum zugesprochen (vgl. bspw. *Clark 1982*). Ebenso wurde gezeigt, daß die Energiekrise 1973 für den Produktivitätsrückgang verantwortlich war. Manche Studien gehen sogar soweit festzustellen, wie bspw. *Siegel (1979, S.60)*: "Energy prices stand as the single most important contributor to the 1973 productivity break".

Es lassen sich jedoch auch Studien finden, die die Energieschockhypothese nicht bestätigen. *Berndt (1980) und Scherer (1987)* führten aus, daß eine Inputsubstitution als Reaktion auf hohe Energiepreise ein langfristiges Phänomen darstellt und deshalb nicht für einen kurzfristigen Produktivitätsrückgang verantwortlich gemacht werden kann.

Weiterhin wird der staatlichen Regulierung ein Einfluß zugesprochen. In der Literatur wird überwiegend damit argumentiert, daß staatliche Regulierung und hier insbesondere Umweltschutzauflagen und Arbeitsschutzauflagen, die gemessene Produktivität schmälern. Die empirischen Ergebnisse von *Christainsen und Haveman (1981)* kamen für die USA auf 12-21 % des Produktivitätsrückgangs, die auf die staatliche Regulierung per se zurückzuführen sind. *Kendrick (1982)* konnte für die übrigen OECD-Länder etwa 10 % feststellen, wobei der Wert für Japan deutlich höher lag.

Den Gewerkschaften wird ebenfalls ein Einfluß zugesprochen. Hier finden sich gegensätzliche Ansichten (siehe *Link 1987*). Die eine Seite spricht dem Gewerkschaftseinfluß eine auf die Produktivität negative Auswirkung zu, da sie die Flexibilität des Unternehmens durch ineffiziente Arbeits- und Entlohnungsregelungen herabsetzt. Die andere Seite argumentiert, daß ein hoher gewerkschaftlicher Organisationsgrad eine Form kollektiver Organisation darstellt, die die Arbeitsproduktivität fördert. Zusätzlich – so wird weiter argumentiert – zwingen kollektive Organisationen das Management ineffiziente Produktionsweisen abzubauen. Empirische Ergebnisse scheinen eher der ersten Hypothese recht zu geben. Gezeigt wurde, daß sowohl die Höhe des Organisationsgrades als auch die Veränderung des Organisationsgrades negativ mit dem Wachstum der totalen Faktorproduktivität korreliert.

Literaturverzeichnis

Berndt, E. R. (1980), Energy Price Increases and the Productivity Slowdown in the United States. *Federal Reserve Bank of Boston*, The Decline in Productivity Growth.

Clark, P. K. (1982), Inflation and Productivity Decline. *American Economic Review 72*, 149 - 154.

Christainsen, G. B. and R. H. Haveman (1981), Public Regulations and the Slowdown in Productivity Growth. *American Economic Review 71*, 320 - 325.

Dickens, W.T. (1982), The Productivity Crisis: Secular or Cyclical? *Economics Letters 9*, 37 - 42.

Gordon, R. J. (1979), The End-of-Expansion Phenomen in Short-Run Productivity Behaviour. *Brookings Papers on Economic Activity 2*, 447 - 460.

Kendrick, J. W. (1982), International Comparisions of Recent Productivity Trends. In: W. Fellner (ed.), Essays in Contemporary Economic Problems: Demand, Productivity, and Population, Washington.

Link, Albert N. (1987), Technological Change and Productivity Growth. London.

Maddison, A. (1984), Comparative Analysis of the Productivity Situation in the Advanced Capitalist Countries. In: J. W. Kendrick (ed.), International Comparisons of Productivity and Causes of the Slowdown. Cambridge.

Mansfield, Edwin (1971), Technological Change. New York.

Nadiri, M. I. und Mohnen, P. (1981), Sources of the Productivity Slowdown: An International Comparision, Working Paper.

Scherer, F. M. (1982), Inter-Industry Technology Flows and Productivity Growth. *Review of Economics and Statistics 64*, November, 627 - 634.

Scherer, F. M. (1984), Using Linked Patent and R&D Data to Measure Inter-Industry Technology Flows. In: Zvi Griliches (ed.), R&D, Patents, and Productivity, Chicago, 417 - 461.

Scherer, F. M. (1987), The World Productivity Growth Slump. In: R. Wolf (Hrsg.), Organizing Industrial Development, Festschrift für Walter H. Goldberg, Berlin.

Siegel, R. (1979), Why has Productivity Slowed Down? *Data Resources U.S. Review*, 59 - 65.

Ertragskraft als Voraussetzung für Innovationen

– Sind unternehmensgrößenspezifische Unterschiede zu erkennen?

Referat von Karl Heinrich Oppenländer

Zusammenfassung: Aus der Kostenstrukturstatistik des Verarbeitenden Gewerbes läßt sich eine hohe Ertragskraft kleiner und mittlerer Unternehmen (KMU) ablesen. Ihre Innovationsbereitschaft wird — nach ihren Aussagen — durch Mangel an Eigenkapital beeinträchtigt. Das mag Ausdruck einer entsprechenden Unternehmensphilosophie sein: Die Erhaltung der Ertragskraft steht im Vordergrund. KMU mögen aber auch durch unternehmensgrößenspezifisch gehandhabte Rahmenbedingungen benachteiligt sein. Diskutiert wurde in diesem Zusammenhang das Verhalten von Banken und Beteiligungsfinanzierungsgesellschaften zu KMU sowie die Diskriminierung des Risikokapitals durch das Steuersystem.

Abstract: The cost structure surveys of the manufacturing sector indicate the high earning power of small and medium-sized businesses. Their predisposition to innovation is affected — according to their own assessments — by lack of equity capital. This may be an expression of a corresponding business philosphy: priority for the preservation of earning power. Small and medium-sized businesses may also be handicapped by the general conditions that result from company size. In this connection the behaviour of banks and equity financing companies vis-a-vis small and medium-sized businesses is discussed as well as the discrimination of venture capital by the tax structure.

Problemstellung

1.Es ist heute nicht mehr strittig, daß sich der Wettbewerb vor allem über Innovationen abspielt, daß also Wettbewerbsfähigkeit vor allem darin besteht, immer wieder Produkt- und Prozeßinnovationen zu kreieren und anzuwenden. Wenn dem so ist, dann dürfte es in der Diskussion um Wettbewerbstheorie und -politik interessieren, welche Voraussetzungen für diese Innovationen genannt werden. Ein incentive geht von der Ertragskraft aus, da Innovationen unter Unsicherheit entstehen, es, anders ausgedrückt, nicht sicher ist, ob Innovationen am Markt bestehen (Produktinnovationen) oder genügend Kostenvorteile verschaffen können (Prozeßinnovationen). Das Unternehmen ist, bei entsprechender Ertragskraft, in der Lage, Rückschläge hinzunehmen, den Suchprozeß für die dann erfolgreiche Innovation wenigstens einige Zeit zu führen.

Oft wird nun vermutet, daß die Ertragskraft in unterschiedlichen Unternehmensgrößenklassen unterschiedlich sei, wobei unterstellt wird, daß die Ertragskraft mit der Größe zunehme. Das würde dann möglicherweise auch dazu führen, daß mit steigender Größe mehr und erfolgreiche Innovationen stattfinden (können).

Statistische Grundlagen

2. Die Vermutung ist einem Test zu unterziehen. Die nachfolgenden Ausführungen sind daher empirisch ausgerichtet. Daten und Informationen über die Ertragskraft der Unternehmen liefert die Kostenstrukturerhebung des Statistischen Bundesamtes, die sich nach Unternehmensgrößenklassen aufteilen läßt. Daten und Informationen über Innovationen

Studies in Contemporary Economics
B. Gahlen (Hrsg.)
Marktstruktur und gesamtwirtschaftliche Entwicklung

liefern verschiedene Befragungen des Ifo-Instituts, so beispielsweise der Ifo-Innovationstest, der 1979 ins Leben gerufen wurde. Die hier vorgeführten Daten umfassen das Produzierende Gewerbe (Verarbeitendes Gewerbe und Bergbau der Bundesrepublik Deutschland); als Jahr für die Kostenstrukturerhebung dient das Jahr 1984, für die Ifo-Befragungen wurden Informationen von 1987 herangezogen. Gelegentlich läßt sich auch ein Zeitvergleich mit dem Jahr 1982 durchführen.

Ergebnisse der Kostenstrukturerhebung

3. Aus der Kostenstrukturerhebung 1984 geht hervor, daß (nach Hochrechnung) 33.867 Unternehmen einen *Bruttoproduktionswert* von 1.424 Mrd. DM erwirtschaftet haben. Nach Abzug der Vorleistungen ergibt sich eine Bruttowertschöpfung von 490 Mrd. DM. Nach Abzug der Verbrauchssteuern und Zurechnung der Subventionen resultierte die *Bruttowertschöpfung zu Faktorkosten* mit 448 Mrd. DM.

Diesen Größen steht ein *Jahresertrag vor Steuern* von etwas mehr als 29 Mrd. DM gegenüber. Er errechnet sich aus dem Abzug der Fremdkapitalzinsen, der Löhne und Gehälter, der Abschreibungen und des Unternehmerlohns von der Bruttowertschöpfung zu Faktorkosten.

In Tabelle 1 sind nun nach dem angegebenen Schema für sechs Unternehmensgrößenklassen die Relationen *Jahresertrag zu Bruttoproduktionswert* und *Jahresertrag zu Bruttowertschöpfung* ausgewiesen (vgl. hierzu *Uhlmann 1986, 1987*). Im Durchschnitt aller Unternehmen betrug 1984 der Jahresertrag zu Bruttoproduktionswert 2,1 %, der Jahresertrag zu Bruttowertschöpfung 6,6 %. Aus dem Rahmen dieser Betrachtung fallen lediglich die Größenklassen 50 bis 99 Beschäftigte, die 10 % für die Relation Jahresertrag zu Bruttowertschöpfung ausweisen, sowie die Großunternehmen (über 1.000 Beschäftigte), deren Relation 5 % betrug. Die anderen Größenklassen können 8 bis 9 %

Tabelle 1: Jahresertrag[a] im Bergbau und Verarbeitenden Gewerbe 1984 nach Größenklassen im Verhältnis zu Produktionswert und Wertschöpfung in %

Unternehmen mit ... bis ... Beschäftigte	Jahresertrag zu Bruttoproduktionswert (o. MwSt)	Jahresertrag zu Bruttowertschöpfung zu Faktorkosten
20 – 49	2,7	8,0
50 – 99	3,4	10,0
100 – 199	2,7	8,5
200 – 499	2,8	8,8
500 – 999	2,7	8,6
1 000 und mehr	1,5	5,0
Alle Unternehmen	2,1	6,6

a) Umfaßt die Eigenkapitalverzinsung und den Gewinn in engerem Sinne.

Quelle: *Statistisches Bundesamt*, Berechnungen des Ifo-Instituts.

ihrer Bruttowertschöpfung zu Faktorkosten zur Eigenkapitalverzinsung und als Gewinn in engerem Sinne verwenden. Aus dieser Tabelle kann also konstatiert werden, daß – nach Unternehmensgrößenklassen gemessen – die Ertragskraft kleiner und mittlerer Firmen eher über der der Großunternehmen liegt.

Dieses Ergebnis wird durch die *Tabellen 1* und 1*** im Anhang gestützt. Hier sind die 50 ertragsstärksten Bereiche des Verarbeitenden Gewerbes (Tabelle 1*) und die 50 stärksten Verlustbereiche des Verarbeitenden Gewerbes (Tabelle 1**) ausgewiesen. Die Aufstellung in den Tabellen ist nach der jeweiligen Höhe (absteigende Reihenfolge in Tabelle 1*, aufsteigende Reihenfolge in Tabelle 1**) geordnet. Zur Spitzengruppe der 50 ertragsstärksten Teilbereiche gehören demnach vor allem kleinere Unternehmen. Dagegen fällt auf, daß unter den 50 ertragsschwächsten Teilbereichen nicht weniger als 13 Teilbereiche mit 500 und mehr Beschäftigten "den Schlußlichtern" angehören.

Qualitative Informationen über den Ablauf des Innovationsprozesses

4. Wenden wir uns jetzt der Analyse der Innovationstätigkeit der Unternehmen zu. Zunächst ist die Unsicherheit zu untermauern, die der Suchprozeß nach Innovationen mit sich bringt. Er dürfte, wie zu vermuten, über die ganze Breite des Verarbeitenden Gewerbes gestreut sein, wobei demnach nach Unternehmensgrößenklassen kaum Unterschiede auftreten sollten. Das bestätigt Tabelle 2. Im Durchschnitt des Verarbeitenden Gewerbes bekräftigten drei Viertel der Unternehmen, daß die Innovationsanstrengungen durch eine "zu geringe Rendite von Produktinnovationen" behindert würden. Unterschiede nach einzelnen Größenklassen ergeben sich kaum, auch nicht im Zeitvergleich. Das manifestiert sich vor allem in der Frage "Marktentwicklung zu unsicher". Daß sich in der Frage nach "pay-off-Periode zu lang" im Zeitablauf Angleichungen in den Größenklassen ergeben haben, mag darauf zurückzuführen sein, daß auch kleine Unternehmen "innovationsbewußter" in der Planung geworden sind.

Tabelle 2: Behinderung von Innovationen in Unternehmen des Verarbeitenden Gewerbes

Frage: "Gegenwärtig werden unsere Innovationsanstrengungen hauptsächlich behindert durch: Zu geringe Rendite von Produktinnovationen"
(Antworten in % der Unternehmen, Mehrfachnennungen möglich)

Unternehmensgröße (in Beschäftigten)	Zu geringe Rendite von Produktinnovationen 1982	1987	davon Pay-off-Periode zu lang 1982	1987	Marktentwicklung zu unsicher 1982	1987
Alle Unternehmen	76	74	45	54	69	62
20 – 49	72	57	9	24	49	59
50 – 199	73	61	20	26	69	68
200 – 999	69	65	36	45	69	64
1 000 u. mehr	81	82	59	64	70	60

Quelle: Ifo-Innovationstest.

5. Immerhin wird deutlich, daß diese Planung bei Großunternehmen ausgeprägter ist. Das führt zu der Frage, ob die Innovationstätigkeit in ihrer Strategie nicht doch nach Größenklassen unterschiedlich ist. Weitere Befragungsergebnisse des Ifo-Instituts sind heranzuziehen, um hier eine Klärung herbeizuführen. Aus Tabelle 3 wird deutlich, daß, nach Größenklassen unterschieden, in der Phase der experimentiellen und konstruktiven Entwicklung keine großen Unterschiede in den Innovationsaktivitäten festzustellen sind, sehr wohl aber im Bereich Forschung. Die forschungsgestützte Innovationsaktivität ist demnach vor allem in größeren Unternehmen angesiedelt. Eine systematische Forschung verlangt hohe Aufwendungen im Forschungsetat und für Forschungspersonal. Tabelle 4 unterstreicht dies. Die Frage nach den Anstößen für Innovationen wurde unterschiedlich, je nach Größenklasse beantwortet. Kleine und mittlere Unternehmen ziehen den Innovationsprozeß ziemlich marktnah durch. Die hauptsächlichen Anstöße kommen von der

Tabelle 3: Bedeutung von FuE im Innovationsprozeß nach Unternehmensgrößenklassen 1982 und 1987
"Die realisierten Innovationsprojekte erfordern":
(Antworten in % der Unternehmen; Mehrfachnennungen möglich)

Unternehmens-größenklassen (Beschäftigte)	Forschung		Entwicklung		Design	
	1982	1987	1982	1987	1982	1987
20 – 49	22	35	73	78	72	74
50 – 199	24	39	80	84	75	84
200 – 999	41	45	91	89	85	80
1 000 u. mehr	67	76	92	93	90	93
Alle Unternehmen	52	62	89	91	86	88

Quelle: Ifo-Innovationstest.

Tabelle 4: Innovationsimpulse in Unternehmen
"Die grundlegenden Anstöße für die durchgeführten Innovationen stammen hauptsächlich von"[a]:
(Angaben in % der Unternehmensstrukturen; Mehrfachnennungen möglich)

Unternehmensgrößen (in Beschäftigten)	FuE 1982	FuE 1987	PuM 1982	PuM 1987	MuP 1982	MuP 1987	M 1982	M 1987
20 – 49	16	4	16	12	49	27	85	65
50 – 199	31	30	24	22	53	57	65	74
200 – 999	47	44	29	30	62	67	60	56
1000 u. mehr	82	72	36	56	83	64	47	30
Alle Unternehmen	63	57	32	43	72	63	54	44

a) Dabei bedeuten:
FuE: Forschung und Entwicklung; PuM: Produktion und Materialwirtschaft; MuP: Marketing und Produktbetreuung; M: Management, Firmenleitung

Quelle: Ifo-Innovationstest.

Firmenleitung und der Marketingabteilung. Mit zunehmender Unternehmensgröße wird die Forschungs- und Entwicklungsabteilung für Innovationsimpulse bedeutender. Hierin drückt sich die Systematisierung von Invention und Innovation aus. Es gibt also deutliche Unterschiede bei Teilen der Innovationsaktivität nach Größenklassen.

Technologieattraktivität und Ressourcenstärke

6. Festgestellt worden war, daß einerseits kaum Unterschiede nach Größenklassen bestehen, wenn die Ertragskraft angesprochen ist, daß andererseits doch wenigstens qualitative Unterschiede in der Verfolgung von Innovationsstrategien bestehen. Diese Betrachtung ist zu vertiefen.

Auszugehen ist davon, daß die *Ressourcenstärke* eines Unternehmens Grundlage für die Durchführung von Innovationsprozessen ist. Zur Erklärung des Begriffs Ressourcenstärke: Sie stellt ab auf die im Unternehmen vorhandenen Ressourcen, nämlich das vorhandene Know-how (dokumentiert vor allem durch die Qualifikation der Beschäftigten) und die Höhe des Budgets. "Je mehr die vorhandenen Ressourcen der allgemeinen technischen und wettbewerblichen Entwicklung entsprechen, desto größer ist die Ressourcenstärke" *(Pfeiffer et al. 1983, S. 259)*. Das kann mit Hilfe einer Technologie-Portfolio-Methode näher erläutert werden. In einem Diagramm werden die "Technologieattraktivität" und die "Ressourcenstärke" einander gegenübergestellt. Unter *Technologieattraktivität* wird das Spektrum der Relevanz von Technologien für das Unternehmen bezeichnet. Es reicht von gering bis hoch. Gering ist eine ausgereifte Technik, die kaum noch weiterzuentwickeln ist, hoch soll andeuten, daß hier Technologien zum Einsatz kommen, für die neue Anwendungsbereiche gefunden werden. Die Technologieattraktivität wird demnach einmal die Weiterentwicklung einer Technik beurteilen, auch den Zeitbedarf bis zur nächsten Entwicklungsstufe, zum anderen aber auch die Anwendungsmöglichkeit und den Diffusionsverlauf der Technologien. Das alles ist den vorhandenen und weiterentwickelbaren Ressourcen des Unternehmens gegenüberzustellen. Idealtypisch ist das Erreichen des Feldes rechts oben im Diagramm ("hoch-hoch"). Die Zuteilung der Ressourcen sollte also an "förderungswürdige" Technologien erfolgen. Für unsere Problemstellung bedeutet das, daß neben der Ressource "Ertragskraft" auch noch anderen Ressourcenbestandteile die Innovationstätigkeit eines Unternehmens beeinflussen, vor allem die Know-how-Dimension des Unternehmens. Wenn also, wie vermutet, kein linearer Zusammenhang zwischen Ertragskraft und Innovationsstärke vorhanden ist, dann wegen weiterer Einflußfaktoren. Sind diese nach Unternehmensgrößen unterschiedlich ausgeprägt?

Eine Antwort läßt sich durch weitere qualitative Informationen aus dem Ifo-Innovationstest erreichen. Tabelle 5 gibt Hinweise für die Ausgestaltung der Ressourcenstärke im Innovationsprozeß der Unternehmen des Verarbeitenden Gewerbes in der Bundesrepublik Deutschland in den Jahren 1982 und 1987. Handeln wir zuerst die mehr oder weniger zu vernachlässigenden Innovationshemmnisse ab: Das ist die zu geringe Innova-

Tabelle 5: Ausgestaltung der Ressourcenstärke im Innovationsprozeß

"Gegenwärtig werden unsere Innovationsanstrengungen hauptsächlich behindert durch":

(Antworten in % der Unternehmen; Mehrfachnennungen möglich)

Innovationshemmnisse	Alle Unternehmen		Unternehmensgrößenklassen I		II		III		IV	
	1982	1987	1982	1987	1982	1987	1982	1987	1982	1987
Mitarbeiter										
Zu geringe Innovationsbereitschaft	10	9	8	19	8	11	12	11	10	6
– Belegschaft	(57)	(44)	(100)	(91)	(62)	(62)	(58)	(51)	(53)	(25)
– Führungskräfte	(45)	(52)	(17)	(5)	(41)	(46)	(40)	(45)	(51)	(66)
Beschaffungsschwierigkeiten geeigneter Mitarbeiter am Arbeitsmartk	24	46	19	33	26	40	24	45	25	48
– für FuE	(80)	(80)	(33)	(31)	(48)	(61)	(74)	(72)	(95)	(90)
– für PuM	(27)	(31)	(25)	(86)	(32)	(53)	(22)	(36)	(28)	(23)
– für MuP	(28)	(17)	(41)	(25)	(39)	(23)	(27)	(27)	(24)	(11)
Finanzierung										
Fehlendes Eigenkapital	30	23	70	45	50	39	29	22	22	19
Fehlendes Fremdkapital	5	5	28	14	7	5	5	4	3	5
Externe										
Mangelnde Kooperationsbereitschaft	10	9	28	17	8	11	15	12	6	8
– bei Unternehmen der gleichen Branche	(67)	(58)	(10)	(39)	(59)	(49)	(78)	(47)	(77)	(68)
– bei Lieferanten bzw. Kunden	(37)	(52)	(90)	(61)	(47)	(53)	(22)	(52)	(33)	(50)

Die Zahlen in Klammern sollen andeuten, daß die Prozentsätze auf 100 gerechnet sind (Mehrfachnennungen aber möglich!)
Unternehmensgrößenklassen (nach Beschäftigten):
I: 20–49, II: 50–199, III: 200–999, IV: 1.000 und mehr

Quelle: Ifo-Innovationstest.

tionsbereitschaft der Mitarbeiter und die mangelnde Kooperationsbereitschaft bei Externen. Unterschiede nach einzelnen Unternehmensgrößenklassen ergeben sich kaum. Interessant ist höchstens, daß die zu geringe Innovationsbereitschaft bei Führungskräften mit zunehmender Unternehmensgröße zunimmt. Relevanter ist die Finanzierung von Innovationen, also unser Thema. Immerhin rund ein Viertel der Unternehmen beklagte die Eigenkapitalfinanzierung als Hemmnis, während die Fremdkapitalfinanzierung keine Probleme aufwarf. Bei der Eigenkapitalfinanzierung sind doch deutliche Unterschiede nach Größenklassen zu beobachten: kleine und mittlere Unternehmen sind mehr tangiert als große, allerdings im Zeitverlauf abnehmend, was wohl auch mit der jeweiligen konjunkturellen Situation (Aufschwungphase seit 1983) zusammenhängt. Die Beschaffungsschwierigkeiten für Innovationspersonal am Arbeitsmarkt haben seit 1982 deutlich zugenommen: Während 1982 noch etwa ein Viertel der Unternehmen hier von Hemmnissen sprach, erhöhte sich 1987 dieser Prozentsatz auf 46 %. Insgesamt gesehen sind keine Unterschiede nach Größenklassen festzustellen.

Einsichtig ist dabei, daß weniger Probleme bei kleinen und mittleren Unternehmen bei der Beschaffung von FuE-Personal entstehen, da dieser Bereich in diesen Unternehmen vergleichsweise (zu den Großfirmen) ein untergeordnetes Gewicht hat.

Die vertiefte Betrachtung der möglichen Innovations-incentives und -hemmnisse hat demnach ergeben, daß trotz hoher Ertragskraft bei kleinen und mittleren Firmen, wie sie anhand der Kostenstrukturerhebung festgestellt worden war, ihr Eigenkapitalbezug bei der Durchführung von Innovationsaktivitäten zu wünschen übrig läßt. Er wird als "Innovationshemmnis" bezeichnet. Andere Unterschiede zwischen den Größenklassen sind nicht auszumachen. Es lohnt sich demnach, gerade dieser Diskrepanz nachzugehen.

Innovationsneigung, Innovationsaktivität und Risikofinanzierung in kleinen und mittleren Unternehmen

7. Lassen Sie mich drei Problemkreise ansprechen:

- Innovationsfähigkeit und Innovationsneigung sind zu trennen. Es könnte sein, daß trotz gegebener Innovationsfähigkeit (nämlich Eigenkapitalfinanzierung) die Innovationsneigung aufgrund der vorherrschenden Unternehmensphilosophie bei kleinen und mittleren Unternehmen anders zu sehen ist als bei Großunternehmen.
- Die Beziehungen zwischen Unternehmen und Banken sind möglicherweise für unterschiedliche Unternehmensgrößen unterschiedlich. So könnte man sich vorstellen, daß Banken vor allem daran interessiert sind, sichere Kredite zu vergeben. Die Unternehmensgröße mag dabei eine Rolle spielen.
- Die aus der Kostenstrukturerhebung herausgerechnete Ertragskraft war ein Ergebnis "vor Steuern". Möglicherweise wirkt unser Steuersystem diskriminierend in der Weise, daß Risikokapital für kleine und mittlere Firmen einer hohen Besteuerung unterliegt.

8. Innovationsfähigkeit und Innovationsneigung bei kleinen und mittleren Unternehmen: Zu vermuten ist, daß kleine und mittlere Unternehmen aus verschiedenen Gründen ihre Leistung an den Rahmen ihrer Selbstfinanzierungsmöglichkeiten anpassen, wodurch ihre Eigenkapitalquote als relativ hoch erscheint. Aufgrund dieser Unternehmensphilosophie, die z.B. den Einsatz von Fremdkapital ablehnt, weil dadurch in vieler Beziehung Abhängigkeiten geschaffen werden könnten, bleibt das Unternehmen bei einer bestimmten Größe stehen. Oft wird argumentiert, die Größe reiche aus, um die Unternehmerfamilie zu ernähren, um eine bestimmte Marktnische zu besetzen. Die Ertragskraft wird *nicht* dazu verwendet, forschungsgestützte Innovationen zu fördern. Das überläßt man Großunternehmen. Der Markt wird weitgehend, aus Mangel an Personal und Finanzierung, von der Bundesrepublik aus bedient, Auslandsinvestitionen sind nicht beabsichtigt. Höchstens werden Lizenzen vergeben, um in einem bestimmten (Auslands-)Markt zu bleiben oder in einen solchen Markt einzudringen. Fazit: nicht immer wird "um jeden Preis" expandiert. *Die Ertragskraft wird hochgehalten. Eine höhere Unternehmensgrößenklasse wird nicht angestrebt.*

9. Beziehungen zwischen Unternehmen und Banken: Dennoch: Kleine und mittlere Firmen haben von einem Innovationshindernis gesprochen, was die Zurverfügungstellung

von Eigen- und Fremdkapital für diesen Zweck betrifft. Liegt es an den Beziehungen zu den Banken?

Schumpeter weist darauf hin, daß den Innovatoren eine "schöpferische Zerstörung" nur dann gelinge, wenn sie auf durch Kreditschöpfung zur Verfügung gestelltes Kapital zurückgreifen könnten. In den Nachkriegsjahren leisteten die Kreditinstitute der Bundesrepublik Deutschland zweifellos einen erheblichen Beitrag zu dieser Art der Unterstützung von Innovationen und Unternehmensgründungen. Er wurde bei völlig unzureichenden Sicherheiten meist unter positiver Beurteilung des Kreditnehmers und unter hohen Gewinnerwartungen gewährt. Heute dagegen wird argumentiert, daß es nicht Aufgabe der Kreditinstitute sein könne, mit den Spareinlagen der Kunden Risikokapital zur Verfügung zu stellen. Das Problem liegt also nicht darin, daß zu wenig gespart wird, sondern darin, daß den Unternehmen nur ein geringer Teil dieser Ersparnisse in Form von Risikokapital zufließt *(Meurer 1984, S. 54)*. Von der Sicht der Banken aus ist bei verlangsamtem Wirtschaftswachstum das Sicherheitsdenken eindeutig vorrangig. Ein schöpferischer Unternehmer, der als Pionier eine Idee in seiner Unternehmensneugründung umsetzen will und dabei keine "Sicherheit" bieten kann, ist chancenlos, wenn er von der Bank eine "Pionierleistung" erwartet.

Hinzu kommt die Schwierigkeit für potentielle Unternehmer, direkt am Markt Beteiligungskapital aufzunehmen. Denn Risikokapital kann auch über Außenfinanzierung erlangt werden. Ein Unternehmen wird im Normalfall nur dann an der amtlichen Börse zugelassen, wenn es schon fünf Jahre besteht und einen Gewinn von mindestens einer Million DM aufweist, wobei die Gewinne möglichst eine steigende Tendenz haben sollen. Die Banken sind für die Börseneinführung zuständig; sie unterschreiben den Börsenprospekt des Unternehmens und übernehmen so die Garantie für die erfolgreiche Emission.

Der Handel von Anteilen am Aktienmarkt setzt die Rechtsform einer AG oder KGaA voraus. Wenige Unternehmensgründungen haben nach diesen Rechtsformen stattgefunden, da sie für Anfänger unattraktiv sind (der Gründer wähnt sich oft in seiner unternehmerischen Aktivität eingeschränkt).

Anteile von haftungsbegrenzten Personengesellschaften sind am Markt wenig fungibel. "Gesellschaftsrechtlich gilt der Verkauf einer Kommanditbeteiligung und einer stillen Beteiligung als Gesellschafterwechsel, der wie eine Auflösung der Gesellschaft behandelt wird. Da alle Gesellschafter zustimmen müssen, besteht kein Recht zur freien Veräußerung" *(Meurer 1984, S. 56)*.

Als Ausweg wird auf die Gründung von Venture-Capital-Gesellschaften (Wagnisfinanzierungsgesellschaften) hingewiesen. Diese Gesellschaften spezialisieren sich auf die Finanzierung von jungen, meist technologieorientierten Unternehmen. Idee und Praxis sind in den USA weit zurückzuverfolgen. Dort sah man damit schon früh die Möglichkeiten einer "externen Diversifikation" gegeben, so daß sich bereits etablierte Unternehmen an solchen Gesellschaften beteiligten, aber auch Pensionsfonds, Versicherungen und Stiftungen. Entsprechende Beteiligungen institutioneller Anleger sind in der Bundesrepublik Deutschland nicht möglich. Überdies halten die Banken oft mehrheitlich Anteile an Wagnisfinanzierungsgesellschaften. Das hier zur Verfügung gestellte Risikokapital erhält damit eher Fremdkapitalcharakter.

Einer *direkten* Verbindung zwischen Sparern und Nachfragern nach Risikokapital stehen institutionelle Hemmnisse entgegen. Der Sparer sieht – bei hohen Zinsen – relativ attraktive Anlagen eher in der Zinsgutschrift festverzinslicher Wertpapiere als in Dividendenrenditen. Die Schere zwischen der Rendite aus Sachvermögen und aus Geldvermögen hat sich allerdings in letzter Zeit wieder zugunsten des Sachvermögens verändert. Die Außenfinanzierung von Risikokapital für Unternehmensneugründungen über Emissionen könnte also bei entsprechender Zinspolitik und Änderung der institutionellen Hemmnisse bei der Markteinführung junger Unternehmen durchaus erfolgversprechend sein. Das Interesse privater Haushalte an der Aktie ist bisher jedoch gering geblieben. Das liegt an der Ausschüttungspolitik der Aktiengesellschaften. Nur ein Teil der Gewinne gelangt regelmäßig zur Ausschüttung und das nur jährlich (in den USA geschieht dies vierteljährlich).

10. Wirkt unser Steuersystem in bezug auf Risikokapital diskriminierend?: Oft ist Sparkapital als Risikokapital deshalb nicht verwendet worden, weil andere Anlageformen steuerlich begünstigt wurden. Als Beispiele dienen das Bau- und Versicherungssparen, aber auch Abschreibungsgesellschaften und Bauherrenmodelle. Demnach ist das Steuersystem der Bundesrepublik nicht wettbewerbsneutral ausgerichtet. Denn nach dem Gesichtspunkt ökonomischer Effizienz darf "die Steuerpolitik die Kapitalbildung nicht behindern und keine Kapitalfehlleitung bewirken. Die Steuerpolitik soll wettbewerbsneutral in dem Sinne sein, daß die Anlageentscheidung von Geldvermögensbesitzern, die Wahl der Finanzstruktur und der Rechtsform einer Unternehmung wie auch die Wahl des Wirtschaftszweiges, in dem investiert wird, unter Berücksichtigung der Besteuerung ebenso ausfallen (soll) wie ohne Beachtung dieses Aspektes" *(Weichert 1986, S. 91).*

Das deutsche Steuersystem diskriminiert aber Eigenkapital gegenüber Fremdkapital. Es besteuert in unterschiedlicher Weise Kapitalgewinne je nach der Einkunftsart und es bewertet auch Vermögensgegenstände unterschiedlich. Als "Diskriminierungsfaktoren" werden die Gesellschaftsteuer, die Vermögensteuer, die Gewerbesteuer und die Einkommensteuer genannt. Als besonders großes Hindernis zur Bildung von Risikokapital wird diejenige Besteuerung angesehen, die die Fungibilität von Unternehmensbeteiligungen einschränkt. Da die Steuerbelastung der Kapitaleinkommen im internationalen Vergleich gesehen in der Bundesrepublik Deutschland hoch ist, wird dem Staat vorgeworfen, daß er "die Übernahme von Risiken" behindere und somit den "Spielraum für Innovationen und wirtschaftliches Wachstum ein(schränke)". Das wird damit begründet, daß "risikoreiche Investitionen, bei denen die Kapitalgeber aufgrund von Kontroll- und Konkurskosten einen besonders hohen Eigenkapitalanteil an der Finanzierung fordern, stärker steuerlich belastet werden als relativ risikoarme Investitionen" *(Weichert 1986, S. 104)*.

Soll diese Behinderung entfallen, so ist insbesondere eine laufende Risikokapitalzufuhr für Unternehmensneugründungen sicherzustellen und dafür zu sorgen, daß zunächst anfallende Gewinne die Grundlage für weitere Risikofinanzierung (Innenfinanzierung) gewähren. Die Bundesregierung räumt ein, daß die bestehende Risikokapitalausstattung der deutschen Wirtschaft nicht ausreiche *(BMWi-Tagesnachrichten v. 17.7.1986)*. Sie ist bereit, weitere Maßnahmen "durchzuführen, zu beschließen oder in Aussicht zu nehmen". Hingewiesen wird einmal darauf, daß "Erleichterungen" für die Gründung "kleiner" Aktiengesellschaften erwogen werden, ebenso wie die Abschaffung der Gesellschaft- und Börsenumsatzsteuer. Zum anderen sind Verbesserungen in der Außenfinanzierung "vor allem kleiner und mittlerer Unternehmen" vorgesehen, so der Fall, daß Unternehmen unter Einschaltung von Unternehmensbeteiligungsgesellschaften die Beschaffung haftenden Eigenkapitals erleichtert werden soll. Ein neues Börsenzulassungsgesetz soll den Zugang von Unternehmen zum Aktienmarkt durch die "Einrichtung eines neu geregelten Marktabschnitts mit geringeren Publizitätsansprüchen und der Möglichkeit erweiterter Antragsbefugnis" verbessern. Schließlich sollen institutionelle Anleger in die Anlagemöglichkeiten bei Risikokapital mit einbezogen werden. Jetzt schon existiert ein Modellversuch "Technologieorientierte Unternehmensgründungen" und ein Modell der Ansparförderung für Existenzgründer. Zum Teil sind das bloße Absichtsäußerungen geblieben, zum Teil ist noch nicht abzusehen, ob solche Modellversuche erfolgreich waren. Der Erfolg ist sicherlich auch daran zu messen, welche Wettbewerbschancen für deutsche kleine und mittlere Unternehmen noch bleiben, wenn der EG-Binnenmarkt nach 1992 Wirklichkeit geworden sein sollte.

Schlußbemerkung

11. Lassen Sie mich zusammenfassen. Die Statistik hatte belegt, daß die Ertragskraft kleiner und mittlerer Unternehmen hoch ist. Trotzdem beklagten sich viele Unternehmen aus diesem Bereich über mangelnde Eigenkapitaldarbietung, wenn es darum geht, damit Innovationen zu finanzieren. Sicherlich ist das Einzelunternehmen oft in einer Marktnische angesiedelt und strebt auch gar nicht eine systematische Forschung an. Dennoch scheint sich herauskristallisiert zu haben, daß kleine und mittlere Unternehmen durch unterschiedlich gehandhabte Rahmenbedingungen benachteiligt sind. Angesprochen wurde das Verhältnis von Banken und Beteiligungsfinanzierungsgesellschaften zu diesen Unternehmen sowie die diskriminierende Behandlung von Risikokapital durch unser Steuersystem. *Nachteile für kleine und mittlere Unternehmen ergeben sich demnach weniger durch die unternehmerische Leistung als vielmehr durch eine mittelstandsfeindliche Umwelt.*

Anhang

Tabelle 1*: Die 50 ertragsstärksten Bereiche des Verarbeitenden Gewerbes 1984 in absteigender Reihefolge

Lfd. Nr.	SYPRO-Nr.	Wirtschaftszweig	Untern. mit ... bis ... Beschäftigten	Jahresertrag zu Bruttowertschöpfung in %	Nachrichtlich: Anzahl Unternehmen	Anzahl tätige Inhaber	Jahresertrag Mill.DM
1	4031	H.v.chem.Grundstoffen (auch m. anschl. Weiterverarbeitung)	20 – 99	34.9	75	36	127
2	4035	H.v.pharmazeutischen Erzeugnissen	200 – 499	30.0	40	8	373
3	4035	H.v.pharmazeutischen Erzeugnissen	20 – 99	29.6	125	72	137
4	4035	H.v.pharmazeutischen Erzeugnissen	100 – 199	27.8	56	20	209
5	2816	NE-Metallumschmelzwerke	100 u. mehr	27.7	17	12	109
6	2536	H.v.gebranntem Gips	20 u. mehr	27.2	12	7	15
7	4035	H.v.pharmazeutischen Erzeugnissen	500 – 999	27.0	21	8	409
8	2531	H.v.Zement	20 u. mehr	25.9	35	16	360
9	3011	Stabziehereien,Kaltwalzwerke	20 – 49	25.2	17	10	13
10	4037	H.v.fotochemischen Erzeugnissen	20 – 99	24.9	9	8	8
11	4034	H.v.chem.Erzeugnissen f. Gewerbe, Landwirtschaft	50 – 99	24.4	117	71	159
12	6889	H.v.Futtermitteln	50 – 99	24.2	34	22	48
13	3230	H.v.Textil- u. Nähmaschinen	20 – 99	23.5	85	70	61
14	22	Mineralölverarbeitung	100 – 499	23.3	17	5	117
15	4034	H.v.chem.Erzeugnissen für Gewerbe, Landwirtschaft	20 – 49	22.6	192	116	107
16	6499	M.d.Bekleidungsgewerbe verbundene Tätigkeiten	20 u. mehr	22.1	13	9	5
17	4036	H.v.Seifen, Wasch- u. Körperpflegemitteln	20 – 99	22.0	54	52	44
18	2517	Gew.v. Schiefer, Ton, Kaolin	20 u. mehr	21.8	19	14	32
19	3660	H.v.Zählern, Fernmelde-, Meß-u.Regelgeräten usw.	50 – 99	21.7	159	32	140
20	4031	H.v.chem.Grundstoffen (auch m. anschl.Weiterverarbeitung)	100 – 499	21.4	51	11	271
21	3660	H.v. Zählern, Fernmelde-, Meß-u.Regelgeräten usw.	20 – 49	21.3	247	92	99
22	2563	H.v.Gipserzeugnissen, Dämm-u. Leichtbauplatten	20 u. mehr	21.3	24	19	73
23	59	Gummiverarbeitung	100 – 199	21.3	31	17	58
24	6854	Fleischerei	20 – 99	21.1	378	391	133
25	3882	H.v.sonst.Metallwaren(oh. Kurzwaren)	200 – 499	19.4	25	16	104
26	6821	Zuckerindustrie	20 u. mehr	18.9	28	6	213
27	6847	Talgschmelzen, Schmalzsiedereien	20 u. mehr	18.9	8	2	8
28	2816	NE-Metallumschmelzwerke	20 – 99	18.8	19	8	13
29	6819	H.v.Dauerbackwaren	20 – 99	18.6	38	47	15
30	3640	H.v.elektrischen Leuchten u. Lampen	50 – 99	18.3	48	28	29
31	6831	Molkerei,Käserei	20 – 49	18.2	113	37	45
32	6831	Molkerei,Käserei	50 – 99	18.2	52	24	48
33	6333	Seidenweberei,Ang.	20 – 99	18.0	17	20	11
34	3931	H.v.Spielwaren,Christbaumschmuck	100 u. mehr	18.0	37	35	113
35	2580	H.v.Schleifmitteln	20 – 49	17.9	12	8	3
36	57	Druckerei,Vervielfältigung	1000 u. mehr	17.8	8	0	251
37	4031	H.v.chem.Grundstoffen (auch m. anschl.Weiterverarbeitung)	1000 u. mehr	17.7	28	5	4908
38	5150	H.v.sanitärer Installationskeramik	20 u. mehr	17.7	5	0	17
39	2516	Gew.v.Sand,Kies	100 u. mehr	17.4	14	14	38
40	6889	H.v.Futtermitteln	20 – 49	17.3	73	36	33
41	3680	Rep.v.elektrischen Geräten f.d.Haushalt	20 u. mehr	17.2	13	6	4
42	6430	Serienfertigung v.Arbeits-, Sport-u.ä.Bekleidung	100 u. mehr	17.1	46	54	65
43	6879	Mineralbrunnen,H.v.Mineralwasser,Limonaden	20 u. mehr	17.0	202	134	283
44	2516	Gew.v.Sand,Kies	20 – 49	16.9	106	99	48
45	65	Rep.v.Gebrauchsgütern(oh. elektrische Geräte)	20 u. mehr	16.7	5	2	1
46	3980	H.v.Füllhaltern,Verarb.v. Schnitz-u.Formstoffen usw.	50 – 99	16.7	9	10	6
47	3847	H.v.Möbeln aus Metall	100 – 199	16.6	34	28	46
48	3660	H.v.Zählern,Fernmelde-,Meß-u. Regelgeräten usw.	500 – 999	16.6	38	20	276
49	6331	Wollweberei,Ang.	20 – 99	16.4	16	13	8
50	6816	H.v.Kartoffelerzeugnissen,Ang.	20 – 99	16.3	14	12	5

Legende: Jahresertrag = Eigenkapitalverzinsung + Gewinn (ohne Unternehmerlohn). Bruttowertschöpfung zu Faktorkosten = Bruttoeinkommen aus unselbständiger Arbeit + Abschreibungen + Fremdkapitalzinsen + Unternehmerlohn + Eigenkapitalverzinsung + Gewinn.

Anhang

Tabelle 1:** Die 50 stärksten Verlustbereiche des Verarbeitenden Gewerbes 1984 in aufsteigender Reihefolge

Lfd. Nr.	SYPRO-Nr.	Wirtschaftszweig	Untern. mit ... bis ... Beschäftigten	Jahresertrag zu Bruttowertschöpfung in %	Nachrichtlich: Anzahl Unternehmen	Anzahl tätige Inhaber	Jahresertrag Mill.DM
356	2910	Eisen-,Stahl-u.Tempergießerei	500 u. mehr	–0.6	27	10	–17
357	5421	H.v.Holzmöbeln (oh.Polstermöbel)	20 – 49	–0.7	570	378	–6
358	6361	H.v.Gardinenstoff	20 – 99	–0.7	25	22	–0
359	5441	H.v.sonst.Holzwaren	100 u. mehr	–0.9	50	66	–6
360	2740	Schmiede-,Press-u.Hammerwerke	20 u. mehr	–1.1	21	21	–5
361	6915	Tabakverarbeitung (oh.H.v.Zigaretten)	20 u. mehr	–1.2	27	23	–2
362	6332	Baumwollweberei,Ang.	1000 u. mehr	–1.3	6	0	–6
363	5290	Verarb.u.Veredelg.v.Glas,H.u.Verarb. v.Glasfaser	100 u. mehr	–1.4	37	24	–19
364	6414	H.v.Damen-u.Kinderoberbekleidung	20 – 99	–1.5	871	704	–17
365	2525	Verarb.v.Natursteinen,Ang.	20 – 49	–1.6	102	105	–2
366	3316	H.v.Karosserien,Aufbauten,Anhängern f.Kraftwagen	500 u. mehr	–1.8	13	12	–15
367	5424	H.v.Polstermöbeln	500 u. mehr	–1.8	8	11	–7
368	6332	Baumwollweberei,Ang.	500 – 999	–2.0	14	13	–9
369	5361	H.v.Halbwaren aus Holz	100 u. mehr	–2.1	53	22	–24
370	5424	H.v.Polstermöbeln	20 – 99	–2.1	97	88	–4
371	4037	H.v.fotochemischen Erzeugnissen	100 u. mehr	–2.4	7	5	–30
372	34	Schiffbau	50 – 99	–2.4	19	23	–1
373	4031	H.v.chem.Gundstoffen (auch m.anschl.Weiterverarbeitung)	500 – 999	–2.4	17	0	–28
374	5470	H.v.Pinseln,Besen,Bürsten usw.	20 – 99	–2.5	53	51	–2
375	6875	H.v.Spirituosen	100 u. mehr	–2.6	18	21	–11
376	2910	Eisen-,Stahl-u.Tempergießerei	20 – 99	–2.6	110	88	–8
377	6871	Brauerei	20 – 49	–2.9	218	299	–12
378	6828	H.v.Süßwaren(oh.Dauerbackwaren)	100 – 199	–3.2	32	21	–6
379	2565	H.v.Asbestzementwaren	20 u. mehr	–4.2	10	9	–14
380	6828	H.v.Süßwaren(oh.Dauerbackwaren)	200 – 499	–4.3	19	16	–12
381	5691	H.v.sonst.Waren aus Papier u.Pappe	500 u. mehr	–4.3	9	6	–33
382	3257	H.v.Bau-,Baustoff-u.ä.Maschinen	20 – 49	–4.4	68	74	–6
383	35	Luft-u.Raumfahrzeugbau	20 – 99	–4.7	18	12	–2
384	34	Schiffbau	20 – 49	–4.8	32	19	–2
385	3174	Waggonbau	20 u. mehr	–4.9	7	2	–23
386	6322	Zwirnerei, Handelsf.Aufmachung v. Baumwollgarnen	20 u. mehr	–4.9	18	15	–6
387	6380	H.v.Teppichen u.ä. beschichtetem Gewebe	20 – 99	–5.0	21	8	–2
388	3257	H.v.Bau-,Baustoff- u.ä. Maschinen	200 – 499	–5.3	30	12	–28
389	6481	H.v.Konfektion,textilen Artikeln f.d.Innenausstattung	20 u. mehr	–5.4	6	2	–1
390	5311	Säge- u. Hobelwerke	100 u. mehr	–6.3	19	23	–13
391	6380	H.v.Teppichen u.ä. beschichtetem Gewebe	100 u. mehr	–6.7	36	24	–43
392	2541	Ziegelei	20 – 49	–6.8	116	90	–15
393	3220	H.v.Metallbearbeitungsmaschinen u.ä.	500 – 999	–6.9	39	22	–104
394	6811	Mahl-u.Schälmühlen	20 – 49	–8.0	35	36	–5
395	3117	H.v.Grubenausbaukonstruktionen	20 u. mehr	–8.7	24	14	–19
396	3220	H.v.Metallbearbeitungsmaschinen u.ä.	1000 u. mehr	–9.1	22	19	–160
397	3015	Drahtziehereien(einschl.H.v.Drahterzeugnissen)	500 u. mehr	–10.0	9	0	–58
398	2555	H.v.großformatigen Fertigbauteilen aus Beton f. Hochbau	20 u. mehr	–10.4	56	46	–17
399	3256	H.v.Hütten-u.Walzwerkseinrichtungen usw.(oh.Baumaschinen)	500 u. mehr	–10.5	32	16	–421
400	22	Mineralölverarbeitung	500 u. mehr	–15.4	14	0	–707
401	2715	H.v.Stahlrohren(oh.Präzisionsstahlrohre)	20 u. mehr	–15.8	20	10	–323
402	6860	Verarb.v.Kaffee,Tee,H.v.Kaffeemitteln	20 u. mehr	–21.2	38	21	–129
403	2711	Hochofen-,Stahl-u.Warmwalzwerke(oh. Stahlrohre)	500 u. mehr	–25.0	20	0	–2776
404	5060	H.v.Büromaschinen	20 u. mehr	–26.7	36	20	–252
405	6911	H.v.Zigaretten	20 u. mehr	–32.3	10	0	–372

Legende: Jahresertrag = Eigenkapitalverzinsung + Gewinn (ohne Unternehmerlohn). Bruttowertschöpfung zu Faktorkosten = Bruttoeinkommen aus unselbständiger Arbeit + Abschreibungen + Fremdkapitalzinsen + Unternehmerlohn + Eigenkapitalverzinsung + Gewinn.

Literaturverzeichnis

Meurer, C. (1984), Mehr Risikokapital erforderlich. *Ifo-Schnelldienst, 37. Jg.*, 54 – 60.

Pfeiffer, W., Amler, R., Schäffner, G.J., Schneider, W. (1983), Technologie-Portfolio-Methode des strategischen Innovationsmanagements. *Zeitschrift für Organisation, 52. Jg.*, 252 – 261.

Uhlmann, L. (1986), Kosten und Leistung in der Industrie. *Ifo-Schnelldienst, 39. Jg.*, 7 – 16.

Uhlmann, L. (1987), Zur Ertragslage der Industrieunternehmen, *Ifo-Schnelldienst, 40. Jg.*, 3 – 9.

Weichert, R. (1986), Zur Besteuerung von Risikokapital in der Bundesrepublik Deutschland. *Die Weltwirtschaft*, 89 – 105.

Korreferat zum Referat K.H. Oppenländer

Reinhard Blum

Die Überlegungen des Referenten lassen sich in zwei Hypothesen als Ausgangspunkte zusammenfassen:

(1) Die Innovationen sind abhängig von der Ertragskraft der Unternehmen, ihre Ertragskraft wiederum ist abhängig von den Unternehmensgewinnen.

(2) Bei der Ertragskraft läßt sich eine Abnahme mit zunehmender Größenklasse empirisch feststellen.

Das zentrale Problem des Referenten ergibt sich daraus, daß die empirisch belegbare bessere Ertragskraft kleiner und mittlerer Unternehmen im Widerspruch steht zu ihrer im Innovationstest erkennbaren Klage, daß fehlendes Eigenkapital ein Investitionshemmnis darstellt.

1. Die empirische Überprüfung der Effizienz von Unternehmensgrößenklassen liefert in der bisherigen Literatur abweichende Ergebnisse zu einzelnen Hypothesen. Das gilt auch für die Herleitung der Hypothesen. So fällt es nicht leicht, die heute die Industrieökonomik beherrschenden Neo-Schumpeter-Hypothesen eindeutig auf Schumpeters Überlegungen zurückzuführen. Das gilt insbesondere für die Rolle des Eigenkapitals bei der Innovationsaktivität dynamischer Unternehmen *(Blum 1988, Scherer 1988).* Sie müssen bei *Schumpeter* nicht Eigentümerunternehmer sein, sondern es ist gerade charakteristisch, daß sie – modern gesprochen – nur als Manager brachliegendes Kapital mobilisieren und zur Gewinnerzielung nutzen. Es sind eher die Gewinnerwartungen, nicht aber die tatsächlichen Gewinne, die den Innovationsprozeß treiben. Ergebnis erfolgreicher Innovation sind dann die Gewinne und nicht so sehr Voraussetzung innovatorischer Aktivitäten. Die Umkehrung der Kausalität begünstigt andererseits die Hypothese, daß Großunternehmen bessere Chancen besitzen, Gewinne oder Kredite zu erlangen, die bei Unsicherheit zukünftiger Marktchancen über Innovationsaktivitäten entscheiden.

2. Aus dieser Perspektive ist die Frage des Referenten, ob die in der Mehrzahl der empirischen Untersuchungen nachweisbaren besseren Erträge kleiner und mittlerer Unternehmen – bestätigt auch durch vom Korreferenten betreute empirische Arbeiten *(Spies 1989)* – zu größeren innovatorischen Aktivitäten führen, nicht mehr so wichtig. Bessere Ertragskraft kleiner und mittlerer Unternehmen müßte als Beweis dafür gelten, daß die Selektion des Marktes bei kleinen und mittleren Unternehmen funktioniert. Die dem Selektionsdruck nicht so stark unterworfenen Großunternehmen (sie überleben durch Organisation und weniger durch Selektion) erzielen kleinere Gewinne. Da bei kleinen und mittleren Unternehmen (KUM) ertragsschwache Unternehmen vom Markt verschwinden, weisen die verbleibenden Unternehmen größere Ertragskraft auf als große Unterneh-

men. Diese gehen kleinere Risiken ein und machen, wie im Referat unterstellt, ihre Innovationsbereitschaft von den erzielten Gewinnen abhängig.

KUM müssen dagegen auch entsprechend der marktwirtschaftlichen Theorie Innovationen gerade im dynamischen Wettbewerb schaffen, um am Markt zu überleben und dem Wettbewerbsdruck auf Preis und Kosten durch neue Produkte oder neue kostensparende Prozesse zu entgehen. Unter diesem Blickwinkel lassen sich einmal die Erträge der Größenklassen sowie die Ergebnisse des Ifo-Innovationstests stärker zugunsten einer Abhängigkeit der innovatorischen Aktivität von der Unternehmensgrößenklasse interpretieren. Andererseits wird das Gewicht der unterstellten Abhängigkeit der Innovationen vom Eigenkapital und den Finanzierungsmöglichkeiten relativiert – mit entsprechenden Konsequenzen für die daraus abgeleiteten wirtschaftspolitischen Schlußfolgerungen.

3. In der These 4 des Referenten (qualitative Informationen über den Ablauf des Innovationsprozesses) wird berichtet, daß im Durchschnitt des Verarbeitenden Gewerbes drei Viertel der Unternehmen eine zu geringe Rendite bei Produktinnovationen beklagen, ohne daß sich, auch im Zeitvergleich nicht, Unterschiede ergeben. Gerade die ließen sich aber im Zeitvergleich aus der Tabelle 2 herauslesen. Einerseits ist bis zur Größenklasse mit maximal 999 Beschäftigten der Anteil der Unternehmen, die sich durch zu kleine Renditen behindert fühlen, geringer als bei Unternehmen mit 1000 und mehr Beschäftigten. Andererseits steigt der Anteil der höchsten Größenklasse bei den Antworten im Zeitvergleich von 1982 bis 1987 leicht von 81 auf 82 %, während alle anderen Größenklassen mit kleinerem Anteil antworten, daß sie sich durch zu kleine Renditen an Produktinnovationen behindert fühlen. Der Anteil sinkt von 1982 bis 1987 im Gegensatz zur höchsten Größenklasse deutlich. Hierbei wäre zu berücksichtigen, daß empirische Untersuchungen zu belegen scheinen, daß KUM gegenüber Großunternehmen einen Vorsprung bei Produktinnovationen aufweisen *(Hüttinger 1984, Kassai/Koenigs/Spies 1988).*

Gerade wenn bei Großunternehmen die Chance zur Überwindung der Unsicherheit der Zukunft durch Planung größer ist, müßten doch in der konjunkturellen Aufschwungsphase seit 1983 die Behinderungen der Innovationsaktivitäten durch zu kleine Renditen ähnlich zurückgehen wie bei den KUM. Im übrigen wäre zu fragen, ob die in der politischen Lobby stärkeren Großunternehmen leichter dazu neigen, die Rolle der Renditen bei Befragungen zu übertreiben, um ein besseres Argument bei Forderungen, z.B. nach wirtschaftspolitischen Maßnahmen, zur Steigerung der Gewinne bzw. zur Senkung der Unternehmenssteuern, zu haben.

Ähnlich ließe sich fragen, ob die Antworten zu der Bedeutung der Forschungsaufwendungen in den Tabellen 3 und 4 miteinander in Einklang zu bringen sind. Auch wenn es um unterschiedliche Blickwinkel geht (Bedeutung von Ausgaben für FuE im Innovationsprozeß, Anstoß für Innovationen im Unternehmen aus Aufwendungen für FuE) werfen die unterschiedlichen Trends in der Beurteilung der Ausgaben für FuE als Triebkraft für Innovationen die Frage auf, ob das angegebene Gewicht von FuE im Innovatiosprozeß nicht durch die Antworten beim Anstoß zu Innovationen im Betrieb an Bedeutung verliert. Zwar wird über alle Größenklassen hinweg gemäß Tabelle 3 die Bedeutung der Forschung von 1982 bis 1987 höher bewertet, der Anteil derjenigen Firmen, die die Forschung für wichtig halten, steigt aber über die Größenklassen von 22 auf 67 bzw. von 35 auf 76 % (1982 bzw. 1987). Auf die Frage nach der Bedeutung von Forschung und Entwicklung als Anstoß für durchgeführte Innovationen im Unternehmen sinkt der Anteil der Antworten über alle Größenklassen hinweg während des entsprechenden Zeitraums. Aber der Anteil steigt mit zunehmender Größenklasse von 16 auf 82 % (1982) bzw. von 4 auf 72 % (1987). Dabei zeigen sich durchaus Unterschiede zwischen den Unternehmensgrößenklassen – vor allem im Zeitvergleich.

Der Referent selbst weist in seiner These 6, "Technologieattraktivität und Ressourcenstärke", darauf hin, daß der Gewinn nur eine Ressource darstellt, aus der Innovationen gespeist werden. Die qualitativen Informationen aus dem Ifo-Innovationstest, so stellt der Referent fest, zeigen kaum Unterschiede nach einzelnen Unternehmensgrößenklassen, es sei denn bei der Finanzierung. Darauf ist später noch einzugehen. Qualitative Unterschiede lassen sich jedoch im Detail feststellen, wenn es um die unternehmerische Funktion und die Motivation der Mitarbeiter geht. Insgesamt ergibt der Innovationstest auf eine entsprechende Frage (Tabelle 5) nur einen relativ geringen Teil der Antworten für diesen Bereich (10 % 1982, 9 % 1987) gegenüber dem Gewicht der Finanzierungsprobleme (30 % 1982, 23 % 1987). Wenn jedoch trotzdem Hinweise auf die Mitarbeiter als Investitionshemmnis gemacht werden, z.B. "die zu geringe Innovationsbereitschaft der Mitarbeiter", dann scheinen die Abweichungen in den Unternehmensgrößenklassen und die Differenzierung zwischen Belegschaft und Führungskräften gemäß Tabelle 5 doch bemerkenswert zu sein. Auffallend ist, daß die Antworten im Hinblick auf Führungskräfte als Innovationshindernis mit der Größenklasse steigen, 1982 von 17 % in der kleinsten Klasse bis 51 % in der größten. Der Zeitvergleich 1982 bis 1987 unterstreicht diese Tendenz noch. In der kleinsten Größenklasse (20 – 49 Beschäftigte) sinkt der Anteil der Antworten von 17 auf 5 %, steigt in den anderen Größenklassen und erreicht bei den Großunternehmen (1000 Beschäftigte und mehr) einen Anteil von 66 %. Die Belegschaft als Hemmnis für Innovationsanstrengungen ist ebenfalls bei der obersten Größenklasse am auffallendsten: Der Anteil der Antworten sinkt bei denen, die antworten, von 53 % 1982 auf 25 % 1987. Wenn der Referent deshalb die Mitarbeiter einerseits zu den "mehr oder weniger zu vernachlässigenden Innovationshemmnissen" rechnet, so könnte andererseits der Hinweis auf die "zu geringe Innovationsbereitschaft der Mitarbeiter" Mißverständnisse hervorrufen, vor allem weil eine Differenzierung nach Größenklassen sowie nach Belegschaft und Mitarbeiter gemäß Tabelle 5 möglich ist.

4. Der Widerspruch zwischen größerer Ertragskraft der KUM gemäß der Kostenstrukturerhebung des Statistischen Bundesamtes und den Klagen über Behinderung der innovatorischen Anstrengungen durch fehlende Finanzierungsmöglichkeiten, bzw. mangelndes

Eigenkapital, spielt beim Referenten eine entscheidende Rolle. Der Ifo-Innovationstest zeigt, daß mit steigender Größenklasse das fehlende Eigenkapital als Innovationshemmnis beträchtlich abnimmt, 1982 von 70 auf 22 % der Antworten. Das Gewicht des Arguments ändert sich aber bei den unteren Größenklassen im Zeitablauf (1982 bis 1987) beträchtlich, nämlich von 45 % der Antworten bei der untersten Größenklasse auf 19 % bei der obersten. Da Finanzierungsprobleme auch das Fremdkapital einbeziehen müssen, wird gerade hier deutlich, daß nur die unterste Größenklasse mit 28 % der Antworten im Fremdkapital ein Innovationshemmnis sieht, bei den übrigen Größenklassen sinkt der Anteil der Antworten mit steigender Größenklasse von 7 auf 3 % der Antworten im Jahre 1982. Im Zeitvergleich 1982 bis 1987 halbiert sich der Anteil der Antworten bei der untersten Größenklasse auf 14 % und liegt bei den übrigen Größenklassen 1987 zwischen 4 und 5 % ohne Trend.

Deshalb würde ich aus diesen Befragungsergebnissen sowie anderen empirischen Untersuchungen im Unterschied zum Referenten die Hypothese wagen, daß die Eigenkapitalausstattung im Vergleich der Unternehmensgrößenklassen kein so schwerwiegendes Hindernis für Innovationen darstellt. Zu dieser Interpretation neigen Untersuchungen von Mitarbeitern der Kreditanstalt für Wiederaufbau und der Industriekreditbank. Eine am Lehrstuhl betreute Analyse mit Hilfe der Bonner Stichprobe von *Albach (Koenigs 1989)*, widerlegt ebenfalls die Vermutung, daß das Eigenkapital und Finanzierungsprobleme die Entwicklung eines Unternehmens behindern. Auch wenn die benutzten Datensätze ein größeres Gewicht der KUM vermuten lassen, ließe sich zumindest die Hypothese aufrecht erhalten, daß sich bei Eigenkapital und Finanzierung eine Differenzierung zwischen Größenklassen nicht feststellen läßt. Eine Aussage über Unterschiede zwischen einer Klasse von Unternehmen, genannt KUM, und einer anderen, Großunternehmen genannt, bedürfte dagegen noch zusätzlicher Absicherungen durch anderes Datenmaterial, das größere Sicherheit für eine angemessene Repräsentation aller Größenklassen garantiert. Trotzdem ergibt sich aus den eigenen Ausgangshypothesen sowie den Interpretationen der empirischen Ergebnisse im Unterschied zum Referenten eine größere Zurückhaltung gegenüber seinen wirtschaftspolitischen Schlußfolgerungen.

Literaturverzeichnis

Blum, R. (1988), Entrepreneur without Ownership. In: H. Hanusch, (ed.), Evolutionary Economics, Application of Schumpeter's Ideas. Cambridge, 145 - 150.

Hüttinger, K. (1984), Unternehmensgröße und Wirtschaftsdynamik. *Ifo-Studien zur Strukturforschung 5,* München.

Kassai, L., Koenigs, K., Spies, R. (1986), Kleine und mittlere Unternehmen im Strukturwandel – Empirische Ergebnisse einer Effizienzanalyse –, Arbeitspapiere zur Strukturanalyse, Beitrag Nr. 55, Augsburg, 1986.

Koenigs, K. (1989), Empirische Untersuchung von Determinanten der Unternehmensgrößenverteilungen im Verarbeitenden Gewerbe der Bundesrepublik Deutschland, Augsburg 1989, (Diss.).

Scherer, F.M. (1988), Enterprise Ownership and Managerial Behavior. In: H. Hanusch (ed.), Evolutionary Economics, Application of Schumpeter's Ideas. Cambridge, 137 - 145.

Spies, R. (1989), Unternehmensgröße, Kosteneffizienz und Marktstruktur – Empirische Untersuchung anhand der Kostenstrukturerhebung des Verarbeitenden Gewerbes 1977 - 1983, Augsburg, (Diss.).

Zur Messung des dynamischen Wettbewerbs

Eine empirische Analyse des evolutionstheoretischen Modells von Iwai

Referat von Bernd Meyer*

Zusammenfassung: Ausgehend von dem theoretischen Beitrag Iwai's wird in dem vorliegenden Papier eine empirische Analyse des dynamischen Wettbewerbs für sechs Wirtschaftszweige der Bundesrepublik Deutschland versucht. In der reduzierten Form des Iwai-Modells bestimmen Innovations- und Imitationsaktivitäten der Unternehmen sowie die Selektionsmechanismen des Marktes die Verteilung der Durchschnittskosten der Branche. In dem Papier wird gezeigt, daß man auf der Basis empirischer Renditeverteilungen die Parameter des Iwai-Modells schätzen kann. Die Analyse stützt sich auf einen Datensatz, den Albach u.a. durch eine Befragung von 463 Unternehmen erhoben haben.

Abstract: Based on a theoretical approach of Iwai, the paper at hand tries an empirical analysis of Schumpeterian competition for six industries of the Federal Republic of Germany. In the reduced form of Iwai's Model the distribution of average-costs of the industry is determined by innovation- and imitation activities of the firms and the selection mechanism of the market. The paper shows, that empirically given distributions of profits can be used to estimate the parameters of the Iwai-model.

1. Vorbemerkungen

Nach Schumpeter ist der dynamische Wettbewerb die treibende Kraft der wirtschaftlichen Entwicklung: Innovatoren erzielen durch die Einführung neuer Produkte und Techniken hohe Gewinne, die ihnen durch imitierende Wettbewerber wieder streitig gemacht werden. Der auf diese Weise sich durchsetzende technische Fortschritt ist somit notwendigerweise von Änderungen der Marktstruktur begleitet. Vor dem Hintergrund der visionären Aussagen Schumpeters wird in den letzten Jahren durch die Analyse wirtschaftstheoretischer Modelle verstärkt gefragt, welche Entwicklung der Marktstruktur technischen Fortschritt begünstigt und wie der Fortschritt wiederum die Marktstruktur beeinflußt.

Neoklassisch orientierte Modellierungen gehen davon aus, daß die Unternehmer ihre Innovations- und Imitationsaktivitäten optimieren, womit Interdependenz von Marktstruktur und Innovationen gewährleistet ist. Die in diesem Zusammenhang anzusprechenden Modelle haben zweifellos erhebliche Problemfortschritte erzielt, eine Abbildung des dynamischen Wettbewerbs ist ihnen aber nicht gelungen.

Die statischen Oligopolmodelle von *Dasgupta, Stiglitz (1980)* und die auf dieser Basis aufbauenden Modelle von *Levin, Reiss (1984)* und *Spence (1984)* beschreiben ein Cournot-Gleichgewicht, in dem gleichgewichtige Innovationsniveaus zugeteilt werden *(Ramser 1986, S. 153)*. Das Marktgleichgewicht ist aber bei der Analyse des dynamischen Wettbewerbs von geringerem Interesse *(Kamien, Schwartz 1982, S. 218)*.

* Für wertvolle Unterstützung danke ich Herrn Alfons Keuter und Herrn Rainer Voßkamp.

Studies in Contemporary Economics
B. Gahlen (Hrsg.)
Marktstruktur und gesamtwirtschaftliche Entwicklung

Die Modelle der sogenannten Innovationswettläufe (vgl. z.B. *Reinganum 1985*) versuchen, den dynamischen Wettbewerb als ein Spiel um den Innovationserfolg zu beschreiben. Eine Anzahl im Wettbewerb stehender Firmen sucht nach derselben Innovation. Zu jedem Zeitpunkt kann höchstens ein Anbieter auf dem Markt den Monopolgewinn realisieren. Alle anderen gehen leer aus. Durch den Einsatz von FuE-Ausgaben können die Firmen Innovationswahrscheinlichkeiten erwerben, die dann darüber entscheiden, welche Firma in der jeweils nächsten Runde Monopolist ist. Die FuE-Ausgaben werden optimiert, wobei unterstellt wird, daß die Firmen die eigene und die Innovationswahrscheinlichkeiten der Konkurrenten kennen.

Die Entwicklung des Marktes wird in diesen Ansätzen als eine Abfolge von Innovationen beschrieben. Dynamischer Wettbewerb im Sinne von Schumpeter ist damit noch nicht modelliert. Die nicht endende Spirale von Vorstoß- und Verfolgungsphasen wird nicht sichtbar. Die Imitation bleibt bei diesen Ansätzen vollständig unberücksichtigt *(Gahlen, Stadler 1986)*.

Gegen die Annahme der Gewinnmaximierung richtet sich eine grundlegende Kritik der Anhänger der evolutorischen Ökonomik (vgl. z.B. *Witt 1987, S. 62 f*): Es sei wesensbestimmend für eine Innovation, daß die Unternehmen ihre Eigenschaften sowie den Zeitpunkt ihrer Realisierung im Moment der Entscheidung über den Forschungsinput nicht kennen. Jedenfalls sei die verfügbare Information so wenig strukturiert, daß es nicht möglich sei, eine zu optimierende Zielfunktion zu formulieren.

Es soll hier nicht die Gültigkeit der Gewinnmaximierungsannahme generell bestritten werden, wie dies gelegentlich geschieht (vgl. z.B. *Gilad, Kaish 1986, S. XVII ff.*). Im Hinblick auf die hier zu behandelnde Fragestellung erscheint die Kritik an der Neoklassik jedoch als berechtigt.

Die Entscheidungen über Forschungs- und Entwicklungsausgaben treffen die Unternehmen unter größter Unsicherheit. In einer solchen Situation ist nach der Auffassung der evolutorischen Ökonomik ein optimierendes Verhalten nicht möglich. Die Wirtschaftssubjekte entscheiden vielmehr nach Regeln, die umso einfacher sind, je unübersichtlicher die Entscheidungssituation ist *(Heiner 1983)*.

Eine solche Regel könnte etwa dem Satisficing-Ansatz von *Simon (1955)* entnommen werden. So unterstellt *Winter (1986)*, daß die Relation zwischen FuE-Ausgaben und Kapitalstock der Unternehmen konstant ist, sofern der Gewinn der Unternehmen größer ist als der Durchschnittsgewinn der Branche. Ist der Gewinn dagegen kleiner als der als befriedigend empfundene Durchschnittsgewinn, so werden die FuE-Ausgaben adaptiv angehoben. In früheren Modellversionen arbeiten *Nelson und Winter (1978, 1982a)* mit der Annahme, daß die FuE-Ausgaben konstant in Relation zum Kapitalstock der Unternehmen sind.

Die Ergebnisse neuerer empirischer Untersuchungen stützen eine solche Vorstellung:

So zählt z.B. *Dosi (1984, S. 12)* zu den "stylized facts" des Innovationsprozesses, daß FuE-Ausgaben nur im Rahmen der langfristigen Unternehmensplanung angepaßt werden.

Die im Rahmen der Diskussion um die Schumpeter-Hypothese diskutierten Marktstrukturvariablen "Konzentrationsgrad" und "Unternehmensgröße" werden für die Erklärung von Innovationsaktivitäten zunehmend fragwürdig: *Levin, Klevorick, Nelson, Winter (1987)* betonen, daß der Konzentrationsgrad insignifikant wird, wenn Variablen, die die in den einzelnen Branchen sehr unterschiedlichen Appropriabilitätsbedingungen einer Innovation messen, berücksichtigt werden. *Levin, Cohen, Mowery (1987)* kommen zu dem Ergebnis, daß besondere industriespezifische Faktoren (Nähe zur Wissenschaft, Bedeutung externer Quellen des technischen Wissens, Industriereife) etwa 50 % der Varianz der Innovationen erklären, während die Unternehmensgröße nicht signifikant ist. *Acs* und *Audretsch (1987, 1988)* stellen fest, daß die von ihnen untersuchten Marktstrukturvariablen dieselben Auswirkungen auf die Innovationen großer und kleiner Firmen haben, so daß unterschiedliche technologische Gegebenheiten der Branchen möglicherweise Unterschiede zwischen den Innovationen großer und kleiner Firmen erklären.

Vor diesem Hintergrund erscheint die Annahme gegebener Innovationswahrscheinlichkeiten in den evolutorischen Modellen von *Nelson* und *Winter (1982a, 1982b)* und *Iwai (1984a, 1984b)* als vertretbar. Die Modelle stimmen in wesentlichen Annahmen weitgehend überein. Ein grundsätzlicher Unterschied besteht aber in methodischer Hinsicht. Nelson und Winter haben wegen der Komplexität des zu analysierenden Phänomens einen Simulationsansatz gewählt, während Iwai ein allgemein-analytisches Modell formuliert hat.

Es muß betont werden, daß diese Ansätze keine Erklärung der Innovationsaktivitäten der Unternehmen anstreben. Im Mittelpunkt der Analyse steht vielmehr die Abbildung des Prozesses des dynamischen Wettbewerbs.

In dem vorliegenden Beitrag wird ausgehend vom theoretischen Ansatz Iwais eine empirische Analyse des dynamischen Wettbewerbs für sechs Wirtschaftszweige der Bundesrepublik Deutschland versucht. In der reduzierten Form des Iwai-Modells bestimmen die Determinanten des dynamischen Wettbewerbs die Verteilung der Durchschnittskosten einer Branche. In dem vorliegenden Papier wird gezeigt, daß man auf der Basis empirischer Renditeverteilungen die Parameter des Iwai-Modells schätzen kann. Verwendet wird ein Satz von Unternehmensdaten, der von der Betriebswirtschaftlichen Abteilung I der Universität Bonn erhoben worden ist *(Albach, Bock, Warnke 1984)*. Es handelt sich um die Ergebnisse einer retrospektiven schriftlichen Befragung von 463 Unternehmen für die Jahre 1978 bis 1982.

Die Ergebnisse der Untersuchung bestätigen den theoretischen Ansatz: Für nahezu alle untersuchten Branchen ergaben sich gute Anpassungen von Beobachtung und Modellansatz für plausible Schätzwerte der Parameter des Modells: Für die Investitionsgüterbranchen wurden hohe Intensitäten des dynamischen Wettbewerbs gemessen, während z.B. die Berechnungen für das Nahrungs- und Genußmittelgewerbe auf besonders niedrige Innovationsaktivitäten der Unternehmen schließen lassen.

2. Das Modell

Wir diskutieren im folgenden ein einfaches evolutionstheoretisches Modell von *Iwai (1984b)*, das eine Weiterentwicklung seines reinen Diffussionsmodells *(Iwai 1984a)* ist (vgl. auch *Meyer 1989*).

Betrachtet wird ein homogener Konkurrenzmarkt. Es existieren zu einem Zeitpunkt n verschiedene Technologien, die jeweils durch konstante Durchschnittskosten gekennzeichnet sind. Durch Innovation kann die Anzahl der Technologien sich von Zeitpunkt zu Zeitpunkt verändern. Mit c_n bezeichnen wir die Durchschnittskosten der zu einem Zeitpunkt besten Technologie.

(1) $$c_n < c_{n-1} < \dots < c_i < .. < c_1$$

Die Produktionskapazität derjenigen Firmen, die zum Zeitpunkt t mit den Durchschnittskosten c_i produzieren, ist $k_t(c_i)$.

Dann ergibt sich die gesamte Produktionskapazität des Marktes mit:

(2) $$K_t = \sum_{j=1}^{n} k_t(c_j)$$

Der Marktanteil der Durchschnittskosten c_i ist definiert mit:

(3) $$s_t(c_i) = \frac{k_t(c_i)}{K_t}$$

Der kumulierte Marktanteil der Durchschnittskosten, die niedriger oder gleich c_i sind, ist dann gegeben mit:

(4) $$S_t(c_i) = \sum_{j=i}^{n} s_t(c_j)$$

Die Marktanteile der Durchschnittskosten verändern sich im Zeitablauf durch vier Kräfte:

- die Selektion,
- die Imitation,
- die Innovation,
- und die Invention.

Betrachten wir zunächst die *Selektion:* Bei konstanten Durchschnittskosten und damit auch konstanten Grenzkosten werden die Unternehmen stets an der Kapazitätsgrenze produzieren, solange der Marktpreis $\bar{p}_t$ größer ist als die Durchschnittskosten. Unterstellen wir nun, daß ein fester Anteil der Gewinne wieder ins Unternehmen investiert wird, dann muß die Produktionskapazität einer Firma in einer Periode umso stärker wachsen, je größer ihre Erlös-Kosten-Relation ist. Wir spezifizieren den folgenden Zusammenhang: Die Produktionskapazität der Firmen mit den Durchschnittskosten c_i wächst zu einem Zeitpunkt t mit der zugehörigen Erlös-Kosten-Relation:

$$\frac{\dot{k}_t(c_i)}{k_t(c_i)} = \sigma(\ln \bar{p}(t) - \ln c_i) + \sigma_0 \quad ; \sigma > 0 . \tag{5}$$

Für die Wachstumsrate des Marktanteils der Durchschnittskosten c_i ergibt sich dann:

$$\frac{\dot{s}_t(c_i)}{s_t(c_i)} = \frac{\dot{k}_t(c_i)}{k_t(c_i)} - \frac{\dot{K}_t}{K_t} = \tag{6}$$

$$\sigma(\ln p(t) - \ln c_i) - \sum_{j=1}^{n} \left[\sigma(\ln p(t) - \ln c_j)\right] s_t(c_j) .$$

Wegen $\sum_{j=1}^{n} s_t(c_j) = 1$ und $\sum_{j=1}^{n} \ln c_j \cdot s_t(c_j) =: \ln \bar{c}(t)$ ergibt sich aus (6):

$$\frac{\dot{s}_t(c_i)}{s_t(c_i)} = -\sigma\left[\ln c_i - \ln \bar{c}(t)\right] . \tag{7}$$

Der Marktanteil der Firmen mit den Durchschnittskosten c_i steigt umso stärker, je kleiner die Durchschnittskosten c_i relativ zu den mit den jeweiligen Marktanteilen gewogenen Durchschnittskosten $\bar{c}(t)$ sind.

Für die Änderung des kumulierten Marktanteils $\dot{S}_t(c_i)$ erhalten wir aus (7):

$$\dot{S}_t(c_i) = \sum_{j=i}^{n} \left\{-\sigma\left[\ln c_j - \ln \bar{c}(t)\right] \cdot s_t(c_j)\right\} . \tag{8}$$

Zur Vereinfachung unterstellen wir nun, daß die Differenz zwischen dem Durchschnitt der logarithmierten Kosten, die schlechter als c_i sind, und dem Durchschnitt der logarithmierten Kosten, die besser oder gleich c_i sind, für alle i konstant und gleich α ist:

$$(9) \qquad \alpha_i = \frac{\sum_{j=1}^{i-1} \ln c_j \, s_t(c_j)}{\sum_{j=1}^{i-1} s_t(c_j)} - \frac{\sum_{j=i}^{n} \ln c_j \, s_t(c_j)}{\sum_{j=i}^{n} s_t(c_j)} \approx \alpha > 0 \, .$$

Berücksichtigen wir diese Vereinfachung in (8), dann ergibt sich:

$$(10) \qquad \dot{S}_t(c_i) = \sigma\alpha S_t(c_i) \cdot \left[1 - S_t(c_i)\right] .$$

Die durch den Selektionsprozeß ausgelöste Änderung der kumulierten Marktanteile läßt sich somit durch eine Differentialgleichung beschreiben.

Betrachten wir nun die Wirkung der *Imitation.* Es wird unterstellt, daß eine Technologie umso eher imitiert wird, je weiter sie verbreitet ist. Da eine Firma k mit Durchschnittskosten größer als c_i grundsätzlich jede der Technologien mit Durchschnittskosten kleiner gleich c_i imitieren kann, ist die Wahrscheinlichkeit dafür, daß dies in der Zeitspanne $\blacktriangle t$ geschieht:

$$(11) \qquad \mu \cdot \left[s_t(c_i) + s_t(c_{i+1}) + \ldots s_t(c_n)\right] \blacktriangle t = \mu \, S_t(c_i) \blacktriangle t \qquad \mu > 0 \, .$$

Der Erwartungswert für eine Veränderung von $S_t(c_i)$ durch die erfolgreiche Imitation *irgendeiner* der Firmen mit Durchschnittskosten größer c_i ist dann:

$$(12) \qquad \blacktriangle S_t = \mu \, S_t(c_i) \blacktriangle t \left[s_t(c_{i-1}) + s_t(c_{i-2}) + \ldots + s_t(c_1)\right]$$

oder für $\blacktriangle t \rightarrow 0$

$$(13) \qquad \frac{\blacktriangle S_t}{\blacktriangle t} = S_t = \mu \, \dot{S}_t(c_i) \left[1 - S_t(c_i)\right] .$$

Gelingt einer Firma die Imitation, so tritt neben die soeben beschriebene Änderung der kumulierten Marktanteile auch eine Änderung der kumulierten Häufigkeitsverteilung $F_t(c_i)$. Multipliziert man den Anteil der Firmen, die höhere Durchschnittskosten als c_i haben, – $1-F_t(c_i)$ – mit der Imitationswahrscheinlichkeit einer Firma, so erhält man den Erwartungswert für die Änderung der relativen Häufigkeitsverteilung:

$$(14) \qquad \dot{F}_t(c_i) = \mu \, S_t(c_i) \left[1 - F_t(c_i)\right] .$$

Die Selektion hat dagegen keinen Einfluß auf die Häufigkeitsverteilung der Stückkosten.

Wenden wir uns nun der *Innovation* zu. Wir unterstellen, daß jede Firma eine gleiche und konstante Wahrscheinlichkeit $v \cdot \Delta t$ hat, innerhalb der Zeitspanne Δt eine Innovation zu realisieren. Unter dieser Voraussetzung ergibt sich als Erwartungswert für die Änderung der kumulierten Marktanteile in stetiger Zeit:

$$(15) \qquad \dot{S}_t = v \cdot (1 - S_t)\,,\ v > 0\,,$$

und als Erwartungswert für die Änderung der kumulierten Häufigkeit:

$$(16) \qquad \dot{F}_t = v \cdot (1 - F_t)\,.$$

Fassen wir nun die Wirkungen von Selektion, Imitation und Innovation zusammen, so ergeben sich die folgenden Differentialgleichungen zur Beschreibung der Entwicklung der kumulierten Marktanteile und der Häufigkeiten der Stückkosten c_i:

$$(17) \qquad \dot{S}_t = (\sigma\alpha + \mu)\, S_t(c_i)\left[1 - S_t(c_i)\right] + v \left[1 - S_t(c_i)\right],$$

$$(18) \qquad \dot{F}_t = \mu\, S_t(c_i)\left[1 - F_t(c_i)\right] + v \left[1 - F_t(c_i)\right].$$

Mit $T(c_i)$ bezeichnen wir den Zeitpunkt, zu dem eine Technologie durch eine Innovation einer Firma erstmalig auftritt. Dann gilt

$F_{T(c_i)} = 0$ und $S_{T(c_i)} = 0$ sowie $\dot{F}_{T(c_i)} = v$ und $\dot{S}_{T(c_i)} = v$.

Mit diesen Startwerten ergeben sich als Lösungen der Differentialgleichungen (17) und (18):

$$(19) \qquad S_t(c_i) = \frac{1 + v/(\sigma\alpha + \mu)}{1 + \frac{\sigma\alpha+\mu}{v}\, e^{-(\sigma\alpha+\mu+v)(t-T(c_i))}} - \frac{v}{\sigma\alpha + \mu},$$

$$(20) \qquad F_t(c_i) = 1 - \frac{e^{-\frac{\sigma\alpha}{\sigma\alpha+\mu}\cdot\,[t-T(c_i)]}}{\left[\frac{\sigma\alpha+\mu}{v+\sigma\alpha+\mu} + \frac{v \cdot e^{(v+\sigma\alpha+\mu)\,[t-T(c_i)]}}{v+\sigma\alpha+\mu}\right]^{(\mu/\sigma\alpha+\mu)}}.$$

Berücksichtigen wir nun noch die *Invention*. Die technisch möglichen Durchschnittskosten $C(t)$ mögen mit einer konstanten Rate π in der Zeit fallen:

$$(21) \qquad C(t) = e^{-\pi t} \quad ;\pi > 0\,.$$

Damit kann dann die Höhe der aktuellen Durchschnittskosten allein durch die Vorgabe des Innovationszeitpunktes $T(c_i)$ kalkuliert werden, denn zu diesem Zeitpunkt war die Technologie c_i die technisch beste:

$$(22) \qquad c_i = e^{-\pi T(c_i)} .$$

Wir führen nun die "cost-gap"-Variable z_i ein, die den Abstand zwischen den aktuellen Durchschnittskosten c_i und den technisch möglichen Durchschnittskosten $C(t)$ mißt:

$$(23) \qquad z_i = \ln c_i - \ln C(t) = -\pi T(c_i) + \pi t$$

oder

$$(24) \qquad z_i = \pi\,[t - T(c_i)] .$$

Man kann z anschaulich als relative Durchschnittskosten bezeichnen.

Setzt man (24) in (19) und (20) ein, so ergeben sich Verteilungsfunktionen, in denen die Zeitdimension nicht mehr enthalten ist:

$$(25) \qquad S(z_i) = \frac{1 + v/(\sigma\,\alpha + \mu)}{1 + \dfrac{\sigma\alpha + \mu}{v}\, e^{-\frac{(\sigma\alpha+\mu+v)}{\pi} z_i}} - \frac{v}{\sigma\alpha + \mu} ,$$

$$(26) \qquad F(z_i) = 1 - \frac{e^{-\frac{\sigma\alpha}{\pi(\sigma\alpha+\mu)} z_i}}{\left[\dfrac{\sigma\alpha+\mu}{v+\sigma\alpha+\mu} + \dfrac{v \cdot e^{[(v+\sigma\alpha+\mu)/\pi] z_i}}{v+\sigma\alpha+\mu}\right]^{(\mu/(\sigma\alpha+\mu))}} .$$

Man kann zeigen, daß die von *Helmstädter (1983, 1984)* in die Diskussion um den dynamischen Wettbewerb gebrachte Barone-Kurve nahezu dieselben Eigenschaften wie die soeben abgeleitete $S(z_i)$-Funktion besitzt *(Meyer 1989)*. Man kann die Barone-Kurve als reduzierte Form des Iwai-Modells auffassen.

Innovation, Imitation und Selektion verändern ständig die Position jeder einzelnen Unternehmung im Prozeß des dynamischen Wettbewerbs. Insofern herrscht zu jedem Zeitpunkt ein Ungleichgewicht. Bezogen auf die Verteilung der Marktanteile und der Häufigkeiten der relativen Durchschnittskosten ist aber – wie die Gleichungen (25) und (26) zeigen – ein stabiler Zustand gegeben. Bevor wir die Parameter der Verteilungen (25) und (26) ökonometrisch schätzen, soll im folgenden Abschnitt in einer deskriptiven Analyse gefragt werden, ob diese von Iwai postulierte Ambivalenz des Modells auch in der Realität gegeben ist.

3. Deskriptive Analyse des dynamischen Wettbewerbs

Die Umsatzrendite R_i der Firma i ist definiert als:

$$(27) \qquad R_i = \frac{p \cdot x_i - K_i}{px_i}$$

p = Marktpreis,
x_i = Absatzmenge der Firma i,
K_i = Kosten der Firma i.

Der Preis p ist auf einem homogenen Markt, der bei Iwai unterstellt wird, für alle Firmen gleich.

Für die Durchschnittskosten c_i erhalten wir:

$$(28) \qquad c_i = p\,(1-R_i)\,.$$

Division durch die niedrigsten technisch verfügbaren Durchschnittskosten C ergibt:

$$(29) \qquad \frac{c_i}{C} = \frac{p}{C}\,(1-R_i)$$

oder

$$\ln\,(c_i/C) = z_i = \ln(p/C) + \ln(1-R_i)\,.$$

Unterstellen wir, daß die Firma mit der höchsten Rendite R^* die maximale price-cost-margin p/C realisiert hat, so gilt:

$$(30) \qquad z_i = \ln(1/(1-R^*)) + \ln(1-R_i)\,.$$

Mit dieser Gleichung können wir empirisch gegebene Renditeverteilungen in Verteilungen der relativen Durchschnittskosten transformieren.

Die für die Berechnung der Umsatzrenditen erforderlichen Umsätze und Gewinne entnehmen wir dem sogenannten Albach-Datensatz, der von der Betriebswirtschaftlichen Abteilung I der Universität Bonn durch Befragung für die Jahre 1978-1982 in verschiedenen Branchen der Industrie der Bundesrepublik Deutschland erstellt worden ist *(Albach, Bock, Warnke 1984)*.

Der uns zur Verfügung gestellte Datensatz umfaßt die Angaben von 463 Unternehmen aus der Bundesrepublik Deutschland. In der Befragung wurden für die als kleine und mittlere Unternehmen zu bezeichnenden Betriebe (100 bis 2500 Beschäftigte) Variablen wie Branchenzugehörigkeit, Beschäftigtenzahl, Umsatz, Gewinn, Sachvermögen, Investitionen u.a. ermittelt. Ein großer Teil der Unternehmen hat allerdings nicht alle für unsere Analyse relevanten Fragen nach Umsatz und Gewinn beantwortet. So blieben für unsere empirischen Analysen insgesamt ca. 320 Unternehmen übrig, deren Angaben bezüglich Gewinn und Umsatz für alle fünf Jahre vollständig waren. Aufgrund der unterschiedlichen Besetzung der Branchen wählten wir aus den insgesamt vertretenen 24 Branchen die sechs am stärksten besetzten mit ca. 20-60 Unternehmen aus. Dieses waren die Branchen Maschinenbau, Elektrotechnik, Eisen-, Blech- und Metallwaren, Chemie, Holzverarbeitung und Nahrungs- und Genußmittel.

Wir wollen zunächst den dynamischen Wettbewerb beschreiben, indem wir die Entwicklung aller Unternehmen einer Branche in der Hierarchie der relativen Durchschnittskosten verfolgen. Von den Branchen, für die über den gesamten Zeitraum für alle Unternehmen vollständige Meldungen von Gewinnen und Umsätzen vorliegen, wählen wir die mit der höchsten Anzahl von Unternehmen aus. Es ergibt sich der Maschinenbau mit 63 meldenden Unternehmen.

Für jedes Jahr des Zeitraums 1978-1982 wird dann für die Branche die Häufigkeitsverteilung der relativen Durchschnittskosten gemäß Gleichung (30) berechnet. Um zu vermeiden, daß bei der Normierung der relativen Durchschnittskosten ein Ausreißerwert als höchste Rendite R^* erscheint, werden die Firmen mit Renditen von mehr als 20 % auf die Umsatzrendite der Firma mit dem nächst niedrigen Wert gesetzt.

Es werden dann 10 Kostenklassen gebildet und die Firmen diesen Kostenklassen zugeordnet. Dabei haben die Kostenklassen 1-9 eine einheitliche Breite von $\Delta z = 0{,}03$. Die Klasse der niedrigsten relativen Durchschnittskosten hat als untere Grenze für $R_i = R^*$ den Wert $z = 0$. Die Kostenklasse 9 enthält alle Unternehmen, deren relative Durchschnittskosten zwischen 0,27 und 0,3 liegen. Die Kostenklasse 10 enthält alle Unternehmen, deren relative Durchschnittskosten z größer als 0,3 sind.

Abb.1: Matrix der absoluten Übergangshäufigkeiten Maschinenbau, 1978 - 1982

I \ J	1	2	3	4	5	6	7	8	9	10	Σ
1	*5.*	*8.*	*7.*	*1.*	*1.*	0.	0.	0.	0.	0.	22.
2	*7.*	*13.*	*16.*	*8.*	0.	0.	0.	0.	0.	0.	44.
3	*5.*	*8.*	*28.*	*52.*	*10.*	0.	0.	*1.*	0.	*1.*	105.
4	0.	*8.*	*24.*	*9.*	*11.*	0.	*1.*	0.	0.	0.	53.
5	0.	0.	*2.*	*4.*	0.	*2.*	0.	*1.*	*1.*	0.	10.
6	0.	0.	0.	0.	*1.*	0.	*1.*	0.	0.	0.	2.
7	0.	0.	*1.*	*2.*	0.	0.	0.	0.	0.	*1.*	4.
8	0.	0.	0.	0.	*1.*	0.	*1.*	0.	0.	*1.*	3.
9	0.	0.	*1.*	0.	0.	0.	*1.*	*1.*	0.	*1.*	4.
10	0.	0.	0.	*1.*	0.	0.	*2.*	0.	*1.*	*1.*	5.
Σ	17.	37.	79.	77.	24.	2.	6.	3.	2.	5.	252.

I : Wechsel *in* Kostenklasse I J: Wechsel *aus* Kostenklasse J

Wir berechnen nun die absoluten Häufigkeitsverteilungen der relativen Durchschnittskosten einer Branche auf diese Kostenklassen für den Beobachtungszeitraum. Im nächsten Schritt ermitteln wir für alle Unternehmen die Veränderungen der Kostenklasse und halten dabei fest, aus welcher Kostenklasse sie kommen und in welche Kostenklasse sie gehen. Die in Abb. 1 dargestellte Matrix enthält nun diese Klassenwechsel – über den Beobachtungszeitraum aufsummiert – für den Maschinenbau. In den Spalten sind die Kostenklassen angegeben, aus denen die Unternehmen kommen, in den Zeilen stehen diejenigen Kostenklassen, in die die Unternehmen gewechselt sind. Jedes Element der Matrix gibt somit an, wieviele Firmen im Zeitraum 1978-1982 von der Kostenklasse j in die Kostenklasse i gewechselt sind. Das Instrument der Übergangsmatrix hat *Krelle (1989)* in die Diskussion gebracht. Er berechnet *relative* Übergangshäufigkeiten und interpretiert sie als Übergangswahrscheinlichkeiten.

Zunächst einmal ist festzustellen, daß jede Kostenklasse Zu- und Abgänge zu verzeichnen hat. Offensichtlich herrscht die größte Bewegung in den unteren Kostenklassen 1-5. Die relativ spärlichen Wechsel in den Klassen 8-10 sind bereits dadurch zu erklären, daß dies Kostenklassen mit sehr hohen Durchschnittskosten bzw. relativ niedrigen Renditen nur sehr schwach oder auch gar nicht im Bestand besetzt sind.

Wir beobachten 63 Unternehmen an 4 Zeitpunkten und erhalten somit 252 Beobachtungen über den gesamten Zeitraum. Die Elemente auf der Hauptdiagonalen geben diejenigen Beobachtungen an, bei denen die betreffenden Unternehmen ihre Kostenklasse nicht verändert haben. Dies war in 56 Fällen gegeben, was nur 22 % aller Beobachtungen entspricht. Bezieht man die 138 Beobachtungen auf der unteren und der oberen Nebendiagonalen auf die Gesamtzahl der gegebenen Kostenklassenwechsel, so ergibt sich ein Anteil von ca. 70 %. Fügt man die beiden nächstgelegenen Diagonalen hinzu, so erhöht sich dieser Anteil auf 91 %. Der Klassenwechsel ereignet sich also weit überwiegend zwischen benachbarten Klassen.

Trotz der offenbar großen Bewegung zwischen den Kostenklassen bleibt die Besetzung der einzelnen Klassen über den gesamten Zeitraum etwa unverändert. Man kann dies prüfen, indem man die Zeilen- mit den entsprechenden Spaltensummen der Matrix vergleicht. Es zeigt sich eine weitgehende Übereinstimmung. Lediglich zwischen den Kostenklassen 3 und 4 scheint es eine Verschiebung gegeben zu haben. Die Vorstellung einer stabilen Häufigkeitsverteilung der relativen Stückkosten bei sich gleichzeitig verändernder Position der einzelnen Unternehmen in der Hierarchie der relativen Stückkosten wird in der Tendenz bestätigt.

Zu dem Ergebnis einer stabilen Kostenverteilung ist auch *Krelle (1989)* bei einer Untersuchung der Stahlindustrie, des Fahrzeugbaus und der Elektrotechnik für den Zeitraum 1960 bis 1984 gekommen.

4. Die Schätzung der Parameter des Modells

Nachdem wir bei der deskriptiven Analyse einzelne Kostenklassen unterschieden haben, kehren wir nun zur stetigen Betrachtungsweise des theoretischen Ansatzes zurück.

Wir wählen nun für die mit den Gleichungen (25) und (26) beschriebene Lösung des Iwai-Modells eine neue Schreibweise, indem wir die Parameter

$$a_1 = \frac{v}{\mu + \sigma\alpha} ; \quad a_2 = \frac{v + \sigma\alpha + \mu}{\pi} ; \quad b_1 = \frac{\mu}{\sigma\alpha + \mu} ; \quad b_2 = \frac{\sigma\alpha}{\pi\,(\sigma\alpha + \mu)} :$$

einführen.

Wegen $\pi, \mu, v, \alpha\sigma > 0$ und $\mu > v$ gilt:

$$0 < a_1 , b_1 < 1 ; \; a_2, b_2 > 0 .$$

a_1 mißt die Relation zwischen dem Innovationsparameter v und den Parametern μ und $\sigma\alpha$, die den nachstoßenden Wettbewerb bestimmen. Die Größe a_2 setzt die Summe der Determinanten des dynamischen Wettbewerbs in Relation zur Inventionsrate π.

Je größer a_2, umso stärker ist also die "Ausschöpfung" der Inventionen. Die Größe b_1 mißt die Relation zwischen dem Selektionsparameter $\sigma\alpha$ und der Imitationswahrscheinlichkeit μ des Grenzanbieters. Für gegebene Werte von b_1 bestimmt schließlich die Inventionsrate π den Parameter b_2.

Die Verteilungsfunktionen (25) und (26) werden nun zu:

$$\text{(31)} \qquad S(z) = \frac{e^{a_2 z} - 1}{e^{a_2 z} + (1/a_1)} \qquad ; z > 0 ,$$

$$\text{(32)} \qquad F(z) = 1 - \frac{e^{-b_2 z}}{\left[\frac{1}{1 + a_1} (1 + a_1 e^{a_2 z} \right]^{b_1}} \qquad ; z \geq 0 .$$

Trägt man in einem Diagramm $F(z_i)$ bzw. $S(z_i)$ auf der Ordinate und z auf der Abszisse ab, so ergibt sich für beide Funktionen ein logistischer Verlauf.

Die Wirkungen von Parameterveränderungen auf die Verteilungen beschreiben die partiellen Ableitungen:

$$\frac{\delta S}{\delta a_1} > 0 \; ; \frac{\delta S}{\sigma a_2} > 0 \; ; \frac{\delta F}{\delta a_1} > 0 \; ; \frac{\delta F}{\delta a_2} > 0 \; ; \frac{\delta F}{\delta b_1} > 0 \; ; \frac{\delta F}{\delta b_2} > 0 .$$

Eine Zunahme des vorstoßenden Wettbewerbs relativ zum nachstoßenden Wettbewerb (Anstieg von a_1) wird sowohl die F- als auch S-Funktion nach links oben verschieben. Dasselbe gilt bei einem Anstieg des "Ausschöpfungskoeffizienten" a_2. Ein alleiniger Anstieg des Selektionsparameters hat sowohl auf die S-Funktion als auch auf die F-Funktion einen schwer abschätzbaren Einfluß (a_1 und b_1 fallen , a_2 und b_2 steigen). Nimmt nur die Inventionsrate π zu, so ergibt sich eine Rechtsverschiebung der S-Funktion und der F-Funktion, während bei einem Anstieg der Innovationswahrscheinlichkeit v beide Funktionen nach links verschoben werden.

Zur Schätzung der Parameter des Modells stehen uns zwei Gleichungen – die S-Verteilung und die F-Verteilung – zur Verfügung. Wir entscheiden uns für die Schätzung allein der Häufigkeitsverteilung, weil sie einerseits durch alle Parameter des Modells bestimmt wird und weil andererseits die Verteilung der Marktanteile in wesentlich stärkerem Maße durch Ausreißer geprägt ist als die Häufigkeitsverteilung. Einzelne große Unternehmen verzerren das Bild der Verteilung der Marktanteile, nicht aber unbedingt die Häufigkeitsverteilung der Stückkosten.

Die empirischen Werte für die z_i und $F(z_i)$ berechnen wir, wie in Gleichung 30 dargestellt. Zur Schätzung der Parameter wird ein modifiziertes Gauss-Newton Verfahren verwendet, daß die Summe der quadrierten Abweichungen der zu schätzenden Funktion von den Beobachtungen minimiert. Dem Verfahren werden Startwerte für die zu schätzenden Parameter vorgegeben. Die weitere Suchrichtung wird unter Verwendung der partiellen Ableitungen ermittelt, die vom Verfahren numerisch bestimmt werden.

Die Berücksichtigung von Nebenbedingungen ist bei dem uns vorliegenden Verfahren nicht möglich, was die Berechnungen erheblich erschwert. Bei der Durchführung der Rechnungen zeigt sich nämlich, daß bei der Suche nach dem Minimum der Parameter a_1 auch negative Werte annehmen kann, wodurch sich in der zu schätzenden Gleichung eine negative Basis ergeben kann, was dann zum Abbruch der Rechnungen führt. Aus diesem Grunde wird der Parameter a_1 jeweils vorgegeben und die Minimierung dann mit den drei restlichen Parametern durchgeführt. Durch den Vergleich der Schätzergebnisse für alternative Werte von a_1 kann dann das Minimum Minimorum ermittelt werden. Der Parameter a_1 mißt die Relation zwischen dem Innovationsparameter und der Summe aus Imitationsparameter und dem Selektionsparameter. Er muß deshalb positiv und deutlich kleiner als 1 sein. Der Bereich, in dem der Parameterwert für a_1 zu suchen ist, ist deshalb überschaubar.

Die Berücksichtigung der oben genannten Nebenbedingungen für die anderen Parameter a_2, b_1 und b_2 ist gewährleistet, indem wir die Suche auf diesen Bereich begrenzt haben. Die Untersuchung wird für das Jahr 1980 durchgeführt, da für diesen Zeitpunkt die meisten Meldungen vorliegen.

Von den insgesamt im Datensatz enthaltenen 24 Branchen haben wir diejenigen ausgewählt, denen mindestens 20 meldende Firmen zugehörig waren. Es ergaben sich die

6 Branchen: Maschinenbau (62 Firmen), Elektrotechnik (41 Firmen), EBM-Waren (42 Firmen), Holzwaren (24 Firmen), Nahrungs- und Genußmittel (22 Firmen), Chemie (23 Firmen).

Die Ergebnisse der Schätzung sind in der Tabelle 1 wiedergegeben.

Tabelle 1: Schätzergebnisse für die Häufigkeitsverteilungder relativen Durchschnittskosten

Branche	a_1	a_2	b_1	b_2	R^2
Maschinenbau	0.00193	83.06 (12.0)	0.948 (2.7)	4.2 (14.6)	0.988
Elektrotechnik	0.00111	96.93 (15.8)	0.966 (3.6)	3.4 (11.0)	0.989
EBM-Waren	0.00160	102.46 (13.8)	0.946 (3.2)	6.2 (19.0)	0.994
Chemie	0.0000023	208.00 (11.0)	0.943 (1.3)	11.4 (14.0)	0.986
Holzverarb.	0.00000106	117.34 (26.4)	0.993 (3.4)	0.942 (2.1)	0.983
Nahrungs- und Genußmittel	0.00000017	178.98 (25.2)	0.981 (2.5)	4.4 (14.0)	0.991

t-Werte in Klammern

Die Koeffizienten sind mit einer Ausnahme (b_1, Chemie) gut gesichert. Einen optischen Eindruck von der Güte der Anpassung vermitteln die Abbbildungen 2 und 3.

Die Tabelle 2 enthält die aus den geschätzten Koeffizienten berechneten Parameter des Iwai-Modells.

Tabelle 2: Die Parameter des Iwai-Modells Ergebnisse für das Jahr 1980

Branche	π	v	μ	$\sigma\alpha$
Maschinenbau	0.012	0.0019800	0.972	0.053
Elektrotechnik	0.010	0.0011200	0.936	0.033
EBM-Waren	0.009	0.0016300	0.851	0.048
Chemie	0.005	0.0000024	0.980	0.059
Holzverarbeitung	0.007	0.0000009	0.865	0.006
Nahr. + Genuß	0.004	0.0000001	0.758	0.001

π : Inventionsrate v : Innovationsrate
μ : Imitationsrate $\sigma\alpha$: Kostenstrukturparameter

Abbildung 2: Graphische Darstellung der Anpassungsgüte für die Sektoren Chemie, Maschinenbau, Elektrotechnik

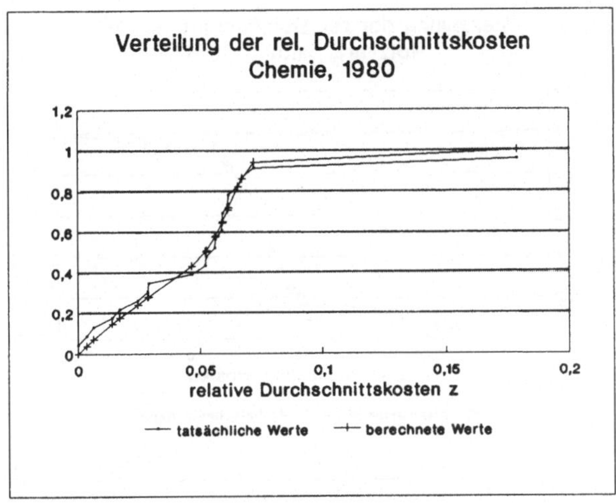

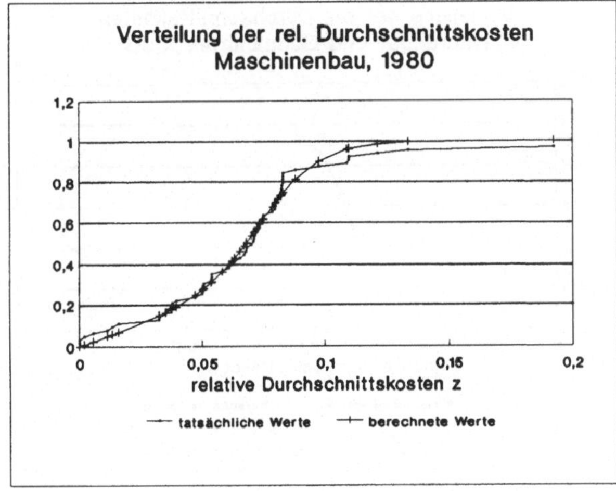

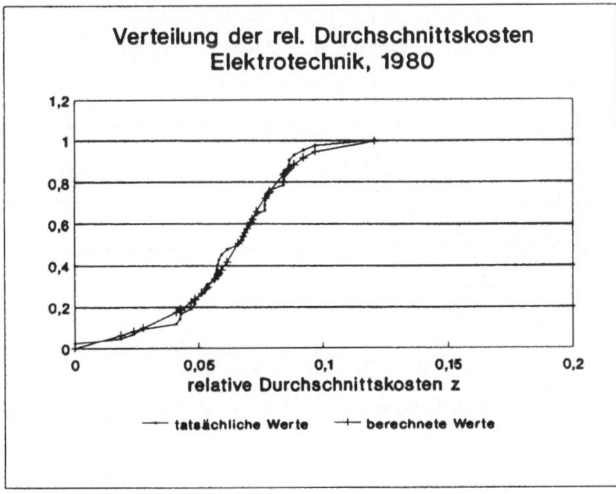

Abbildung 3: Graphische Darstellung der Anpassungsgüte für die Sektoren Holzverarbeitung, Nahrungs- und Genußmittel, EBM-Waren

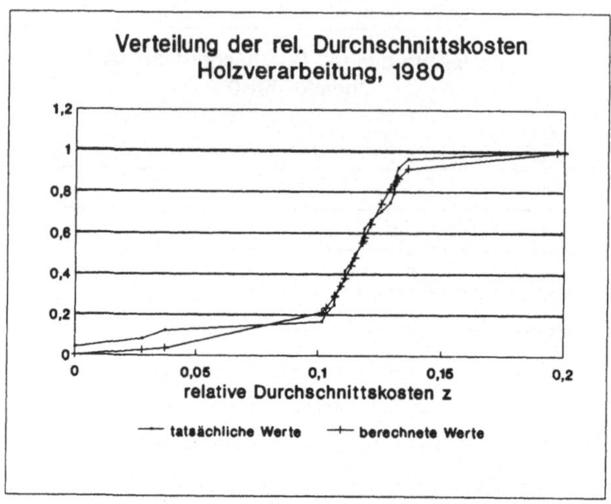

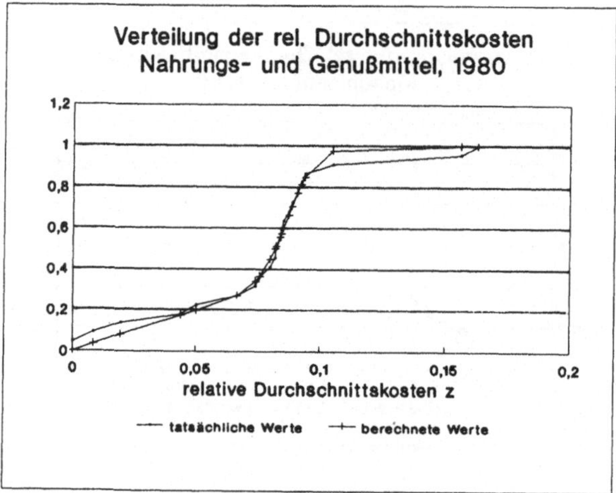

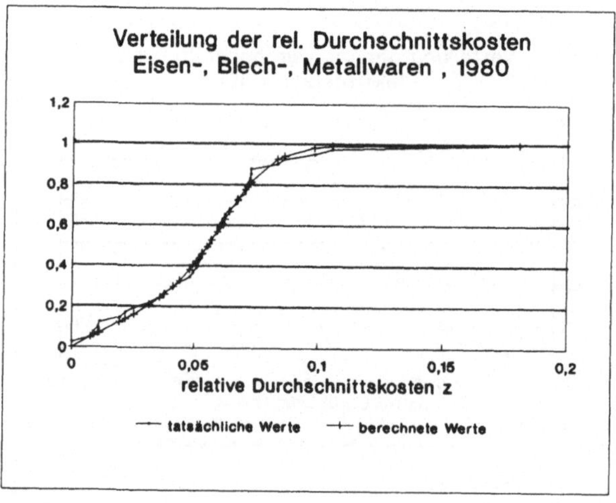

Die Inventionsrate π, die die Wachstumsrate des technischen Wissens mißt, liegt zwischen 1,2 % und 0,5 %. Auch wenn wir aus Jahresdaten geschätzt haben, sollten diese Zahlen nicht als Jahresraten interpretiert werden. Die Grundperiode des dynamischen Modells ist nicht definiert, ist aber sicherlich kleiner als ein Jahr, womit die ausgewiesenen Inventionsraten nicht als zu klein gelten müssen.

Der für alle Unternehmen einer Branche gleich große Innovationsparameter erreicht in allen Fällen plausibel niedrige Werte. Den Erwartungen entsprechend messen wir aber für die drei Investitionsgüterbranchen deutlich höhere Innovationsparameter als für die anderen Branchen.

Der Parameter μ gibt die Wahrscheinlichkeit an, mit der der Grenzanbieter mit der schlechtesten Technologie irgendeine der besseren Technologien imitieren kann. Die Imitationswahrscheinlichkeiten für die anderen Firmen des betreffenden Marktes sinken mit dem Marktanteil der zu kopierenden Technologien. Insgesamt werden recht hohe Imitationswahrscheinlichkeiten für die Grenzanbieter ausgewiesen, was auch plausibel ist: Betrachtet wird nicht die Imitation der besten Technologie, sondern die Imitation *irgendeiner* Technologie, die besser ist als die des jeweiligen Grenzanbieters.

Das Produkt $\sigma\alpha$ entscheidet über die Reaktion der Wachstumsrate der Produktionskapazität einer Firma auf Änderungen ihrer price-cost-margin. Über die Größenordnung dieses Produkts haben wir keine a-priori-Vorstellungen, weil für den Kostenstrukturparameter α, auf den wir hier nicht näher eingehen können, keine Informationen vorliegen.

Bemerkenswert ist, daß für die drei Investitionsgüterbranchen (Maschinenbau, Elektrotechnik, EBM-Waren) deutlich größere Innovationsparameter und Inventionsraten als für die anderen Wirtschaftszweige gemessen werden. Bei dem Imitationsparameter übertrifft die Chemie noch die Werte der Investitionsgüterbranchen, während die Holzverarbeitung und das Nahrungs- und Genußmittelgewerbe auch bei diesem Parameter des dynamischen Wettbewerbs deutlich abfallen. Hinsichtlich des Selektionsparameters ist eine Heraushebung der Investitionsgüterbranchen nicht feststellbar. Aber auch bei diesem Parameter beobachten wir eine Schwäche des Nahrungs- und Genußmittelgewerbes.

5. Schlußfolgerungen

In dem vorliegenden Papier konnte gezeigt werden, daß vor dem theoretischen Hintergrund des Iwai-Modells die Analyse empirischer Renditeverteilungen wichtige Aufschlüsse über die Determinanten des dynamischen Wettbewerbs der betreffenden Branche gewährt. Die präsentierten Ergebnisse rechtfertigen weitere Forschung in diesem Bereich. So sollte nach Klärung der angesprochenen Ausreißerproblematik eine simultane Schätzung der F- und der S-Funktion unter Berücksichtigung der Nebenbedingungen erfolgen. Außerdem würde sich die Analyse weiterer Datensätze mit einer größeren Anzahl branchenbezogener Daten empfehlen. Auch eine Ausdehnung der Fragestellung erscheint als sinnvoll. Es wäre zu prüfen, ob durch den Vergleich der Schätzergebnisse einer Branche für verschiedene Zeitpunkte langfristige Änderungen des dynamischen Wettbewerbs meßbar sind.

Literaturverzeichnis

Acs, Z.J., Audretsch, D.B. (1988), Innovation in Large and Small Firms. An Empirical Analysis. *American Economic Review 78,* no. 4, 678 – 690.

Acs, Z.J., Audretsch, D.B. (1987), Innovation in Large and Small Firms. *Economic Letters 23,* 109 – 112.

Albach, H., Bock, K., Warnke, Th. (1984), Wachstumskrisen von Unternehmen. *Schmalenbachs Zeitschrift für betriebswirtschaftliche Forschung 10,* 779 – 793.

Dasgupta, P., Stiglitz, J. (1980), Uncertainty, Industrial Structure, and the Speed of R&D. *Bell Journal of Economics 11,* 1 – 28.

Dosi, G. (1984), Technical Change and Industrial Transformation. The Theory and an Application to the Semiconductor Industry. London and Basingstoke.

Gahlen, B., Stadler, M. (1986), Marktstruktur und Innovationen. Eine modelltheoretische Analyse. Arbeitspapiere zur Strukturanalyse, Beitrag Nr. 34, Augsburg.

Gilad, B., Kaish, St. (1986), Handbook of Behavioral Economics: Vol. A: Behavioral Microeconomics, Vol. B: Behavioral Macroeconomics, Greenwich, London.

Heiner, R.A. (1983), The Origin of Predictable Behavior. *American Economic Review 73,* no. 4, 560 – 595.

Helmstädter, E. (1983), Sondervotum Ziffer 357-364 des Jahresgutachtens 1983/84 des Sachverständigenrates zur Begutachtung der gesamtwirtschaftlichen Entwicklung. "Ein Schritt voran", Stuttgart und Mainz.

Helmstädter, E. (1986), Dynamischer Wettbewerb, Wachstum und Beschäftigung. In: G. Bombach, B. Gahlen, A.E. Ott (Hrsg.), Technologischer Wandel – Analyse und Fakten. Schriftenreihe des Wirtschaftswissenschaftlichen Seminars Ottobeuren, Bd. 15. Tübingen, 67 – 82.

Iwai, K. (1984a), Schumpeterian Dynamics, An Evolutionary Model of Innovation and Imitation. *Journal of Economic Behavior and Organization 5,* 159 – 190.

Iwai, K. (1984b), Schumpeterian Dynamics, Part II, Technological Progress, Firm Growth and Economic Selection. *Journal of Economic Behavior and Organization 5,* 321 – 351.

Kamien, M.I., Schwartz, N.L. (1982), Market Structure and Innovation, Cambridge.

Krelle, W. (1989), Dynamische Markttheorie und Makrotheorie. In: B. Gahlen, B. Meyer, J. Schumann (Hrsg.), Wirtschaftswachstum, Strukturwandel und dynamischer Wettbewerb. Ernst Helmstädter zum 65. Geburtstag. Berlin, Heidelberg, New York u.a.

Levin, R. C., Reiss, P.C. (1984), Tests of a Schumpeterian Model of R&D and Market Structure. In: Z. Griliches, (Hrsg.): R&D, Patents, and Productivity, Chicago, 175 – 204.

Levin, R.C., Cohen, W.M., Mowery, D.C. (1985), R&D Appropriability, Opportunity, and Market Structure: New Evidence on Some Schumpeterian Hypotheses. *American Economic Review 75* (2), 20 – 24.

Levin, R.C., Klevorick, A.K., Nelson, R.C., Winter, S.G.(1987), Appropriating the Returns from Industrial Research and Development. *Brookings Papers on Economic Activity*, no. 3, 783 – 831.

Meyer, B. (1989), Eine evolutionstheoretische Interpretation der Barone-Kurve. In: B. Gahlen, B. Meyer, J. Schumann (Hrsg.), Wirchaftswachstum, Strukturwandel und dynamischer Wettbewerb, Ernst Helmstädter zum 65. Geburtstag. Berlin, Heidelberg, New York u.a.

Nelson, R.C., Winter, S.G. (1978), Forces Generating and Limiting Concentration under Schumpeterian Competition. *Bell Journal of Economics 9,* 524 – 548.

Nelson, R.C., Winter, S.G. (1982a), An Evolutionary Theory of Economic Change, Cambridge (Mass.), London.

Nelson, R.C., Winter, S.G. (1982b), The Schumpeterian Tradeoff Revisited. *American Economic Review 72,* 114 – 132.

Ramser, H.J. (1986), Schumpetersche Konzepte in der Analyse des Technischen Wandels. In: G. Bombach, B. Gahlen, A.E. Ott (Hrsg.), Technologischer Wandel – Analyse und Fakten. Schriftenreihe des Wirtschaftswissenschaftlichen Seminars Ottobeuren, Bd. 15. Tübingen, 145 – 170.

Reinganum, J. (1985), Innovation and Industry Evolution. *Quarterly Journal of Economics 50,* 81 – 99.

Simon, H. (1955), A Behavioral Theory of Rational Choice. *Quarterly Journal of Economics 69,* 99 – 118.

Spence, M. (1984), Cost Reduction, Competition and Industrial Performance. In: Z. Griliches (Hrsg.), R&D, Patents, and Productivity, Chicago, 233 – 248.

Winter, S.G. (1986), Schumpeterian Competition in Alternative Technological Regimes. In: R.H. Day, G. Eliasson, G. (Hrsg.), The Dynamics of Market Economies. Amsterdam, New York, Oxford.

Witt, U. (1987): Individualistische Grundlagen der evolutorischen Ökonomik, Tübingen.

Korreferat zum Referat B. Meyer

David B. Audretsch

Ich komme vom Wissenschaftszentrum Berlin und bin dort am Schwerpunkt Marktprozesse und Unternehmensentwicklung beschäftigt. Deswegen freue ich mich besonders über die Gelegenheit, einen Aufsatz zum Thema Marktprozesse besprechen zu können. Der Begriff Marktprozesse ist untrennbar mit dem Namen *Schumpeter* verbunden. In seiner "Theorie der wirtschaftlichen Entwicklung" aus dem Jahre 1911 deutete Schumpeter an, daß der dynamische Wettbewerb die treibende Kraft der wirtschaftlichen Entwicklung ist. Im Gegensatz zur traditionellen statischen neoklassischen Theorie, nach der die Technologie unveränderlich ist und demzufolge technischen Wandel ausschließt, stellte *Schumpeter* ein dynamisches Modell vor. Viele Volkswirte sind davon überzeugt, daß ein Evolutionsmodell, wie das von *Schumpeter* eingeführte, dem Wirtschaftsgeschehen weit mehr entspricht als Modelle der statischen neoklassischen Theorie.

Leider hinterließ *Schumpeter* seinen Anhängern, unter ihnen *Richard Nelson* und *Sidney Winter, Mike Scherer* und *Gerhard Mensch*, ein, wie es schien, schier unlösbares Problem in Form der Frage nach der Meßbarkeit dieses dynamischen Begriffes. Anders ausgedrückt: der Begriff Dynamischer Wettbewerb eignet sich nicht für eine genaue Messung.

Vor dieses Problem der Meßbarkeit eines Begriffes sah sich, wenn auch in völlig anderem Zusammenhang, ein Richter während des ersten Pornographie-Verfahrens vor dem amerikanischen Obersten Gerichtshof gestellt, der dazu bemerkte: "Das Problem bei Pornographie ist, daß man sie zwar als solche erkennt, wenn man sie sieht, sie aber trotzdem nicht definieren oder messen kann". Und genau dies ist auch die Schwierigkeit bei der Messung des Begriffes Dynamischer Wettbewerb.

Deswegen sollte man besonders anerkennen, daß Professor *Meyer* eine empirische Untersuchung dieser dynamischen Theorie durchgeführt hat, etwas, auf das die meisten Wissenschaftler einschließlich der Anhänger *Schumpeters* bisher verzichtet haben. Ich halte dieses Ziel für wichtig und finde, Professor *Meyers* Aufsatz hat einen bedeutenden Beitrag in diese Richtung geleistet. Je länger die empirischen Modelle mit statischen Analysen verbunden bleiben, desto irrelevanter werden die Volkswirte und desto bedeutungsloser werden unsere Beiträge.

Ausgangspunkt des vorliegenden Aufsatzes ist der theoretische Ansatz von *Iwai (1984)*. Wie das zu verstehen ist, erfährt der Leser auf *S. 275* von Professor *Meyers* Aufsatz: "In dem vorliegenden Papier wird gezeigt, daß man auf der Basis empirischer Renditeverteilungen die Parameter des Iwai-Modells schätzen kann". Er sei der Meinung, der Hauptbeitrag des Papiers bestehe in der Durchführung des empirischen Modells. Aus dem Aufsatz von *Albach, Bock* und *Warnke (1984)* geht jedoch hervor, daß der Daten satz aus 430 Unternehmen mit 100 bis 2500 Beschäftigten besteht. Dabei ergibt sich für mich eine wichtige Frage, die den vorliegenden Aufsatz betrifft: Ist es angebracht, bei einer Studie, in der es um dynamischen Wettbewerb innerhalb des Industriesektors geht, die größten Unternehmen auszuschließen? Daß der Datensatz ausschließlich aus kleineren und mittleren Unternehmen besteht, deutet die Nichteinbeziehung der Firma Siemens an, immerhin der angeblich innovativsten Firma im Bereich Elektrotechnik. Ich nehme an, daß im Chemiebereich auch die Daten von BASF, Höchst und Bayer nicht erhoben wurden.

Es mag sein, daß der dynamische Wettbewerb eine bedeutendere Rolle für größere als für kleinere Unternehmen spielt. Eines ist mir aufgrund der Ergebnisse einer Mehrzahl empirischer Studien klar: Die meisten Ausgaben für Forschung und Entwicklung werden von den größeren und nicht von den kleineren Unternehmen getätigt. Es bleibt auch unbestritten, daß sowohl Innovation als auch Imitation von den Forschungs- und Entwicklungsausgaben abhängen. Daher stellt sich mir die Frage, was für einen Sinn eine Studie hat, deren zentrales Thema der dynamische Wettbewerb und die Rolle von Imitation und Innovation ist, die aber diejenigen Firmen nicht berücksichtigt, deren Innovations- und Imitationsaufwand am größten ist.

Zum Schluß möchte ich wiederholen, daß ich diesen Aufsatz für einen bedeutenden Beitrag zur Durchführung eines dynamischen Modells halte. Gleichzeitig möchte ich betonen, daß in einem Aufsatz, dessen Hauptinhalt eine empirische Analyse ist, die empirische Prüfung auf die vorhandenen Datenquellen beschränkt bleiben muß. Um diese Datenbeschränkungen zu überwinden, müssen neue Datenquellen entwickelt sowie der Zugriff auf existierende, aber bisher nicht allgemein verfügbare Quellen ermöglicht werden.

Literaturverzeichnis

Albach, H., Bock, K., Warnke, Th (1984), Wachstumskrisen von Unternehmen. *Schmalenbachs Zeitschrift für betriebswirtschaftliche Forschung 10,* 779 - 793.

Iwai, K. (1984), Schumpeterian Dynamics, An Evolutionary Model of Innovation and Imitation. *Journal of Economic Behavior and Organization 5,* 159 - 190.

Schumpeter, J.A. (1911), Theorie der wirtschaftlichen Entwicklung. Eine Untersuchung über Unternehmergewinn, Kapital, Kredit, Zins und den Konjunkturzyklus (5. Aufl. 1952), Berlin.

Innovationen auf Märkten mit asymmetrischem Verhalten *

Referat von Heinz König und Winfried Pohlmeier

Zusammenfassung: Die Mehrzahl der theoretischen und der empirischen Beiträge zur Literatur des Innovationsverhaltens ignoriert firmenspezifische Unterschiede in Technologie, Nachfrageperspektive und Marktstrategie. Ausgehend von einem "competitive fringe model" unterscheiden wir drei verschiedene Verhaltensmuster: Mengen-Cournot-Verhalten, die Strategie des konstanten Marktanteils und das Grenzkostenpreissetzungsverhalten. Das Modell liefert uns quasi-konditionale Ausgabenfunktionen für Produkt- und Prozeßinnovationen für unterschiedliche Strategien.

Unter Verwendung der Stichprobeninformation über die Marktstrategien von einzelnen Firmen erhalten wir Parameterschätzungen auf der Basis eines dreistufigen Minimum-Chi-Quadrat-Verfahrens, das dem zensierten Charakter der abhängigen Variablen und der Endogenität der Marktstrategie Rechnung trägt. Die Schätzergebnisse bekräftigen unsere Auffassung, daß Unterschiede in der Marktstrategie nicht zu vernachlässigen sind, sofern eine geeignete Information zur Stichprobenseparierung vorliegt.

Abstract: Most of the theoretical and empirical contributions to the literature on innovative behaviour ignores firmspecific differences in technology, demand perspectives and market strategies. Starting from a simple competitive fringe model we allow for three distinct behavioural patterns: quantity Cournot behaviour, the constant market share strategy and marginal cost pricing. The model enables us to derive quasi-conditional expenditure functions for product and process innovations for different strategies.

Using sample information on market strategies of individual firms we obtain parameter estimates from a three step minimum chi-square method that accounts for the censored character of the dependent variables and the endogenity of the market strategy. The results confirm our view that differences in market strategies should not be neglected if appropriate sample separation information is available.

1. Einleitung

Seit *Schumpeters* Werk "Kapitalismus, Sozialismus und Demokratie" haben zahlreiche Studien versucht, die Bedeutung der Marktstruktur für die Innovationsaktivität aufzuzeigen. Erst in jüngster Zeit wendet man sich dem auch von *Schumpeter* mit dem Stichwort "schöpferische Zerstörung" belegten Phänomen zu, daß die Marktstruktur ihrerseits durch die Innovationstätigkeit beeinflußt wird. Innovationen eines Unternehmens generieren zeitweilig Marktmacht, die jedoch durch entsprechende Aktivitäten anderer Unternehmen und/oder durch Imitationen erodiert.

* Wir danken der Deutschen Forschungsgemeinschaft für die finanzielle Unterstützung und dem Ifo-Institut für Wirtschaftsforschung für die freundliche Zusammenarbeit. Ferner bedanken wir uns bei den Teilnehmern des Workshops "Marktstruktur und gesamtwirtschaftliche Entwicklung" für zahlreiche Hinweise und Anregungen. Sämtliche verbleibende Fehler sind selbstverständlich nur den Autoren anzulasten.

Studies in Contemporary Economics
B. Gahlen (Hrsg.)
Marktstruktur und gesamtwirtschaftliche Entwicklung

Dieses Simultanitätsproblem zwischen Innovationsaktivität und Marktmacht ist vor allem in den Arbeiten von *Dasgupta* und *Stiglitz (1980), Lee* und *Wilde (1980), Levin (1978), Levin* und *Reiss (1984)* und *Pohlmeier (1988)* aufgegriffen worden. Ökonometrische Studien – soweit sie auf einem theoretischen Modell basieren – unterstellten dabei grundsätzlich, daß alle Unternehmen einer Industrie sich gleich verhalten, d.h., daß symmetrische Gleichgewichte existieren. Beispielhaft sei die Studie von *Levin* und *Reiss* genannt, die dazu ausführen: "We further restrict our attention to *symmetric* equilibria, where all firms in the industry behave identically. This latter restriction is, of course, less than desirable in a model purporting to represent Schumpeterian competition, but we have found that consideration of asymmetric equilibria raises some extremely difficult analytical problems" *(a.a.O., S. 179).*

Diese Modellierungsstrategie ist weder aus theoretischer Sicht zufriedenstellend, noch wird sie den empirischen Fakten gerecht. Neuere Entwicklungen in der Spieltheorie bei asymmetrischer Information zeigen, daß Unternehmen systematisch von Cournot- oder Bertrand-Verhalten bei ihren Preisstrategien abweichen, um Marktanteil zu gewinnen oder gegenüber potentiellen Konkurrenten zu erhalten, *Roberts (1987, S. 158).* Prozeßinnovationen mit dem Ziel einer Kostensenkung sind dazu ein Instrument ebenso wie Produktinnovationen mit dem Ziel einer Produktdifferenzierung. Vertraut man den Angaben des Ifo-Innovationstests, dann begründen im Jahre 1986 75 vH. der Firmen ihre Prozeßinnovationen mit einer Steigerung der Produktionsflexibilität bzw. 74 vH. mit einer Verringerung des Lohnkostenanteils und 70 vH. ihre Produktinnovationen mit der Erhaltung des Marktanteils.

Im folgenden präsentieren wir zunächst ein Modell, das der Unterschiedlichkeit der Marktstrategie Rechnung trägt. Die Modellspezifikation endogenisiert nicht nur die Marktstrukturvariablen im Sinne der Simultanität von Innovation und Marktstruktur, sondern auch die Entscheidung über die Marktstrategie. Im anschließenden Abschnitt behandeln wir die Daten und die ökonometrische Modellspezifikation. Es folgt sodann die Präsentation der Schätzergebnisse, die im statistischen Sinne die Überlegenheit dieses Ansatzes gegenüber den traditionellen "competitive-fringe"-Modellen mit symmetrischen Verhaltensweisen bestätigen. Schließlich dient der Ausblick dazu, zukünftige Verbesserungsmöglichkeiten aufzuzeigen.

2. Der Modellrahmen

Das Entscheidungskalkül eines Unternehmens hinsichtlich Beschäftigung, Produkt- und Prozeßinnovationen wird im folgenden im Rahmen eines "competitive-fringe"-Modells formuliert, das in seiner Grundstruktur häufig, vor allem in der empirisch orientierten industrieökonomischen Literatur verwendet wird (z.B. *Encaoua* und *Jacquemin 1980, Clarke* und *Davies 1982* sowie *Neumann et al. 1985*). Im Unterschied zu herkömmlichen "competitive-fringe"-Modellen wird zwischen drei Gruppen von Marktteilnehmern mit unterschiedlichem Preissetzungsverhalten ausgegangen. Für die ersten n_1 von n monopolistischen Marktteilnehmern wird Mengen-Cournot-Verhalten unterstellt. Die zweite Gruppe von $n-n_1$ monopolistischen Marktteilnehmern besteht aus Firmen, deren Strategie die Erhaltung ihres Marktanteils ist. Da von diesen Firmen angenommen wird, daß sie ihre gegenseitige Abhängigkeit erkennen und deshalb auf kostspieligen Wettbewerb verzichten, werden diese Firmen in Anlehnung an Chamberlins Ideen *(Chamberlin 1966)* vereinfacht als Chamberlin-Firmen bezeichnet[1]. Die letzte Gruppe von Anbietern besteht aus dem auf Wettbewerb eingestellten Rest (competitive fringe), für den Grenzkostenpreissetzungsverhalten unterstellt wird.

Output wird gemäß einer neoklassischen Produktionsfunktion mit den Einsatzfaktoren Arbeit und Prozeßinnovation erstellt. Neben diesen beiden Einsatzfaktoren hat die Firma zusätzlich über das gewinnmaximierende Niveau von Produktinnovationen zu entscheiden. Produkt- und Prozeßinnovationen können wie der Faktor Arbeit zu einem konstanten Preis pro Einheit erworben werden. Der Unterschied zwischen Produkt- und Prozeßinnovationen besteht in unserem Ansatz darin, daß Prozeßinnovationen die Produktivität im Sinne einer Veränderung oder Verschiebung der Isoquanten erhöhen, während Produktinnovationen eine Veränderung der Produktqualität darstellen, die den Preis direkt beeinflußt. Produktinnovationen "verbessern" das Produkt aus der Sicht des Konsumenten, indem latente Wünsche besser befriedigt werden. Gemäß dieser Definition sind auch kleine Veränderungen des Produktes, die nicht die Produktionsmöglichkeiten verändern, Produktinnovationen. Im Kontext eines neoklassischen Modells ist diese Definition wesentlich praktikabler als die Definition von Produktinnovation als Einführung einer Produktneuheit, die eine neue Produktionsfunktion impliziert (z.B. *Waterson 1984, S. 143*).

Auf dem zu betrachtenden Markt wird die Gesamtnachfrage $Q = \Sigma_{i=1}^{n} q_i + x$ durch n dominante Firmen und die Firmen des "competitive fringe" bedient, wobei q_i die Ausbringungsmenge der dominanten Firma i ist, die sich einer negativ geneigten Nachfragekurve für ihr Produkt gegenüber sieht. Die Firma i ist in der Lage, einen höheren Preis für ihr Produkt zu fordern, falls das Niveau der Produktinnovation erhöht wird.

Das Gewinnmaximierungsproblem einer dominanten Firma i lautet:

$$(2.1) \qquad \max_{N_i,\, T_i,\, I_i} \Pi_i = p_i(I_i, Q)\, q_i(N_i, T_i) - w_i N_i - v_i T_i - r_i I_i ,$$

$$\text{unter der Nebenbedingung: } Q = \sum_{j=1}^{n} q_j + x .$$

---

1 Exakterweise muß die Annahme konstanter Marktanteile *Scherer (1980, S. 156)* angerechnet werden, der Chamberlins Theorie um den Fall von Kosten- und Nachfrageasymmetrien ergänzt. Scherer argumentiert, daß z.B. in einer Industrie mit Kosten- und Nachfrageunterschieden, in der die Produkte perfekte Substitute sind, die Annahme konstanter Marktanteile eine sinnvolle Approximation des Gleichgewichtsverhaltens ist.

Dabei ist $p_i(\cdot)$ der Outputpreis und $q_i(\cdot)$ die Produktionsfunktion. Die Aktionsparameter N_i, T_i und I_i stehen für den Arbeitseinsatz sowie für die Niveaus der Prozeß- bzw. Produktinnovation; w_i, v_i und r_i sind die entsprechenden Preise der drei Aktionsparameter.

Um ein theoretisches Modell zu erhalten, das als Grundlage für eine praktikable parametrische Spezifikation des ökonometrischen Modells dienen kann, müssen folgende zusätzliche Vereinfachungen getroffen werden: Die Produktionsfunktion ist vom Cobb-Douglas Typ mit konstanten Skalenerträgen:

$$q_i = \alpha_o N_i^{\alpha} T_i^{1-\alpha} \quad .$$

Die inverse Nachfragefunktion ist isoelastisch:

$$(2.2) \qquad p_i = p_o I_i^{\gamma} Q^{-\frac{1}{\varepsilon}} \qquad 0 < \gamma < 1; \varepsilon > 0,$$

wobei ε die Preiselastizität der Gesamtnachfrage ist. Ferner wird zusätzlich angenommen, daß das Gesamtangebot der Firmen des "competitive fringe" ebenfalls isoelastisch auf Preisveränderungen reagiert. Die Bedingungen erster Ordnung zeigen die bekannte Gleichheit des Grenzerlösproduktes und des entsprechenden Faktorpreises im Optimum an:

$$(2.3) \qquad p_i (1 - m_i) \alpha \frac{q_i}{N_i} - w_i = 0 \, ,$$

$$(2.4) \qquad p_i (1 - m_i) (1 - \alpha) \frac{q_i}{T_i} - v_i = 0 \, ,$$

$$(2.5) \qquad p_i \gamma \frac{q_i}{I_i} - r_i = 0 \, .$$

Die Elastizität des Preises bezüglich einer Veränderung der Ausbringungsmenge ist mit $- m_i$ bezeichnet. Definiert man das Maximierungsproblem in termini einer Kostenfunktion, wird deutlich, daß m_i aufgrund der linearen Homogenität ebenfalls der "price-cost-margin" entspricht. Die Variable m_i enthält die gesamte Information über das Marktverhalten der Firma i und die Marktstruktur des betreffenden Marktes.

Für eine repräsentative Firma j ($j = n_1+1, ..., n$) mit konstanter Marktanteilsstrategie unterstellen wir, daß sie ihren Output bei vollständiger Information über die Strategien der anderen monopolistischen Konkurrenten im Falle einer Mengenreaktion einer Cournot-Firma in der Weise anpaßt, daß ihr Marktanteil konstant bleibt:

$$\frac{\partial s_j}{\partial q_i} = 0\,, \qquad i = 1, \ldots, n_1\,, \quad j = n_1+1, \ldots, n\,, \tag{2.6}$$

wobei $s_j \equiv q_j/Q$ den Marktanteil der Firma j darstellt. Geht man von der Annahme aus, daß die Elastizitäten der konjekturalen Variation der Chamberlin-Firmen in bezug auf eine Outputveränderung einer Cournot-Firma gleich groß sind und unterstellt einfachheitshalber, daß der "competitive fringe" nur auf direkte Preisreaktionen reagiert, folgt aus (2.6):

$$z_i = \frac{s_i}{1-s_H} + \frac{\eta(1-k)}{1-s_H}\frac{\partial p_i}{\partial q_i}\frac{q_i}{p_i}\,, \qquad i = 1, \ldots, n_1, \tag{2.7}$$

$$\text{wobei: } z_i = z_{ij} \equiv \frac{\partial q_j}{\partial q_i}\frac{q_i}{q_j}\,; \qquad s_H \equiv \frac{\sum_{i=n_1+1}^{n} q_i}{Q}\,;$$

$$k \equiv \frac{Q - x}{Q}\,; \qquad \eta \equiv \frac{\partial x}{\partial p_i}\frac{p_i}{x}\,.$$

Der Marktanteil der Chamberlin-Firmen wird hierbei mit s_H bezeichnet, k stellt die n-Firmen-Konzentrationsrate und η die Angebotselastizität des "competitive fringe" dar. Wenn jede Firma vollständige Information über die Marktstrategie der anderen Firma besitzt, wie hier unterstellt wird, muß z_{ij} als antizipierte und nicht nur vermutete Reaktion betrachtet werden. Unter Verwendung von (2.7) kann gezeigt werden, daß die relative Preisreaktion einer Cournot-Firma bei einer Outputerhöhung die Form:

$$\frac{\partial p_i}{\partial q_i}\frac{q_i}{p_i} = -\frac{s_i}{\varepsilon(1-s_H)+\eta(1-k)}\,, \qquad i = 1, \ldots, n_1\,, \tag{2.8}$$

aufweist. Aus (2.8) wird deutlich, daß der relative Preisverfall einer Outputerhöhung für eine Cournot-Firma, ceteris paribus, mit wachsender Firmengröße, einem größeren Marktanteil der Chamberlin-Firmen und zunehmender Gesamtkonzentration zunimmt. Wird die Existenz marktanteilhaltender Firmen ausgeschlossen ($s_H = 0$), reduziert sich (2.8) auf die übliche Preisreaktion in einem "competitive-fringe"-Modell mit Cournot-Verhalten (z.B. *Pohlmeier 1988*). Schließt man die Existenz eines "competitive fringe" ($x = 0$ bzw. $k = 1$) aus, ergibt sich für (2.8):

$$\frac{\partial p_i}{\partial q_i}\frac{q_i}{p_i} = -\frac{s_i}{\varepsilon s_c}\,, \qquad i = 1, \ldots, n_1\,, \tag{2.9}$$

$$\text{wobei: } s_c = \frac{\sum_{i=1}^{n_1} q_i}{Q},$$

so daß der relative Preisverfall einer Cournot-Firma neben der Elastizität der Gesamtnachfrage und der relativen Firmengröße nur noch vom Marktanteil der Cournot-Firmen abhängt (s_c). Gleichung (2.8) in (2.7) eingesetzt ergibt die Elastizität der konjekturalen Variation einer Chamberlin-Firma hinsichtlich einer Mengenveränderung der i-ten Cournot-Firma:

$$(2.10) \qquad z_i = \frac{\varepsilon\, s_i}{\varepsilon(1-s_H)+\eta(1-k)}, \qquad i = 1, ..., n_1 .$$

Da $s_i < 1 - s_H$ $(i = 1,..., n_1)$, wird eine marktanteilhaltende Firma positiv, aber unterproportional auf eine Outputerhöhung eines Cournot-Konkurrenten reagieren. Die Reaktion wird mit größerem Marktanteil der Cournot-Firma, stärkerer Unternehmenskonzentration und höherem Marktanteil der Chamberlin-Firmen heftiger ausfallen. Ferner führt auch eine elastischere Gesamtnachfrage zu stärkeren konjekturalen Reaktionen der Chamberlin-Firmen bei Mengenveränderung einer Cournot-Firma.

Da die Mengenreaktion einer Chamberlin-Firma i eine Firma mit gleicher Marktstrategie dazu zwingt, ihre Ausbringungsmenge so zu verändern, daß der Marktanteil gehalten wird, gilt analog zu (2.6):

$$(2.11) \qquad \frac{\partial s_j}{\partial q_i} = 0, \qquad i, j = n_1+1, ..., n; \; i \neq j .$$

Dies führt, unter der Annahme gleicher Elastizitäten der konjekturalen Variation in bezug auf eine Mengenveränderung einer Chamberlin-Firma, zu einer relativen Preisreaktion:

$$(2.12) \qquad \frac{\partial p_i}{\partial q_i}\frac{q_i}{p_i} = -\frac{s_i}{\varepsilon(1-s_H+s_i)+\eta(1-k)}, \qquad i = n_1+1, ..., n .$$

Ein Vergleich von (2.8) und (2.12) verdeutlicht, daß der relative Preisverfall aufgrund einer Outputerhöhung einer Chamberlin-Firma kleiner ist als der einer Cournot-Firma, während die Effekte der verschiedenen Marktstrukturvariablen qualitativ die gleichen sind. Aus (2.11) und (2.12) resultiert analog zum Cournot-Fall die Elastizität der konjekturalen Variation einer Chamberlin-Firma hinsichtlich einer Mengenreaktion einer anderen Chamberlin-Firma:

$$z_i = \frac{\varepsilon\, s_i}{\varepsilon(1-s_H+s_i)+\eta(1-k)}, \qquad i = n_1+1, \ldots, n. \tag{2.13}$$

Interessanterweise reagiert eine Chamberlin-Firma auf die Mengenreaktion eines Konkurrenten mit gleicher Marktstrategie nicht so stark wie auf eine entsprechende Reaktion eines Konkurrenten mit Cournot-Verhalten, was im wesentlichen auf dem größeren Preisverfall infolge einer Outputerhöhung eines Cournot-Konkurrenten beruht.

Obwohl es keine expliziten Lösungen der Bedingungen erster Ordnung (2.3)–(2.5) für die Aktionsparameter gibt, ist es möglich, die optimalen Ausgaben als Funktion der exogenen Variablen, der Marktanteile, der Größe des gesamten Marktes und der Konzentrationsrate auszudrücken. Unter der Annahme, daß die Kosten der Innovation (pro Einheit) für jede Firma und Industrie gleich sind, ergeben sich folgende quasi-konditionale Ausgabenfunktionen für Produkt- und Prozeßinnovationen:

$$\ln vT_i = c_T - \frac{1-\gamma}{\gamma} \ln (1-m_i) + \frac{1}{\gamma\varepsilon} \ln Q + \frac{\alpha}{\gamma} \ln w_i, \tag{2.14}$$

$$\ln rI_i = c_I - \frac{1}{\gamma} \ln(1-m_i) + \frac{1}{\gamma\varepsilon} \ln Q + \frac{\alpha}{\gamma} \ln w_i. \tag{2.15}$$

Die Gleichungen (2.14) und (2.15) können als konditionale Ausgabenfunktionen betrachtet werden, da sie optimale Ausgaben mit Faktorpreisen und Outputvariablen in Beziehung setzen. Der Präfix "quasi-" soll verdeutlichen, daß die Faktornachfrage Resultat eines Gewinnmaximierungs- und nicht eines Kostenminimierungsproblems ist.

3. Daten und Modellspezifikation

Die ökonometrischen Schätzungen beruhen auf einem aus dem Ifo-Innovationstest des Jahres 1982 und den Sonderfragen zur Innovationsaktivität des Ifo-Konjunkturtests (Oktober 1982) zusammengespielten Datensatz. Die Zusammenführung der beiden Datensätze wird durch die Identifizierbarkeit der einzelnen Betriebe bei funktionaler Abgrenzung nach Erzeugnisbereichen ermöglicht (vgl. *Penzkofer et al. 1988*). Die Stichprobe weist nach der Zusammenführung einen Umfang von 1363 Beobachtungen auf. Da die Beobachtungen nach Industriegruppen klassifiziert sind, können für jeden Betrieb branchenspezifische Charakteristika als weitere Merkmale gemäß der "Systematik der Wirtschaftszweige" (SYPRO, zweistellig) des Statistischen Bundesamtes zugeführt werden.

Im einzelnen beruht die Untersuchung auf den folgenden Variablen des Ifo-Innovationstest:

l:	Anzahl der Beschäftigten am Ende des Jahres 1982
AIP:	Ausgaben für Produktinnovationen
AIZ:	Ausgaben für Prozeßinnovationen
d:	Innovationsziel der Firma: Erhaltung des Marktanteils (ja = 1, sonst = 0)

Aus dem Ifo-Konjunkturtest werden verwendet:

DD*: 1982 eingeschätzte Marktperspektive für die nächsten 5 Jahre, Inland (positive Einschätzung = 1, sonst = 0)

DF*: 1982 eingeschätzte Marktperspektive für die nächsten 5 Jahre, Ausland (positive Einschätzung = 1, sonst = 0)

IG: Zugehörigkeit zur Investitionsgüterindustrie (ja = 1, sonst = 0)

NG: Zugehörigkeit zur Nahrungs- und Genußmittelindustrie (ja = 1, sonst = 0)

Auf Grundlage der zweistelligen SYPRO-Klassifikation werden folgende Angaben aus dem Statistischen Jahrbuch zugespielt:

L: Anzahl der Beschäftigten in der Branche

Q: Branchenumsatz

EXP: Anteil des Exports am jeweiligen Branchenumsatz

w: Lohnkostenanteil am Gesamtumsatz der jeweiligen Branche

K: 3-Firmen-Konzentrationsrate (Umsatzanteil der drei branchengrößten Unternehmen am Gesamtumsatz der Branche)

Die relative Firmengröße wird in termini der Beschäftigung mit Hilfe von l und L als Anteil der Beschäftigten der Firma an der Gesamtbeschäftigung der entsprechenden Branche berechnet ($s_i = l/L$). Obwohl die Konstruktion der relativen Firmengröße (Marktanteils) nicht exakt derjenigen des theoretischen Modells entspricht, ziehen wir sie einer Spezifikation über die Umsatzanteile vor, da aufgrund unzureichender Angaben über die Umsätze in unserem Datensatz der Beobachtungsumfang erheblich reduziert wird. Der Marktanteil der Firmen mit konstanter Marktanteilstrategie s_H kann aus der Stichprobe mit Hilfe von l und d als Anteil der in "Chamberlin"-Firmen Beschäftigten an der Gesamtbeschäftigtenzahl der jeweiligen Branche in der Stichprobe berechnet werden.

Da der Ifo-Innovationstest Informationen über die Ausgaben für Produkt- und Prozeßinnovationen enthält, können die Gleichungen (2.14) und (2.15) für eine gegebene empirische Spezifikation von m_i geschätzt werden. In einem ersten Schritt wählen wir hierfür die einfache lineare Form:

$$-\ln(1-m_i) \approx m_i = a_o + a_1 DD_i^* + a_2 DF_i^* + a_3 s_i + a_3 d_i s_i + a_4 s_H + a_4 d_i s_H + a_5 \ln K \,, \tag{3.1}$$

$$\text{wobei: } d_i = \begin{cases} 1, & \text{wenn Firma den Marktanteil halten will,} \\ 0 & \text{sonst.} \end{cases}$$

Spezifikation (3.1) trägt der durch die Marktstrategie bedingten Unterschiedlichkeit der Preis-Grenzkosten-Aufschläge durch die Slope-Dummies a_3 und a_4 Rechnung. DD* und DF* repräsentieren die Nachfrageperspektiven der Firma auf dem Inlands- und dem Auslandsmarkt, die in die ökonometrische Spezifikation aufgenommen werden, um die Gewinnaussichten der Firmen im Sinne der Hypothese *Schmooklers (1966)* zu erfassen. Ex ante gehen wir davon aus, daß a_1 und a_2 positiv sind, so daß gestiegene Nachfrageerwartungen den mark-up der Preise hinsichtlich der Grenzkosten erhöhen und daraus eine positive Beziehung zwischen Innovationsaktivität und Nachfrageerwartungen resultiert. Das muß nicht notwendigerweise zutreffen; so gehen beispielsweise *Layard* und *Nickell (1986)* in ihrem makroökonomischen Preissetzungsmodell davon aus, daß der mark-up-Faktor mit steigendem Output sinkt.

Gleichung (3.1) eingesetzt in (2.14) und (2.15) führt zu einem in den erklärenden Variablen linearen (bzw. log-linearen) Ausgabensystem für Produkt- und Prozeßinnovationen. Die etwas willkürliche Einführung der Nachfragevariablen in das Modell über dem mark-up-Faktor kann auch über die direkte Einführung von DD^* und DF^*_i in die Preisabsatzfunktion erfolgen, was zur gleichen Spezifikation des Ausgabensystems führt. Interessanterweise haben die beiden konditionalen Ausgabengleichungen eine ähnliche Form wie zahlreiche ad-hoc Spezifikationen in der empirischen Innovationsökonomik, wobei die Koeffizienten vor den erklärenden Variablen in unserer Spezifikation eindeutig in termini eines theoretischen Modells interpretierbar sind. Aufgrund des gestutzten Charakters der beiden endogenen Variablen werden (2.14) und (2.15) zunächst mit einem konventionellen Tobit-Maximum-Likelihood-Ansatz geschätzt. Da eine linear homogene CES-Produktionsfunktion ein beobachtungsäquivalentes Ausgabensystem erzeugt, verzichten wir auf die Berücksichtigung parametrischer Restriktionen.

Die Schätzergebnisse (siehe Tabelle III im Anhang) verdeutlichen für beide Gleichungen, daß die Konzentrationsrate nur einen unbedeutenden und insignifikanten Erklärungsbeitrag zur Bestimmung der Innovationsausgaben leisten und bestätigen damit frühere Ergebnisse von *Pohlmeier (1988)* und *Entorf* und *Pohlmeier (1989)* auf der Grundlage der qualitativen Information über Innovationsaktivitäten des Ifo-Konjunkturtests. Unterschiede in den Marktstrategien verursachen signifikante Unterschiede im Produkt- und Prozeßinnovationsverhalten. Diese Ergebnisse veranlassen uns, auf eine theoretische Modellstruktur ohne "competitive fringe" ($x = 0$, bzw. $k = 0$) zurückzugreifen, so daß sich der Preis-Grenzkosten-mark-up-Faktor auf die einfache Form (2.9) bzw. (2.12) für $k = 0$ reduzieren läßt. Als weitere empirische Spezifikation für m_i wählen wir im folgenden die Form:

$$-\ln(1-m_i) \approx m_i = a_0 + a_1 DD^*_i + a_2 DF^*_i + a_3 \tilde{m}_i, \tag{3.2}$$

wobei: $$\tilde{m}_i = d_i\left(\frac{s_i}{s_c + s_i}\right) + (1-d_i)\left(\frac{s_i}{s_c}\right)$$

$$d_i = \begin{cases} 1, & \text{wenn Firma Marktanteil halten will,} \\ 0 & \text{sonst.} \end{cases}$$

Spezifikation (3.2) in (2.14) und (2.15) eingesetzt ergibt ebenfalls ein in den erklärenden Variablen lineares Ausgabensystem, das die unterschiedlichen Marktstrategien explizit berücksichtigt. Das System (2.14) – (2.15) wird zunächst mit dem Tobit-ML-Verfahren unter der Annahme geschätzt, daß $\tilde{m}_i$ als exogene Variable behandelt werden kann. In einem weiteren Schritt wird $\tilde{m}_i$ endogenisiert und (2.14) – (2.15) als simultanes System mit begrenzter Information behandelt, wobei $\tilde{m}_i$ als endogen erklärende Variable modelliert wird, die linear von sämtlichen exogenen Variablen abhängt. Die Ausgabengleichungen werden mit *Neweys (1987)* asymptotisch effizienten verallgemeinerten KQ-Verfahren für Tobitgleichungen mit endogen erklärenden Variablen geschätzt. Diese Modellspezifikation endogenisiert nicht nur die Marktstrukturvariablen im Sinne der Simultanität von Innovation und Marktstruktur, wie sie in zahlreichen theoretischen Studien gefordert wird, sondern auch die Entscheidung über die Marktstrategie.

4. Empirische Ergebnisse

Die Spalten (1) und (3) von Tabelle I enthalten die Ergebnisse der Tobit-ML-Schätzungen für die Ausgabengleichungen (2.13) und (2.14). Sämtliche erklärenden Variablen weisen das theoretisch vorausgesagte Vorzeichen auf und sind signifikant von Null verschieden. Einzige Ausnahme bildet die Nachfragevariable für den Inlandsmarkt, die negativ, aber insignifikant in beide Gleichungen eingeht. Dieses Ergebnis, das im Einklang steht zu früheren Schätzungen von *König (1987)* auf der Basis qualitativer Informationen über Produkt- und Prozeßinnovationen, beruht im wesentlichen auf Multikollinearität zwischen DD^* und DF^*. Durch Weglassen der Auslandsnachfragevariable erhalten wir für beide Gleichungen einen signifikanten, positiven Einfluß auf die Innovationsaktivität. Damit bestätigen die Ergebnisse, daß die erwartete Nachfrageentwicklung für beide Innovationskategorien von Bedeutung ist: Eine positive Einschätzung der Nachfragesituation führt zu einer Erhöhung der Ausgaben für Produkt- und Prozeßinnovationen. Die Differenzierung der Nachfrage in ihre Inlands- und ihre Auslandskomponente verdeutlicht trotz des Hinweises auf Multikollinearität die besondere Bedeutung des Auslandsmarktes. Für unsere Stichprobe ergibt sich ein Unterschied von ca. 35.000 DM bzw. 25.000 DM für Produkt- und Prozeßinnovationsausgaben zwischen Firmen mit unterschiedlichen Perspektiven auf dem Auslandsmarkt.

Interessanterweise führt eine größere Marktmacht, gemessen in termini des Preis-Grenzkosten-Aufschlags, vor allem zu erhöhten prozeßinnovativen Anstrengungen. Im Gegensatz dazu stellt die Größe des Gesamtmarktes eine bedeutendere Determinante für die produktinnovativen Ausgaben dar, was möglicherweise darauf zurückzuführen ist, daß Marktgröße eine Proxy-Variable für Produktfülle und Diversifikationsmöglichkeit auf einem Markt ist und damit auch anzeigt, inwieweit der Absatz neuer Produkte am Markt möglich ist.

Da die konventionellen Tobitschätzungen die theoretisch indizierte Endogenität des Preis-Grenzkosten-Aufschlags vernachlässigen, wurde der Exogenitätstest für Tobitmodelle *Smith* und *Blundell (1986)* angewendet, um die Nullhypothese der Exogenität von $\tilde{m}_i$ zu überprüfen.

Tabelle I: Tobitschätzungen und Newey-verallgemeinerte-KQ-Schätzungen (NGLS)[a]

erklärende Variablen	Ausgaben für Produkt-innovationen		Ausgaben für Prozeß-innovationen	
	Tobit (1)	NGLS (2)	Tobit (3)	NGLS (4)
Konstante	–32.283 (–5.7)	–31.221 (–5.1)	–14.940 (–2.8)	–21.079 (–3.3)
DD*	–0.025 (0.0)	–0.358 (–0.5)	0.247 (0.3)	–0.220 (–0.3)
DF*	3.558 (5.2)	2.734 (4.3)	3.224 (4.5)	2.948 (4.1)
$\tilde{m}$	27.173 (2.6)	94.000 (2.3)	28.941 (2.3)	127.366 (3.0)
lnQ	1.606 (6.4)	1.488 (5.7)	0.679 (2.3)	0.906 (3.4)
ln w	6.773 (6.5)	5.139 (5.4)	3.613 (4.0)	3.100 (3.5)
σ	6.422 (11.7)		6.894 (10.8)	
lnL	–2076.9		–1956.4	
Test auf Exogenität	–2.2		–2.6	

[a] t–Werte in Klammern.

Der Test kann leicht durch die Aufnahme des Residuums einer zusätzlichen KQ-Regression von $\tilde{m}_i$ auf sämtliche exogenen Regressoren des Modells sowie weiteren verfügbaren exogenen Variablen als einem zusätzlichen Regressor in die Tobit-Gleichung durchgeführt werden. Als zusätzliche Regressoren wurden verwendet: zwei Dummy-Variablen für die Investitionsgüter bzw. Nahrungsmittelindustrie, die Konzentrationsrate, die Auswahl der Firmen in der Branche und der Exportanteil der Branche. Die t-Statistik für den Koeffizienten vor dem Residuum stellt die entsprechende Prüfgröße dar. Für beide Gleichungen muß die Hypothese der Exogenität von $\tilde{m}_i$ verworfen werden.

Die Spalten (2) und (4) von Tabelle I geben die Ergebnisse der Newey-GLS-Schätzungen wieder. Als exogene Variablen von $\tilde{m}_i$ wurden für diesen Ansatz die gleichen Instrumente wie im Falle der beiden Exogenitätstests verwendet. Die Berücksichtigung der Endogenität von Marktmacht und Marktstrategie durch das Newey-Verfahren führt zu einer qualitativen Bestätigung der konventionellen Tobitresultate. Bemerkenswert ist vor allem der Anstieg der Koeffizienten vor der mark-up-Variable auf das drei- bzw. vierfache des entsprechenden Tobitschätzwertes. Da die Koeffizienten vor den mark-up-Variablen in beiden Gleichungen die Wirkung von Produktinnovationen auf den Marktpreis widerspiegeln, muß der Effekt von Produktinnovationen auf den Produktpreis als sehr gering betrachtet werden. Aus der Produktinnovationsgleichung erhalten wir einen Schätzwert für γ von 0.01 und aus der Prozeßinnovationsgleichung von 0.007. Die starken Unterschiede in den Koeffizienten vor der Lohnkostenvariable deuten auf eine Mißspezifikation hin, die eventuell durch eine reichere parametrische Spezifikation der Produktionsfunktion behoben werden kann.

5. Ausblick

Anstelle einer Zusammenfassung scheint uns im Kontext des hier vorgestellten Ansatzes eine kurze Skizzierung künftiger Weiterentwicklungen und damit auch eine Darlegung der Mängel dieses Ansatzes zweckmäßig:

- Aus theoretischer Sicht vernachlässigt das Modell zahlreiche Ingredienzien, die vor allem im Sinne einer Schumpeter'schen Ungleichgewichtsdynamik von Bedeutung sind. Das gilt zunächst und vor allem für die Vernachlässigung von Unsicherheitsaspekten, die selbst im Falle fehlender Risikoaversion für die Innovationsentscheidungen von Unternehmen bedeutsam sind. Das gilt darüber hinaus aber auch für die Nichtbehandlung von "spill-over"-Effekten von Innovationen, also beispielsweise für den Umstand, daß Produktinnovationen eines Unternehmens als Prozeßverbesserungen einem anderen Unternehmen als externer Effekt zugutekommen. Das gilt schließlich auch – und zahlreiche andere Aspekte aus der Innovationsforschung wie Patente als Maßnahme einer Marktzugangssperre seien hier subsumiert – dem Faktum, daß andere Maßnahmen wie beispielsweise "marketing"-Strategien simultan mit Innovationen der Sicherung und/oder Ausweitung von Marktanteilen dienen können. Das sind Simultanitätsprobleme, deren Behandlung durch das vorhandene Datenmaterial enge Grenzen gesetzt sind.
- Aus methodischer Sicht bleibt unzufriedenstellend, daß hier nur eine Querschnittsuntersuchung durchgeführt werden konnte. Insoweit handelt es sich um einen statischen Ansatz, der einer dynamischen Ungleichgewichtstheorie im Schumpeter'schen Sinne nicht Rechnung trägt. Abhilfe können hier nur Panel-Studien schaffen, die nicht nur eine Modellierung dynamischer Prozesse erlauben, sondern auch in der Lage sind, firmenspezifische Unterschiede in den Marktstrategien miteinzubeziehen.

Unsere Einsichten bezüglich der Bedeutung asymmetrischer Verhaltensweisen im Kontext der Innovationsaktivität sind noch sehr begrenzt. Die Ifo-Daten zeigen einen erfolgversprechenden Weg auf, dies zu verbessern. Hoffen wir, daß dazu die Möglichkeit besteht. Wenn ja, wird es sicherlich Spaß machen.

Tabelle II: Deskriptive Statistiken des verwendeten Datensatzes

Variable	Mittelwert-	Standard-abweichung	Minimum	Maximum
DD*	0.128	0.335	0	1
DF*	0.210	0.407	0	1
m	$0.361 \cdot 10^{-2}$	$0.222 \cdot 10^{-1}$	$0.362 \cdot 10^{-5}$	0.620
Q	$62.710 \cdot 10^{9}$	$83.16 \cdot 10^{9}$	$1.227 \cdot 10^{9}$	$146.029 \cdot 10^{9}$
w	0.253	0.262	0.018	0.390
d	0.290	0.454	0	1
AIP	1412.143	16906.163	0	562500
AIZ	667.943	5967.588	0	187500
Instrumental-variablen:				
N	2750.6	3168.9	70	5343
IG	0.450	0.498	0	1
NG	0.074	0.262	0	1
K	0.141	0.186	0.036	0.788
EXP	0.251	0.285	0.053	0.556

Tabelle III: Tobitschätzungen für die Spezifikation (3.1)[a)]

erklärende Variablen	Ausgaben für Produktinnovationen (1)	Ausgaben für Prozeßinnovationen (2)
Konstante	−18.104 (−2.6)	−10.606 (−1.4)
DD*	0.280 (0.5)	0.415 (0.6)
DF*	2.676 (4.6)	2.611 (3.9)
s_i	151.793 (1.7)	216.551 (2.3)
$d_i s_i$	59.283 (−0.6)	96.083 (−1.0)
s_H	−5.449 (−3.3)	−2.535 (−1.5)
$d_i s_H$	9.284 (7.6)	6.633 (5.4)
ln K	0.027 (0.1)	0.278 (0.8)
ln Q	1.007 (3.5)	0.495 (1.6)
ln w	5.013 (5.6)	2.678 (3.1)
σ	5.827 (13.1)	6.514 (10.9)
ln L	−1986.6	−1914.8

a) t-Werte in Klammern.

Literaturverzeichnis

Chamberlin, E.H. (1966), The Theory of Monopolistic Competition, (8th ed.), Cambridge.

Clarke, R. und Davies, S.W. (1982), Market Structure and Price-Cost Margins. *Economica 49,* 277 – 287.

Dasgupta, P. und Stieglitz, J.E. (1980a), Industrial Structure and the Nature of Innovative Activity. *Economic Journal 90,* 266 – 293.

Encaoua, D. und Jacquemin, A. (1980), Degree of Monopoly, Indices of Concentration and Threat of Entry, *International Economic Review 21,* 87 – 107.

Entorf, H. und Pohlmeier, W. (1989), Employment, Innovation and Export Activity: Evidence from Firm Level Data. In: Microeconometrics: Surveys and Applications, hrsg. von J.P. Florens, M. Ivaldi, J.J. Laffont, und F. Laisney. Oxford, erscheint demnächst.

König, H. (1987), Innovationsaktivität und Beschäftigung: Einige Empirische Ergebnisse. In: Technologie, Wachstum und Beschäftigung – Eine Festschrift für Lothar Späth, Heidelberg, 184 – 199.

Layard, R. und Nickell, S. (1986), Unemployment in Britain. *Economica 53,* 119 – 169.

Lee, T. und Wilde, L.L. (1980), Market Structure and Innovation: A Reformulation, *Quarterly Journal of Economics 94,* 429 – 436.

Levin, R.C. (1978), Technical Change, Barriers to Entry and Market Structure. *Economica 45,* 347 – 361.

Levin, R.C. und Reiss, P.C. (1984), Tests of a Schumpeterian Model of R&D, and Market Structure. In: R&D, Patents, and Productivity, hrsg. von Z. Griliches, Chicago, 175 – 204.

Neumann, M., Böbel, I. und Haid, A. (1985), Domestic Concentration, Foreign Trade and Economic Performance. *International Journal of Industrial Organisation 3,* 1 – 19.

Newey, W. (1987), Efficient Estimation of Limited Dependent Variable Models with Endogenous Explanatory Variables. *Journal of Econometrics 36,* 231 – 250.

Penzkofer, H., Schmalholz, H., Scholz L. und Beutel, J. (1988): Innovation, Wachstum und Beschäftigung, einzelwirtschaftliche, sektorale und intersektorale Innovationsaktivitäten und ihre Auswirkungen auf die deutsche Wirtschaft in den achtziger Jahren, Kurzfassung, Projekt im Rahmen der META-Studie II: Arbeitsmarktentwicklungen moderner Technologien, IFO-Institut für Wirtschaftsforschung, München, Mai 1988.

Pohlmeier, W. (1988), On the Determinants of Innovative Activity and Market Structure: Does Simultaneity Matter? Institut für Volkswirtschaftslehre und Statistik, Universität Mannheim, Discussion Paper No. 373 – 88.

Roberts, J. (1987), Battles for Market Share: Incomplete Information, Aggressive Strategic Pricing and Competitive Dynamics, in Advances in Economic Theory. Fifth World Congress, Econometric Society Monographs No 12, hrsg. von T. F. Bewley. Cambridge, 157 – 196.

Scherer, F.M. (1980), Industrial Market Structure and Economic Performance, (2nd ed.), Chicago.

Schmookler, J. (1966), Invention and Economic Growth, Cambridge, Mass.

Smith, R. J. und Blundell, R.W. (1986), An Exogeneity Test for a Simultaneous Equation Tobit Model with an Application to Labor Supply. *Econometrica 54*, 679 – 685.

Waterson, M. (1984), Economic Theory of the Industry, Cambridge.

Korreferat zum Referat H. König und W. Pohlmeier

Niklaus Blattner

Wie möglicherweise bekannt, habe ich mich wie viele andere auch während vieler Jahre sowohl mit der Theorie als auch mit der Messung des technischen Fortschritts befaßt. Dabei standen zunächst wachstumstheoretisch orientierte, d.h. makroökonomische Ansätze im Zentrum. Die Kritik der bestehenden Theorie führte in *Bombach, Blattner u.a. (1976)* zu einer klaren Stellungnahme zugunsten einer vermehrt mikroökonomischen Ausrichtung der Forschung. Gefordert wurde eine systematische Untersuchung der Determinanten von Umfang und Struktur des privatwirtschaftlichen Innovationsverhaltens *(ebenda, S. 355)*. Als nächstes rückte die Theorie der Firma in den Mittelpunkt auch meiner Aufmerksamkeit. Dabei ging es nicht zuletzt um die Verarbeitung der Ansätze des "Managerial Capitalism", wie sie von Marris und Williamson entwickelt worden waren *(Blattner 1977)*. Wie schon bei *Solow (1971)* stellte sich Ernüchterung ein, als sich bestätigte, daß es für die Ergebnisse der komparativen Dynamik bezüglich der Vorzeichen der Reaktionen auf Veränderungen der exogenen Größen nicht von entscheidendem Einfluß ist, ob eine Unternehmung eher eigentümer-, d.h. rentabilitätsorientiert, oder wachstumsorientiert geführt wird *(Blattner 1977, S. 65)*. Hinzu kam die Einsicht, daß dann, wenn auf dem Kapitalmarkt die Rentabilität das Selektionskriterium ist, "takeover raids" zu einer weiteren, grundsätzlich wirksamen Begrenzung der Auswirkungen der Trennung von Eigentum und Kontrolle führen. Auf die Dauer können unter solchen Umständen aus theoretischer Sicht nur Firmen überleben, deren Rentabilität mindestens dem Durchschnitt entspricht. Schließlich zeigen die Arbeiten von *Mueller (1986a und b)* sowie anderer Autoren auch für Europa, wovon die persistenten Renditeniveaus in verschiedenen Branchen abhängen und auch, daß überdurchschnittliche Renditen einzelner Firmen relativ rasch erodieren.

Mit dieser kleinen Einführung möchte ich einerseits begründen, wieso ich den mikrotheoretischen Ansatz von *König, Pohlmeier* so sehr begrüße. Andererseits führen gerade die zuletzt genannten Zusammenhänge der Renditenerosion zu einer ersten Frage an die Autoren: Wie kann es dazu kommen, daß in ihrem Modell drei Typen von Firmen gleichzeitig nebeneinander bestehen können? Da gibt es einmal die "dominanten Firmen", welche den Cournot'schen Punkt mit einer entsprechenden Rente realisieren. Hinzu werden Chamberlain-Firmen eingeführt, d.h. Firmen, die nach konstanten Marktanteilen streben und dabei offenkundig keine besonderen Ertrags-Kosten-Überlegungen anstellen. Und schließlich sind da die Firmen des "competitive fringe". Für sie gilt, daß sie als Mengenanpasser ihre Angebotsmenge zurücknehmen, wenn der Preis fällt und ausweiten, wenn er steigt. Den Firmen des "competitive fringe" sind zweifellos nur durchschnittliche Renditen zugänglich. Das im Titel des Papiers genannte "asymmetrische Verhalten" der drei verschiedenen Klassen von Firmen impliziert also mindestens drei verschiedene Renditeklassen. Demnach wird das von den Autoren gezeichnete theoretische Bild als beliebiger, zeitlich eng begrenzter Ausschnitt aus einem Selektionsprozeß zu gelten haben und keineswegs einem Gleichgewichtszustand entsprechen. In einer solchen Situation hängt jedoch ein statisches Modell in der Luft. Man würde die Modellierung eines Anpassungsprozesses erwarten.

Die maßgebende Güternachfragefunktion ist negativ geneigt. Das Verhalten der dominanten Firmen löst deswegen zuerst Mengenreaktionen der Chamberlin-Firmen aus und dann über die Preisänderungen wiederum Mengenreaktionen des "competitive fringe". Die Preise verändern sich zusätzlich und damit auch die Anforderungen an den optimalen Einatz sämtlicher Produktionsfaktoren. Daraus folgt, daß die ceteris paribus-Bedingung, die für eine Bestimmung der komparativ-statischen Eigenschaften der aus dem Modell folgenden Faktornachfragefunktionen erfüllt sein müßte, verletzt ist. Dies ist eine weitere Folge des Nebeneinanders von verschiedenen Typen von Firmen. Es zwingt die Autoren zu einem Verzicht auf eine komparativ-statische Analyse. Trotzdem leiten sie aber mit den Gleichungen (2.14) und (2.15) Ausgabenfunktionen für Prozeß- und Produktinnovationen ab. Sie bezeichnen sie zwar als "konditional". (Q = Output) auf der rechten Seite wird aber trotzdem wie eine exogene Größe präsentiert. (Die Ableitungen sind im übrigen immer nur in *Pohlmeier (1988)* dokumentiert, was die Lektüre des präsentierten Papiers nicht erleichtert.)

Auf der Stufe des theoretischen Modells ist zudem noch auf eine nicht wirklich überzeugende "Lösung" der Schwierigkeiten hinzuweisen, in einem Ein-Produkt-Modell Produktinnovationen zu behandeln. Die Autoren sprechen von Produktinnovationen, wenn sich die Nachfragefunktion nach außen verschiebt, d.h., wenn der Konsument beim gleichen Preis mehr vom "erneuerten" Gut nachfragt. Produktinnovationen werden jedoch nur den dominanten Firmen zugestanden. Die anderen Anbieter vollziehen auf der Seite des Angebots der alten Gütervarianten nach, was ihnen von den dominanten Unternehmen durch die Innovation aufgedrängt wird. Offensichtlich umfaßt ein solches Ein-Produkt-Modell eine Fülle heterogener Güter.

Im Übergang vom theoretischen Modell zu den ökonometrischen Schätzungen ergeben sich naturgemäß weitere und vielleicht verzeihlichere Ungenauigkeiten. Die Datenlage verlangt zwangsläufig Konzessionen. Die Frage ist allenfalls eine solche des Maßes. Da ich selber nicht Ökonometriker bin, muß ich mich hier auf ein paar wenige Punkte beschränken, bei welchen ich mich teilweise auch auf einen Kommentar meines Basler Kollegen *George Sheldon* abstütze.

Zu den "läßlichen Sünden" der Ökonometrie gehört zweifellos die Verwendung von Querschnittsdaten aus verschiedenen Industriegruppen für die Schätzung von Gleichungen, die eigentlich aus einem Ein-Produkt-Modell abgeleitet worden sind, wobei dies allerdings im vorliegenden Fall auch nicht ganz zutrifft. Ebenfalls zu dieser Kategorie gehört die Tatsache, daß die Daten vielfach den Charakter von "proxies" aufweisen, was nicht immer problemlos ist. So werden statt Lohnsätzen branchenspezifische Lohnkostenanteile verwendet. Die im theoretischen Modell definierten mengenmäßigen Marktanteile werden über Beschäftigungsanteile erfaßt. Und statt des mengenmäßigen Outputs geht der Umsatz in die Schätzungen ein.

Anders gelagerte Probleme stellen sich im Zusammenhang mit (m). Zunächst scheint es wiederum aus theoretischer Sicht problematisch, in (2.14) und (2.15) (m) und (ε) getrennt zu führen. (m) entspricht nicht nur dem Lerner'schen Monopolgrad, sondern im Gewinnmaximum auch dem reziproken Wert der Preiselastizitäten der Güternachfrage (ε). Des weiteren wird die für den Ansatz wichtige Größe in (3.1) und (3.2) über eine ad hoc-Spezifikation geschätzt, für welche zwar die Daten des Ifo-Konjunkturtests und gewisse theoretische Überlegungen, nicht aber das ursprüngliche Modell die Basis bilden.

Schließlich stellt sich die Frage, ob es gestattet ist zu behaupten, durch den Übergang von der Tobit- zur NGLS-Schätzung in Tabelle I sei das zu Beginn des Papiers so stark betonte Problem der Simultanität zwischen Marktmacht und Innovationsaktivität gelöst worden.

Wie *Caves u.a. (1980, S. 5-7)* betonen, handelt es sich bei diesem Problem nicht nur um ein solches der Simultanität, sondern auch um eines der Rekursivität. So können Innovationsaufwendungen zu einer mit der Zeit steigenden Marktmacht führen, welche wiederum, im Sinne der Schumpeter-These, später weitere Innovationen ermöglicht. Negative "feedbacks" sind selbstverständlich ebenfalls denkbar. Genügt es unter solchen Umständen, in einem Querschnittsansatz für ein einziges Jahr ökonometrisch für den verzerrenden Einfluß einer möglichen Endogenität von (m) zu kontrollieren, um diesem Grundproblem des "Struktur-Verhalten-Ergebnis"-Ansatzes beizukommen?

Die Beurteilung der Ergebnisse in Tabelle I fällt nach dem Gesagten ambivalent aus. Zweifellos handelt es sich um einen fruchtbaren Einsatz der Ifo-Daten. Die Resultate sind grundsätzlich plausibel. Wie stichhaltig die Interpretationen der Parameterdifferenzen bezüglich Produkt- und Prozeßinnovationen sind, muß ohne weitere Angaben dahingestellt bleiben. Aber sind wir nicht schon zufrieden, wenn die einzelnen Vorzeichen gegen Null gesichert sind?

Was die Beziehung der Ergebnisse in Tabelle I zur theoretischen Analyse insbesondere im Grundmodell betrifft, präsentiert sich die Lage eher bescheiden. Wie groß sind die Zusatzerkenntnisse wirklich, die über die ausführliche theoretische Diskussion zu gewinnen gewesen waren, wenn man sich überlegt, daß die Ifo-Daten a priori eine entsprechende ad hoc-Spezifikation suggerieren?

Ich hoffe, daß Sie mir diese Skepsis nicht übelnehmen. Die Autoren haben im übrigen einen Teil meiner Einwände in einem antikritischen Schlußabschnitt selbst vorweggenommen.

Wie ich eingangs gesagt habe, stehe ich vor Ihnen als einer, der auszog, den technischen Fortschritt auf der Mikrostufe verstehen zu lernen. Hin und wieder habe ich aber den Eindruck, daß ich stattdessen das Fürchten gelernt habe. Die Industrieökonomik ist im Begriff, sich zu einer theoretisch und ökonometrisch hochentwickelten Disziplin zu verändern. Gleichzeitig wandeln sich aber auch die realen Gegebenheiten rasch. Lassen Sie mich mit einem zufälligen Zitat aus dem britischen *Economist (1. April 1989, S. 19)* schließen:

> "Technological innovation no longer fits the simplistic straight-line view to which America clings: of basic research leading to applied research, leading to technological development, leading to new products. Today's successful innovation is a complex blending of skills, best described as technological fusion. Japan's microchip industry gained pre-eminence only after fusing the know-how of camera makers (who developed new ways of printing microcircuits) with that of crystallographers (who perfected the purest of silicon wafers) with that of builders (who had learned how to make rooms dustfree). The line of innovation has curled into many circles. No longer does control of access to one bit of technology necessarily check the progress of others".

Auch wenn die aktuellen Leistungen industrieökonomischer Forschung beachtlich sind, fragt sich doch, ob sie den Herausforderungen einer sich solchermaßen im Fluß befindlichen Praxis standhalten.

Literaturverzeichnis

Blattner, N. (1977), Volkswirtschaftliche Theorie der Firma. Berlin.

Bombach, G., Blattner N. u.a. (1976), Technischer Fortschritt. Göttingen.

Caves, R.E., Porter, M.E. and Spence A.M. (1980), Competition in the Open Economy. Cambridge, Mass.

Mueller, D.C. (1986a), The Modern Corporation. Brighton.

Mueller, D.C. (1986b), Profits in the Long Run. Cambridge.

Pohlmeier, W. (1988), On the Determinants of Innovative Activity and Market Structure: Does Simultaneity Matter?, Discussion Paper No 373 – 88. Institut für Volkswirtschaftslehre und Statistik, Universität Mannheim.

Solow, R.M. (1971), Some Implications of Alternative Criteria for the Firm. In: R. Marris and A. Wood (eds.), The Corporate Economy, London.

Autorenverzeichnis

Univ.-Dozent Dr. Karl Aiginger, WIFO, Institut für Wirtschaftsforschung Postfach 91, A-1103 Wien

Dr. David Audretsch, Wissenschaftszentrum Berlin IIMV/SP, Reichpietschufer 50, 1000 Berlin 30

Prof. Dr. Niklaus Blattner, Forschungsstelle für Arbeitsmarkt und Industrieökonomik, Wirtschaftswissenschaftliches Zentrum, Universität Basel, CH-4051 Basel

Prof. Dr. Reinhard Blum, Universität Augsburg, Memminger Straße 14, 8900 Augsburg

Prof. Dr. Andrew J. Buck, Temple University, 143 Berkeley Road, Glenside, Pennsylvania 19038, USA

PD Dr. Alfred Haid, DIW Berlin, Königin-Luise-Str. 5, 1000 Berlin 33

Prof. Dr. Ernst Helmstädter, Institut für industriewirtschaftliche Forschung, Universität Münster, Universitätsstraße 14-16, 4400 Münster

Prof. Dr. Klaus Herdzina, Universität Hohenheim, Institut für Volkswirtschaftslehre, Postfach 700562, 7000 Stuttgart 70

Prof. Dr. Klaus Jaeger, Freie Universität Berlin, Fachbereich 10, Garystraße 20, 1000 Berlin

Prof. Dr. Erhard Kantzenbach, Institut für Industrie- und Gewerbepolitik, von Melle Park 5, 2000 Hamburg 13

Prof. Dr. Dr.h.c. Heinz König, Universität Mannheim, Lehrstuhl für Volkswirtschaftslehre und Ökonometrie II, Seminargebäude A 5, 6800 Mannheim

Dr. Kornelius Kraft, Gesamthochschule Kassel, Nora-Platiel-Str. 4, 3500 Kassel

Prof. Dr. Jürgen Kromphardt, TU Berlin, Fachbereich 18, Institut für VWL, Uhlandstraße 4-5, 1000 Berlin 12

Prof. Dr. Werner Meißner, Universität Frankfurt, Seminar für VWL, Schumanstraße 34a, 6000 Frankfurt/M. 1

Prof. Dr. Bernd Meyer, Universität Osnabrück, FB Wirtschaftswissenschaften, Rolandstraße 8, 4500 Osnabrück

Prof. Dr. Manfred Neumann, Universität Erlangen-Nürnberg, Volkswirtschaftliches Institut, Lange Gasse 20, 8500 Nürnberg 20

Prof. Dr. Karl Heinrich Oppenländer, Ifo-Institut für Wirtschaftsforschung, Poschingerstraße 5, 8000 München 86

Dr. Winfried Pohlmeier, Center for European Studies, Harvard University, 27 Kirkland St., Cambridge, Mass. 02138, USA

Dipl.-Volkswirt Thorsten Posselt, Universität Frankfurt, Seminar für VWL, Schumanstraße 34a, 6000 Frankfurt/M. 1

PD Dr. Fritz Rahmeyer, Universität Augsburg, Memminger Straße 14, 8900 Augsburg

Dipl.-Ökonom Karsten Schmidt, Johannes-Gutenberg-Universität Mainz, Saarstraße 21, 6500 Mainz

PD Dr. Joachim Schwalbach, Wissenschaftszentrum Berlin IIMV/SP, Reichpietschufer 50, 1000 Berlin 30

Dr. Manfred Stadler, Universität Augsburg, Memminger Straße 14, 8900 Augsburg

Prof. Dr. Konrad Stahl, Universität Mannheim, Seminargebäude A 5, 6800 Mannheim

Prof. Dr. Peter Stahlecker, Johannes-Gutenberg-Universität Mainz, Saarstraße 21, 6500 Mainz

Dr. Rainer Völker, Winterthur-Versicherung, CH-8400 Winterthur

Prof. Dr. Klaus F. Zimmermann, Volkswirtschaftliches Institut der Universität München, Ludwigstr. 28 RG, 8000 München 22

Studies in Contemporary Economics

H. G. Zimmermann, Privates Sparen versus Sozialversicherung. IV, 114 Seiten. 1988.

O. Flaaten, The Economics of Multispecies Harvesting. VII, 162 pages. 1988.

H. Siebert (Hrsg.), Umweltschutz für Luft und Wasser. VIII, 254 Seiten. 1988.

H. Schäfer, Währungsqualität, asymmetrische Information und Transaktionskosten. XIV, 330 Seiten. 1988.

O. Šik, R. Höltschi, Ch. Rockstroh. Wachstum und Krisen. XII, 331 Seiten. 1988.

D. Laussel, W. Marois, A. Soubeyran, (Eds.), Monetary Theory and Policy. XVIII, 383 pages. 1988.

G. Rübel, Factors Determining External Debt. VI, 264 pages. 1988.

G. Steinmann, K. F. Zimmermann, G. Heilig (Hrsg.), Probleme und Chancen demographischer Entwicklung in der dritten Welt. XII, 315 Seiten. 1988.

W. Kürsten, Secondhand-Märkte, Marktmacht und geplante Obsoleszenz. X, 220 Seiten. 1988.

Ch. Seidl (Hrsg.), Steuern, Steuerreform und Einkommensverteilung. III, 97 Seiten. 1988.

M. Stadler, Marktstruktur und technologischer Wandel. XII, 203 Seiten. 1989.

J. Franke, Neue Makroökonomik und Außenhandel. XI, 436 Seiten. 1989.

B. C. J. van Velthoven, The Endogenization of Government Behaviour in Macroeconomic Models. XI, 367 pages. 1989.

P. Rosner, Verteilungskonflikte in Marktwirtschaften. Über Funktionen von Marktverbänden. VII, 151 Seiten. 1989.

G. Nakhaeizadeh, Neuklassische und Keynesianische Modelle. VIII, 251 Seiten. 1989.

W. Peters, Theorie der Renten- und Invaliditätsversicherung. X, 219 Seiten. 1989.

D. Lüdeke, W. Hummel, Th. Rüdel, Das Freiburger Modell. VI, 151 Seiten. 1989.

A. Wenig, K.F. Zimmermann (Eds.), Demographic Change and Economic Development. XII, 325 pages. 1989.

D. Suhr, The Capitalistic Cost-Benefit Structure of Money. X, 136 pages. 1989.

J.K. Brunner, Theory of Equitable Taxation. VIII, 217 pages. 1989.

P.S.A. Renaud, Applied Political Economic Modelling. XII, 246 pages. 1989.

E. van Imhoff, Optimal Economic Growth and Non-Stable Population. IX, 218 pages. 1989.

W. Pohlmeier, Simultane Probit- und Tobitmodelle. XII, 219 Seiten. 1989.

G. Wagner, N. Ott, H.-J. Hoffmann-Nowotny (Hrsg.), Familienbildung und Erwerbstätigkeit im demographischen Wandel. II, 337 Seiten. 1989.

M. Gärtner, Arbeitskonflikte in der Bundesrepublik Deutschland. XII, 169 Seiten. 1989.

R. Schmachtenberg, Intertemporale Tauschökonomien mit unvollständigen Marktsystemen. VI, 191 Seiten. 1990.

H. König (Ed.), Economics of Wage Determination. XI, 373 pages. 1990.

B. Gahlen (Hrsg.), Marktstruktur und gesamtwirtschaftliche Entwicklung. VII, 316 Seiten. 1990.

Studies in Contemporary Economics

W. Gebauer, Realzins, Inflation und Kapitalzins. XVI, 261 Seiten. 1982.

Philosophy of Economics. Proceedings, 1981. Edited by W. Stegmüller, W. Balzer and W. Spohn. VIII, 306 pages. 1982.

W. Gaab, Devisenmärkte und Wechselkurse. VII, 305 Seiten. 1983.

B. Hamminga, Neoclassical Theory Structure and Theory Development. IX, 174 pages. 1983.

J. Dermine, Pricing Policies of Financial Intermediaries.VII, 174 pages. 1984.

I. Böbel, Wettbewerb und Industriestruktur. XIV, 336 Seiten. 1984.

Beiträge zur neueren Steuertheorie. Herausgegeben von D. Bös, M. Rose und Ch. Seidl. V, 267 Seiten. 1984.

Economic Consequences of Population Change in Industrialized Countries. Proceedings. 1983. Edited by G. Steinmann. X, 415 pages. 1984.

R. Holzmann, Lebenseinkommen und Verteilungsanalyse. IX, 175 Seiten. 1984.

Problems of Advanced Economies. Proceedings, 1982. Edited by N. Miyawaki. VI, 319 pages. 1984.

Studies in Labor Market Dynamics. Proceedings, 1982. Edited by G. R. Neumann and N. C. Westergård-Nielsen. X, 285 pages. 1985.

Schumpeter oder Keynes? Herausgegeben von D. Bös und H.-D. Stolper. IX, 176 Seiten. 1984.

G. Illing, Geld und asymmetrische Information. VI, 148 Seiten. 1984.

B. Genser, Steuerlastindizes. X, 225 Seiten. 1985.

The Economics of the Shadow Economy. Proceedings, 1983. Edited by W. Gaertner and A. Wenig. XIV, 214 Seiten. 1985.

K. Pohmer, Mikroökonomische Theorie der personellen Einkommens- und Vermögensverteilung. IX, 214 Seiten. 1985.

K. Conrad, Produktivitätslücken nach Wirtschaftszweigen im internationalen Vergleich. VII, 165 Seiten. 1985.

K. F. Zimmermann, Familienökonomie. XII, 423 Seiten. 1985.

H. J. Schalk, Differenzierte Globalsteuerung. IX, 319 Seiten. 1985.

A. Pfingsten, The Measurement of Tax Progression. VI, 131 pages. 1986.

T. M. Devinney, Rationing in a Theory of the Banking Firm. VI, 102 pages. 1986.

Causes of Contemporary Stagnation. Proceedings, 1984. Edited by H. Frisch and B. Gahlen. IX, 216 pages. 1986.

Ch. M. Jäggi, Die Makroökonomik von J. M. Keynes. XIII, 278 Seiten. 1986.

L. N. de Matos Pimentão, Anwendungen der Variationsrechnung auf makroökonomische Modelle. X, 220 Seiten. 1986.

E. W. Heri, Die Geldnachfrage. XI, 226 Seiten. 1986.

H. J. Ramser, Beschäftigung und Konjunktur. VIII, 329 Seiten. 1987.

M. Bösch, Umverteilung, Effizienz und demographische Abhängigkeit von Rentenversicherungssystemen. VII, 209 Seiten. 1987.

E. Baltensperger, H. Milde, Theorie des Bankverhaltens. X, 286 Seiten. 1987.

U. Ebert, Beiträge zur Wohlfahrtsökonomie. V, 198 Seiten. 1987.

I. Böbel, Eigentum, Eigentumsrechte und institutioneller Wandel. XI, 360 Seiten. 1988.

K. E. Schenk, New Institutional Dimensions of Economics. IX, 196 pages. 1988.

S. Homburg, Theorie der Alterssicherung. VI, 153 Seiten. 1988.